디코딩 유어 도그

과학으로 반려견을 해석하다

DECODING YOUR DOG

Copyright © 2014 by American College of Veterinary Behaviorists.
Korean-language edition copyright © 2025 by Petian Books.
Published by agreement with Folio Literary Management, LLC and Danny Hong Agency.
이 책의 한국어판 저작권은 대니홍 에이전시를 통한 저작권사와의 독점 계약으로 페티앙북스에 있습니다. 저작권법에 의해 한국 내에서 보호를 받는 저작물이므로 무단전재와 복제를 금합니다.

일러두기

* 외래어, 맞춤법 및 띄어쓰기는 국립국어원 표준국어대사전을 따랐다.
  다만, 관용적으로 쓰이는 말은 그대로 사용했다.
* 이 책의 집필진은 모두 수의행동학자이다.

DVM: Doctor of Veterinary Medicine, 수의학박사
MS: Master of Science, 이학 석사
DACVB: Diplomate of American College of Veterinary Behaviorists, 미국수의행동학회원
CAVB: Certified Animal Behavior Consultant, 공인 행동 컨설턴트
BVSc: Bachelor of Veterinary Science, 수의학 학사
MRCVS: Member of the Royal College of Veterinary Surgeons, 영국 왕립 수의외과학회 회원
MA: Master of Arts, 석사
FANZCVS: Fellowship of Australian and New Zealand College of Veterinary Scientists, 소동물 내과학의 전문의
DECAWBM: Diplomate of the European College of Animal Welfare and Behavioural Medicine, 유럽 동물복지 행동의학회 회원
FAVA: Federation of Asian Veterinary Associations, 아시아 수의사회연맹 회원
CDBC: Certified Dog Behavior Consultant, 공인 반려견 행동 컨설턴트

디코딩 유어 도그

미국수의행동학회 지음 **이우장** 옮김

페티앙북스

목차

추천의 글 · 아직도 구시대적 훈련법을 믿고 따르고 있다면 이제는 과학을 따를 때 008
서문 · 세계 최고 수의행동학자들이 집대성한 과학 기반 반려견 양육서 011
저자의 말 · 개가 잘못한 것에 초점을 두는 대신, 잘한 것을 보상해 주는 것이 014
최고의 교육법이다

1장 개의 언어 배우기   017
우리 이야기 좀 할까?

사람은 말하고 개는 관찰한다 | 개와 인간의 관계를 망치는 두 가지 속설 | 죄책감으로 보이게 하는 요인 | 개와 대화하는 법, 어떻게 시작할까? | 중요 포인트 | 요점 정리

2장 새 '가족' 고르기   035
개와 인간, 서로에게 최고의 짝 찾는 법

개의 기질은 유전과 환경의 독특한 배합의 결과 | 새 가족 고르기, 어떻게 시작할까? | 순종견 대 믹스견 | 나에게 맞는 품종 고르기 | 품종 내 변이 | 디자이너 도그 | 한 마리 아니면 두 마리? | 어디서 데려올까? | 강아지 또는 성견, 몇 살 된 개를 입양할까? | 수컷 또는 암컷, 더 좋은 반려동물은 어느 쪽일까? | 기질 검사 | 입양과 관련된 잘못된 속설과 진실 | 중요 포인트 | 요점 정리

3장 개는 어떻게 학습할까?   017
멘사견 만들기

교육과 관련된 잘못된 속설 | 가장 영리한 개 | 학습이란 무엇인가? | 개와 스키너 상자 | 학습된 행동 '유지하기' | 처벌은 무엇인가? | 회피 학습 | 행동 소거하기: 그만두게 하는 법 | 우위 이론에 대한 잘못된 속설과 진실 | 정적 강화로 '앉아'부터 가르치기 | 타이밍이 전부다 | '봐' 가르치기 | 신호로 사용하는 단어에 대한 조언 | 보상이 되는 보상 | 네가 배운 건 내가 가르치려던 게 아니야 | '기다려' 가르치기 | '이리 와' 또는 오프리시 리콜 | 중요 포인트 | 요점 정리

4장 기초 배변 교육 　　　　　　　　　　　091
지금, 여기서 해

개는 자기가 쉬는 곳에는 배설하지 않는다 | 배변 교육과 관련된 잘못된 속설과 진실 | 대소변 가리기, 어떻게 시작할까? | 스케줄의 중요성 | 배변 신호 보디랭귀지에 익숙해지기 | 신호하도록 가르치기 | 배설 장소를 긍정적인 곳으로 만들다 | 배변 실수에 대처하는 방법 | 크레이트에 가둘지 말지, 그것이 문제로다 | 강아지를 얼마나 오랫동안 크레이트에 둘 수 있을까? | 화장실 교육 Q&A | 교육이 뜻대로 잘 진행되지 않을 때 | 그래도 문제가 계속된다면? | 절충안 찾기 | 요점 정리

5장 교육도구 　　　　　　　　　　　121
인도적이고 안전한 교육을 위한 도구

내 아이에게도 이 도구를 사용할 수 있을까? | 교육 도구의 종류 | 교육과 관련된 잘못된 속설과 진실 | 행동 문제 예방하기로 시작하기 | 요청-반응-보상 | 행동 문제를 바꾸기 위한 도구 사용 | 중요 포인트 | 전문가의 도움받기 | 요점 정리

6장 개의 사회화 　　　　　　　　　　　149
개의 학창시절을 위한 실용적 조언

사회화에 관한 Q&A | 사회화와 관련된 잘못된 속설과 진실 | 에티켓에 관한 속설과 진실 | 사회화 시작하기 | 집에서의 앞날 준비 | 중요 포인트 | 다시 만난 저스티스와 스티브 | 요점 정리

7장 행동 수정하기 　　　　　　　　　　　175
보호자를 울부짖게 만드는 정상적인 행동 문제들

정상적인 개 고유의 행동 | 대신해야 할 행동을 가르친다 | 행동 수정 시작하기 | "빨리 가고 싶어요!" | 우리 개는 발톱을 깎을 때마다 저랑 싸워요 | 이빨 닦기 교육법 | 중요 포인트 | 요점 정리

8장 어린아이와 개   203
조화로운 가족 만들기

개와 아이에 관한 잘못된 속설과 진실 | 아이가 태어나면 무엇부터 시작할까? | 아이를 두려워하는 개는 어떻게 해줘야 할까? | 현실적 기대하기 | 중요 포인트 | 안전한 은신처 만들어주기 | 신생아와 개의 만남 준비하기 | 아기를 집에 데려오기 | 아이가 개를 원할 때 | 아이와 개를 위한 정말 좋은 상호작용들 | 요점 정리

9장 모든 개는 일이 필요하다   233
개를 정신적으로 행복하고 건강하게 해주는 방법

개는 정신적 자극과 신체적 운동이 모두 필요하다 | 개마다 필요한 자극 및 풍부화가 다르다 | 집에서 말썽 피우지 않게 하는 방법 | '진짜' 개 직업과 이에 걸맞은 도그 스포츠 | 그 외 도그 스포츠 | 우리 개를 행복하게 해주는 법, 시작하기 | 중요 포인트 | 요점 정리

10장 공격성   257
개는 일부러 못되게 구는 걸까?

왜 개는 공격적으로 행동할까? | 공격성에 관한 Q&A | 공격성의 종류 | 공격성에 관한 잘못된 속설과 진실 | 정상적인 공격성과 비정상적인 공격성의 차이 | '항상' 동물병원부터 간다 | 공격적 신호 | 공격성은 항상 촉발 요인 때문에 일어나는 걸까? | '관리'부터 시작하기 | 공격성은 치료될 수 있을까? | 약물이 도움이 될까? | 공격성 없는 개를 선택할 수 있을까? | 우리가 이 개와 잘 지낼 수 있을까? | 중요 포인트 | 요점 정리

11장 분리불안   299
'벨크로 도그' 딜레마

개와의 유대감 | 분리불안이란? | 분리불안에 대한 잘못된 속설 | 분리불안과 관련된 사실 | 분리불안에 관한 과학의 결론 | 분리불안 치료, 어떻게 시작할까? | 중요 포인트 | 요점 정리

12장 소음 공포증 333
소음에 공포증이 있는 개

소음 공포증은 무엇인가? | 소음 공포증에 대한 사실 | 소음 민감증이란 무엇인가? | 소음 민감증에 관한 잘못된 속설 | 소음 민감 치료 시작하기 | 뇌우가 쏟아지는 동안 겁에 질린 개를 어떻게 해야 할까? | 약물이 도움이 될 수 있을까? | 썬더셔츠, 욕실, 그리고 스톰-디펜더 망토 | 중요 포인트 | 요점 정리

13장 강박 행동 353
꼬리 쫓기, 다리 핥기 그만 멈출 수 없어?

강박 행동에 관한 사실 | 강박 행동에 관한 잘못된 속설과 진실 | 강박 행동 치료, 시작하기 | 전체 이야기를 다 아는 것이 중요하다 | 약이 중요한 역할을 할 수 있다 | 중요 포인트 | 요점 정리

14장 노령견 369
우아하게 나이 들기

노령견에 관한 사실 | 인지기능장애 증후군 | 노령견에서 보이는 가장 흔한 행동 문제는 무엇일까? | 인지기능장애 증후군 다루기 시작하기 | 노령견의 행동 문제 치료하기 | 밤중에 깨어 있는 개 | 약물, 사료 그리고 천연 보조제 | 인지기능장애 치료 후 개선되는 청력과 시력 | 그레이스는 어떻게 되었을까? | 중요 포인트 | 요점 정리

에필로그 · 너무 많은 속설과 오해가 반려견과 보호자를 위험에 빠뜨리고 있다 391
부록 · 크레이트 트레이닝 팁 393
용어 정리 395
편집자에 대해서 401
주석 403

추천의 글

아직도 구시대적 훈련법을 믿고 따르고 있다면 이제는 과학을 따를 때

나는 반려견 트레이너 겸 행동컨설턴트다. 수의행동학자는 아니다. 모름지기 훌륭한 반려견 트레이너란 개의 행동 문제를 다루는 데 많은 시간을 보내고, 개의 사고와 감정 및 학습에 대해 과학계가 발견하는 것들을 계속 파악하고 적용해야 한다. 그런데 트레이너와 행동학자 간에는 차이가 있다. 좋은 트레이너는 수의학계 및 과학계의 의학적·행동학적 전문 지식에 의존하며, '인간의 가장 좋은 친구'라 부르는 유일무이하고 놀라운 이 동물을 심도 깊게 이해하기 위해 과학을 이용한다. 이 일은 끝이 없고 우리는 현장에서 반려견 보호자들과 함께 과학 지식의 힘을 이용하는 새롭고 더 효과적인 방법을 끊임없이 배운다.

슬프게도, 세대 간 사고방식 차이에서 흔히 볼 수 있듯이, 과학이 증명해 보이는 개념과 이념을 개와 우리 관계에 적용하는 데 상당한 저항이 있다. 지난 수십 년 동안 우리는 오늘날에는 틀린 것으로 입증된 갯과 동물 행동 이론에 의존했고, 그 결과 개를 통제하기 위한 가장 자연스럽고 효과적인 방법이라며 오해되고 오용된 '우위'에 대한 개념과 '알파 늑대 이론'을 사용해왔다. 이것은 다양한 상황에서 어떻게 해야 하는지를 개에게 가르쳐 주기보다는 잘못한 행동에 벌을 주는 데 중점을 둔다. 다행스럽게도 우리는 점차 깨닫기 시작했다. 비록 개가 늑대의 후손이긴 하지만 개는 늑대가 '아니며,' 늑대와 매우 다르게 행동한다는 것을 말이다. 개는 그대로 내버려둔다고 해도 세계 제패 원정길에 오르지 않으며 우리가 그들보다 우위에 서서 '무리의 리더'가 될 필요도 없다. 개에게 가혹한 '훈육법'을 사용하면, 오히려 많은 일반적인 행동 문제를 훨씬 더 악화시키거나 적어도 훨씬 더 예측 불가능하게 만들 수 있다. '대립적 방법'은 불신을 낳고 개의 학습 능력을 위태롭게 하며 사람과 개 사이의 관계를 손상시킬 수 있다는 사실은 말할 것도 없다.

오늘날 현대의 행동 과학은 우리에게 우위 이론과 처벌은 정적 교육 positive training 철학에 비해 효과적이지 못하고 오히려 위험하다는 것을 가르쳐 주고 있다. 심지어 소위 레드 존 red zone에 속하는 개(매우 공격적인 개)에게도 말이다. 그뿐만 아니라, 우리의 양심도 정적 교육이 더 올바르다고 '느낀다'. 하지만 개와 좋은 관계를 가장 잘 형성하는 방법에 관한 이 논쟁에서 우위와 처벌에 기반을 둔 구시대적 훈련 방법의 지지자들은 순순히 물러날 생각이 없다. '다크 사이드 dark side'에서 건너오기에는 너무 많은 돈과 이력 그리고 자존심이 걸려 있고 이 조합은 극복하기 힘든 것이다.

그러나 우리에게, 그리고 개에게도 다행인 것은, 해당 주제에 대해 과학이 말해주는 것을 좋아하지 않는 것은 자유지만, 과학 연구가 신중하고 체계적으로 행해진 한 그에 대해 반박할 수 없다는 것이다. 시도는 할 수 있겠지만 운은 과학 편이라는 사실은 부정할 수 없다.

트레이닝 방법에 대한 논쟁은 끝났고, 이 책의 저자들이 속한 뛰어난 과학적 행동학 커뮤니티에 의해 정적이고 비강압적인 보상 기반의 트레이닝이 가장 효과적이고 가장 오래 지속되며 가장 인도적인 선택이라는 것이 검증되었다.

나는 반려견 트레이너로서, 개가 어디에서 왔는지, 우리는 지금 여기까지 어떻게 오게 되었는지, 개가 낯선 우리 인간의 가정 환경에서 잘 지내려면 어떤 도구가 필요하고 그 도구를 어떻게 줘야 가장 좋은지 등을 파악하고 개를 더 잘 이해하는 데 내 삶을 바치고 있다. 이러한 이해의 일부는 상식과 우리 내면의 도덕적 잣대를 늘 의식함으로써 이루어지지만, 많은 부분은 행동과학이 우리의 네 발 달린 친구들에 대해 말해주는 것을 통해 이루어진다. 나와 같은 셀 수 없이 많은 다른 정적 강화 기반의 트레이너positive trainers들이 그랬던 것처럼, 여러분도 이 책에서 알게 될 정보들을 사용한다면 올바른 방식으로 개와의 관계를 형성하게 될 것이다. 고통, 두려움, 위협 대신 상호간의 신뢰, 존중, 사랑 위에 만들어진 관계를 말이다.

빅토리아 스틸웰Victoria Stilwell,
반려견 트레이너, TV쇼 〈It's Me or the Dog〉의 진행자

서문

세계 최고 수의행동학자들이 집대성한
과학 기반 반려견 양육서

이 책은 반려견 보호자들에게 개의 행동 문제에 대해 과학적으로 올바른 정보를 제공하고 널리 퍼져 있는 잘못된 정보를 바로잡고자 하는 미국수의행동학회ACVB: American College of Veterinary Behaviorists의 바람에서 탄생되었다. 저자들은 모두 ACVB 회원이며 개의 행동을 해석하는 데 전문가다.

ACVB(www.dacvb.org)는 '건물' 기관이 아니라, 응용동물행동학 분야에서 최상의 교육과 경험을 쌓은 수의행동학자들로 이루어진 조직이다. ACVB는 미국수의사협회American Veterinary Medical Association(www.avma.org)로부터 인정받아 1993년에 설립되었으며, 엄격한 교육 프로그램을 마친 이들에게 '행동학 전문의'로 불리는 회원 자격을 준다. 필수 자격 요건에는 수의학 학위와 이후 수년간의 교육과 연수 이수가 포함된다. ACVB 입회 희망자는 이 외에도 과학저널에 논문을 게재해야 하고, 수의행동학 분야에서 수백 개의 임상 사례를 관리해야 하며, 적절한 사례 보고서도 써야 할

뿐만 아니라, 엄격한 필기 시험도 통과해야 한다. 즉 이 책의 모든 저자는 개의 행동 문제를 다루는 데 있어서 고도의 지식과 폭넓은 경험을 갖고 있다는 말이다.

이 책의 편집자인 데브라 호위츠Debra Horwitz와 존 시리바시John Ciribassi는 수십 년 경력의 수의행동의학 분야 전문가 겸 권위자다. 데브라와 존은 각자 운영하는 전문병원에서 수천 명의 클라이언트가 그들의 개의 행동 문제를 해결하도록 도왔다. ACVB의 전 회장이자 2012년도 세바Ceva[1] 선정, 올해의 수의사였던 데브라는 수의사를 위한 수많은 책의 저자 겸 편집자로 활동하면서 반려동물 행동 문제를 다루는 방법에 초점을 둔다. 과거 미국 동물행동 수의사회American Veterinary Society of Animal Behavior의 회장이었던 존 역시 유명한 연설자이자 여러 책의 저자다.

스티브 데일Steve Dale은 반려동물 행동 문제를 해결하는 데 있어 수의사의 중요성과 더불어 인간과 동물의 유대에서 행동의 중요성을 오랫동안 강조해왔다. 그는 반려동물 저널리스트이자 유명 방송인 그리고 반려동물 옹호자로서 편집자와 기고자를 도왔다.

반려견의 행동 문제는 우리와 반려견의 관계를 무너뜨릴 수 있다. 아주 가까운 관계라도 그렇다. 반려동물의 행동 문제는 매우 흔하고, 경미한 문제부터 심각한 결과를 초래하는 문제까지 다양하다. 제대로 해결되지 않는다면 결국 개는 보호소에 보내지거나 안락사될 수 있다. 이 책의 목표는 우리와 우리의 개가 조화롭게 살 수 있도록 개의 행동 문제를 예방하고 관리하는 것을 돕는 것이다.

이 책의 저자들은 누구든 개의 행동에서 변화를 감지한다면, 먼저 의학적 요인이 있는지 확인하기 위해 주치 수의사와 상담할 것을 권할 것이다. 주치 수의사는 바로 도움을 주거나, 미국 수의행동의학회 전문의 또는 공인 응용동물행동학자Certified Applied Animal Behaviorist 같이 자격 있는 동물

행동 전문가를 소개해 줄 수 있다. 이 책에서는 개의 행동을 해석하는 방법과 특정 행동 문제를 관리하거나 예방하기 위해 전문가와 협력하는 방법을 보여줄 것이다. 개의 행동 문제를 해결하는 것은 수수께끼를 푸는 것과 비슷하다. 수의행동학자는 행동 문제를 제대로 잘 관리하기 위해 '누가, 언제, 어디서, 왜' 그리고 '무엇'에 대해 알아야 한다. 즉, 문제가 있는 개는 '누구'인가?(개가 여러 마리 있는 가정에서는 명백하지 않을 수 있다.) '언제' 문제가 일어나는가? '어디서' 문제가 일어나는가? '왜' 개가 문제 행동을 보이는가? 보호자의 목표는 '무엇'인가?

나는 어떤 의미에서는 이 책을 우리 환자들이 썼다는 데 저자들이 동의할 것이라 생각한다. 우리가 관찰하거나 치료해온 행동 문제를 가진 개들, 우리가 소리를 듣고 신호를 목격한 개들 말이다. 개들은 말이 아닌 꼬리와 귀, 시선 등으로 자신을 표현한다. 가장 중요하게는 불안, 두려움, 갈등 상황을 미세한 신호로 우리에게 알린다. 미국 수의행동학회 회원들이 쓴 이 책에는 챕터마다 이런 신호가 해석되어 있다.

이 책은 개의 행동에 근거하여 개를 가장 잘 이해하고 행동 문제를 예방하거나 관리하도록 우리를 도울 것이다. 반려인에게 이 책은 매우 귀중한 지침서가 될 것이다.

바버라 L. 셔먼 Barbara L. Sherman, MSc, PhD, DVM, DACVB
미국수의행동학회 ACVB 전 회장

저자의 말

개가 잘못한 것에 초점을 두는 대신,
잘한 것을 보상해 주는 것이 최고의 교육법이다

    수의행동학자들은 슈퍼히어로 같다. 보호자들이 더 이상 갈 곳이 없다고 느끼는 순간 영웅처럼 나타나 문제를 해결한다. 아니, 생명을 구한다.

    수의행동학자 모임은 엄격한 회원제 클럽으로 그 대열에 합류하기가 쉽지 않다. 수의행동학 전문의 자격증을 따려면, 먼저 수의대를 졸업한 수의사여야 하고, 일반 동물병원에서 최소 1년 이상 경력을 쌓아야 한다. 그런 다음 3~5년간의 레지던트 과정을 이수해 행동의학에 대한 정규 교육을 받아야 하며, 그 기간 동안 행동 진료를 보고, 연구를 하고, 논문을 게재해야 최종 시험을 볼 수 있는 자격이 주어진다. 그리고 최종 관문으로 이틀간 진행되는 자격 시험을 통과해야 한다.

    이 책에서는 이런 수의행동학자들의 진짜 모습을 볼 수 있다. 물론 많은 수의행동학자가 개별적으로 텔레비전 및 라디오에 출연했고, 기자들도 이들이야말로 '진짜 전문가'라는 것을 알게 되면서 이들의 말을 기사에 인용하기 시작했다. 수의행동학자들이 쓴 책들은 주로 교과서나 동료의 평가

저널에 실렸고 나를 포함한 몇몇이 그 내용을 일반 대중에게 전달해 오고 있다.

수의행동학자들은 과학이라는 절대적 진리를 전하는 사람들이며 그들이 하는 모든 것은 과학에 근간을 둔다. 또 이들은 그 과학을 제일 먼저 전하는 사람이기도 하다. 만약 어떤 개가 무엇을 보고 짖는지 알고 싶다면 개를 보면 된다. 그리고 그 개가 왜 짖는지 알고 싶다면 수의행동전문의에게 물어보면 된다.

이 책의 기획안은, 웨스턴 수의학회가 열렸던 만달레이 베이 호텔의 한 복도에서 수의행동학자 게리 랜즈버그Gary Landsberg와 내가 서로를 위로하다가 탄생했다. 개의 행동을 설명하려고 꾸며낸 것처럼 보이는 근거가 충분하지 않은 이야기들이 계속 언급되고 사실처럼 여겨지는 현실에 우리는 좌절했고, 이제 다른 시각, 즉 과학에 근거한 시각이 제의되어야 할 때라는 데 동의했다.

"과학을 따르라follow the science"는 지금은 고인이 된 전설적인 수의행동학자, R. K. 앤더슨R.K. Anderson이 자주 했던 말이다. 앤더슨은 정적 강화 기법을 통한 성공을 입증한 최초의 사람들 중 하나다. 몇 해 전, 나는 앤더슨에게 "위협보다 동기부여가 개를 가르치는 데 더 효과적인 것 같다"고 말했다. 그의 반응은 이랬다.

"졸업해도 되겠어! 그게 그렇게 단순한 거야."

이 책에서 반복적으로 나오는 또 다른 단순한 전제는 개의 행동을 수정하기 위해 개가 잘못한 것에 초점을 두는 대신, 개가 잘한 것을 보상해 주어야 한다는 것이다.

안타깝게도 사람들이 이런 단순한 제안을 따르지 않을 때, 선의의 보호자이 "누가 보스인지 개에게 보여주려면 우위에 있어야 한다" 같은 잘못된 조언을 믿고 따를 때, 개는 집을 잃고 일부는 죽는다. 인간과 동물 사이의 유대감에 금이 가면, 개는 상처에 취약한 최약자가 된다.

심장이나 신장 질환을 치료하기 위해 수의사의 도움을 받듯, 행동을 다루는 데도 자격을 갖춘 전문가에게 정확한 진단을 받고 알맞은 방법을 조언받아야 한다.

미국수의행동학회 전문의 60여 명만으로 세상의 모든 개에게 개별적으로 영향을 주는 것은 불가능하다. 하지만 많은 전문의가 전 세계에서 강연을 하고 저널에 글을 쓰는 덕에 그들의 영향력이 수의사, 수의 테크니션, 반려견 트레이너 및 공인 반려견 행동컨설턴트certified dog behavior consultant에게 미치고 있고, 또 이들 모두가 더 많은 사람에게 영향을 주고 있다.

이 책을 통해 수의행동학자들은 이제 우리와 우리의 반려동물에게 직접적인 영향을 줄 것이다. 수의행동 슈퍼히어로들은 개를 사랑하고 그들을 돕는 과학을 사랑한다. 개의 행동을 이해하는 것은 매력적인 일이다. 우리가 개를 더 잘 이해하면 문제를 완전히 예방할 수도 있다. 만약 문제가 일어난다 해도 이 책에 나온 조언대로 따르기만 하면 개를 도울 수 있다. 이 책은 우리와 우리의 가장 친한 친구들에게 매우 유용할 것이다.

스티브 데일Steve Dale

1장

개의 언어 배우기

우리
이야기 좀 할까?

재클린 닐슨Jacqueline C. Neilson, DVM, DACVB[2]

이제 막 레이디의 새 보호자가 된 케이트는 방석 침대에서 몸을 웅크리고 있는 레이디가 너무 귀여워서 뽀뽀를 참을 수가 없었다. 케이트는 레이디에게 다가갔다. 그러자 레이디는 몸이 살짝 경직되었고 고개가 약 1.5센티미터 정도 내려갔다. 목은 앞으로 뻗었고 자기 코를 핥느라 혀를 날름거렸다. 굳은 시선으로 케이트를 보았다. 하지만 케이트는 레이디가 자신의 작은 관심을 좋아하리라 확신했다. 어쨌든 레이디는 입양 전까지 몇 주간 보호소에서 혼자 지냈고, 케이트와 함께 지냈던 첫 주는 정말 멋졌다. 게다가 레이디는 만져주는 것을 정말 좋아하는 것 같았다.

케이트가 더 가까이 다가가자 레이디는 낮게 으르렁거렸다. 레이디의 윗입술이 파르르 떨리더니 살짝 올라갔다. 케이트가 뽀뽀하려고 몸을 숙이자 레이디는 무섭게 으르렁거렸고 케이트에게 달려들면서 이빨을 딱딱 부딪혔다. 케이트는 깜짝 놀라 뒤로 물러섰다. 이 모든 것이 불과 몇 초 안에 일어났다. 다친 데는 없었지만 정신적 충격이 컸다. 그녀는 대체 어떤 괴물을 집에 들인 걸까? 그녀는 과연 이렇게 예측 불가능한 공격성을 보이는 개와 살 수 있을까?

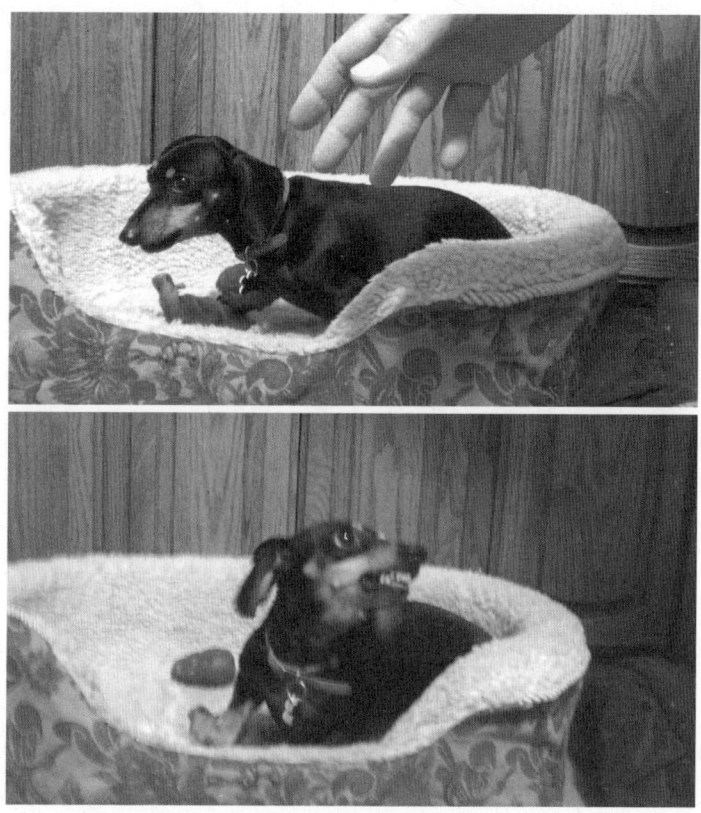

▲ 귀, 눈, 몸자세 전부 이 개가 두려움을 느끼고 있다는 것을 말해준다.
▼ 공격 신호를 무시하면 물리거나 물릴 뻔하게 된다.

© Jacqueline Neilson

　세부적인 차이만 있을 뿐 이 장면은 전 세계 거실에서 매일 일어나고 있다. 사람과 개 사이에서 일어날 수도 있고, 사람과 사람 간에도 일어날 수 있다. 그렇다. 사람도 서로에게 딱딱거린다. 이빨 대신 분노에 찬 단어를 사용한다는 점만 다를 뿐이다. 이 모든 불화의 원인은 주로 오해가 있거나, 소통이 부족하거나 또는 기대 심리가 충족되지 못해서다.

레이디의 행동은 사실 예측 불가능하지 않았다. 레이디는 뽀뽀하지 말라는 말을 개의 언어를 다 동원하여 전했다. 몸이 뻣뻣해지고, 시선이 굳고, 이빨을 드러내고, 으르렁거리는 것까지. 이것은 개의 언어로 "그만해! 나는 그게 불편해"라는 말이다. 문제는 케이트가 그 메시지를 못 읽는 바람에 자기 행동을 바꾸지 않았다는 것, '그리고' 동시에 케이트가 레이디는 정말 원치 않는 순간에 자신의 관심을 좋아할 거라 착각한 것이다.

우리는 항상 우리가 주는 모든 관심을 개가 기쁘게 받아들이기를 바란다. 그러려면 반드시 거쳐야 할 과정이 있다. 우선 '경청자'가 되어야 한다. 개를 듣는다는 것은 곧 관찰하는 것이다. 더 나은 '경청자'가 되는 법을 배우면 반려동물과 더 좋은 관계를 맺을 수 있다.

사람은 말하고 개는 관찰한다

고전 영화 및 드라마로 유명해진 '래시'[3]는 우리 말을 모두 알아듣고 정확하게 의사소통하는 환상 속 개의 결정판이다. 물론 래시 같은 개가 실제로 여럿 있지만, 이 이야기는 허구다. 그럼에도 여전히 많은 사람이 자기 개가 래시처럼 완벽하게 우리와 의사소통하기를 기대한다.

사람은 주로 언어를 사용하는 반면, 개는 비언어적인 방법을 사용한다. 즉, 사람은 말하고 개는 관찰한다. 개는 주로 시각적 신호와 후각적 신호에 의존하고, 사람은 주로 단어에 의존한다. 사실 우리는 몸으로 말하기 같은 게임을 할 때 빼고는 말을 안 하고 의사를 전달하는 경우는 드물다. 의사소통 방식의 이런 차이가 사람과 개의 관계를 어렵게 만들곤 한다. 하지만 이 어려움은 극복할 수 있다. 우리가 개를 눈으로 '듣는' 법을 배우기만 하면 된다.

개와 인간의 관계를 망치는
두 가지 속설

레이디 같은 개를 공격적으로 만드는 것은 무엇일까? 레이디는 보호자보다 우위를 차지하려고 애쓰는 걸까? 케이트의 접근에 위협을 느낀 걸까? 그 사건 이후 레이디는 미안한 감정을 느낄까?

인간과 개의 관계를 망쳐버리는 널리 퍼진 속설이 두 가지 있다. 하나는 '개가 우리보다 우위를 차지하려고 애쓴다'는 것이고, 또 하나는 '개가 뭔가 잘못하면 그것을 알고 죄책감을 느낀다'는 것이다. 결론부터 말하자면 둘 다 틀렸다.

우위에 관한 속설과 진실

개가 우위를 차지하려 하거나 또는 무리의 우두머리가 되려고 공격성을 보인다는 속설은 정말 문제점이 많다. 가장 큰 맹점은 실은 두려움이나 불안 또는 복종을 뜻하는 개들의 보디랭귀지를 우위를 점하려는 공격성으로 오인하게 한다는 것이다. 속설과 달리 '우두머리 개'는 오히려 자신감 있고 차분하고 침착하다. 우두머리는 보통 가장 공격성을 많이 보이는 개가 아니라 '가장 적게' 보이는 개다.

수의행동학자들의 연구를 통해, 보호자를 향한 개의 공격성 대부분이 우위를 차지하려는 욕구가 '아닌' 불안감에서 비롯된다는 것이 밝혀졌다. 공격적 사건이 터지기까지 연이어 나타나는 개의 보디랭귀지를 관찰하면 이를 확실히 알 수 있다. 많은 개가 공격적인 행동을 보이기 직전에 두려움, 불안 그리고 갈등과 일치하는 신호들을 보인다. 레이디는 케이트에게 입질을 하며 달려들기 전 온몸이 경직된 채 자기 입술을 핥고 있었는데 이 두 가지 모두 불안감을 의미하는 신호다.

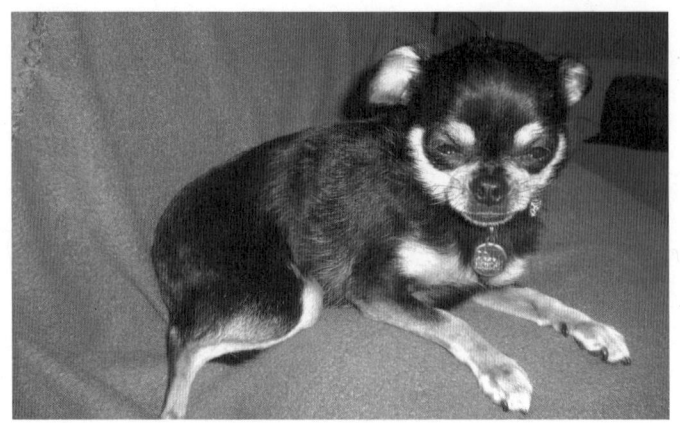

반쯤 감긴 눈과 뒤로 돌아간 귀는 불안해하고 있다는 신호다.　© Jacqueline Neilson

안타깝게도 이 잘못된 속설로 많은 보호자가 개의 행동을 바꾸기 위해 물리적 힘을 사용한다. 이 잘못된 '해결법'은 우리가 원하는 것과 정반대의 결과를 가져올 가능성이 높다. 수의행동학자 메간 헤론Meghan Herron의 최근 연구에 따르면, 이런 대립적 방법[4]들은 오히려 공격성을 증가시키기 때문에 결과적으로 보호자들이 개에게 물릴 확률도 높아진다.

행동학 용어 정리

행동학자들은 행동과 감정 상태를 설명할 때 구체적인 의미를 가지는 소위 '행동학 용어'를 사용한다. 이는 일반적으로 사용될 때와 의미가 같을 수도 있지만 다를 때도 있다. 지금 명확한 의사소통에 대해 이야기하고 있는 만큼, 다음 용어들이 뜻하는 바를 명확하게 짚어보자.

⌘⌘⌘

- **우위**dominance: 두 마리의 개 사이에서[5] 가치 있는 자원[6]에 대한 접근을 더 많이 통제하는 쪽의 개가 통제하지 않는 개보다 우위에 있다고 간주된다. 우위는 공격성과 같은 의미가 '아니다.' 우위는 또한 상황에 따라 달라질 수 있다. 즉, 어떤 상황에서는 한 개가 승자이지만 다른 상황에서는 아닐 수도 있다.

- **복종submissive**: 두 마리 개 사이에서[7] 가치 있는 것을 대개 포기하거나 다른 개의 뜻에 따르는 개를 복종적이라고 간주한다. 이 또한 상황에 따라 달라질 수 있다.
- **두려움fear**: 어떠한 상황이나 사건에 겁먹거나 무서워하는 감정이다.
- **불안anxiety**: 위험 또는 원치 않는 결과가 예측되는 상태일 때의 감정이다.
- **위협threat**: 한 개가 자신에게 위험하다고 여기는 무언가이다.
- **이빨 드러내고 으르렁대기snarl**: 주로 공격적인 위협과 관련되는 갯과 동물의 얼굴 표정으로, 입술을 위로 올리고 이빨을 드러내는 것이 포함된다.
- **정적 강화positive reinforcement[8]**: 어떤 행동에 대한 반응으로, 바람직한 무엇을 제공해서 미래에 그 행동을 반복할 가능성을 높이는 것이다.

죄책감에 관한 속설과 진실

많은 보호자가 개에게 화가 난 상황일 때 개가 "죄책감을 보인다"고 말한다. 주로 "우리 개는 자기가 잘못을 저질렀다는 걸 안다"라는 주장과 동반한다. 물론 그렇게 보일 수도 있다. 그야말로 금지된 쿠키 상자에 손을 댔다가 딱 걸린 어린아이 같은 눈초리와 몸짓을 보이니 말이다. 이런 보디랭귀지는 개의 언어 세계에서 복종적인 신호 혹은 "내가 물러설게. 나는 도전도 안 할 거고 위협도 안 할 거야"라는 메시지를 전달할 때와 일치한다. 이것은 죄책감의 표현이 아니다. 그저 우리가 "이 자식, 너 무슨 짓을 한 거야!!"라고 화를 내며 다가가는 것에 대한 반응이다. 즉 공격적인 우리 모습에 개가 적절하게 복종적 반응을 취하는 것이다. 개의 세상에서 이 신호는 항복으로 해석되어 상대가 위협적인 행동을 멈춘다. 하지만 우리 인간은 죄책감을 느낄 때 이와 일부 동일한 신호를 보내는 데다 죄책감을 느껴 본 적 있기 때문에 개도 그러는 거라고 추측하는 것이다. 결국 우리는 개를 계속 야단치게 된다. "잘못인 줄 뻔히 알면서 왜 또 그랬어!!"

이러한 소통 오류는 개를 아주 끔찍한 상황에 처하게 한다. 개는 그야말로 최선을 다해 항복 의지를 전달하는데 보호자는 다른 뜻으로 받아들인다. 즉, 개는 "나는 항복할게"를 의미하는 갯과 동물 세계의 보디랭귀지를 보이고 있는데, 우리는 이 모습을 보고 "나는 내 잘못을 알고 죄책감을 느껴"라고 성급하게 인간 세계의 결론을 내린다. 이 같은 의사소통의 실패는 개와의 관계를 망칠 수 있다.

이 개는 '죄책감을 느끼는' 걸로 보일 수 있다. 하지만 이 개의 보디랭귀지는 '나는 아무 위협도 가하지 않겠다'이다.
© Jacqueline Neilson

죄책감으로 보이게 하는 요인

행동 클리닉 예약 시간에 맞춰 병원에 도착한 제프와 다이앤은 반려견, 아처 때문에 좌절감을 느끼고 있었다. 아처는 일주일에 한두 번꼴로 보호자들이 일하러 가고 없을 때 대소변 실수를 했다. 제프와 다이앤은 집에 도착하면 그 현장을 발견하기도 전에 아처가 실수를 했는지 안 했는지 정확히 알 수 있었다. 그런 날에는 아처가 두 눈을 한껏 크게 뜨고 테이블 밑에 웅크려 있었기 때문이다. 반대로 실수를 하지 않았을 때는 현관까지 나와 제프와 다이앤을 열광적으로 반겼다.

보호자들은 아처가 자기 잘못을 뻔히 안다고 믿었고 앙심을 품고 반항

하는 것이라 느꼈다. 그리고 테이블 밑에 숨는 것으로 분명하게 '죄책감'을 드러내고 있다고 보았고, 자신들이 화를 내는 이유도 아처가 안다고 믿었다. 제프와 다이앤은 아처에게 벌을 줘야 한다고 느꼈고 그들은 똥, 오줌을 발견하게 되면 아처를 그쪽으로 끌고 가 코를 힘껏 근처로 떠민 채 엄한 목소리로 "안 돼!"라고 소리쳤다. 하지만 이런 질책은 아무 효과도 없었고 아처는 여전히 대소변 실수를 했다.

그 벌은 일단 타이밍 때문에 효과가 없을 수밖에 없다. 벌이 효과가 있으려면 문제가 되는 행동이 일어난 '직후에' 주어져야 한다. 1, 2초 이내에 말이다. 아처는 보호자들이 직장에 있는 동안 배변 실수를 했으니 아마도 코가 그곳에 박히기 몇 시간 전이었을 것이다.

아처의 문제는 배변 교육상의 실수였다. 아처의 행동 치료 계획에는 대소변 실수를 발견했을 때 아처가 아무리 소위 '죄책감'을 보이더라도 어떠한 벌도 주지 말라는 항목이 포함되었다. 제프와 다이앤은 아처가 사실은 자신들을 진정시키고 곧 받게 될 벌을 조금이라도 약화시켜 보려고 복종적인 행동을 보였다는 것을 알게 되었다. 아처는 영리했다. 보호자의 등장, 자신(아처)의 존재, 카펫 위에 있는 대변 또는 소변, 이 세 가지 요인이 동시에 일어나면 벌을 받을 가능성이 높다는 것을 깨달았고 그 벌을 피하려는 노력의 일환으로 복종적인 자세를 취했던 것이다.

아처는 몇 시간 전의 배변 실수와 보호자의 분노 간의 연관성을 알 수 없었다. 제프와 다이앤은 배변 실수가 바람직하지 못한 일임을 아처에게 명확하게 알려준 적이 없었다. 인간은 말로 설명하기 때문에 이런 연결고리를 쉽게 이해할 수 있다. "우리가 없는 동안 네가 카펫 위에 배변을 했기 때문에 너한테 화가 났어." 하지만 개에게는 이런 식으로 상황을 설명할 수 없으니 개를 이해시키기 위해서는 개의 행동에 즉각적으로 반응해야 한다.

제프와 다이앤은 일단 이 지시들을 따르긴 했지만 미심쩍어했다. 아무

튼 다시 배변 교육을 하자 아처는 실수를 멈췄고 모두 행복해졌다. 하지만 이 모든 것을 이해하게 된 것은 2년 후였다. 2년 뒤 제프와 다이앤은 둘째 강아지를 입양하게 되었다. 집이 빈 사이 둘째가 처음으로 배변 실수를 했던 날, 보호자들이 돌아오자 누가 테이블 밑에 숨었을까? 바로 아처였다. 아처의 마음속에 그 끔찍한 폭풍이 다시 일었던 것이다. 보호자가 왔고, 아처가 있고, 카펫 위에 대변이 있었기 때문이다. 대변의 크기로 보아 강아지의 것이 분명했는데 말이다. 결국 제프와 다이앤은 아처가 죄책감을 보인 것이 아니라 단지 벌을 피하려고 했을 뿐이라는 것을 진심으로 깨달았다. 이 일은 벌은 제대로 적용하는 것이 아주 어렵다는 것과 좋은 행동에 대한 칭찬 또는 보상, 즉 정적 강화가 교육에 훨씬 더 성공적이라는 중요한 교훈을 제프와 다이앤에게 가르쳐 주었다.

개와 대화하는 법, 어떻게 시작할까?

다음의 여섯 단계부터 시작하면 개와 더 나은 의사소통을 할 수 있다.

① 개의 언어 배우기　　④ 오역의 덫 피하기
② 눈으로 듣기　　　　⑤ 공통 언어 가르치기
③ 효과 있는 신호 사용하기　⑥ 현실성 있게 기대하기

개의 언어 배우기
개의 언어를 배워서 개에게 대답하자는 것이 아니다. 이건 정말 효과도 없다. 우리도 귀를 움찔거려 볼 순 있겠지만 절대 개만큼 정교하게 움직일 수 없는 데다 우리는 꼬리도 '없다'. 우리의 목표는 개의 언어에 대한 지식을 사용해 개의 감정 상태를 이해하고 개가 다음에 무엇을 할지 예측하는 것이다.

개는 몸자세, 얼굴 표정 그리고 소리를 통해 의사소통을 한다. 처음 관찰 기술을 쌓기 시작할 때는 신체 각 부위를 개별적으로 보는 것이 도움이 된다. 하지만 결국 개가 어떤 뜻을 전달하고 있는지 정확하게 이해하려면 개의 몸 전체와 그 상황까지 함께 봐야 한다. 개가 낮게 으르렁거리는 상황을 예로 들어보자. 낮은 으르렁거림은 경고 행동일 수도 있고, 놀고 있는 개들 사이에서 일어나는 소리일 수도 있다. 그 으르렁거림의 진짜 의미를 파악하기 위해서는 몸의 다른 부분들도 봐야 하고, 그 행동이 일어나는 상황도 확인해야 한다. 만약 개가 온몸이 경직된 상태로 어깨를 곧게 편 채 당당한 자세로 서 있고, 등줄기의 털이 서 있으며, 다가오는 사람을 뚫어지게 응시하고 있다면 그 으르렁거림은 아마도 경고의 위협일 것이다. 반면 개가 공원에서 이리저리 즐겁게 뛰어 놀고 있는 상황에서 몸은 이완되어 있고 꼬리를 흔들고 있으며, 다른 개와 레슬링을 시작하면서 내는 소리라면 그 으르렁거림은 장난일 확률이 높다.

표 1.1 개의 보디랭귀지

신체 부위	자세	가능한 의미
눈	흔들림 없이 고정된 시선	도전, 위협, 자신감
	평범한 시선	평온함
	시선 회피	예의를 갖춘 존중
	동공 확장(크고, 넓게)	두려움
	휘둥그레진 눈(눈의 흰자가 보임)	두려움
	빠르게, 기민하게 움직이는 눈	두려움
입	헐떡임	더움, 불안함 또는 흥분함
	입술 핥음, 혀 날름거림	불안함
	하품	피곤함 또는 불안함
	으르렁거림(입술을 들어올려 이빨을 드러낸 채)	공격적임
	낮게 으르렁거림	공격적임 또는 장난침
	짖음	반응적임, 흥분함, 장난침, 공격적임 또는 불안함

신체 부위	자세	가능한 의미
귀	편하게 이완된 중립적 위치	평온함
	앞을 향해 꼿꼿이 세움	경계, 집중 또는 공격적임
	뒤로 납작하게 붙음	두려움, 방어적임
꼬리	위로 향한 채 움직이지 않음	경계함
	빠르게 흔들면서 위로 향함	흥분함
	이완된 채 중립적인 위치	평온함
	아래로 내려 다리 사이에 집어넣음	두려움, 불안함 또는 복종적임
	뻣뻣하게 흔들거나 또는 움직이지 않는 상태에서 높이 세움	동요중, 흥분함, 그리고 아마도 우호적이지 않음
몸 전체	부드럽게 이완됨	평온함
	경직된 채 뻣뻣함	경계 또는 공격적임
	등줄기의 털이 일어섬	경계 또는 공격적임
	뒤집어 배 드러냄	복종적임

눈으로 듣기

최근, 미쉘 완Michele Wan 박사와 그녀의 동료들은 사람들에게 개가 나오는 영상들을 보여준 뒤 영상 속 개의 몸자세와 행동에 대해 묻는 간단한 테스트를 했다. 놀라울 것도 없이, 참가자들은 개가 내는 소리, 즉 으르렁거리기와 짖기를 기억해내는 데는 높은 점수를 받았지만, 개의 몸자세, 즉 꼬리와 귀의 위치 및 움직임 등을 기억해내는 데는 별로 점수를 받지 못했다. 아마도 우리가 주로 말로 의사소통하기 때문에 소리를 귀 기울여 잘 듣고 그만큼 잘 기억하는 것일 테다.

눈으로도 '듣는' 방법을 배우지 않을 경우 개처럼 주로 비언어적인 방법으로 의사소통하는 동물과 소통할 때 중요한 수많은 정보를 놓칠 수 있다. 개를 관찰하기 위해 노력해야 한다. 표 1.1에서의 설명과 같은 불안감, 괴로움 또는 위협 행동의 신호를 눈으로 볼 수 있다면 한 발짝 물러나 상황이 더 악화되는 것을 막을 방도를 생각해 볼 수 있다.

효과 있는 신호 사용하기

어떻게 하면 개에게 우리 메시지를 잘 전달할 수 있을까? 개는 주로 비언어적 방법으로 의사소통하는 동물인 만큼 언어보다는 시각적 신호에 더 잘 반응한다. 즉, 개는 우리가 하는 말보다는 행동에 더 쉽게 반응한다.

한 연구에서 연구원들이 개에게 A와 B, 두 가지 동작을 각각 두 가지 신호를 써서 가르치는 실험을 했다. 각 동작을 지시어(음성신호)와 수신호를 동시에 주면서 가르친 것이다. 개가 신호를 익히자 연구원들은 지시어만 제시했을 때와 수신호만 줬을 때의 개의 반응을 비교해 보았다. 개들은 지시어보다 수신호에 더 성공적으로 반응했다. 그런 다음, 연구원들은 본격적으로 '진짜' 테스트를 했다. A 행동에 해당하는 수신호와 B 행동에 해당하는 지시어를 함께 제시한 것이다. 당신의 짐작처럼, 개들은 수신호에 해당하는 A행동을 했다.

개는 우리 목소리 어조를 식별할 수 있고 특정 단어도 배울 수 있다(개가 간식 상자나 문 앞으로 뛰어가지 않게 하려면 평소 '가. 안. 식' 또는 '사. 안. 책'이라고 말해야 하지 않던가?). 하지만 시각적 신호가 가르치기 쉬울뿐더러 언어적 신호를 능가할 수 있다. 따라서 개에게 새 기술을 가르칠 때는 우리의 보디랭귀지가 성공적인 학습의 최고의 도구가 될 수도 있고 실패의 원인이 될 수도 있다는 것을 기억해야 한다.

오역의 덫 피하기

만약 어떤 회사에 인터뷰를 하러 갔는데 면접관이 시선을 옆으로 돌린 채 조용히 옆으로 다가와 킁킁대며 당신의 등 냄새를 맡았다면? 아마도 그 회사는 다니지 않을 것이다. 공원에서 만난 낯선 사람이 당신의 온몸 여기저기를 냄새 맡는 것은? 정말이지 무례한 행동이다. 하지만 우리가 개라면 이런 인사법은 완벽하게 적절하다.

정상적인 인간 간의 인사에는 눈을 직접 마주치고 악수나 포옹을 하기 위해 서로 가까이 다가가 몸을 맞대는 것이 포함된다. 당연히 냄새는 맡지 않는다. 반대로 인간의 이런 인사 행동은 개의 세계에서는 무례할 뿐 아니라 위협적이기까지 하다. 특히 우리는 개보다 키가 크다 보니 대부분 자연스럽게 개 쪽으로 몸을 기울이게 되는데, 이때 머리 위로 손까지 뻗으면 더더욱 위협적인 행동이 된다. 개를 존중하는 인사법은 시선을 직접적으로 마주치지 않고 개를 향해 또는 개 머리 위로 손을 뻗지 않는 것이다. 개에게 우리의 냄새를 맡을 기회를 먼저 준 다음에, 직접적인 신체 접촉 또는 시선 접촉을 해야 한다.

개가 꼬리를 흔든다고 무조건 우호적인 개라고 생각하는 것은 잘못임을 명심해야 한다. 꼬리를 흔드는 것은 상호작용 의지를 드러내는 것이다. 우호적이거나 기분이 좋아서 그럴 때도 있지만, 방어적이거나 공격적인 상태에서도 흔들 수 있다. 꼬리를 흔드는 속도, 세운 높이, 경직된 정도에 따라 그 의미에 미묘한 차이가 있다.

개를 읽을 때 꼬리에만 집중하면 그 메시지가 여러 가지로 해석될 수 있기 때문에 오역을 하게 될 수 있다. 같은 품종의 개 두 마리가 한 마당에서 똑같이 펜스 너머 옆 집을 보고 있다고 가정해보자. 둘 다 꼬리를 흔들고 있는데, 한 마리는 꼬리를 위로 올리고 꽤 뻣뻣한 상태로 천천히 좌우로 움직이고 있고, 다른 한 마리는 꼬리를 거의 수평 상태에서 자유롭게 흔들고 있다. 자, 두 마리 다 꼬리를 흔들고 있는데, 과연 둘은 같은 말을 하고 있을까?

꼬리를 흔드는 것의 의미는 그저 "나는 너와 소통하고 싶어"일 뿐임을 기억해야 한다. 개가 '어떤' 소통을 원하는지 답을 얻으려면, 얼굴을 보면 된다. 첫 번째 개는 귀를 앞을 향해 쫑긋 세운 채 한곳에 시선을 집중하고 있다. 앞 이빨의 일부만 겨우 보일 정도로 입을 꽉 다물고 있다. 두 번째 개는 귀가 자연스럽게 이완된 상태이고 입은 활짝 열려서 혀가 늘어져 있다. 둘은 의도가 명확하게 다르다. 첫 번째 개는 공격적인 반응을 보일 가능성이 높고 두 번째 개는 우호적인 상호작용을 할 가능성이 높아 보인다.

항상 개의 몸 전체에서 나오는 메시지를 통합해 읽어야 한다. 그 개의 의도를 해석할 때 개의 얼굴에서 전해지는 정보가 가장 큰 비중을 차지할 수 있지만, 다른 신체 부위도 함께 고려해야 그 순간 개의 내적 상태를 가장 잘 이해할 수 있다.

공통 언어 가르치기

신체적 한계 때문에 우리는 절대 개의 언어로 말할 수 없고 개는 우리 언어를 말할 수 없다. 그래서 우리는 개와의 의사소통을 효과적으로 도와줄 언어를 개발해야 한다.

그 언어란 바로 교육이다. 다양한 방법이 개를 교육하는 데 사용되고 있는데, 가장 효과적인 방법은 우리가 바람직하다고 생각되는 행동에 보상을 해주는 것임이 수많은 연구 결과를 통해 드러났다. 학자들은 이를 '정적 강화positive reinforcement'라고 부르는데, 벌을 사용하는 방법에 비해 더 인도적일 뿐만 아니라 더 효과적이기까지 하다.

일단 이 교육 언어를 설정해두면, 개와 제대로 의사소통하고 세상을 성공적으로 함께 항해할 수 있다.

현실성 있게 기대하기

현실을 직시하자. 우리는 모두 다 다르게 태어났다. 수많은 올림픽 기록을 세운 수영 황제, 마이클 펠프스Michael Phelps를 생각해보자. 분명히 그의 고된 노력도 성공에 기여했지만, 긴 몸통과 긴 팔, 즉 수영 선수로서 그가 타고난 완벽한 체구가 큰 몫을 했다. 우리의 능력은 때로는 펠프스의 타고난 체형처럼 유전적인 것이기도 하며, 때로는 우리가 가졌던 기회들의 총체이기도 하다. 만약 마이클 펠프스가 수영장 근처에도 못 가본 채 성장했더라면 금메달 23개는 따지 못했을 것이다.

개도 마찬가지다. 특정 체형을 갖고 특정 업무를 수행하기 위해 다양한 품종들이 만들어졌으니 아마도 그럴 것이다. 잉글리시 불독English Bulldogs으로 이뤄진 썰매팀은 아이디타로드Iditarod 썰매견 경주 대회[9]에서 절대로 우수한 성적을 내지 못할 것이다. 신체적 한계와 행동 속성들을 고려한다면 비현실적인 기대다. 그레이하운드Greyhounds 팀도 마찬가지일 것이다. 그레이하운드는 지구력이 필요한 장거리 오래 달리기가 아닌 단거리 전력 질주에 적합한 품종이다. 추위를 견디게 해주는 따뜻한 이중모도 없다. 빠르게 달릴 수는 있지만 썰매를 끌 수 있는 신체적 조건을 갖추지 않았다. 반면 허스키Huskies로 이루어진 무수히 많은 팀은 이 어려운 경주를 매년 완주하고 있고 게다가 즐기기까지 하는 것 같다. 그것은 허스키가 추위와 장거리 달리기를 감당해낼 수 있는 지구력과 무거운 짐을 끌 수 있는 육체적 특성을 가졌기 때문이다. 이들은 번식된 목적에 맞는 일을 하고 있는 셈이다.

물론 자기 개에게 얼어붙은 툰드라 지역을 가로질러 몇 시간씩 내달리게 하는 것과 같은 극단적인 활동을 시키려는 보호자는 없겠지만, 우리는 개가 모든 상황에서 다 완벽할 수 없다는 것을 명심해야 한다. 이것은 유전적 차이 때문일 수도 있고 경험의 차이 때문일 수도 있다. 예를 들어보자. 여든 살의 마가렛이 우정을 나눌 친구로 시츄Shih Tzu, 몰리를 입양했다. 몰리는 조용하고 근사한 생활을 하고 있었다. 마가렛의 손주들이 놀러 와 일주일 동안 머물기 전까지는 말이다. 마가렛이 퇴직자용 주택지에 살고 있었기 때문에, 몰리는 어린아이들과 있어본 적이 한 번도 없었고, 사람을 가장 많이 보는 거라곤 일주일에 한 번씩 있는 브리지 게임[10]에서가 전부였다. 갑자기 세 명의 어린아이가 몰리의 영역을 침입하더니 소리지르고, 달리고, 껑충껑충 뛰며 끊임없이 움직였다. 몰리는 피해 다니느라 애썼지만 아이들이 서로 레슬링을 시작하는 바람에 소파 코너에 갇히고 말았다. 결국 위협을 느낀 몰리는 달려들어 한 아이를 물었다.

이 상황은 몰리의 잘못일까? 분명히 몰리가 물었다는 사실에는 의문의 여지가 없다. 하지만 몰리가 보내는 언어를 전혀 인식하지 못했을 아이들은 고사하고, 마가렛은 이전에 한 번도 아이들과 있어 본 적 없는 몰리에게 비현실적인 기대를 하고 있었는지도 모른다. 마가렛이 몰리의 말을 '눈으로 듣고' 있었더라면 몰리가 불안해하는 것을 알아차렸을 것이다. 몰리는 적극적인 회피 행동을 보였고 아이들로부터 떨어지려고 노력했으며 수없이 입술을 핥고 하품을 하면서 불안감을 표현했다. 심지어 전날에는 자기를 들어올린 한 아이에게 으르렁거리기도 했다. 마가렛은 이 모든 것이 불안감의 신호라는 것을 깨닫지 못했다.

몰리는 불안감을 전하기 위해 최선을 다해 노력했지만 결국 붙잡혀서 위협을 느꼈다. 그런 상황에서 입질은 최후의 수단이었을 것이다. 마가렛이 현실적인 기대를 가졌더라면 몰리가 아이들에게 적응하는 데 보호와 시간이 필요하다는 것을 깨달았을 것이고, 미리 몰리를 다른 방에 두거나 아이들을 다른 곳에서 놀게 했을 것이다.

이런 중재로 개 물림 사고를 예방할 수 있을 뿐만 아니라 공격적이라는 딱지가 붙는 바람에 보호소에 버려지거나 안락사 당하는 수많은 개의 생명을 구할 수도 있다. 보호자는 개에게는 다소 한계가 있다는 것을 받아들이고 이런 한계를 존중해야 한다. 개를 실패할 가능성이 있는 상황에 처하지 않도록 돕는 것이 보호자의 의무다.

중요 포인트

- 몸의 한 부분만 보거나 울음소리 하나만 듣지 말고 개의 행동 전체를 봐야 하고, 개의 감정 상태를 정확하게 읽기 위해서는 그 상황까지 봐야 한다.
- 개는 일부 단어는 알아듣지만 전체 대화를 이해하지는 못한다. 개와 의사소통할 때는 손동작 및 보디랭귀지를 사용하는 것이 더 명확한 방법이다. 명확한 의사소통을 위해서는 노력과 집중력이 필요하지만 그럴 만한 가치가 충분하다.
- 모든 상황에서 완벽한 개는 없다. 개가 불안감 또는 공격성의 신호를 보이는지 관찰하고 개가 감정에 압도당하지 않도록 상황을 바꿔준다.
- 뭔가 사건이 막 일어날 것처럼 보인다면 개입해야 한다. 개를 그 상황에서 빼내거나 상황을 바꾼다.

요점 정리

- 만약 우리가 아무도 우리 말을 못 알아듣고 생소한 언어만 사용하는 별에 떨어졌다면 어떤 기분일까? 개는 우리가 느끼는 것과 똑같은 기분을 느끼고 있을 것이다.
- 개는 주로 비언어적 방법으로 의사소통한다. 개의 보디랭귀지를 읽는 법을 배우자. 귀뿐만 아니라 눈으로도 들어야 한다.
- 시각적 신호와 정적 강화를 기반으로 한 교육법을 사용하는 것이 개와 성공적으로 의사소통하는 데 도움이 된다.
- 모든 상황에서 완벽하거나 모든 임무를 잘 해내는 개는 없다. 개에게 주의를 기울이고 현명한 선택을 하자.

2장

새 '가족' 고르기

개와 인간,
서로에게 최고의 짝 찾는 법

메간 일레인 헤론Meghan Elaine Herron, DVM, DACVB
패트릭 이브 멜리스[11]Patrick Yves Melese, MA, DVM, DACVB

"내가 뭘 잘못했는지 도무지 모르겠어요."

나이 지긋한 번스 부인이 한숨을 쉬는 사이, 한 살의 오스트레일리안 캐틀 도그Australian Cattle Dogs, 릭스는 입꼬리를 잔뜩 올려 개 특유의 환한 미소를 짓고 있었다. 곧 장난기 가득한 으르렁 소리를 내며 그녀의 바짓자락을 잡아끄는가 싶더니 결국 옷이 찢어지고 말았다. 몇 달 전, 번스 부인은 지역 보호소에서 작고 사랑스러운 강아지 한 마리를 집으로 데려왔다. 그 강아지는 순식간에 자라더니 거의 모든 것을 파괴해버리는 지나치게 활동적인 개가 되었다. 밖에 데리고 나가면 심하게 줄을 잡아끌었고 작은 동물이 보일 때마다 튀어나가는 통에 부인에게 산책은 완전히 골칫거리가 되어버렸다.

"정말 귀엽고 활기찬 작은 강아지였는데 지금은 완전 괴물이 되어버렸어요!"

릭스도 나쁜 개가 아니었고 번스 부인 또한 나쁜 보호자가 아니었다. 둘은 그저 어울리지 않는 짝이었다.

　오랫동안 함께할 반려견을 맞이하는 일은 매우 신중하게 이뤄져야 한다. 우리 가족과 우리 집에 잘 어울리는 개를 선택해야 개도 사람도 행복할 가능성이 높아지고 피해야 할 문제도 최소화된다.

　새 개를 선택할 때 고관절 이형성증, 심장 질환, 눈의 이상 그리고 그 외 다른 질병 등 심각한 유전적 건강 문제를 피하는 것도 중요하지만, 여기서는 '행동상으로' 건강한 개를 선택하는 것에 중점을 둔다. 새 개를 데리고 올 때는 품종, 나이, 성별뿐만 아니라, 어디서 데리고 올지, 또 어떻게 우리 집에서 행복한 삶을 살도록 해줄지를 포함해 내려야 할 중요한 의사 결정이 줄을 잇는다. 그런데 보호소든, 펫숍이든, 구조 단체든, 인터넷이든, 신문 광고든 간에, 혹은 심지어 브리더에게서 데려오든지 간에 그 개는 자신의 유전자 구성, 출생 전 환경 그리고 삶의 경험을 토대로 특정 행동적 특성을 가지기 마련이다. 따라서 새 개를 집에 데려오기 전에 이런 특성들을 고려하는 것이 중요하다.

개의 기질은
유전과 환경의 독특한 배합의 결과

　과학자들의 수십 년간의 연구 덕에, 개의 품종별 기질, 성별 친화성 gender compatibility[12] 그리고 행동을 예측 가능하게 해주는 요인들에 관한 정보를 꽤 많이 갖게 되었다. 예를 들어, 우리는 한 품종이 선택적 번식을 통해 특정 임무를 수행하도록 디자인된 결과물이라는 것을 알고 있다. 또 그런 임무를 수행하는 데 필요한 기본 기질이 그 품종이 일반 가정집이라는 환경에서 보일 수 있는 특정 행동과 직접적인 관계가 있다는 것도 알고 있다. 양이나 소를 몰았던 허딩 그룹에 속하는 품종 중 하나인 오스트레일리안 셰퍼드Australian Shepherds는 아이들의 발뒤꿈치를 입으로 살짝 깨물 수 있다. 경계를 목적으로 번식된 테리어 품종은 지나가는 사람에게 더 쉽게 짖는 경향을 보일 수 있다. 이러한 사실은 반려에 적합한 품종에 대해 미리 조사하는 것이 왜 그렇게 중요한지를 말해준다.

또 우리는 반려견, 특히 성견의 출신과 자라온 환경을 통해 집에서의 행동을 예상할 수 있다. 부모견들의 행동과 건강은 물론, 초기 발달 단계의 몇 주 동안 어떻게 다루어졌는지가 그 강아지가 추후 성견이 되어 보일 행동을 결정하는 핵심 사항들이다. 부모견과 초기 환경에 대한 정보가 없더라도 체계적인 행동 검사법[13]을 통해 성견의 행동을 평가하고 예측할 수 있다.

용어 정리

- **선택적 번식selective breeding**: 브리더가 마음에 드는 일련의 특성, 즉 행동상·신체상 특성 또는 두 가지 모두의 특성을 정한 뒤 그런 특성을 가진 개체만을 선택해서 번식시키길 반복하면 그 자손에게도 계속해서 그 특성이 나타날 가능성이 높아지는데 이런 과정을 선택적 번식이라 한다. 선택적 번식은 수백 년째 진행되어 오고 있다.
- **전문 브리더highly invested breeder**: 이들은 해당 품종이 보일 수 있는 가장 이상적인 건강 상태와 행동 특징을 갖는 강아지를 생산하기 위해 고군분투한다. 인정받는 브리더는 부모견 모두의 행동, 임신 기간 동안의 건강 상태, 전에 태어난 한배 새끼들의 행동은 물론 그 품종에 중요하다고 알려진 표준 신체 건강 증명서에 대한 정보도 제공할 수 있다.
- **일반 분양자casual breeder[14]**: 혈통 증명이 없는 모견으로부터 또는 비전문적인 번식 환경에서 태어난 강아지를 팔거나 나눠 주는 사람을 칭할 때 일반적으로 사용되는 용어다. 우연히 태어난 강아지도 있고, 혹은 자신의 개가 새끼를 낳는 것을 경험해 보고 싶어 하는 일반 양육자들에 의해 태어난 강아지도 있다. 일반 분양자들은 전문적인 지식이 부족한 경향이 있고 강아지의 건강과 행동에

대한 관리와 계획에도 다소 소홀한 편이다.
- **기질 검사**temperament test: 행동 평가 또는 행동 분석으로도 알려져 있다. 이 과정은 표준화된 상호작용 테스트들을 포함하는데, 행동과 성격 평가를 위해 보호소에 있는 개에게 실시되는 전형적인 검사이기도 하다. 대부분의 기질 검사는 사람에 관심이 있는지, 다른 개들과 사이좋게 어울릴 수 있는지, 몸을 이리저리 만지고 다룰 때 문제가 있는지, 소유욕 및 그 외의 공격적 행동을 보일 가능성이 있는지 등으로 개를 평가한다.
- **구조 단체**rescue groups: 버려진 반려동물에게 새 집을 찾아주는 비영리단체다. 자기가 키우던 반려동물을 다른 집으로 보내려는 가족들로부터 직접 동물을 받는 단체도 있고, 지방자치단체가 운영하는 동물 보호소에서 그냥 두면 안락사를 당하게 될 개들을 데려오는 단체도 있다. 구조 단체에 들어온 반려동물들은 대부분 새 가족을 찾을 때까지 임시 위탁 가정에서 지낸다. 대부분의 품종은 해당 전문 구조 단체가 있다.[15]
- **강아지 공장**puppy mills: 대량 번식 시설로, 대개 중개인이 이곳에서 수많은 강아지를 한꺼번에 구매한 뒤 지역 펫숍에 팔거나 유통시킨다. 이곳에서 번식을 담당하는 개들은 보통 사회적·신체적 자극이 제한적이거나 아예 없으며 모든 것으로부터 고립된 비좁은 공간에 갇혀 지낸다. 개의 신체적 또는 행동상 건강에 대한 고려도 거의 또는 아예 없다.

새 가족 고르기, 어떻게 시작할까?

개를 키우려는 생각이 있다면, 먼저 내 인생과 우리 가정에 개가 합류하는 것에 신중하게 고민해야 한다. 개는 품종에 따라 또 각 개체에 따라 신체 특성과 행동 특성이 크게 다르지만, 믹스견mixed breed dogs을 포함한 대부분의 품종은 함께 공유하는 해부학적·행동학적 특징이 많다. 예를 들어, 매우 사회적인 동물인 '길들여진 개domestic dogs'는 안정적인 사회 교제, 적절한 정신적 자극 및 트레이닝 그리고 육체적 활동에 매우 능숙하다.

누군가에겐 매우 에너지가 넘치는 어린 강아지를 들이는 것이, 또 누군가에겐 크고 힘세며 적극적인 성견을 집에 들이는 것이 문제가 될 수 있다. 개를 키우기로 결심했다면, 나 그리고 우리 가족의 현재 라이프스타일에 가장 잘 맞는 품종을 선택하는 것이 중요하다.

개를 선택할 때는 특정 품종의 생김새에 끌리기 쉽지만 겉모습만으로 판단해선 안 된다. 개의 성격, 기질 그리고 행동 패턴이 우리 삶과 잘 맞아야 한다. 강아지는 모두 사랑스럽지만 그 강아지가 자라서 성견이 되었을 때 어떤 모습과 행동을 보일지 잘 생각해 보는 것이 중요하다. 사람과 달리, 강아지는 불과 몇 개월 만에 청소년으로 성장하며, 사람이 겨우 걸음마를 하는 시기인 한 살이나 두 살 때 이미 신체적으로 완전히 다 자란 어른이 된다. 새 개를 오직 '강아지' 때의 외모와 행동만 보고 선택한다면 곧 '예측 가능한 곤경'에 처할 수 있다.

어린 시절 특정 품종과 함께 살았던 좋은 추억을 간직하고 있는 사람들이 많다. 그러나 그 기억 속의 품종은 현재 우리 집과 삶에 적합하지 않은 경우가 너무 많다. 게다가 어린 시절의 반려동물에 대한 기억은 대부분 우리가 개와 함께했던 재미난 일들에 집중되어 있다. 그 이면에는 개의 교육을 비롯해 원치 않은 행동의 관리를 도맡았던 누군가가 있다.

이성과 데이트할 때 행복하고 지속적인 관계를 유지하기 위한 요건들을 고려하는 것처럼, 장기적으로(개의 수명은 평균 8~12년) 개에게 진짜로 무엇을 바라는지, 나와 우리 가족이 그 개의 정상적인 욕구들을 채워줄 능력이 되는지 고려해야 한다. 우리 가족이 현재 얼마나 활동적인지부터 생각해 보면 새 반려동물이 어느 정도의 활동 수준을 가져야 바람직할지 알 수 있다. 야외 활동은 거의 하지 않고 비디오 게임과 영화를 좋아하는 가족이라면 신체적 자극과 활동에 대한 욕구가 높지 않은 개를 찾아야 한다. 매일 산책을 시키고, 기본 교육을 시키고, 또는 털이 엉키는 것을 막기 위해 빗질해 주는 데 시간을 얼마나 할애할 수 있는가? 어질리티agility [16], 복종 훈련[17], 그 외의 도그 스포츠[18] 같은 반려견을 위한 활동들 중에서 내 관심사는 무엇인가? 가족 중에 크고 힘센 개에게 압도당할 수 있거나 연약한 초소형 품종을 안전하게 다루기에는 너무 어린 아이가 있지는 않은가?

순종견 대 믹스견

독특하고 신비로운 믹스견

보호소에서 발견되는 개의 대부분이 믹스견이다. 한 생명을 구했다는 기쁨은 무엇과도 비교할 수 없지만, 믹스견은 그 독특함 때문에 쉽게 범주화할 수 없다. 순종견과 달리 믹스견의 신체적·행동적 특성은 예측이 쉽지 않다. 사람들은 흔히 믹스견이 순종견보다 육체적으로 더 건강하고, 심지어 행동도 더 바람직할 것이라 생각하지만 꼭 그렇지는 않다. 어느 한쪽 부모가 유전적 문제를 가지고 있다면, 그 문제가 믹스 강아지에게도 전해질 가능성이 순종견과 마찬가지로 높기 때문이다.

건강하고 행동적으로 이상 없는 부모로부터 태어난 강아지를 데려오는 것은 순종견뿐만 아니라 믹스견의 경우도 똑같이 중요하다. 유전자 기술의 발전 덕분에 이제 보호자들은 실험실 검사를 통해 믹스견이 어떤 품종들로 이루어져 있는지 알 수 있게 되었다. 하지만 유전자 검사로는 단지 우리 반려동물의 혈통에 어떤 품종이 포함될 수 있는지를 알 수 있을 뿐, 그 개의 개별적인 건강, 기질과 과거 경험 또는 부모견의 건강, 기질 그리고 경험에 대해서는 알 수 없다.

그 품종만의 역사에 대한 이해가 필요한 순종견

다양한 문화 속에서 수천 년간 이뤄진 선택적 번식으로 개의 조상으로부터 수백 종의 독특한 품종이 만들어졌다. 인간은 수많은 세대를 거치며 크기, 털, 색깔 그리고 다양한 신체적·행동학적 특성을 얻기 위해 개를 선택적으로 번식시켰다. 전문 브리더들은 그들이 원하는 일련의 특성을 정한 뒤, 그 특성을 갖고 있으면서 그들의 자손에게 그것을 전해줄 가능성이 더 높은 개체를 선택적으로 번식시켰다. 좋은 브리더는 원하는 특성을 갖추지 않은 자손은 절대 번식에 참여시키지 않고 품종을 정립하는 데 필요한 최상의 표본 개체들만 찾아냈다. 그래야 그들이 원하는 특성을 유지할 확률이 높은 강아지를 생산할 수 있었다. 예를 들어, 자신의 양 떼를 지켜줄 파트너견을 찾는 양치기는 양 무리를 이리저리 이동시키되 그들을 사냥하거나 해치지 않는 본능을 가진 개들을 선택했다.

이 책에서 각 품종에 대한 정보를 다루기엔 한계가 있다. 전문서적을 통해 정확한 정보를 얻을 수 있는데 다만 인터넷상에는 잘못된 정보가 많이 퍼져 있으므로 주의해야 한다. 관련 서적들이 많지만 미국수의행동학회는 특히 벤저민 하트Benjamin L. Hart와 리넷 하트Lynette A. Hart가 쓴 《완벽한 강아지The Perfect Puppy》라는 책을 추천한다. 56개 품종에 대한 정보가 요약 정리됐는데 우리가 아는 한 통계상으로 입증된 과학적 연구를 토대로 한 유일한 책이다.

품종 정보를 찾을 수 있는 곳

- 경험 있는 수의사를 방문한다.
- 미국켄넬클럽American Kennel Club, AKC과 유나이티드켄넬클럽United Kennel Club, UKC[19] 같은 혈통관리협회breed registry organization와 품종 클럽 및 단체를 통해 조사한다.[20]
- 마음에 두고 있는 품종의 성견을 직접 보기 위해 도그 쇼dog show를 방문한다. 브리더 또는 핸들러와 그들이 데리고 온 개에게 가까이 접근할 수 있는 벤치드

> 도그 쇼benched dog show[21]에서는 직접 핸들러에게 질문도 할 수 있다. 좀 더 전통적인 형태인 컨포메이션 도그 쇼conformation dog show는 미인대회와 비슷하게 주로 외모 및 자세에 중점을 두고 개를 평가한다.[22] 대조적으로 각 개들의 타고난 능력과 교육을 통해 얻은 능력을 겨루는 방식의 도그 쇼 종류도 있는데 주로 개의 교육 가능성 자질에 초점을 둔다.
>
> - 전문 서적 및 전문 인터넷 웹 사이트에는 개를 선택하고 또 우리 집에서 사는 법을 개에게 가르쳐 줄 알맞은 교육법에 대한 정보가 매우 많다. 다만 인터넷의 경우 공신력 있는 곳의 정보만을 이용해야 하는데 대표적인 두 가지 웹사이트로는 퓨리나 http://www.purina.com/dogs/dog-breeds와 미국켄넬클럽 www.akc.org이 있다. 전문 서적 역시 신뢰할 만한 저자의 것을 선택해야 하는데, 한 품종에 대해 전문적으로 다루는 책의 경우 저자가 해당 품종에 매우 호의적인 시선을 가져 중요한 문제 및 고려 사항들이 간과될 수 있다. 어떤 것을 피하고 어떤 것을 예측해야 하는지 알기 위해서는 그 품종의 장단점은 물론 '추한' 것까지 배워야 한다는 것을 명심한다.
> - 품종마다 차이가 있듯, 같은 품종 내에서도 개체마다 큰 차이가 있다는 점을 잊어서는 안 된다. 이것은 각 품종 내에 품종을 대표하는 모범적인 개체도 있지만 신체적으로나 행동적으로 품종 표준에 미치지 못하는 부적합한 개체도 있다는 의미다.

어느 특정 품종이 왜 만들어졌는지 그리고 오랜 시간을 거치며 그 품종이 사회에서 어떤 역할을 해왔는지 조사하는 것은 의미 있다. 보더 콜리 Border Collie를 예로 살펴보자. 보더 콜리는 수많은 세대에 걸쳐 움직이는 동물을 그 무리 속으로 모는 행동 성향과 여기에 필요한 높은 신체적·정신적 에너지 덕분에 인간에게 선택된 품종이다.

동물을 모는 행동은 대부분의 보더 콜리가 타고난 행동이며, 만약 우리 집과 생활방식이 이 성향에 대한 배출구를 제공해주지 못한다면 보더 콜리 스스로 그 배출구를 만들어낼 것이다. 강박적인 쫓기, 파괴적 행동 또는 마당에서 노는 아이들을 모는 것 등이 그 예로, 대부분 우리가 원치 않는 행동일 확률이 높다. 이 매우 똑똑한 품종을 위해 양 떼를 갖고 있지 않다면, 그 대신 매일 많은 양의 신체적·정신적 운동과 함께 어질리티, 플라이볼flyball23 같은 고강도 도그 스포츠를 해줘야 한다. 그래야 가장 그 개다운 삶을 살 수 있다.

활동적이고 높은 에너지를 가진 품종인 오스트레일리안 셰퍼드, 제이크가 프리스비Frisbee를 찾아오고 있다.
ⓒ Jen Cooper

나에게 맞는 품종 고르기

품종은 크게 그룹별로 나눌 수 있는데 각 품종 그룹은 우리가 결정을 내리는 데 도움이 될 만한 공통 속성을 갖고 있다. 예를 들어, 리트리버Retrievers24 종들은 찾아오고 싶어 하고(그리고 입에 물고 있으려고 거의 아무거나 줍고) 사회적 교류와 더불어 좀 더 활동적인 생활방식을 원하는 경향이 있다. 테리어 종들은 집요한 성향이 있고 지적 본능이 강해서 정신적 자극과 작은 먹이를 사냥하려는 타고난 성향에 대한 배출구가 제공되지 않을 때 문제로 이어질 수 있다.

작은 몸집의 개들도 강한 존재감을 가질 수 있다는 점을 명심하자. 잭 러셀 테리어Jack Russell Terrier는 덩치는 휴대용 가방에 쏙 들어갈 만큼 아담하지만 지능과 투지 면에서는 다른 개들에 뒤지지 않는다. 이 품종은 굴 속에 사는 작은 동물을 쫓아가 사냥하도록, 그리고 현대의 모든 개 품종들 중에서 가장 활동적인 라이프스타일을 즐기도록 만들어졌다. 텔레비전 시트콤 '프레이저[25]'에 나온 개, 에디처럼 소파에 앉아 텔레비전만 보며 시간을 보내는 잭 러셀 테리어는 없다. 만약 할아버지를 위한 조용하고 차분한 작은 반려견을 찾고 있다면 이 개는 고려하지 않는 편이 좋다.

7가지 품종 그룹

미국켄넬클럽AKC에서 사용하는 것과 같은 전통적인 품종 그룹화 방식은 보통 그 품종의 역사적 역할을 고려해 만들어졌다.

- 스포팅 그룹(조렵견)[26]Sporting dogs: 이 그룹에 속한 개는 총으로 새를 사냥하는 것을 돕기 위해 땅 위와 물속에서 모두 활동한다.
- 하운드 그룹(수렵견)Hound dogs: 이 그룹에 속한 개는 사람이 사냥하는 것을 돕기 위해 시각 또는 후각을 이용한다.
- 워킹 그룹(사역견)Working dogs: 이 그룹에 속한 개는 수레를 끌거나, 건물을 지키거나, 수색하고 구조하는 서비스를 수행하기 위해 번식되었다.
- 테리어 그룹Terriers: 이 그룹에 속한 개는 보통 쥐와 같이 재산에 해를 입히는 해수를 없애기 위해 번식되었다.
- 토이 그룹Toy dogs: 이 그룹에 속한 개는 가정용 반려견이 되도록 번식되었다.
- 논스포팅 그룹Non-sporting dogs: 이 그룹에 속한 개는 크기와 역할이 다양하며 대부분 반려견으로 여겨진다.
- 허딩 그룹Herding: 이 그룹에 속한 개는 양치기와 목장 주인을 도와 그들의 가축을 몰기 위해 번식되었다.

사람들은 저마다 개에게 다른 것을 찾고 가정 환경도 크게 다르다. 당연히 모든 사람에게 딱 맞는 '최고의 품종'은 없다. 어떤 품종들, 비교적 소형 품종들은 열여덟 살까지 살 수도 있지만, 덩치가 아주 큰 품종들은 수명이 훨씬 더 짧다는 사실도 알아야 한다. 여덟 살 된 비숑 프리제Bichon Frise는 이제 겨우 중년에 이르렀지만 같은 나이의 그레이트 데인Great Dane은 아마 생의 마지막 시기에 이르렀을 가능성이 높다.

한두 가지 품종으로 추린 뒤, 그 품종의 성견을, 그리고 가능하다면 우리가 찾고 있는 성별의 성견을 키우고 있는 최소 두세 명의 사람을 '가정 방문'하여 개를 만나 보는 것이 도움이 된다. 우리가 입양할 개는 자신의 삶의 첫 해를 제외한 모든 시간을 성견으로 지낸다는 것을 잊지 말자. 즉, 강아지만 보고 단순히 판단해선 안 된다는 말이다.

경험 많은 수의사나 평판 좋은 브리더 또는 품종 클럽의 회원처럼 품종에 대해 박식한 사람은 우리가 살고 있는 지역 내에 있는 품종 및 특정 혈통 라인에 대한 정보와 경험을 공유해 줄 수 있다.

품종 내 변이

일부 품종은 행동상 그리고 신체적 외형상의 변이가 폭넓게 일어날 수 있다. 같은 품종의 개가 완전히 다르게 행동하듯 행동상의 차이가 방대할 수 있는데, 이는 오늘날의 진보된 유전자 분석에 의해 증명되고 있다.

예를 들어, 보더 콜리 같은 몇몇 품종은 전람회용 쇼 도그 혈통show lines과 실무용 워킹 도그 혈통working line[27]이 거의 별개의 품종이라 해도 될 정도로 너무 다른 행동 패턴을 보인다. 쇼 도그 혈통은 표준이 되는 외모 및 형태를 갖추기 위해 선택된 개의 가계families of dogs인 반면, 워킹 도그 혈통은 그들이 해내야 하는 실무에 필요한 강점을 얻기 위해 선택되고 번식된 개체들이다. 쇼 도그 혈통의 보더 콜리는 워킹 도그 혈통에서 아주 두드러지게 나타나는 전형적인 행동 패턴, 즉 동물을 모는 성향을 거의 보이지 않을 수 있다. 이것은 필드 도그field dog(예를 들어, 새를 물고 돌아오는 것)와 쇼 도그 혈통으로 나뉘는 다양한 사냥견 품종들에서도 나타나는 현상이다.

대표적으로 가족 반려견으로 매우 인기 있는 래브라도 리트리버Labrador Retrievers와 골든 리트리버Golden Retrievers가 있다.

워킹 도그 혈통의 한 보더 콜리가 전형적인 몰이 자세를 취한 채 양 떼를 이동시키고 있다.
© Janet Elliott

디자이너 도그

디자이너 도그designer dogs는 일반적으로 두 가지 품종의 순종견을 선택적으로 번식시킨 결과물이다. 이 개념은 아마도 스탠다드 푸들Standard Poodles이 지능이 뛰어난 데다 털이 적게 빠져 알레르기를 덜 일으키기 때문에 다른 품종과 선택적으로 번식되었던 20세기 후반에 생겨난 것으로 보인다. 스탠다드 푸들과 래브라도 리트리버를 번식시킨 결과, 래브라두들Labradoodles이라 불리는 하이브리드종Hybrid이 탄생했다.

이런 의도적인 혼합으로 태어난 강아지들은 슈누들Schnoodle(슈나우저와 푸들)과 퍼글Puggle(퍼그와 비글)처럼 두 순종 부모의 품종 이름에서 딴 음절 또는 소리로 만든 혼성어로 불린다. 점점 더 많은 브리더가 이 유행에 동참

하면서 더 많은 종류의 디자이너 도그가 만들어졌다.

품종이란 그 품종에 속하는 두 개체가 서로 짝짓기를 했을 때 일관된 타입의 자손이 나타나는 것을 의미한다. 다시 말해, 자손은 부모와 동일한 품종 특징(털, 크기, 기타 등등)을 가진다. 하지만 디자이너 도그의 경우에는 그렇지 않을 수 있다. 자손은 어느 한쪽 부모의 품종 특징 또는 둘 모두가 섞인 특징을 가질 수 있으며 한배 형제끼리도 서로 크게 다를 수 있다.

대중들이 이런 디자이너 도그들을 좋아하고 수요가 늘면서 유행을 기회 삼아 이익을 챙기려는 강아지 공장이 급증했다. 강아지 공장은 최단기간 내에 강아지를 생산하기 위해 어미 개를 최대한 자주 출산하게 만들뿐더러 환경도 불결한 경우가 대다수다. 이미 건강 상태가 안 좋을 수 있는 강아지들이 펫숍까지 트럭으로 장거리 배송되거나 신문 광고와 인터넷을 통해 판매되는데, 이런 배송 과정 또한 강아지에게 큰 스트레스를 주며 그 과정에서 많은 수가 병들거나 죽는다. 이런 스트레스 유발 요인들은 강아지의 발달 과정에 부정적인 영향을 미칠 가능성이 있다.

한 마리 아니면 두 마리?

수의행동학자인 바버라 셔먼Barbara L. Sherman과 캐스린 루벨Kathryn Wrubel 박사의 보호자 보고에 근거한 각각의 연구에 따르면, 같은 배에서 태어난 강아지 두 마리를 집에 데려오는 경우 보호자가 이들과 유대감을 형성하기 힘들 정도로 두 강아지가 매우 가깝게 지낸다. 반면 전형적으로 한 살 반에서 두 살 때인 사회적 성숙기에 접어들면서는 서로 싸우기 시작할 가능성이 높다. 이들에게 배변 교육, 기본 예절교육 그리고 단순한 가정 매너를 가르치는 일에는 두 배 이상의 노력과 시간이 든다. 한배에서 태어난 강아지들을 보고 동시에 두 마리를 데려오고 싶어진다면 이 연구 결과들을 기억하고 충분히 감내할 수 있는지 따져봐야 한다.

어디서 데려올까?

개를 데려올 수 있는 곳은 전문 브리더, 일반 분양자, 동물 보호소, 품종 구조 단체, 개인 판매자, 펫숍 등 다양하다. 동물 보호소와 품종 구조 단체는 보호자가 양육권을 넘겼거나 유기된 개들에게 집을 찾아주어 생명을 구하고 있다. 이런 개들이 이전 집에서 버림받은 데는 행동상의 원인이 있을 수 있으며 그들의 과거에 대한 정보를 더 많이 얻을수록 앞으로의 행동을 더 잘 예측할 수 있다는 것을 기억해야 한다.

강아지를 광고한 사람이 자신의 시설에 오지 못하게 하면서 강아지를 직접 데려다 주겠다고 한다면 경계해야 한다. 평판 좋은 전문 브리더는 사람을 만나는 것을 꺼리지 않으며 자기 시설을 자랑스럽게 보여준다. 우리가 갖고 있는 모든 걱정에 대해 기꺼이 상담해줄 뿐만 아니라 오히려 우리 집이 자신의 강아지에게 안전한 곳인지 확인하기 위해 이것저것 질문을 할 것이다.

보호소 또는 구조 단체

일반적으로 반려동물 보호소는 입소 정책에 따라 두 종류로 나뉘는데, 각 보호소가 수용할 수 있는 개가 다르다.[28]

- **개방적 입소**open admission[29]: 보통 도시 또는 주와 계약된 지방 자치제의 보호소로, 해당 지역에서 길을 잃거나, 버려졌거나, 보호자가 양육을 포기하고 데려온 동물 모두를 다 받아들인다. 지방 자치제, 기금, 직원 채용 여부에 따라 아주 다양하긴 하지만 이런 개방적 입소 형태의 보

호소는 각 개들의 배경에 대한 정보가 상대적으로 적을 수 있다. 게다가 제한적인 예산 때문에 개들의 행동 평가를 수행하는 데 한계도 있다. 이런 보호소의 개들은 대부분 길거리를 떠돌거나 버려진 개이다. 또 보호자는 어떤 이유로든 자기가 키우던 반려동물의 양육권을 이곳에 넘길 수 있다.

- **제한적 입소**Limited admission: 대개 일반인에게 받은 기금으로 운영되는 사설 보호소로, 입소가 허용되는 동물의 출처, 종류, 상태에 대한 저마다의 가이드라인이 있다. 이들은 입소 규칙을 만들 수 있는데 원보호자는 그 반려동물의 이력에 대한 정보를 작성하고 왜 자신의 반려동물을 보호소에 넘기려고 하는지도 말해야 한다. 다수의 사설 보호소는 입소된 개의 신체적·행동적 건강 평가를 아주 잘 수행하고 있으며, 문제가 있는 개들의 입양 가능성을 높이기 위해 이들을 도와줄 직원과 예산도 있다. 이런 보호소는 공간이 제한되어 있기 때문에 일단 다 차면 더 이상 개를 받지 않는다. 만약 들어온 개가 바로 새 보호자를 만나지 못한다면 이곳에 몇 개월 혹은 훨씬 더 오랫동안 남을 수도 있다.

지난 수년 동안 이전relocation 현상이 새로운 추세가 되었다. 이는 성공적인 입양을 위해 보호소 및 구조 시스템 속에 있는 동물들을 좀 더 좋은 선택으로 여겨지는 타 지역으로 옮기는 것이다. 예를 들어, 멕시코에서 미국으로 말이다. 강아지와 개에 대한 수요가 공급을 앞지르는 특정 지역에서는, '이전'으로 동물의 부족 문제(때로는 부족하다는 인식)를 해결할 수도 있다.

2005년 허리케인 '카트리나'가 미시시피와 루이지애나를 강타했을 때, 엉망진창이 된 이곳 보호소에 많은 개가 들어오게 되면서 이전 현상이 크게 급증했다. 이전 노력은 국가 전역에 걸쳐 지속되었다. 그런데 이로 인해 보호소 개들의 이력과 정보를 알기가 점점 어려워지고 있다. 개들이 보호소를 이동하는 과정에서 정보가 분실되어 어느 지역에서 왔는지조차도 알 수 없다.

대부분의 보호소와 구조 단체는 입양 신청 절차가 있다. 입양 신청자는 이전에 키웠던 반려동물에게 적절한 수의학적 관리를 해주었는지, 세입자라면 집주인에게 개를 들이는 것을 허가받았는지를 증명해야 한다.

개를 입양하기 전에 기질 또는 행동 검사 결과와 그동안의 이력에 대해 확실히 물어보자. 그래야 어떤 것에 대비해야 하는지 알 수 있다. 보호소에서 하는 행동 검사가 분명 완벽하지는 않지만, 그조차도 제공해 주지 않는다면 다른 보호소를 찾아보는 편이 낫다(57p '기질 검사' 참고).

펫숍

펫숍은 다양한 순종 품종은 물론 '디자이너 도그(특정 두 품종의 혼합)'까지도 제공한다. 일반적으로 입양 신청 절차는 따로 없다. 펫숍이 다양한 강아지를 편리하게 얻을 수 있는 곳이긴 하지만, 이곳 강아지들은 건강하지 않을 가능성이 높다.

펫숍은 공간이 밝고 화려하며, 겉보기에 매우 깜찍한 강아지들이 종류와 크기별로 다 있다. 하지만 이곳에 있는 강아지들은 대개 건강하지 않은 환경에서 온다. 수많은 상업용 펫숍은 강아지 공장이라고 불리는 대형 번식 시설 또는 그 시설의 중개인으로부터 강아지를 구입한다.[30]

여기서 개를 구입하는 사람들은 강아지의 부모를 만나기가 어렵기 때문에 부모의 우수성을 확신하기 힘들다. 부모견 모두 상태가 몹시 나쁠 수 있고, 특히 종모견은 정신적·신체적 고통에 시달리는 경우가 많다. 어미가 분비하는 호르몬은 탯줄을 통해 새끼에게 공유되기 때문에 어미가 임신 기간 동안 받는 스트레스는 뱃속의 강아지에게 고스란히 전달된다. 동물생리학자 게리 모버그Gary Moberg 박사의 저서 《동물 스트레스에 대한 생물학The Biology of Animal Stress》에 따르면, 태아기에 코르티솔과 아드레날린 같은 스트레스 호르몬에 과다하게 노출되면 비정상적인 뇌 화학 반응이 일어날 수 있다는 연구 결과가 있다. 특히 시상하부-뇌하수체-부신 축 hypothalamic-pituitary-adrenal axis, HPA이라 불리는, 뇌의 시상하부와 부신(스트레스와 관련된 호르몬을 생성하는 분비선) 사이 경로에서 비정상적인 조절이 일어날 수 있으며 이로 인해 성견이 됐을 때 불안감, 두려움 그리고 심지어 공격성 문제가 나타날 수 있다. 강아지를 펫숍에서 빨리 데려올 수 있지만 불행히도 강아지는 태어나기도 전에 상당한 정서적 손상을 입은 상태일 수 있다.

대부분의 대형 순종 번식 시설들은 미국켄넬클럽에 등록된 품종을 제공하고, 우수한 혈통을 증명하는 등록 서류와 혈통 서류를 갖고 있다. 하지만 부모견의 행동이나 임신 기간 중 생활 상태를 직접 확인할 수 없다면 그 강아지가 믿을 만한 곳에서 왔는지 알 길은 없다.

가장 똑똑한 품종 10

브리티시 콜롬비아 대학University of British Columbia의 심리학자이자 세계적 베스트셀러의 저자인 스탠리 코렌Stanley Coren 박사는 미국과 캐나다에 있는 208명의 복종 훈련 심사위원들로부터 얻어낸 자료들을 연구해 공식적인 복종 훈련에서의 업무 수행 능력을 기준으로 가장 똑똑한 품종을 선정했다. 개들이 능력을 발휘하고 보여줄 수 있는 상황은 많으며, 서비스견[31] 업무, 마약 탐지, 어질리티 대회 등이 포함된다. 복종 대회의 성과도 이 중 하나로, 평가 활동에 따라 가장 똑똑한 품종에 대한 결과가 달라진다.

개의 진짜 지능을 평가하는 것은 간단한 일이 아니다. 다음에 나오는 코렌 박사의 목록은 애견 파크에서 친구들과 즐겁게 토론을 벌일 만한 재미있는 소재가 될 것이다. 하지만 이 리스트에 있는 개를 직접 키우는 건 심사숙고해야 할 일이다. 매우 지적인 개를 일반 가정에서 키우면 진이 빠질 수 있기 때문이다. 개보다

> 항상 한 수 위에 있기란 쉽지 않다.
> 1. 보더 콜리
> 2. 푸들
> 3. 저먼 셰퍼드
> 4. 골든 리트리버
> 5. 도베르만 핀셔
> 6. 셔틀랜드 쉽독
> 7. 래브라도 리트리버
> 8. 파피용
> 9. 로트와일러
> 10. 오스트레일리안 캐틀독

전문 브리더

평판도 좋고 윤리적인 브리더로부터 건강한 새 순종 강아지를 데려온다면, 그 강아지가 부모 및 선조들이 가졌던 신체적·기질적 특성을 안정적으로 보이는 성견으로 성장하리라 기대할 수 있다. 평판이 좋은 브리더에게서 순종견을 데려올 때의 또 다른 이점은, 자손에게 전달된다고 알려진 심각한 건강 문제에 대해 부모견이 검사를 받았다는 것이다. 그런 문제들 중에는 고관절 이형성증과 팔꿈치elbow 문제 같은 근골격계 문제가 있으며, 동물정형외과재단Orthopedic Foundation for Animals, OFA 또는 펜힙PennHIP[32]을 포함해 비영리 수의 보건기구에서 이를 검사할 수 있다. 뿐만 아니라, 반려견 안구 등록 재단Canine Eye Registration Foundation, CERF[33]을 통해 눈 건강 문제도 검사받을 수 있다. 그 외 다른 검사도 가능하다.

전문적이고 윤리적인 브리더라면 양측 부모견의 행동, 임신 기간 동안의 상태, 이전에 태어났던 새끼들의 행동뿐만 아니라 해당 품종에 중요하다고 알려진 표준 신체 건강 증명서에 대한 정보도 제공해줄 것이다. 수의사와 지역 품종 클럽으로부터 지역 내의 좋은 브리더를 추천받을 수 있다.[34]

전문 브리더로부터 강아지를 구할 예정이라면 한쪽 부모 또는 이상적으로는 부모견 모두를 만나게 해줄 것을 요청해보고, 부모견이 아이를 포함한 당신의 가족, 낯선 사람 그리고 다른 개나 고양이와 어떻게 상호작용하는지 지켜본다. 만약 브리더가 부모견을 만나게 해주지 않는다면 그 개가 원치 않는 행동 특성을 갖고 있을 수도 있다고 의심해볼 만하다.

강아지가 사랑받고, 안전하고, 트라우마 없는 환경에서 자랐는지 반드시 확인한다. 사람에게 내성적이거나 혹은 너무 미친 듯이 날뛰거나 과하게 적극적이지 않은, 균형 잡힌 강아지를 찾기 위해 한배에서 태어난 새끼들을 조사한다. 부드럽게 이리저리 만지고 몸을 살며시 붙잡고 있을 때 강아지가 편안하게 반응하는지 확인하는 것이 도움이 된다. 하지만 밥 윌슨Bob Wilson과 할 순드그렌Hal Sundgren이 1998년 논문에서 보고했듯, 또 행동학자 제임스 서펠James Serpell도 말했듯, 오늘날의 공식 강아지 기질 검사로는 미래의 성견 행동을 정확하게 예측하기 어렵다.

강아지는 약 8~10주령이 될 때까지 어미와 형제들과 함께 있어야 한다. 이 기간은 브리더의 사회화 교육과 사육 환경의 풍부화의 질, 즉 정상적인 사회적·정신적·신체적 활동에 노출되는 기회들에 따라 어느 정도 달라질 수 있다. 또한 집에 강아지를 데려온 뒤 좋은 학습 환경을 제공할 수 있는 우리의 능력에 따라서도 달라질 수 있다.

품종 유행 현상

전에는 흔치 않아 구하기 힘들었던 품종도 인기가 높아지면 쉽게 구할 수 있게 된다. 예를 들어, 카발리에 킹 찰스 스패니얼Cavalier King Charles Spaniel은 30년 전까지만 해도 개 품종 관련 책 대부분에서 언급조차 되지 않았다. 미국켄넬클럽의 《애견 품종서Complete Dog Book》에도 기타 부류에 간신히 실렸을 뿐이다. 그 품종의 기원은 수백 년 전으로 거슬러 올라가지만, 미국켄넬클럽에서 인정받은 것은 불과 1995년의 일이다. 그랬던 카발리에가 인기가 높아진 건 '섹스 앤 더 시티Sex and the City'에 나오면서다(한 품종이 미디어에 나오면 대체로 인기가 생긴다).

> 하룻밤 사이에 인기가 급상승한 품종의 사례로 '래시'의 콜리, 영화 '101마리 달마시안'의 달마시안 그리고 드라마 '프레이저'의 잭 러셀 테리어를 들 수 있다.
> 한 품종이 인기가 급증하면, 수요가 늘어 브리더는 생산에 대한 압박을 받는다. 이 과정에서 브리더가 해당 품종의 신체상으로나 행동상으로 건강한 대표만 선택적으로 번식시키는 것에 대한 중요성을 망각하면 기질 문제가 발생할 수 있다. 여기에서 얻을 수 있는 교훈은 유명세 때문에 그 품종에 끌린다면, 반드시 전문 브리더로부터 강아지를 얻되, 시간을 갖고 평판 좋은 브리더를 신중하게 찾아야 한다는 것이다.

일반 분양자

개인 또는 일반 분양자로부터의 입양은 대개 온라인이나 신문 광고를 보고 연락하거나 상자에 담긴 개를 우연히 직접 보는 식으로 이뤄진다. 일반 분양자들은 보호자가 양육권을 포기한 성견이나 우연한 번식으로 태어난 믹스 품종의 강아지를 분양한다.

강아지를 얻기 위해 이 경로를 선택한다면 개의 의료 문제나 행동상의 문제를 떠안게 될 수 있으니, 원주인이 개를 포기한 '진짜' 이유에 관해 최대한 많이 정확하게 알아봐야 한다. 물론 그 사랑스러운 개가 어쩔 수 없는 상황으로 새 보호자가 필요한 것일 수도 있다.

이 경로를 통해 강아지를 입양할 경우, 강아지의 부모견을 만나 그들의 의학적·행동적 건강을 확인한다면 정말 좋겠지만, 그 강아지가 너무 귀엽다는 것 외에는 아무것도 알 수 없다면 그야말로 앞으로 모험이 시작될 수 있다.

강아지 또는 성견,
몇 살 된 개를 입양할까?

어디서 데려오건 간에 가정에 새 개를 들일 때는 나이에 대해 고려할 사항들이 몇 가지 있다. 8~10주령 사이의 강아지를 선택할 때의 한 가지 장점은 그 강아지가 아직 사회화의 민감한 시기에 있다는 것이다(6장 참고). 이것은 앞으로 삶을 함께 공유할 가능성이 큰 사람, 다른 개 그리고 심지어 다른 종류의 동물에게 강아지를 노출시키는 동안 우리가 계속 상당한 영향을 줄 수 있다는 의미다. 강아지는 초기 학습을 통해 우리 공동체에서 예의 바르고 환영받는 구성원이 되는 것을 배울 수 있다. 우리는 강아지의 초기 학습에 대한 책임자가 되어 트라우마가 될 수도 있는 충격적인 경험으로부터 연약한 강아지를 보호해야 한다.

한편, 강아지는 모두 씹는 시기 혹은 이빨이 나는 시기를 거치고, 긴 여정이 될 수 있는 배변 교육을 거쳐야 한다. 모든 집이 새 강아지의 파괴적 행동을 견뎌내기에 충분할 만큼 단단하지도 않고, 모든 보호자가 강아지가 배설 장소를 제대로 배울 때까지 일어나는 배변 실수들을 참을 수 있는 것도 아니다.

성견의 경우에는, 어린 시절을 거치면서 배변 교육도 잘되어 있고, 사회화도 잘되어 있고, 어떤 것을 씹어도 되고 안 되는지 잘 배웠을 때만 입양하는 것이 좋은 선택일 수 있다. 성견은 일차적 사회화 시기가 이미 지났을 가능성이 크기 때문에, 우리는 그 개가 자라면서 배워온 좋고 나쁜 모든 것을 인계받을 테지만, 그 개의 행동에 미칠 수 있는 영향력은 상대적으로 적을 것이다.

수컷 또는 암컷, 더 좋은 반려동물은 어느 쪽일까?

일반적으로 개는 개체 간에 성별 차이보다 성격 차이가 더 크다. 즉 성별에 상관없이 개체 간 다양성이 충분히 크기 때문에 수컷이냐 암컷이냐 하는 문제는 별로 중요하지 않다. 게다가 대부분의 강아지가 성 성숙에 이르기 전에 중성화되기 때문에 행동에 성 호르몬이 미치는 영향이 감소한다. 강아지의 행동에 큰 영향을 주는 것은, 성별이 아닌 여러 다양한 긍정적인 상황에 일찍 노출된 경험이다. 즉 강아지 시기의 사회화가 무엇보다 중요하다.

기질 검사

오늘날 많은 보호소가 어떤 성견이 입양에 적합할지 그리고 그 개가 어떤 타입의 가족과 가장 잘 어울릴지를 예측해 보기 위해 기질 검사를 활용한다.[35] 이런 검사들이 새로 입양된 개의 행동을 얼마나 잘 예측하는지 입증하기 위한 연구가 여전히 진행 중에 있다. 보호소에서 사용되는 검사에는 '찰떡궁합 짝 만나기Meet Your Match' 혹은 '새 가정 찾아주기 진단을 위한 안전성 평가Safety Assessment for Evaluating Rehoming, SAFER', '매치업 IIMatch-Up II' 그리고 '반려동물 평가Assess-a-Pet'가 있다.

보스턴 동물 구조 연합Animal Rescue League of Boston에 속해 있는 '보호소 개들을 위한 센터Center for Shelter Dogs'의 에이미 마더Amy Marder는 매치업 II를 이용해 그곳의 개들을 평가한다. 매치업 II는 성공적인 입양을 위해 개의 행동 이력과 보호소에서의 행동에 대한 정보를 통합해 그 개의 욕구를 가장 잘 채워줄 수 있는 집을 매칭하도록 설계되었다.

이런 기질 검사들은 저마다 독특하지만 대부분 공통적인 요소와 목적을 가진다. 사람 또는 다른 개와 있을 때의 사회적 행동, 교육 가능성, 핸들링 가능성handling ability[36], 음식이나 자원에 대한 소유욕에서 비롯되는 공격성 성향에 대한 평가가 그렇다. 수의행동학자 엘리스 크리스튼슨E'Lise Christensen의 2007년 연구 결과를 비롯해 그동안의 연구들은, 보호소 기질 검사가 분리불안, 영역 행동, 친숙한 가족 구성원에 대한 공격성 같은 특성들을 예측하는 것이 어렵다는 것을 보여주고 있다. 따라서 행동 평가 검사는 이전 보호자로부터 행동 이력을 최대한 얻고 경험 많은 보호소 직원의 관찰이 병행될 때 정확성을 보완할 수 있다.

집에 어린아이나 다른 반려동물이 살고 있다면, 반드시 입양을 진행하기 전 마음에 두고 있는 새 개와 기존의 가족이 어떻게 지내는지를 관찰해야 한다. 아이들 주변에서 편안하게 있는 개는 대체로 아이에게 공격성을 보일 가능성이 적다. 가정견으로 좀 더 적합한 이런 개들은 적절한 매너로 아이들에게 인사하고 성인들에게 하는 것과 똑같은 방식으로 아이들에게 관심을 구할 것이다. 아이들에게 관심을 보이지 않거나 심지어 적극적으로 피하는 개는 아이를 다소 무서워할 가능성이 있다. 이런 개는 어울리는 짝이 아닐 수 있다(8장 참고).

집에 고양이가 있다면, 마음에 두고 있는 개가 고양이와 잘 지내는지 확인한다. 사냥감 몰이 욕구prey drive가 강한 개는 같이 사는 고양이를 쫓거나 심지어 공격할 수 있기 때문에 이 조합은 꽤 위험할 수 있다. 입양 전에, 서로 관심이 있고 편안한지 확인하기 위해 서로를 소개시킨다.

아이나 다른 반려동물이 있는 집에서 위탁 양육[37] 중인 개를 입양하는 방법도 있다. 이 경우 기질 검사나 짧은 관찰에 비해 훨씬 더 정확한 평가를 얻을 수 있다. 하지만 반려동물의 성격은 달라질 수 있을뿐더러 위탁 양육 중이던 집에서 잘 지낸다고 해서 우리 집에 있는 반려동물들과도 혹은 우리가 제공하는 환경에서도 잘 지내리란 보장은 없다.

어떤 개들은 몇 주간은 특정 행동 문제를 보이지 않을 수도 있다. 이것을 소위 입양 후 신혼 기간이라고 부르는데, 새로운 환경이 편해질 때까지 다르게 행동하는 것으로 몇 달이 될 수도 있다. 많은 개가 이런 행동을 보인다. 개가 자신의 새로운 가족과 유대감을 형성하기 시작하고 자기 영역에 익숙해지면서 공격성 문제가 발달할 수도 있기 때문에, 새로 온 개가 새 환경에 적응하는 동안은 주의를 기울여야 한다.

입양과 관련된 잘못된 속설과 진실

둘째 개를 들이면 분리불안을 겪고 있는 첫째 개가 치료된다

분리불안증을 가진 개 중에는 두 번째 개와 함께 지내면서 편안함을 찾는 개도 있긴 하다. 그러나 불안해하는 개들의 대다수는 새로운 다른 개가 사람을 대신한다고 생각하지 않고 사람이 떠난 집에 남겨지면 계속 불안해한다. 또한 지금 키우고 있는 개의 고통이 새로 온 개의 행동에 영향을 미쳐 문제가 두 배가 될 수 있다. 게다가 둘이 사이가 좋지 않다면 싸움이 일어날 수 있고, 키우고 있는 개와 우리 모두에게 훨씬 더 큰 스트레스가 될 것이다(11장 참고).

성별이 다른 개를 데려오면 둘은 싸우지 않는다?
(예: 암컷을 키우고 있다면 수컷 데려오기?)

야생의 수많은 사회적 동물에 대한 연구가 반대 성별의 구성원끼리는 거의 싸우지 않는다는 결과를 보여주고 있지만, 길들여진 동물이자 동시에 대부분이 중성화된 개의 경우, 우리는 여전히 한 집에 사는 수컷과 암컷이 싸우는 것을 주기적으로 접하고 있다. 이는 터프츠 대학의 수의학과Tufts College of Veterinary Medicine에 있는 캐스린 루벨과 그녀의 동료들이 2011년에 보고한 연구 결과와 같다. 야생의 수컷과 암컷은 서로를 잠재적 짝짓기 대상으로 볼 수 있고 또한 어떤 것을 두고 싸울 문제도 거의 없을 수 있지만, 우리 집에서는 탐나는 음식, 씹는 장난감과 뼈, 사람, 그 외 원하는 다른 수많은 자원을 두고 경쟁하느라 다른 성별들끼리도 싸울 수 있다. 또한 보통 중성화되어 있기 때문에, 그들의 야생 조상이 그랬던 것처럼 서로를 잠재적 짝짓기 대상으로 볼 가능성이 없다.

미국켄넬클럽 등록증이 있으면, 강아지 공장 출신이 아니라는 뜻인가?

강아지 공장 또는 상업용 번식 시설에서 온 대부분의 강아지가 미국켄넬클럽 또는 다른 등록 기관을 통해 등록한 혈통서를 갖고 있다. 이런 대량 번식 시설은 자기 동물에 대한 혈통서를 항상 보유하고 있다. 혈통서에 챔피언이 포함되어 있다고 해서 그 개가 강아지 공장에서 오지 않았다고 장담할 순 없다. 강아지 공장도 챔피언견 또는 챔피언견과 교배된 개로부터 번식용 강아지를 얻을 수 있다.

중요 포인트

숙제를 끝내고 새 반려동물을 골랐다면 이제 새로 맞이한 개가 첫 단추를 잘 꿰어 나갈 수 있도록 도와줄 차례다. 좋은 습관을 갖게 하고 행동 문제를 방지하기 위한 우리 노력은 개가 집에 오자마자 바로 시작되어야 한다.

처음 며칠은 새로 온 모든 개에게 중요하며, 강아지에게는 더욱 그렇다. 강아지가 삶에서 무엇이 안전하고 허용되는지 배우는 데 중요한 민감한 사회화 시기는 12~14주령 정도에 서서히 끝난다. 강아지를 제한 없이 그리고 보호자 없이 집 곳곳을 다니게 하거나, 마당 한 구석에 혼자 있게 내버려두면 강아지는 우리가 원치 않는 행동을 배울 수 있으니 주의한다.

크레이트crate 교육부터 시작하는 것이 좋다. 이는 강아지가 집에서 배변 실수하는 것을 예방하는 안전한 방법이자 아무도 집에 없을 때 물건을 망치거나 위험한 행동을 못 하게 예방하는 방법이다. 또한 크레이트는 강아지에게 어린아이들의 과도한 터치를 피해 숨을 도피처가 되어주며, 강아지가 혼자 남게 되었을 때 차분한 상태를 갖도록 도와줘서 독립성을 가르치는 데 사용되기도 한다(교육과 사회화는 6장, 배변 교육은 4장 참고. 크레이트 교육은 부록 참고).

요점 정리

- 가족이 될 개를 찾는 데 최선을 다해야 한다. 나에게 맞는 개인지 신중하게 평가하고, 나와 내가 제공할 환경에 가장 잘 어울리는 품종 또는 믹스 품종에 대해 조사한다.
- 텔레비전이나 영화에 출연한 개에 끌려 품종을 선택하는 건 위험하다. 그 개는 까다로운 절차를 거쳐 선택되었고 고강도의 훈련 끝에 그 역할을 해낸 것이다. 또 선택적 기억selective memory[38]에 의해 특별하게 간직된 어린 시절 추억의 개를 선택하는 것도 좋지 않다. 현재 상황은 그때와 매우 다를 수 있고 그 품종이 더 이상 우리의 라이프스타일에 맞지 않을 수 있다.
- 가능한 몇 가지 품종을 정했다면, 해당 품종의 개를 찾을 수 있는 곳에 대해 고민해보고 보호소에서 입양하거나 평판 좋은 브리더로부터 데려오는 것에 대해 신중히 고려해 보자.[39]
- 너무 거칠거나 겁이 많지 않고 균형 잡혀 보이는 개를 선택하자.
- 새로운 개와 사랑에 빠질 준비를 하고, 그 개가 새로운 집에 잘 적응하도록 이끌어주고 앞으로 평생 함께 행복하게 잘 살자.

3장

개는 어떻게 학습할까?

멘사견 만들기

캐서린 알브로 홉Katherine Albro Houpt, VMD[40], PhD, DACVB

당신은 한 살 된 믹스견, 팔리를 이제 막 입양했고 그가 당신의 활동적인 가족과 잘 맞는지 확인하고 싶다. 팔리를 어디로 데려가 교육시킬지에 대해 여러 사람들로부터 제안을 받았는데, 저마다 견해가 다르다. 팔리를 위한 가장 좋은 교육법은 어떻게 선택하면 될까?

대부분 사람들은 동네에서 자기 개가 제일 똑똑한 개, 즉 멘사Mensa견이길 바란다. 멘사는 지능 테스트에서 아주 높은 점수를 받은 사람들의 모임이다. 그런데 정말 팔리가 '멘사견'이 되기를 바라는가? 매우 영리하지만 할 일이 충분하지 않은 개를 키우는 사람들이 가장 불행한 보호자에 속한다. 어떤 문이든 열 수 있고, 여행 가방을 꺼내는 것이 무슨 의미인지 알고, 발톱깎기를 파묻어 버리고, 울타리 중 취약한 곳이 어딘지 기억하는 개를 정말 원하는가?

대부분의 사람들에게 완벽한 개란, 부르면 오고, 지시하면 제일 좋아하는 음식도 뱉고, 누구에게도 뛰어오르지 않고[41], 기다리라고 하면 그 자리에서 기다리고, 손님들을 즐겁게 하기 위한 몇 가지 재주를 부리는 개다. 그리고 사실 이런 것들을 배우기 위해 개는 박사학위를 딸 필요도 없다. 가르치는 우리도 마찬가지다. 3장에서는 우리와 개의 삶을 더 편하게 해줄 몇 가지 과제를 개에게 가르치는 방법을 배우게 될 것이다. 우리가 가르치고 있다고 생각하는 것과 개가 생각하는 우리가 가르치고 있는 것 간의 차이도 알게 될 것이다.

교육과 관련된 잘못된 속설

나이 든 개에게는 새 재주를 가르칠 수 없다?

이 말은 분명히 틀렸다. 웨스티Westie[42], 스노위는 열 살이 되어서야 처음으로 '앉아'를 배웠다. 웨스티는 그때까지 보호자에게 더할 나위 없이 완벽한 개였다. 스노위는 정말 아무것도 배우지 않아도 괜찮았다. 시골에서 살았고 한 번도 벗어나 본 적 없는 마당 안에서 자유롭게 돌아다닐 수 있었다. 인사를 할 때 점프하긴 했지만 사람이 아닌 허공을 향해 했다. 앉은 자세에서 앞다리만 들고 일어나 간청하는 것도 혼자 터득했다. 하지만 열 살이 되자 앉는 것을 배울 이유가 생겼다. 스노위의 생활 환경이 바뀌었기 때문이다. 결과는 어땠을까? 스노위는 지시에 따라 앉는 것을 배웠고, 나이 든 개에게도 새로운 재주를 가르칠 수 '있다'는 것을 멋지게 입증했다.

사람처럼 개도 나이가 들면 상대적으로 더 천천히 배운다는 것은 사실이다. 사람과 마찬가지로 개의 경우도 학습 능력 및 인지 기능의 저하는 올바른 식이와 환경 풍부화, 특히 사회적 풍부화를 통해 매우 더디게 진행될 수 있다. 사회적 풍부화는 다른 개들 및 사람들과의 상호작용 기회가 증가된 것을 말한다(노화는 14장 참고).

가장 영리한 개

모든 개는 자신에게 음식, 물, 살 곳 그리고 운동과 수의학적 건강 관리를 제공하도록 우리를 '가르칠' 만큼 충분히 똑똑하다. 그럼, 어떤 개가 가장 영리할까? 이는 우리가 '영리하다'를 어떻게 정의하느냐에 달려 있는데, 현재로서는 단어를 가장 잘 기억하는 개인 보더 콜리를 꼽는다. 보더 콜리는 이름만 듣고 400개 이상의 서로 다른 물건을 가져올 수 있다. 이것은 연관 학습associative learning[43]의 한 형태다. 개는 단어와 물건을 서로 연관 또는 결합해서 배운다. 그야말로 굉장한 일이다. 그런데 더 놀라운 것은 바로 '통찰력 있는' 행동이다. 우리는 모두 개가 꾀가 넘친다고 아는데, 최근 한 실험에서 이것이 증명되었다. 개가 건드렸을 때 시끄러운 소리가 나는 그릇과 조용한 그릇 중 어느 쪽에 담긴 간식을 먹었을까? 사람이 안 보고 있으면 개는 조용한 그릇을 선택해 보호자가 모르게 했다. 상황을 통찰하고 있었던 것이다.

보더 콜리는 명석하기로 유명하다. 사실, 최고의 교육 가능성을 보이는 것으로 평가받는 품종은 푸들과 보더 콜리다. 반대로 가장 낮은 교육 가능성을 보이는 품종으로는 비글Beagles과 바셋 하운드Basset Hounds가 꼽힌다. 하지만 5개 품종에게 여러 가지 학습 테스트를 해봤을 때, 품종 내 차이, 즉 같은 품종의 다른 개들 간의 차이가 다른 품종의 개들 간의 차이보다 더 컸다. 다시 말해, 개의 품종은 교육 가능성 면에서 결정적인 것이 아니다.

교육 가능성이 곧 지능을 의미하는 것은 아님을 기억하는 것이 중요하다. 또 특정 품종은 양 떼를 몰거나, 뭔가를 쫓아 물속으로 뛰어들거나, 토끼를 쫓거나 다른 개나 사람을 공격하는 것 같은 특정 임무를 위해 유전적으로 선택되어 교육됐다는 것도 잊어선 안 된다. 각 품종이 가진 특징은 통째로 유전되는 것이 아니라, 별개의 염색체상에 있는 별개의 속성들로 유전된다. 그래서 만약 뉴펀들랜드Newfoundland와 보더 콜리를 교배시킨다면, 후손 중 일부는 뉴펀들랜드처럼 물을 좋아하면서 보더 콜리처럼 양들을 빤히 노려볼 것이고, 일부는 이런 속성들 중 어느 한 면만 가질 것이다.

그렇다면 개의 지적 능력은 어떨까? 개는 분명히 물건 및 과업을 단어와 연관짓거나 결합하는 것을 배울 수 있다. 개는 샘플 매칭을 할 수 있다. 이는 개에게 물건 하나를 보여준 뒤, 그 물건과 처음 보는 물건 중 하나를 선택하게 하는 과제로, 해당 물건을 선택하면 보상을 준다. 예를 들어, 개가 빨간 고무 다람쥐를 본 다음 장난감 더미를 보고, 장난감 더미에서 빨간 고무 다람쥐를 고른다면 샘플 매칭에 성공한 것이다. 반면 개는 장난감과 장난감 사진을 매칭하는 것은 잘 못한다.

개는 기하학은 이해하지 못하지만, 멘탈 맵mental map은 만들 수 있다. 개에게 리드줄을 착용하고 목표(먹이)로부터 떨어지게 L자 모양으로 걸은 뒤 줄을 놓으면, 개는 지름길(삼각형의 빗변)을 택하여 목표 지점으로 간다. 게다가 멘탈 맵은 금세 지워지지 않는다. 개는 장난감이나 먹이가 숨겨진 곳을 30분 동안 기억할 수 있다.

하지만 장애물barrier 문제에는 약하다. 개가 만약 V자 모양의 장애물 내부에 있다면, V 밖에 있는 보상을 얻기 위해 장애물을 돌아서 가는 방법을 알아낼 수 있다. 하지만 반대로 V 밖에 있다면, V 안쪽에 있는 보상을 얻기 위해 장애물을 돌아가야 한다는 것을 이해하는 데 어려움을 겪는다.

학습이란 무엇인가?

학습은 가르침을 통해 지식을 습득하는 것으로 정의된다. 가장 기본적으로는 전기적 자극, 화학 물질 분비, 단백질 형성을 포함하는 다단계에 걸친 물리적 과정이다.

정보는 신경 말단부로 전기 자극을 보내는 신경세포에 의해 수신되는데, 신경 말단부에서 신경전달물질이 분비되어 다음 신경을 자극한다. 이 과정이 충분히 반복되면 신경이 새로운 단백질을 만들어 새 경로가 형성된다. 즉, 개의 뇌는 학습으로 많이 바뀐다. 특정 신경 조합이 자극될수록, 특정 자극에 대한 반응으로 그 행동이 발생할 가능성이 더 높아진다. 다음 번에 우리가 "앉아"라고 말해서 개가 앉을 때 그 기억을 형성하는 데 관련된 모든 과정에 대해 생각해보길 바란다.

사실 개는 항상 학습하고 있다. 우리가 특별히 뭔가를 가르치지 않을 때도 말이다. 강아지 시절, 코를 촛불에 갖다 댔을 때를 떠올려 보자. 개는 우리 도움 없이 불은 피해야 한다는 것을 배웠다. 비슷한 예로, 개는 거울 속에는 다른 개가 없다는 것도 스스로 배웠다. 개는 매일 산책하면서 끊임없이 학습하고 있다. 개가 어리건 늙었건 나이는 중요하지 않다. 다음은 개들이 학습하는 몇 가지 방법이다.

고전적 조건화

거의 모든 사람이 파블로프의 개에 대해 안다. 파블로프가 발견한 이 원리는 오늘날에도 여전히 적용되고 있고 우리는 이것을 이용할 수 있다. 이반 파블로프Ivan Pavlov는 사실 타액 분비에 대해 연구했고, 심리학이 아닌, 소화관이 어떻게 작용하는지에 대한 연구로 노벨상을 수상했다. 그런데 개의 타액을 채취하는 과정에서 개가 고기를 맛보기 '전에' 침을 흘린다는 것을 발견한 것이다.

고기를 맛볼 때 침을 흘리는 것은 무조건 반응unconditional response이다. 이 말은 학습할 필요가 없는 것임을 의미한다. 다시 말해 자동적으로 일어나는 일이다. 그런데 파블로프의 개는 조건 반응conditioned response을 학습했다. 즉 이 개는 실험을 위한 준비 과정과 자신이 받을 고기를 연관지었고 마치 고기를 맛보는 것처럼 반응했다. 파블로프는 개에게 고기를 보여주기 직전에 종소리를 규칙적으로 울리면 고기의 모습뿐만 아니라 종소리에도 침을 흘리게 된다는 것을 발견했다. 이런 종류의 조건화, 즉 관련 없는 자극(종을 울리는 것[44])과 무조건 자극 unconditional stimulus(고기를 보여주는 것)을 짝짓는 것에 의해 무조건 반응(파블로프의 실험에서는 침을 흘리는 것)이 도출되는 것을 고전적 조건화 classical conditioning라고 한다.

이런 조건 반응은 '클리커 트레이닝 clicker training'이라 불리는 교육 방법의 바탕이 된다. 클리커 트레이닝은 갈수록 인기가 높아지고 있는 개 교육법[45]이다. 클리커는 플라스틱 장난감 같은 기구로, 버튼을 눌러 빠르고 선명하고 일관되고 독특한 '클릭' 소리를 낼 수 있어 이런 형태의 교육에 안성맞춤이다.

클리커 트레이닝을 뒷받침하는 원리는 고전적 조건화이다. 즉, 소리(여기선 클릭click)를 무조건 반응(맛있는 간식 맛보기)과 결합한 것이다. 개가 '클릭 소리는 간식을 뜻한다'는 연관을 형성하는 데는 몇 분이면 족하다. 이 연관을 만드는 과정은 매우 간단하다. 한 번 클릭하고 그 즉시 개에게 간식을 주거나 던져 준다. 약 스무 번 정도 하면, 개는 '클릭은 곧 간식이 온다는 의미다'라는 연관을 형성할 것이다. 개가 곧 간식이 나타날 것이라고 예측하기 때문에 클릭 소리는 이제 그 자체로 보상이 된다.

우리는 이 고전적 조건화 기법과 또 다른 학습 형태인 '조작적 조건화 operant conditioning'를 이용해 개에게 거의 모든 것을 가르칠 수 있다. 그저 우리가 가르치고자 하는 행동을 개가 하는 그 순간에 클릭한 뒤 간식을 주면 된다. 클릭 소리는 '네가 방금 한 행동이 바로 내가 원했던 거야. 이제 너에게 보상을 줄게'를 뜻한다.

조작적 조건화

사실 '조작적 조건화'는 교육 또는 트레이닝을 일컫는 거창한 용어일 뿐이다. 조작적 조건화는 무조건 반응 또는 '자동적' 반응에 의존하지 않는다는 점에서 고전적 조건화와 다르다. 개가 음식을 보면 침을 흘리는 건 자연적인 반응이기 때문에, 사료 캔 뚜껑을 따는 모습을 본 개가 침을 흘리도록 고전적으로 조건화시킬 수 있다. 그런데 파블로프는 고기를 보여줌으로써 자동적으로 개가 침을 흘리게는 할 수 있었지만 개가 공을 밀도록 자동적으로 자극하지는 못했다. 그대신 그 개는 보상을 얻기 위해 환경을 조작하는 법을 배워야 했다.

조작적 조건화에서 개는 자신이 하는 '어떤' 행동, 즉 자신의 환경을 '조작'하는 것으로 유형의 보상을, 예를 들어 간식 또는 간식이 따라오는 클릭 소리를 얻을 수 있다는 것을 배운다. 이때 어떤 행동에 대한 유형의 보상을 '정적 강화positive reinforcement[46]'라고 부른다.

개가 간식을 얻으려면 계속 뒤집어야 하는 플라스틱 용기, 버스터 푸드 큐브Buster Food Cube, 간식 또는 사료 알갱이가 빠져나오도록 이리저리 굴려야 하는 플라스틱 벌집 모양의 장난감인 콩 워블러Kong Wobbler 같이 조작적 조건화에 의존하는 개 장난감이 많다. 비슷한 종류의 장난감에는 플라스틱 병 안에 밧줄이 들어 있는 터그 어 저그Tug-a-Jug가 있다.[47] 개가 특정 방법으로 밧줄을 다루면 간식이 나온다.

개와 스키너 상자

심리학에서 조작적 조건화는 케이지 안에서 레버를 누르고 있는 쥐와 관련되는 경우가 많다. 쥐는 레버를 '조작operates'하고 먹이를 받는다. 이 장치는 그것을 발명한 심리학자 스키너B. F. Skinner의 이름을 따서 스키너 상자라고 부른다.

조로우는 한 살짜리 멋진 도베르만 핀셔인데, 다리가 크게 골절돼 6주 동안 조용히 지내야 했다. 이 말은 조로우가 아주 엄격하게 갇혀 있어야 한다는 의미였고 결코 즐겁지 않은 일이었다. 보호자는 조로우가 움직이지 못하는 상황에 잘 대처하도록 돕기 위해 조로우에 맞는 사이즈의 스키너 상자를 고안했다. 보호자는 조로우에게 사료 알갱이 하나를 받으려면 스위치 판넬을 누르도록 가르쳤다. 조로우는 자기 발이나 코를 사용해 스위치를 눌렀다. 나중에는 사료 알갱이 하나당 스위치를 두 번 눌러야 했다. 보호자는 조로우가 사료 알갱이 하나당 스위치 열 번을 눌러야 할 때까지 스위치 판넬 누르는 횟수를 점차 늘려 나갔다. 그런 방식으로 조로우가 하루 식사를 얻는 데는 오랜 시간이 걸렸지만 조로우는 이것으로 정신적 자극을 받았기 때문에 회복기를 견뎌낼 수 있었다.

조로우는 또 다른 개념, '배우는 것을 배우다'도 몸소 보여 줬다. 일단 스키너 상자를 완벽히 익히자 그 안에서 먹이를 얻기 위해 아주 오랫동안 일할 수 있었다. 뿐만 아니라 문, 용기 그리고 주머니 등을 열어 음식을 얻기 위해서도 오랫동안 일할 수 있었다. 조로우는 끈기만 있으면 먹이를 얻을 수 있다는 것을 배웠다.

학습된 행동 '유지하기'

대부분의 개들, 특히 머리 좋은 멘사견들은 '앉아'가 곧 간식을 얻게 된다는 의미임을 빨리 배우고, 간식이 없으면 우리 요구를 따르길 멈춘다. 전문 용어로 반응이 '소거되었다'고 한다. 이를 피하려면 개를 도박꾼이 되도록 가르쳐야 한다. 대박을 바라며 슬롯머신에 계속 동전을 넣는 도박꾼 말이다. 즉, 매번 간식을 얻지는 못하더라도 결국 보상이 주어질 것이라 기대하고 학습된 반응을 계속하게 가르치는 것이다.

우선 개가 앉을 때 두 번에 한 번씩만 보상을 준다. 단, 앉을 때마다 보상을 주어 개가 '앉아'를 완벽하게 하는 상태여야 한다. 한 번 걸러 한 번씩 보상을 주는 것도 금세 예측이 되니, 매 두 번째, 매 열 번째, 매 다섯 번째 등 불규칙하게 주기 시작한다. 개는 언제 보상이 올지 예측할 수 없기 때문에 다음번에는 보상을 받게 되리라 기대하면서 계속해서 반응을 보일 것이다.

이것은 보상의 빈도, 즉 강화 비율rate of reinforcement이 변하는 것을 뜻하는 '강화의 변동 비율variable ratio of reinforcement'이라 부른다. 이 방식으로 개가 단 한 번의 보상을 받기 위해 수백 번 같은 행동을 반복하도록 가르칠 수 있다. 케언 테리어Cairn Terrier인 니니는 간식 한 개를 얻기 위해 지시에 따라 점프해서 차에 올라타는 것을 배웠다. 16살인 니니는 심지어 열네 번 중 한 번만 간식을 얻었는데도 불구하고 여전히 지시에 따라 차 안으로 점프한다.

니니가 차에 올라탄 것에 대한 보상을 바라며 기다리고 있다. 니니는 보상을 아주 가끔만 받으며, 많은 반응을 보여야 보상을 받는 높은 비율의 보상 체계를 잘 견디고 있다. 니니가 안전벨트를 매고 있는 것도 주목하자.

© T. Richard Houpt, VMD, PhD

처벌은 무엇인가?

'처벌punishment'은 어떤 행동이 다시 일어날 가능성을 감소시키고 싶을 때 우리가 하는 것이다. 하지만 1장에서 다뤘듯이, 개가 어떤 행동을 하고 1초가 지난 뒤에 개의 엉덩이를 찰싹 때리거나 거친 말을 하는 것 같은 처벌을 준다면, 그 개는 처벌과 자신의 행동을 연관시키지 못하기 때문에 우리가 가르치고자 하는 것을 배우지 못한다.

대신 개는 우리가 전혀 의도치 않았던 뭔가를 배우게 된다. 예를 들어 보자. 도로시는 자신의 개, 엔젤이 리드줄을 잡아당기는 것에 질려서 엔젤이 줄을 당길 때마다 목줄collar을 가능한 한 세게 홱 잡아챘다. 그녀의 작은 개는 아이들을 너무 좋아했고, 보통 도로시가 목줄을 잡아챌 때는 엔젤이 학교 주변에 있는 아이들에게 인사하기 위해 줄을 당기고 있을 때였다. 처벌은 효과가 있었고 엔젤은 빠르게 메시지를 알아들었다. 하지만 그것은 다른, 즉 잘못된 메시지였다. 엔젤은 아이들에게 인사를 하려는 자신의 노력과 목이 홱 잡아당겨질 때의 고통을 연관시켰고, '아이들에게 인사하려 했기 때문에 처벌을 받는다'고 이해했다. 겨우 세 번 이 상황이 반복되자 어린아이들에 대한 엔젤의 태도가 나쁘게 바뀌었다. 게다가 엔젤은 계속해서 리드줄을 당겼다.

조작적 조건화를 이야기할 때, 처벌은 정적positive이거나 부적negative일 수 있다. 아마 이 책을 보는 독자들은 "엇? 모든 처벌은 부정적negative이지 않나요?"라고 물을 것이다. 행동과학자들은 '정적'과 '부적'이라는 단어를 다른 의미로 사용한다.

> ### 정적 강화 교육의 긍정적인 결과
>
> 최근 수많은 연구가 처벌 기반의 교육 방법punishment-based training 또는 혐오적 훈련법aversive training은 두려움과 불안감을 증가시킬 수 있기 때문에 득보다 실이 많다는 것을 보여 준다. 반면 정적 강화에 기반을 둔 테크닉은 향상된 학습 효과를 보인다. 수의행동학자 소피아 잉Sophia Yin은 2008년 연구에서 비혐오적인 nonaversive 보상 기반의 교육 방법이 원하는 행동을 촉진하는 데 더 성공적이라는 것을 입증했다. 또, 수의행동학자 메간 헤론의 2009년 연구에서는 처벌 기반의 테크닉이 교육에 사용되었을 경우에 보호자를 향한 공격성 사례가 더 많았다는 것이 드러났다. 그리고 존 브래드쇼John Bradshaw의 2004년 연구들에서는 교육 시 혐오적인 테크닉을 사용한 개가 그렇지 않은 개에 비해 행동 문제를 더 많이 보이는 것으로 나타났다.

- **부적 처벌**negative punishment은 어떤 행동의 빈도를 감소시키기 위해 뭔가를 '제거 또는 빼는' 것을 뜻한다. 물론 그것이 개가 좋아하는 것일 때 가장 효과적이다. 예를 들어, 작고 깜찍한 랫 테리어Rat Terrier, 스파이크가 손님에게 입질을 한다면 보호자는 그 즉시 스파이크만 두고 그 방을 나가는 것을 고려할 수 있다. 스파이크의 행동 문제에 대한 반응으로 스파이크가 좋아하는 무엇, 즉 여기서는 보호자가 함께 있는 것을 제거한 것이다. 타이밍이 정확하다면 스파이크는 손님한테 입질을 하면 보호자로부터의 관심을 잃게 된다는 것을 배운다.
- **정적 처벌**positive punishment은 어떤 행동을 감소시키기 위해 뭔가를 '더하는' 것을 뜻한다. 물론 그것은 찰싹 때리거나 고함을 지르거나 물을 뿌리는 것처럼 그 개가 싫어하는 것일 때 가장 효과적이다. 하지만 우리가 앞에서 봤듯이, 정적 처벌은 타이밍에 다소 심각한 문제가 있다.

부적 강화와 처벌의 차이

부적 강화negative reinforcement와 처벌punishment을 혼동하기 쉽지만, 그 둘은 같지 않다. 처벌은 행동 뒤에 이루어져 개가 그 행동을 다시 할 가능성을 줄인다. 즉, 처벌은 개가 하는 행동에서 비롯된다. 예를 들어 개가 테이블 위로 뛰어오르지 않으면 처벌도 발생하지 않는다. 강화 또한 개가 하는 행동에 의해 시작되지만, 그 행동을 계속하게 한다는 점에서 처벌과 다르다. 예를 들어, 개는 밖으로 나가고 싶을 때 문 옆 정해진 자리에 앉아서 기다리면 보상을 받는다. 이것이 정적 강화다.

부적 강화는 우리가 원하는 것을 개가 할 때까지 불쾌한 무언가를 개에게 계속하는 것이다. 예를 들어, 개가 우리를 향해 움직일 때까지 리드줄을 당긴다. 이때 개에게 보상이 되는 것은 우리가 당기는 것을 멈추는 것이다. 개가 우리를 향해 다시 움직일 가능성을 증가시키기 위해('강화'에 해당하는 부분) 우리는 개가 싫어하는 뭔가를 제거한다('부적'에 해당하는 부분). 줄을 당기는 것은 개가 리드줄이 점점 팽팽해지는 것을 느낄 때 우리에게 다가올 가능성을 증가시킨다.

결론적으로 처벌은 행동의 빈도를 '감소시키기' 위한 것이고, 강화는 행동의 빈도를 '증가시키기' 위한 것이다. 정적은 상황에 뭔가를 더하는 것을 뜻하고, 부적은 뭔가를 빼는 것을 뜻한다.

회피 학습

개는 클릭 소리나 냉장고 문이 열리는 것 같은 임의의 자극과 좋은 것을 연관지어 학습할 수 있다. 또 어떤 임의의 자극과 불쾌한 어떤 것을 연관지어 학습할 수도 있다. 이것은 전통적인 개 훈련 방식의 기본 원리로, 예를 들어 개는 초크체인choke collar 때문에 목이 강하게 조여지는 것을 피하기 위해 힐링heeling⁴⁸을 배우게 된다. 전기 펜스 역시 회피 학습avoidance learning 원리를 이용한 것이다. 전기 펜스는 특수 제작된 목줄과 매립 전선으로 연결되어 있으며, 개가 약 1미터 이내로 다가가면 목줄에 신호음이 울리고 더 가까이 다가가면 전기 충격이 가해진다. 개는 충격을 피하기 위해 일정 영역 내에 머무는 것을 배우게 된다.

행동 소거하기: 그만두게 하는 법

보상이 제거되면 행동은 자연적으로 감소한다. 행동이 소거된다는 의미다. 예를 들어 개가 보호자의 관심을 끌기 위해 집에 온 보호자에게 뛰어드는 경우 그 행동에 무반응하는 것으로 행동을 그만두게 할 수 있다. 하지만 개가 지나가는 행인을 보고 시끄럽게 짖는 것은 그 사람이 가던 길을 가버리는 것이 보상이 되기 때문에 보호자가 무반응이어도 이 행동은 소거되지 않는다. 개는 이렇게 생각한다. "내가 짖으면 어떤 일이 벌어지는지 보라고! 사람들이 도망간다고. 이거 완전 효과 좋아!" 또한 개들에게는 짖는 것 자체가 재미다. 즉, 자체 보상self-rewarding이 된다는 의미다. 우리가 무반응이더라도 그 행동은 사라지지 않는다.

용어 정리

- **고전적 조건화**classical conditioning: 한 사건의 존재가 자연적으로 원하는 반응을 유발하는 다른 사건과 연관되는 학습 과정이다.
- **조작적 조건화**operant conditioning: 특정 행동이 강화 또는 처벌 중 하나의 결과를 만들 때 일어나는 학습 과정이다.
- **회피 학습**avoidance learning: 한 자극이 개가 피하고 싶어 하는 무언가와 연관되었을 때 일어나는 학습이다.

> - **강화**reinforcement: 한 행동이나 반응 뒤에 일어나며 그 행동이 다시 일어날 가능성을 증가시키는, 환경 변화이다. 강화는 정적(상황에 뭔가를 더하는 것)이거나 부적(상황에서 뭔가를 빼는 것)일 수 있다.
> - **처벌**punishment: 어떤 행동이나 반응 뒤에 일어나며 그 행동이 다시 일어날 가능성을 감소시키는, 환경 변화를 말한다. 처벌은 정적(상황에 뭔가를 더하는 것)이거나 부적(상황에서 뭔가를 빼는 것)일 수 있다.
> - **변동 강화 비율**variable ratio of reinforcement: 보상을 받는 데 필요한 정확한 반응의 횟수가 변하는 강화 또는 보상 스케줄이다.
> - **소거**extinguish: 보상 또는 강화가 되지 않았을 때 학습된 반응이 사라지는 것이다.
> - **일반화**generalize: 특정 환경에서 행동을 확립한 후, 다른 모든 환경에서도 그 행동을 하는 것을 학습하는 것이다.

우위 이론에 대한 잘못된 속설과 진실

개를 교육할 때면 우위 이론dominance theory에 대해 듣게 된다. 이는 개를 교육시킬 때 누가 우두머리인지 보여 줘야 한다고 주장하는 이론이다. 이 이론은 '늑대 무리에는 서열이 형성되어 있는데, 개는 근본적으로 길들여진 늑대이니 개도 이와 같을 것'이라고 주장한다. 하지만 이는 틀린 것으로 밝혀졌다.

최근 두 가지 연구 결과가 개 교육에 우위-서열dominance-hierarchy 접근법을 적용하는 것에 종지부를 찍게 했다. 첫째, 늑대는 갇혀 사는 상태를 제외하고는 계급이 없다. 야생의 늑대 무리는 폭군, 즉 독단적이고 무자비한 절대적 통치자에 의해 지배되지 않는다. 둘째, 개는 생각보다 훨씬 더 오래전(1만 5천 년에서 2만여 년 전)에 늑대와 유전적으로 분리되었다. 이제 개의 행동은 늑대와 상당히 다르다. 야생 개feral dog, 즉 길들여진 개의 후손으로 자유롭게 떠돌아다니며 사는 개들도 무리 지어 살기보다는 혼자 살거나 작은 무리로 지낸다.

우위의 정의는 '자원에 대한 우선적 접근권'이다. 개가 사람 옆에서 걷거나 '앉아'라는 말에 앉는 행동은 자원 접근과 아무 상관이 없다. 따라서 이는 우위와 무관하다. 더군다나 개가 우리를 그들 집단의 구성원으로 보는지도 불분명하다.

물론 개가 우리를 두려워하도록 가르칠 수는 있다. 하지만 절친과 그런 관계가 되길 원하는가? 우리는 우리가 요청하는 것을 하고 '싶어 하는' 개를 원한다. 그렇게 되려면 일관성이 중요하다. 우리가 "앉아"라고 말해서 개가 앉을 때마다 좋은 일이 '일관되게' 일어나야 한다. 그러면 개는 덜 불안해할 것이다. 불안감은 개의 여러 잘못된 행동들, 특히 공격성의 근원이다.

늑대는 개보다 더 영리한가?

또 다른 유명한 이론은 늑대가 개보다 더 영리하다는 것이다. 이는 사실일까? 개는 번성하고 있으며 아늑한 실내에서 엎드려 편히 쉬고 있다. 늑대는 한 종으로 봤을 때 그리 영리하다고 할 수 없다. 영리했다면 멸종 위기에 처하지 않았을 테니 말이다. 그렇더라도 늑대가 개보다 더 똑똑하다는 증거가 몇 가지 있긴 하다.

늑대는 같은 체중의 개에 비해 뇌가 더 크다. 한때 여성이 남성보다 뇌가 더 작다는 사실이 남성보다 덜 똑똑하다는 '증명'으로 거론되었지만, 뇌 크기로 지능을 평가할 수는 없다. 이보다 나은 판단 기준인 IQ 테스트는 문제 해결 능력을 보는데, 늑대가 개에 비해 혼자 힘으로 문제를 더 잘 해결한다. 브라이언 헤어Brian Hare와 애덤 미클로시Adam Miklosi의 획기적인 연구에서 개는 문제를 풀 수 없을 때 사람에게 도움을 구한다는 것이 밝혀졌다. 이 특징은 강아지에게도 나타나므로 선천적 경향으로 보인다. 반면 늑대는 사람 손에 길러졌더라도 사람에게 도움 청하는 것을 배우는 데 매우 더디다.

정적 강화로 '앉아'부터 가르치기

팔리에게 '앉아'를 가르쳐 보자. 먼저, 주변에 학습을 방해하는 요소가 있는지 살핀다. 창밖으로 보이는 다람쥐나 시끄러운 음악 소리, 다른 개들이 짖는 소리 등이 없어야 한다. 또한 우리를 한눈팔게 하는 텔레비전도 없어야 한다. 학습을 위해서는 우리와 개 모두 집중할 수 있는 환경이 조성되어야 한다.

'앉아'를 가르치기 위해 먼저 개의 코 바로 앞에 맛있는 먹이 한 조각을 들고 있다가 손을 개의 양쪽 귀 사이를 지나 뒤로 천천히 옮긴다. 그러면 개는 코를 들게 되고, 코가 위로 향하면서 엉덩이는 내려간다. 개의 엉덩이가 바닥에 닿는 순간 "앉아"라고 말하고 먹이를 준다. 개가 앉기 시작할 때까지 "앉아"라고 말해선 안 된다. 앉는 행동과 '앉아'라는 단어가 적어도 수십 번 짝지어질 때까지, 개는 그 단어가 무슨 뜻인지 전혀 모른다. 일단 개가 조용한 환경에서 앉는 법을 배웠다면, 방해 요소가 있는 곳에서 '앉아'를 지시해 이를 '일반화'하도록 돕는다. 일반화란 개가 특정 환경이나 사람에 대해 확립된 행동을 모든 사람과 모든 환경에 적용해야 한다는 것을 배우는 것이다. 일반화가 잘되면, 우리는 개가 흥분하거나 두려워할 때도 개의 행동을 통제할 수 있게 된다.

다음은 '엎드려'를 가르쳐 보자. 개의 앞다리를 잡아당겨 강제로 엎드리게 하거나 먹이를 바닥에 두어 개를 엎드리게 할 수도 있겠지만, 이보다는 개가 자발적으로 엎드릴 때 그 행동을 강화하는 것이 더 쉽다.

클리커를 사용하고 있다면 개가 클리커의 의미, 즉 '내가 정확히 맞는 행동을 했으니까 이제 간식이 온다'는 것을 알 테니 편하게 앉아서 개가 엎드리기를 기다린다. 개가 엎드리는 바로 그 순간에 클리커를 눌러 표시mark한다. 클릭 후에는 몇 초 이내에 간식을 던져준다. 말은 필요 없다. 개가 엎드리기를 기다렸다가 개의 행동과 단어 그리고 수신호를 짝지으면 된다. 이 과정을 여러 번 반복한다.

그런데 단어와 수신호를 왜 굳이 다 써야 할까? 개는 시각적visual 동물이고 주로 몸자세를 읽어 의사소통한다. 수의행동학자 대니얼 밀스Daniel Mills가 진행한 연구에서 개는 단어보다 수신호에 더 잘 반응하는 것으로 나타났다. 게다가 수신호는 나이 든 개의 삶의 질을 향상시킬 수 있다. 우리는 개가 오래오래 잘살기를 바란다. 개가 열 살이 넘으면 아마 청력을 다소 잃을 테고, 그때는 수신호에만 반응할 것이다. 반면 단어 지시는 개의 생명도 구할 수 있다. 개가 찻길 건너편에 있는 다람쥐를 쫓아가고 있다면? 개는 다람쥐를 쫓는 동안 우리가 보내는 수신호는 보지 못한다. 하지만 소리는 들을 수 있고, 번화가로 달려가는 대신 엎드릴 수 있다.

타이밍이 전부다

수의행동학자의 행동 클리닉 진료를 예약할 때 보호자는 대개 설문을 작성해야 한다. 질문들 중 하나는 학습에 관한 것으로, '앉아', '엎드려', '기다려' 및 '이리 와'라는 지시에 개가 몇 퍼센트 정도 따르는지를 묻는 항목이다. 너무 귀여운 포메라니안Pomeranian, 제리가 품에 안긴 채 상담실 안으로 들어오자(제리는 거의 항상 안겨서 왔다) 수의행동학자는 제리가 '앉아'라는 요청에 어떻게 반응하는지 보기 위해 보호자에게 이를 지시하게 했다. 보호자는 설문지에서 해당 항목에 '80퍼센트'라고 답했지만, '앉아'를 스무 번이나 말해도 제리는 앉지 않았다. 보호자가 거짓말을 한 걸까? 아니다. 보호자는 아무 방해가 없는 곳에서 특별히 좋은 간식을 들고 있을 때 '앉아'를 열 번 정도 말하면 제리가 여덟 번쯤 앉는다는 의미였다.

보호자는 거짓말하지 않았고 제리도 멍청하지 않았다. 몇 분 후, 짜먹는 치즈 조금을 얻기 위해 제리가 앉았다. 앉으면 보상을 주는 것을 여러 번 반복하자, 제리는 계속 간식을 받을 요량으로 오히려 일어나게 하는 게 힘들 정도로 오래 앉아 있었다. 이것이 대단한 교육이었을까? 전혀 아니다. 단지 올바른 행동이 일어난 후 빠르게 보상을 주는 것이 얼마나 효과적인지 보여주는 예시일 뿐이다.

'봐' 가르치기

개가 가장 빨리 배우는 재주 중 하나가 '봐look'이다. 개의 머리 위로 팔을 뻗어 간식을 쥐고 있는다. 그대로 있는다. 간식을 본 개가 점프하려 할 수 있지만, 10초 정도 지나면 우리를 바라보게 된다. 재빨리 개의 입안에 간식을 넣어 준다. 열 번 정도 반복하면 개는 우리를 더 일찍 바라보게 된다. 이제 '봐'(또는 '날 봐')라는 단어와 이 행동을 짝지을 수 있다. 그냥 '봐'만 말하면 무슨 뜻인지 개가 모를 테니, 개가 눈을 우리에게 돌리는 '바로 그 순간'에 "봐"라고 말해야 한다. 타이밍이 정확하다면 개는 이 행동과 단어를 연관 지을 것이다.

이 신호를 가르치는 것은 매우 쉽다. 개는 선천적으로 자신의 문제를 해결하기 위해 사람을 바라보기 때문이다. 이렇게 한번 해보자. 당신이 나가 있는 동안 개에게 닿지 않는 곳에 간식을 놓아 달라고 친구에게 부탁한다. 당신이 방으로 돌아오면 개는 간식을 바라본 뒤 당신을 바라보고 다시 간식을 바라볼 것이다. 심지어 강아지도 이렇게 할 것이다. 개는 늑대만큼 똑똑하지 않을 수 있지만, 적어도 도움을 어디서 구할지는 알고 있다.

'봐'를 가르치는 것이 왜 그렇게 중요할까? 개의 목숨을 구할 수 있기 때문이다. 개와 함께 시골길을 걷고 있는데 차가 오는 것을 봤다고 해보자. 길 건너편에 온갖 흥미로운 것이 있고, 개는 길을 건너고 싶어 한다. 이때

"봐"라고 말하면 개는 달려오는 차 앞으로 뛰어들지 않고 돌아서서 우리를 바라볼 것이다.

신호로 사용하는 단어에 대한 조언

개는 '산책 가자', '차에 타', '저녁', '가져와' 등 많은 단어를 배울 수 있다. 하지만 우리가 단어를 잘못 사용하면 개는 혼란에 빠질 것이다. 한 수의행동학자는 클리닉에 온 보호자들에게 개가 '다운down'[49]을 아는지 묻는다. 대부분은 그렇다고 대답한다. 개가 보호자에게 점프할 때 보호자는 "다운"이라고 말한다. 그런데 개가 엎드리길 원할 때도 "다운"이라고 말한다. 개가 어떻게 그 차이를 알겠는가? 전자는 '발을 나한테서 떼라'는 뜻이고, 후자는 '너의 가슴과 배가 땅에 닿도록 엎드려'를 뜻한다. 이제 개가 왜 혼란에 빠지는지 알 수 있을 것이다. 또 다른 경우로는 아내는 "씻sit"이라고 말하고 남편은 "씻다운sit down"이라고 말할 때다. 개가 혼란스러워하는 것이 당연하다.

한 가지 특정 행동에 대해 가족 모두 항상 같은 단어를 사용해야 한다. 그리고 두 단어보다는 한 단어가 좋다. 즉 '라이 다운lie down'은 건너뛰고 그냥 '다운down'이라고 하자. 그리고 개가 우리에게서 떨어지길 원할 때는 "오프off"라고 말하자.

무엇을 말하는지가 아니라 어떻게 말하는지가 중요하다

목소리 톤 또한 중요하다. 개가 오기를 원하거나 공 가져오기처럼 활동적인 것을 하기를 원한다면, 짧고, 빠르게 반복되는 음을 사용한다. 개가 하던 일을 즉시 멈추게 하고 싶다면, 날카로운 단음을 사용한다. 개를 천천히 움직이게 하거나 달래고 싶다면, '스테에에에이staaay' 또는 '이이이지이

eaaaasy' 같이 길고 단조로운 음을 사용하는 것이 가장 좋다.

동물행동학 박사이자 공인 응용동물행동학자CAAB[50]이자 《당신의 몸짓은 개에게 무엇을 말하는가?The Other End of the Leash》의 저자인 패트리샤 맥코넬Patricia McConnell은 전 세계 전문 동물 핸들러handler(케추아어를 하는 목양견 핸들러에서 스페인어를 사용하는 경마 기수까지)가 사용하는 다양한 신호들을 수집했는데, 언어와 상관없이 공통적으로 동물의 활동을 증가시키기 위해서는 짧게 반복되는 음을, 행동을 느리게 하거나 진정시킬 때는 길고 느린 음을 사용하는 것으로 나타났다. 패트리샤는 강아지들에게 오는 것과 기다리는 것을 교육하면서 이를 재확인했다. A그룹 강아지에게는 짧고 반복적인 휘파람 소리로 오는 것을, 길게 늘어지는 휘파람 소리로는 앉거나 기다리는 것을 가르쳤다. B그룹 강아지들에게는 신호를 바꿔서 가르쳤다. 그 결과 A그룹 강아지가 더 빨리 배웠고, 무엇보다 오는 것을 가장 빨리 배웠다. 이 짧고 반복적인 소리는 당신이 개를 부를 때 치는 손뼉이나 '펍 펍 펍pup pup pup!' 하고 부르는 소리와 같다.

보상이 되는 보상

'이리 와come'는 가르치기 가장 힘든 행동 중 하나다. 개가 그 순간 자신을 붙잡는 게 없다는 것도, 근처에 다람쥐가 뛰어가고 있다는 것도 알기 때문이다. 그래서 이 기술을 가르치는 것은 우리가 원하는 행동을 개가 하게 만드는 데 보상이 얼마나 중요한지 깨닫게 한다.

보상에는 여러 가지가 있다. 덴버에게 효과가 있었던 건 바나나였다. 케언 테리어인 덴버는 닭고기나 치즈 같은 전형적인 간식보다 바나나를 절대적으로 사랑했다. 처음에는 덴버가 아주 가까이 있을 때 불러서 오면 바나나 한 조각을 보상으로 주는 방법으로 교육시켰다.

덴버는 점점 더 멀리까지 갔다가 부르면 왔다. 덴버가 떠나고 90초 이내에 부르면 거의 늘 돌아왔다(90초가 지나면 부르는 소리가 들리지 않을 만큼 멀어진 뒤였다). 하지만 덴버가 집에 돌아오면 늘 바나나 한 조각을 주었고, 덴버는 몇 분 이내에는 꼭 돌아왔다. 이 이야기의 교훈은, 보상이 충분히 좋으면 개는 그 보상을 얻기 위해 일한다는 것과 개마다 가장 가치 있는 보상은 다르다는 것이다.

네가 배운 건
내가 가르치려던 게 아니야

약 9킬로그램인 덴버는 발이 늘 진흙투성이였다. 그런 발로 손님에게 가까이 다가가곤 해서 문제였는데, '자리로place'와 '기다려stay'를 가르치는 걸로 이 문제를 해결했다.

개가 우리한테 점프하지 않도록 가르치는 방법은 다양하다. 그런데 대부분 잘못된 물리적 방법들이다. 개의 가슴을 무릎으로 치거나 발가락을 밟거나 혹은 앞발을 잡고 개를 뒤로 밀치면서 "떨어져!"라고 외치는 것 따위 말이다. 이런 방식이라면 그 순간에는 개가 우리에게서 떨어질지 몰라도, 다음에 우리가 집에 돌아오면 아마도 다시 점프할 것이다. 왜 그럴까?

왜 개는 그 행동을 할까? 뭔가로 보상을 받기 때문이다. 음식, 쓰다듬기, 달릴 때 느끼는 쾌감, 친구와 뛰놀기 또는 관심 말이다. 개는 우리의 '관심'을 얻으려고 행동한다.

우리한테 점프하면 덴버는 우리의 관심을 얻는다. 덴버가 9킬로그램 정도고 우리가 낡은 옷을 입고 있다면, 우리는 아마 덴버를 쓰다듬을 것이다. 하지만 덴버가 36킬로그램 정도 되고, 우리가 아끼는 흰 바지를 입고 있다면, 아마 소리를 지르며 덴버를 밀쳐낼 것이다. 어찌되었든 두 경우 모두 덴버는 관심을 받는다.

고함을 치거나 무릎으로 밀치는 것도 개에게는 일종의 관심이다. 해당 행동이 다시 일어나지 않을 때만 처벌이 된다는 것을 잊지 말자. 우리가 힘이 정말 세지 않은 이상, 무릎으로 밀치는 것으로는 개의 점프 가능성을 줄이지 못할 것이다. 따라서 우리 행동은 점프한 것에 대한 처벌이 아니라 오히려 보상이 된다. 불행히도 우리는 무의식중에 개에게 잘못된 교육을 한다.

어떻게 하면 올바른 교육을 할 수 있을까? 점프는 보통 관심을 얻기 위한 노력이므로, 무반응으로 해결할 수 있다. 개에게 말을 걸거나 개를 바라보거나 만지지 말아야 한다. 아예 등을 돌리자. 그래도 개가 점프한다면 방을 나간다. 그러면 결국 그 행동은 소거될 것이다.

문제는 당신에게만 적용될 수 있다는 것이다. 즉 개가 모든 사람에게 일반화하지 않을 수 있다. 일반화는 개에게 쉬운 일이 아니다.

이때는 '기다려' 지시가 도움이 된다. 개가 문에서 3미터 정도 떨어져서 기다리고 있다면 손님한테 점프할 수 없다. 점프 의욕이 강할 수도 있지만, 충동을 자제하는 법을 배운다면 더 좋은 반려동물이 될 것이다. 자제심을 갖도록 가르치려면 대체 행동을 만들어줘야 한다. 보상이 되면서도 점프와 동시에 할 수 없는 행동으로 말이다.

'기다려' 가르치기

개가 '앉아'를 알게 되면 바로 '기다려'를 배울 수 있다. 먼저 개 바로 앞에 선다. 교통경찰처럼 개 앞으로 손바닥을 펼쳐 내밀고 "기다려"라고 말한다. 셋까지 센 뒤 개를 자유롭게 해 준다.

해당 행동(기다려)을 해제하는 단어로 '좋아okay'를 사용할 수 있는데, 이 단어는 다른 상황에서도 많이 쓰이니 주의해야 한다. 우연히 개에게 잘못된 것을 가르치고 싶지는 않을 테니 말이다. 해제 단어로 '이리 와'를 사용하면 개가 우리에게 다가올 것이다. 또는 '프리 독free dog'도 좋다.

개가 기다려야 하는 시간을 차츰차츰 늘려 나간다. 단, 개에게 1분은 긴 시간이라는 것을 기억하자. 행동을 지속시키기 위해 '기다려'라는 지시어를 반복해야 할 수 있다. 지시어는 낮고 부드러운 톤으로 끝을 내리며 말한다. 덴버의 보호자는 주문처럼 "기다려, 덴버, 기다려, 기다려"라고 말했다.

'장소place' 와 '기다려' 결합하기

문에서 약 3미터 정도 떨어진 장소를 하나 고른다. 집 구조에 따라 장소는 달라질 것이다. 예를 들어 현관문 가까이에 계단이 있다면 개에게 여섯 번째 계단으로 가라고 가르칠 수 있다.

첫 번째 단계에서는 우리가 고른 지점으로 개를 부르고 개가 도착하자마자 "장소place"라고 말한 뒤 간식을 준다. 몇 번 반복한 후, "장소"라고 말하면서 그 자리를 톡톡 치고 개가 왔을 때 간식을 준다. 마지막으로, 문 앞에서 "장소"라고 말해 개가 간식을 얻기 위해 그 자리로 가게 한다.

이 마지막 단계에서 '기다려'를 추가하면 손님이 집 안으로 들어온 다음에 개에게 인사하게 할 수 있다. 또 개가 문에서 떨어진 자기 자리에서 기다리면, 밖으로 뛰쳐나갈 가능성도 낮아진다.

'이리 와' 또는 오프리시 리콜

'이리 와'를 가르치는 방법은 많다. 모든 가족이 개를 가운데 두고 원을 그리며 앉는 방법도 있다. 일명 '도기 인 더 미들Doggy in the Middle'[51] 게임과 비슷하다. 개의 목줄에 리드줄을 채우고 리드줄 끝에 가벼운 물체를 매단다. 물체가 달린 줄 끝을 아빠에게 던지고, 아빠는 "셰프, 이리 와"라고 말한다. 셰프가 아빠에게 오지 않으면, 아빠가 셰프를 부드럽게 잡아당기고 개가 오면 쓰다듬거나 간식을 준다. 다시 리드줄을 아이에게 던지고, 아이는 "셰프, 이리 와"라고 말한다. 셰프가 오면 보상해 준다. 여기서 리드줄의 무게에서 해제해 주는 것으로 부적 강화를, 동기부여를 위해 간식을 주고 올바른 반응, 즉 오는 것에 대해 보상해 주는 것으로 정적 강화를 사용하고 있다는 것을 기억하자.

게임이 진행되는 동안 셰프는 다음에 누가 자기를 부를지 예측할 수 없기 때문에 집중할 수밖에 없다. 하지만 둘이서 이 게임을 하면 셰프는 둘 사이를 왔다 갔다 하게 될 뿐이니, 적어도 셋 이상이 하는 것이 좋다.

혼자서도 '이리 와'를 가르칠 수 있다. 집 안 여기저기를 걸어 다니면서 방마다 들어가 개를 부르고, 개가 오면 보상해 준다. 그러면 개가 우리를 볼 수 없을 때도 우리를 찾는 경험을 많이 하게 된다.

'이리 와'를 가르치는 또 다른 방법은 '기다려'의 해제 단어로 이를 사용하는 것이다. '좋아' 대신 '이리 와'를 사용하면 개는 힘든 일이었던 기다리기가 종료되어 매우 행복해하며 우리에게 껑충껑충 뛰어올 것이다. 우선 집 안에서 리드줄 없이 연습하고, 그런 다음 산책하면서 리드줄을 한 채로 연습해본다.

'이리 와'를 연습하는 동안에는 개에게 리드줄을 채운다. 개가 일반 리드줄을 하고 안정적으로 잘 따르면, 더 긴 줄을 사용할 수 있고, 나중에는 개가 느끼지도 못할 만큼 가벼운 낚싯줄을 사용할 수도 있다. 자신감이 생기면, 테니스 코트와 같이 사방이 막힌 곳에 개를 풀어놓고 오프리시off-leash, 즉 리드줄 없는 상태에서의 리콜recall을 시도해 본다. 개가 좋아하는 장난감이나 다른 사람들 같은 방해 요소도 추가한다. 개가 불렀을 때 잘 온다면 이제 리드줄을 풀어주어도 된다. 하지만 늘 리드줄을 풀기 전에는 주변에 개에게 위험한 것은 없는지 잘 살펴야 한다.

중요 포인트

화내기는 금지

팔리는 리콜recall을 잘 못한다. 갈 길이 바쁜데 팔리가 샛길로 향한다. 당신은 팔리를 부르고 팔리는 당신을 무시한다. 당신은 팔리를 쫓아가서 다시 부른다. 팔리가 오자 당신은 팔리를 꾸짖는다. "나쁜 개bad dog, 나쁜 팔리bad Farley."

불쌍한 팔리는 너무 혼란스럽다. 팔리가 왔을 때 당신은 팔리를 혼냈다. 팔리의 목줄까지 확 잡아당겼을 수도 있다. 팔리는 '이리 와'가 무슨 뜻인지 알고 있다고 생각했지만, 지금은 그것이 '불러서 가면 혼나는 것'을 의미했다. 다음번에 팔리는 부르면 오지 않거나 오더라도 머리와 꼬리를 내린 채 올 수 있다.

우리가 요청한 것을 개가 하지 않을 때 화를 참기란 정말 힘들다. 하지만 개의 올바른 교육을 위해서 우리는 침착하고 느긋해야 한다. 모든 교육에서 그래야 하는데, '이리 와'의 경우 더욱 그렇다.

먹이 보상의 함정

행동 상담 중에 보호자에게 '앉아'와 '엎드려'를 개에게 시켜보라고 하면 많은 사람이 이렇게 말한다. "아, 저희 개는 제가 먹이를 갖고 있어야만 말을 들어요." 하지만 개는 우리가 음식을 갖고 있든 아니든 우리 지시에 항상 따라야 한다. 뭐가 잘못된 걸까?

개가 우리를 위해 뭔가를 하기를 바란다면 개에게 보상을 줘야 한다. 우리처럼 개도 급여 없이는 일하지 않을 것이다. 하지만 일단 개가 단어와 행동의 연관을 형성하면, 매번 개에게 보상을 줄 필요는 없다. 그래서도 안 된다. 개는 보상이 언제 주어질지 몰라야 큰 보상을 기대하며 계속 '도박'

을 하게 되기 때문이다. 앞에서 변동 강화, 즉 간헐적으로 보상이 주어지는 것의 효과에 대해 이야기했던 것을 기억하자.

일반화의 실패에 대비한다

개가 예절 학교와 거실에서는 잘 하는데, 다른 집에 가거나 산책 때는 우리 지시를 이해 못 하는 것처럼 보인다면? 개가 학습을 일반화시키지 못 했기 때문이다. 이때는 개가 배운 기술을 일반화하도록 다양한 상황에서 다양한 방해물을 놓고 연습시킨다.

요점 정리

- 개는 항상 학습하고 있고 개의 뇌는 계속 발달 중이다.
- 개의 학습 능력을 이용하자. 개의 삶에 일관성을 주고 우리의 삶에는 기쁨을 주는 간단한 과제를 하도록 교육하자.
- 사람을 포함한 모든 동물이 그렇듯 개도 동기가 필요하다. 개는 보상을 위해 여러 번 반응을 보일 수 있고, 보상이 없으면 반응을 멈춘다.
- 개는 클릭 소리 자체를 보상으로 받아들이도록 고전적으로 조건화될 수 있다. 클리커 트레이닝은 다양한 행동을 교육하는 데 아주 유용하다. 교육할 때 우리가 선택하는 단어와 목소리 톤은 모두 중요하다.
- 개는 푸들 옷을 입은 늑대가 아니다. 개를 가르치기 위해 개보다 우위에 서서 개를 지배할 필요가 없다. 정적 강화를 사용하면 앉고, 기다리고, 우리를 바라보고, 우리에게 오는 것을 쉽게 가르칠 수 있다. 정적 강화를 통해 개는 보상받는 것을 즐기게 되고, 우리를 두려워하기보다는 신뢰하는 것을 배우게 된다. 서로를 바라보는 개와 우리 관계는 더욱 돈독해질 것이다.

4장

기초 배변 교육

지금, 여기서 해

레슬리 라슨 쿠퍼 Leslie Larson Cooper, DVM, DACVB

"도무지 이해가 안 돼요." 클로이의 보호자, 마지는 혼란스럽고 마음이 아팠다. "언제든지 도그 도어dog door[52]로 나가 넓은 마당에서 '볼일'을 볼 수 있는데도, 클로이는 실내에서 대소변을 해대요." 작은 말티즈, 클로이는 우리 둘을 바라보며 행복한 듯 미소를 짓고 있었다. 클로이의 세상은 아무 문제가 없는 게 분명했다. 클로이는 입양됐던 강아지 때부터 성견이 된 지금까지 집 안 아무데서나 대소변을 하고 있었다. 클로이는 제대로 된 대소변 교육을 받은 적도 없었다.

개가 사람과 살아가는 데 배변 교육은 매우 중요하다. 사실 개가 길들여지는 과정에서 사람과 친밀한 관계를 형성할 수 있었던 데에는 배변 교육 능력 덕이 크다. 개라는 종은 기생충에 재감염될 가능성을 최소화하기 위해 본능적으로 자신의 잠자리(굴)를 깨끗하게 유지하려 한다. 또 마킹 행동marking behavior을 통해 다른 개들에게 자기 영역을 알리려고 자신의 영역 경계선을 배설 장소로 고른다. 이런 예측 가능한 갯과 동물의 배설 패턴은 개가 최고의 가축화 후보자로 등극한 행동학적 요인이 되었다.

그럼에도 배변 교육은 문제가 되고 있다. 최근 연구에 따르면 개가 보호소에 버려지는 가장 큰 이유가 대소변 실수였다. 배변 실수로 버려지지는 않더라도 그 개는 결국 사람과의 접촉이 최소화된 채 실외로 추방된다. 적절한 장소에서 적절한 시간에 대소변하는 것을 배우는 것은 틀림없이 개의 안락사를 막고 삶을 구하는 일이다.

이렇듯 배변 교육에는 많은 것이 걸려 있다. 사람과 개 모두에게 말이다. 다행히 우리에겐 배변 교육을 성공시킬 도구와 노하우가 있다.

개는 자기가 쉬는 곳에는 배설하지 않는다

갓 태어난 새끼 강아지는 배설을 스스로 조절하지 못한다. 어미가 새끼 강아지의 배와 생식기를 핥으면 '항문 반사 anogenital reflex'가 일어나 강아지는 즉각 배설하게 된다. 이 때문에 어미는 대소변으로 보금자리가 더럽혀져 포식자나 곤충이 꼬이지 않도록 자리를 지켜야 한다. 강아지는 생후 16~18일령쯤 되면 스스로 배뇨 및 배변을 한다.

강아지는 약 3주령부터는 근처 어딘가에 배설하기 위해 보금자리 밖으로 걸어 나올 수 있다.[53] 약 9주령이 되면 특정 배설 장소를 집중적으로 사용하기 시작하는데, 보통 어미 개가 사용하는 곳과 같다. 강아지는 이 시기에 배설하는 표면의 재질 substate과 배설하기 좋은 장소에 대해 배운다. 좋은 소식은 어린 강아지들이 새 집으로 가게 될 즈음이면 대개 배변 교육받을 상태가 되었다는 것이다.

배변 교육은 자기 보금자리 이외의 장소에서 배변하는 개의 자연스러운 성향을 우리가 허용할 수 있는 장소로 유도하는 데 달렸다. 다시 말해,

개는 이렇게 행동하도록 이미 프로그램 되어 있고, 우리는 그저 배변 교육을 통해 개가 화장실로 사용하는 장소가 우리에게 유리하도록 각본을 짜기만 하면 된다.

> **용어 정리**
>
> - **배변 교육**housetraining: 우리가 지정한 장소와 시간에 개가 배변과 배뇨를 하는 것을 배우는 과정이다. 장소와 시간은 집집마다 다르지만, 보통 집 안이 아닌 지정된 배설 장소 또는 실내의 배변패드가 깔려 있는 곳을 말한다.[54]
> - **배설**elimination: 배뇨와 배변을 말한다.
> - **배설 장소**toileting area: 배설을 위해 허용된 장소, 볼일 보는 장소를 말한다.
> - **대소변 실수**accidents: 우리가 잘못된 장소라고 생각하는 곳에 개가 배설하는 것이다.
> - **묶어놓기**tie-down: 집 안에서 개가 갈 수 있는 곳을 제한하기 위해 가구나 벽에 박힌 아이볼트 같이 안전한 곳에 리드줄로 묶어놓는 것이다. 이는 반드시 누군가 집에 있을 때 또는 가까이 있을 때 '만' 한다.

보통 배변 교육은 실내 아무 곳에서의 배설을 막고 적절한 장소에서 배설하도록 장려하는 것으로 이뤄진다.[55] 더 구체적으로 말하자면, 강아지가 배설할 것 같은 순간을 예측하고 그때 강아지가 볼일을 볼 수 있게 적절한 장소로 데려가 배설 실수를 예방한다. 그 외의 시간에는 강아지를 계속 지켜보거나 배설하지 못할 곳에 둔다. 강아지에게 장소와 표면 선호도를 가르친다. 즉 주기적으로 같은 장소로 데려가 그곳에 배설한 것에 대한 내적 보상(방광이나 장을 비우는 후련함)과 외적 보상(간식과 칭찬)을 주어 강아지가 적절한 배설 장소를 사용하도록 유도한다.

배변 교육과 관련된
잘못된 속설과 진실

'우리 개는 나에게 화가 나서 집 안에서 대소변을 봐요'

만화에서 이런 상황이 재미있게 그려지지만 현실에서 이런 생각은 상당히 억지스럽다. 일부 인간과 달리, 개는 화가 나면 으르렁거리거나 우리를 노려보는 식으로 꽤 솔직하게 감정을 드러낸다. 배변 교육의 실패를 우리가 느끼는 죄책감("너무 오랜 시간 개를 혼자 두고 나와서 마음이 안 좋네. 분명 나한테 화가 나 있을 거야.")과 연관 지을 수는 있지만, 사실 개가 배변을 참기에 너무 오랫동안 갇혀 있었거나 혼자 있었을 가능성이 더 높다. 즉 '가야 할 때 가지 못해' 실수한 것이다.

'내가 대소변 실수를 발견하면 우리 개는 죄책감을 느끼는 표정을 해요. 자기 잘못을 아는 거죠.'

6개월령이 된 잭 러셀 테리어, 다코타의 이야기를 예로 들어보자. 다코타의 보호자, 테리는 다코타의 배변 실수로 애를 먹고 있었다. 테리는 집에 돌아와 대변 실수를 발견하면 이를 못 하게 하려고 다코타의 코를 배변에 문지르거나 엉덩이를 찰싹 때리는 등 온갖 방법을 썼다. 그런데 이제는 집에 돌아오면 대변 실수만 발견되는 게 아니라, 꼬리를 다리 사이에 감추고 귀는 잔뜩 내린 채 웅크리고 있는 다코타의 모습도 함께 보였다. 다코타가 매우 죄책감을 느끼는 것처럼 보였기 때문에, 테리는 다코타가 잘못했음을 인지하고 있다고 확신했다. 다코타는 테리가 왜 자기한테 화를 내는지 몰랐고 단지 혼나는 것을 피하기 위해 복종적으로 행동했던 것뿐이었지만, 테리는 이 사실을 몰랐다. 다코타가 배변을 하고 너무 오랜 시간 뒤에 테리가 벌을 줬기 때문에 다코타는 벌과 그 행동을 연관시킬 수 없었다. 이런 상황이 지속된다면 다코타는 벌 받는 것을 막기 위해 테리에게 공격적 반응을 발달시킬 가능성이 높았다.

사람은 이렇게 생각할 수 있다. "우리 개가 나를 슬금슬금 피하거나 겁먹은 것 같은 표정을 짓는 건, 집 안에서는 배변하면 안 된다는 걸 알기 때문이지. 더군다나 그렇게 하지 않을 수 있었는데 결국 배변을 했잖아." 그러면서 왜 개가 일부러 '옳은 일'에 반하는 행동을 했는지 생각해보고는, 개가 고집스럽거나 악의적이거나 멍청해서라고 결론짓는다. 혹은 '내가 원하는 대로 하는 게 싫어서 고집을 부린다'고 생각한다.

배변 실수가 계속되면 사람들은 마음에 상처를 입는 경향이 있다. 개가 다음번에 실내에서 배설 욕구를 느끼더라도 우리가 이것에 대해 얼마나 화를 냈는지를 기억하고 하지 말아야 한다고 생각한다. 하지만 개의 행동은 그런 방식으로 돌아가지 않는다.

개는 벌을 '받고 싶어서' 또 그런 행동을 하는 게 아니다. 그리고 이에 대해 죄책감을 느끼지도 않는다. 개가 보호자의 분노와 대변 간에 연관성을 만드는 건 맞지만, 우리의 예상과는 '다르다.' 개는 바닥에 배변하는 행동이 사람을 화나게 한다는 것을 이해하지 못한다. 개가 보호자의 반응과 '연관짓는' 것은 '바닥에 배변하는 행동'이 아니라 '바닥에 있는 대변'이다. 분노에 대한 갯과 동물의 반응은 주로 숨는 것으로, 개는 보호자의 분노를 피하거나 공격성을 막기 위해 복종적인 행동을 보이는 것이다.

불행히도 개의 이런 노력은 효과가 없다. 보호자는 대변 실수에 여전히 화가 나 있다. 그러면 개는 보호자를 진정시키려고 우리 눈에는 미안해하는 것 같아 보이는 표정을 짓는다.[56] 보호자는 이를 보고 이렇게 생각한다. "너는 분명 내가 이전에 화내는 걸 봤기 때문에 이게 잘못된 행동이란 걸 알고 있었어. '죄 지은 것' 같은 모습이 그걸 증명해. 그런데 너는 또 그 행동을 했어!" 반면 개는 이렇게 생각한다. "나는 상황에 맞는 행동을 보이고 있는데, 왜 보호자는 계속 화를 낼까?" 이러니 둘 모두 속상하고 혼란스러운 채로 멀어지고, 아무것도 바뀌지 않는 게 당연하다.

> **마킹이란 무엇인가?**
>
> 일부 개들, 가장 흔하게는 수컷은 영역을 알리기 위해 소변을 이용한다. 다른 개들과의 공격성 및 불안감 문제 또는 집안에서 일어나는 어떤 활동에 대해 반응하는 것일 수도 있고, 아니면 단지 집 안에 냄새를 퍼뜨리고 있는 것일 수도 있다. 마킹은 다음과 같은 특징을 가진다.
>
> - 적은 양으로 소변을 본다.
> - 집에 있는 개인 물품 또는 새로운 물건에 소변을 본다.
> - 야외에서는 정상적인 배뇨와 배변을 한다.
> - 보통 '다리 들기'로 알려진 자세로 소변을 본다.
>
> 치료에는 보통 배변 교육에 대한 일반적인 제안(특히 엄격한 감독), 항불안제 사용 그리고 최후의 수단으로 매너벨트belly bands 사용이 포함된다. 매너벨트는 랩 형태로 배 주변을 둘러싸 오줌을 흡수하고 배뇨하는 것을 불편하게 해 수컷의 배뇨를 억제한다.

개가 대소변 실수를 할 때 코를 대소변에 문지르는 것이 도움이 된다?

한 연구에서 개를 보호소로 보내는 보호자들을 대상으로 이에 대해 물었는데, 거의 3분의 1이 '그렇다'고 답했다('잘 모르겠다'고 답한 이는 11.4퍼센트였다). 이 결과를 두고 연구진은 보호자들이 올바른 배변 교육법을 교육받아야 할 필요가 있다고 지적했다.

배변 교육에 관해 떠도는 속설들 중 이 주장이 가장 해롭다고 볼 수 있다. 사실 대부분의 대소변 실수는 몇 분에서 몇 시간 후에 발견된다. 우리는 앞서 개가 잘못된 행동을 할 때 몇 초 이내에 바로 처벌을 주어야 개가 다시는 그 행동을 하지 않는 등의 효과가 있다는 것을 배웠다. 배설 '후' 몇 시간이 지나서 벌을 주면, 개는 벌을 배설 '행동'과 연관 짓지 못한다. 즉 뒤늦게 벌을 주는 것은 우리가 개가 배우기를 원하는 것, 즉 올바른 장소에서 배설하는 것을 가르치는 데 아무런 효과가 없다.

그럼에도 대소변 실수에 개의 코를 문지르는 방식은 계속되고 있다. 사람들은 왜 이 방식이 도움이 된다고 생각하는 걸까? 다음은 이에 대한 몇 가지 이유다.

- 개는 대소변 실수를 한 장소를 피하도록 배운다. 실제 이런 불쾌한 경험 후, 보호자가 근처에 있을 때는 그 장소에 가는 것을 피하는 개가 많다. 즉 배변 실수를 하지 않는 것을 배우는 게 아니라 눈에 덜 띄는 장소에서 배변하는 것을 배울 수 있다.
- 대소변 실수를 하는 상황이 되풀이되지 않으면 보호자들은 개의 코를 대소변에 문지른 것이 효과가 있다고 착각하게 된다. 하지만 대소변 실수가 일어나지 않은 건, 보호자가 알맞은 때에 개를 데리고 나가 개가 적절한 배변 장소에서 매번 방광을 완전히 비웠기 때문일 수도 있고, 보호자가 쓰레기를 잘 치워서 개가 '무분별한 섭취'로 인한 설사를 안 하게 되어서일 수도 있다. 하지만 보호자는 대소변 실수에 코를 문지른 이후 배변 교육이 잘된 것처럼 생각하고 처벌에 효과가 있었다고 결론짓는다. 하지만 문제를 해결한 것은 더 나은 '관리'였다.
- 보호자는 문제가 재발하지 않도록 더 적극적으로 관리할 수 있다. 예를 들어, 날씨가 좋다면 개와 밖에서 더 오랜 시간을 보낸다. 또는 보호자가 개가 배변 실수한 곳에 펜스를 쳐서 개의 생활구역을 개가 생각하는 보금자리에 맞게 줄일 수도 있다. 보호자가 오래 집을 비워야 할 때는 개를 산책시켜 줄 사람을 고용하는 것도 방법이다.
- 인간은 자신이 직접 한 행동에 의미를 부여하는 경향이 있다. 그래서

개의 코를 대소변에 문지른 행동이 개가 더 이상 실수를 하지 않는 이유라고 오해한다. 사실은 부지불식간의 관리를 통해 이 문제를 해결한 것인데 말이다.

개의 코를 배설물에 문지르는 행동은 효과도 없을뿐더러 원치 않는 결과도 가져온다. 개는 우리가 뭘 원하는지 이해하지 못하고 왜 자신이 벌을 받는지도 알 수 없어, 우리를 피하거나 계속 복종적인 행동을 보이게 된다. 개는 우리가 왜 그렇게 화나 있는지 이해하지 못한 채 멀어지는 것이다. 우리와 개는 서로 신뢰할 수 없는 사이가 되고, 관계가 손상될 수 있다. 그 누구에게도 편하지 않은 일이다.

많은 보호자가 '죄의식guilt effect'을 토로한다. 어떤 보호자는 개의 코를 대변에 문질렀다고 자백까지 한다. 그들은 개가 자기를 피해서 속상해하고, 대소변 실수는 여전해서 좌절감을 느낀다. 유대감을 회복하고 개의 행동을 바꾸는 첫 단계는, 아무 효과도 없는 이 행동을 멈추는 것이다.

대소변 가리기, 어떻게 시작할까?

'예방이 치료보다 낫다'는 말이 있다. 상황이 허락한다면, 강아지를 데려오기 '전에' 화장실 장소와 스케줄, 강아지를 가둘 공간에 대한 계획을 세운다. 이상적인 화장실 장소는 실내 표면과는 다른 재질(가능하다면 풀, 포장도로)이면서 우리가 쉽게 이용할 수 있고, 악천후도 어느 정도 피할 수 있는 곳이다.[57]

강아지를 가둘 공간은 강아지가 엎드리고 편안하게 방향을 틀 수 있을 만큼 충분히 넓어야 하되, 그 장소를 깨끗하게 유지하려는 개의 타고난 성향이 잘 발휘될 수 있을 만큼은 작아야 한다. 공간이 너무 넓으면, 강아지는 그 안에서 배변 실수를 하고도 배변에서 떨어져 있을 수 있다. 공간은 크레이트나 이동장은 물론 펜스나 울타리로 제한한 곳이 좋으며, 개를 줄로 묶어두거나(집에서 관리 감독하는 사람이 있을 때만) 리드줄로 사람과 연결해두는 것도 좋다. 하지만 강아지가 배설해야 하는데 올바른 배설 장소로 데려갈 사람이 아무도 없다면 그 장소가 얼마나 작든지 간에 강아지는 그곳에 배설할 가능성이 높다는 점을 명심해야 한다.

스케줄의 중요성

보통 강아지가 언제 배설할지 예상할 수 있어 강아지가 올바른 장소에서 볼일을 보도록 제때 배변 장소로 데려갈 수 있다. 강아지는 다음 같은 상황에서 배설할 가능성이 크다.

- 아침에 일어나서 또는 낮잠에서 깼을 때
- 먹고 마신 후 그리고 10~30분 뒤에 또다시
- 놀이 시간이나 흥분한 후
- 크레이트 같이 가두는 장소에서 나간 후 또는 들어가기 전

스케줄 관리에는 식사와 물 마시기뿐 아니라, 놀이와 잠자기 같은 활동을 기록하는 것이 포함된다. 크기에 따라 다르지만 대부분 8~16주령의 어린 강아지는 하루 3~4번 식사를 한다. 따라서 식사, 활동 시간(놀이와 산책) 및 낮잠을 포함해 적어도 하루에 8~10번 배변을 계획해야 한다. 또한 8~12주령 된 매우 어린 강아지는 자정에 추가로 한 번 더 계획한다. 만약 배변 실수가 지속된다면, 마지막 배변 시간부터 다음날 아침까지 밤중에

물 섭취를 제한해볼 수 있지만, 개의 나이와 건강 상태, 사는 지역의 기후를 고려하여 결정해야 한다. 개의 물 섭취를 제한하기 전에는 항상 수의사와 상의한다.

배변 교육 일지를 쓰면 배변 실수 빈도가 줄고 있는지 확인하고 평가할 수 있다. 일지를 기록하지 않으면 마지막 배변 실수만 기억하고 판단하게 되며, 마지막 실수 이후 몇 주가 지났는지도 깨닫지 못할 수 있다. 우리 생각보다 더 많은 발전이 있었는데도 말이다.

일지에는 일정을 포함해 소변과 대변의 시간과 장소, 대소변 실수(시간과 장소)를 기록한다. 공책이나 스프레드시트에 작성할 수 있고, 스마트폰 앱을 이용할 수도 있다. 이런 애플리케이션은 집에서의 배변 교육 사실과 수치를 기록하고 추적하는 데 도움이 된다.

배변 신호 보디랭귀지에 익숙해지기

강아지가 배설 전에 보이는 보디랭귀지, 즉 '나 지금 화장실 가야 해'라는 몸짓을 알아차리긴 어렵다. 처음에는 스케줄에 맞춰 개를 데리고 나가면 된다.[58] 계속하다 보면 결국 개의 특별한 보디랭귀지 신호에 익숙해지고, 개가 나가야 할 때를 알게 된다. 바닥 냄새를 맡거나, 낑낑대거나, 왔다 갔다 하거나, 헐떡대거나, 상호작용에 집중을 못 하고 배회하는 행동이 모두 강아지가 배설하고 싶다는 신호다.

우리가 고른 배설 장소가 멀거나, 도중에 계단이나 엘리베이터를 이용해야 할 수 있다. 강아지가 이런 장벽들을 결국 넘어서야겠지만, 올바른 배설 장소를 배우는 동안 실수를 방지하기 위해 강아지를 안고 가야 할 수도 있다.

신호하도록 가르치기

강아지가 배설하고 싶다는 뜻을 우리에게 알리도록 가르칠 방법은 많다. 배변 장소로 나가기 전에 강아지가 문 앞에 가서 앉도록 교육시킬 수 있다. 이 방법은 우리가 열쇠를 챙기는 동안 개가 배뇨 이외의 것에 집중하게 된다는 장점이 있다. 더불어 강아지는 배설하고 싶다는 신호를 보내기 위해 문 앞으로 가도록 교육된다.

또 다른 방법은 문에 벨을 다는 것이다. 강아지를 데리고 밖으로 나가기 직전 강아지의 앞발을 사용해 벨을 누른 뒤, 즉시 배설 장소로 간다. 단, 이 벨은 놀이를 위해서가 아닌, 오직 배설을 위해서만 사용해야 한다. 그래야 강아지가 밖에 나가 놀고 싶다는 것을 알리기 위해 벨을 울리지 않는다.

배설 장소를
긍정적인 곳으로 만든다

야구경기 관람 중에 맥주를 너무 많이 마셔서 화장실로 급하게 뛰어갔는데, 도착해 보니 줄이 너무 길었던 적이 있는가? 마침내 내 차례가 왔을 때의 기분은 정말 좋다. 그저 시원하게 배출할 수 있는 것 자체가 보상이 된다. 물론 외적 보상(주로 먹이)도 개에게 중요하며, 개가 특정 단어나 문구를 배설 행동과 연관시킬 수 있게 '화장실 가자 go potty' 같은 지시어를 추가할 수도 있다.

행동과 보상을 연결시키려면 행동 뒤에 즉시 보상이 뒤따라야 한다. 따라서 강아지가 배설한 직후에 보상을 줄 수 있도록 보호자가 강아지와 함께 나간다.[59] 강아지 또는 재교육 중인 성견이 밖에서 배설하는 동안 보호자가 실내에 있다면 실외 배변을 보상할 수 없다. 그 대신 개가 실내로 돌아온 것에 대해 보상을 해주게 되는데, 이는 개나 강아지가 방광을 다 비우지도 않고 보상을 받기 위해 안으로 들어오게 만들 수 있다. 강아지는 돌아와서 10분 뒤 부엌 바닥에 배뇨 실수를 할 수도 있다.

배변 실수에 대처하는 방법

배변 실수가 일어났을 때는 효소 성분의 클리너로 깨끗이 청소하고 시스템을 더 엄격하게 관리한다. 그리고 강아지가 배뇨하기 위해 쪼그려 앉는 것을 목격하게 되면 손뼉을 치거나 "헤이hey!"라고 말해 배뇨를 막고, 즉시 강아지를 배설 장소로 데려간다. 그리고 볼일을 마치면 보상해 준다. 하지만 이 방법이 항상 효과가 있는 건 아니고, 오히려 강아지를 두렵게 만들 수도 있으니 강아지의 반응을 잘 살펴야 한다. 배변은 중간에 멈추게 하기 어렵다. 그러니 아무 말 없이 기다렸다가 청소하고, 앞으로 더 잘 관리 감독한다.

그렇다. 잘못 읽은 게 아니다. '아무 말 없이 기다려라.' 이는 강아지가 볼일을 보는 순간을 포착했더라도 야단치거나 처벌하지 않는 것을 뜻한다. 야단치는 것은 강아지가 보호자에 대한 두려움을 갖게끔 만들 수 있다. 또는 처벌을 피하기 위해 몰래 배설하도록 할 수도 있다.

시간이 지나면서 강아지가 방광 조절 능력이 좋아지고, 우리가 강아지의 행동 및 신체 리듬을 알게 되고, 강아지가 화장실 루틴을 배우게 되면, 차츰 강아지의 생활공간을 넓히고 엄격한 관리 감독을 줄일 수 있게 된다.

배변 교육은 고도의 지능이 요구되는 일이 아니다. 그렇지만 우리는 모두 다르고 강아지들도 그러하며 그들이 이전에 겪은 경험 또한 모두 다르다는 것을 이해해야 한다. 어떤 브리더는 배변 교육을 먼저 시작했을 수 있다. 그러니 개가 '7일 이내'에 배변 교육을 마칠 수 있다고 장담하는 책을 보고 낙담하지 말자. 정말 비현실적인 기대다. 강아지에게는 특히 더 그렇다. 6~8개월령에 배변 교육을 마친다고 보는 게 합리적이다. 일부는 2~3살까지 갈 수 있다.

그렇다면 강아지가 배변 교육이 완벽히 되었는지 어떻게 판단해야 할까? 경험상 강아지가 아무 제한 없이 최대 8시간까지 배설하지 않고 집에서 편히 지낼 수 있다면 된 것이다.

기다리는 동안 해야 할 일들

지시에 따라 배변하게 하는 것이 먼저다. 개가 '앉아'에 즉각적으로 반응하도록 교육한 것처럼 '화장실 가자'도 교육시키면 놀랍도록 편리하다. 밖에 폭풍이 몰아치거나 눈이 펑펑 내리고 있다고 상상해보자. 개가 볼일을 마칠 때까지 마냥 밖에서 기다리고 싶진 않을 것이다. 또는 막 장시간 이동하려던 참이라면 개가 차에 타기 전에 빨리 방광을 비우길 바랄 것이다. 지시한 다음 문을 열어 주면 개가 마당으로 나가 바로 대소변을 본다면 얼마나 좋을까? 충분히 실현 가능한 얘기다!

우선, 사람들 앞에서 말해도 괜찮을 문구를 선택한다. '볼일 봐', '서둘러' 또는 '얼른 해'는 오줌이나 소변이라는 단어를 사용하기 꺼리는 사람들에게 적합하다. 딱 한 가지 신호만 고르고 계속 그것만 사용해야 개가 그 말을 배우게 된다. 사용할 말을 골랐다면, 개가 배설할 때마다 그 말을 차분한 목소리로 한 번만 말한다. 반복하는 것은 방해가 될 수 있다. 그런 다음 개가 배설한 직후 보상을 준다. 이 과정을 반복한다. 개가 우리의 말을 이해하는 데 시간이 다소 걸릴 수 있지만, 일단 그 말을 이해하게 되면 정말 편리하다. 특히 여행을 가서 개가 한 번도 본 적 없지만 우리가 허용하는 장소에서 볼일 보기를 원할 때 이 말의 가치가 빛날 것이다.

개를 평소의 배설 장소로 데려가서 리드줄을 채운 채 화장실 신호를 연습하면 개는 자동적으로 '리드줄 한 채로 배변하기'와 '내가 있을 때 배변하기'를 배우게 된다. 두 가지 모두 여행에서 유용하다. 지시어를 사용해 개가 여행 중에 다양한 장소와 표면에서 볼일을 보는 데 익숙하게 만들 수 있다. 도시에서는 강아지의 엉덩이를 도로 연석 쪽에 두게 하고 지시어를 말한 후 뒤따르는 행동에 보상을 줄 수 있다. 이를 '커빙curbing'[60]이라고 한다. 이런 교육을 시작할 때는 아주 조용한 거리에서 해야 한다. 아무런 방해가 없는 곳이 교육에 가장 이상적이다.

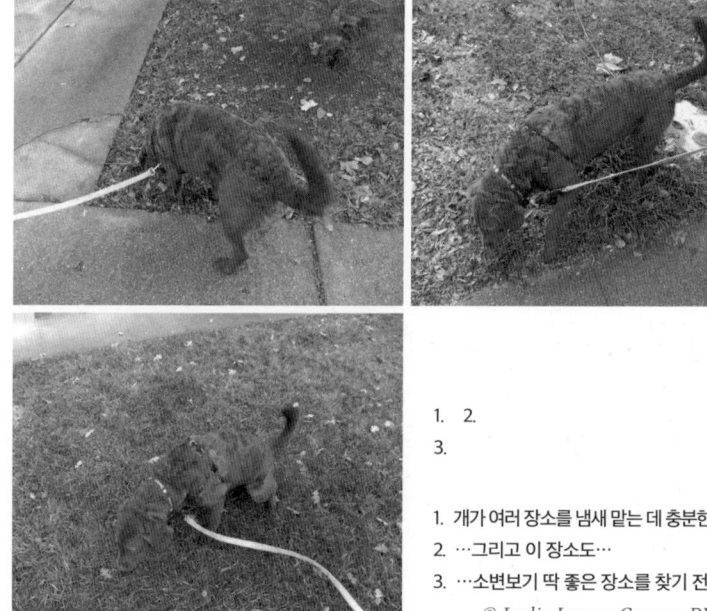

1. 2.
3.

1. 개가 여러 장소를 냄새 맡는 데 충분한 시간을 주자.
2. …그리고 이 장소도…
3. …소변보기 딱 좋은 장소를 찾기 전까지

© Leslie Larson Cooper, DVM, DACVB

이 주제에 대해 이야기하는 김에 덧붙이자면, 배설물을 처리할 방법 없이는 다니지 말자. 어떤 리드줄에는 배변봉투가 달려 있다. 또는 산책 갈 때마다 배변봉투를 리드줄에 묶거나 주머니에 넣어둘 수 있다. 환경을 생각해서 친환경 배변봉투를 사거나 일상생활에서 얻게 되는 비닐봉투를 모아서 쓰면 된다.

공원이나 인도에 있는 배설물은 비위생적이고 장내 기생충을 전파시킬 위험이 있다. 또한 개가 공공장소에서 볼일을 본 뒤 보호자가 치우지 않는 것은 실례다. 개의 배설물을 목격한 사람들은 기분이 불쾌해지고 반려동물 보호자들에게 부정적 감정을 가질 수 있다. 다른 보호자들조차도 치우지 않은 배설물을 밟는 것은 달갑지 않다. 그러니 모두를 위해 뒤처리를 잊지 말자.

크레이트에 가둘지 말지, 그것이 문제로다

크레이트는 정말 훌륭하다. 약간의 교육으로 크레이트나 이동장을 다음과 같은 곳으로 만들 수 있다.

- 여행 중일 때 편안한 집이 되고, 이동 중에는 안전한 장소가 된다(자동차나 비행기 안에서 또는 동물병원에 가기 위해 도보로 이동할 때).
- 이리저리 움직일 일이 많은 날, 발아래 강아지가 다치지 않도록 강아지를 머물게 하는 안전한 장소가 된다.
- 밤에는 근사한 침대가 된다(온 가족이 강아지가 어디에 있는지 알 정도로).
- 위급한 상황에 모두가 당장 나가야 할 때 필수적 장비가 된다.
- 배변 교육 중 직접 관리 감독을 하지 못할 때 강아지가 배설을 참는 장소가 된다.

이런 말을 들어본 적이 있는가? "앞으로 계속하고자 하는 방식으로 시작해라." 처음부터 일관성 있게 행동하라는 말이다. 이는 크레이트 교육에 딱 맞는 말이다. 먼저 크레이트를 잠자리로 소개하는 것으로 시작한다. 크레이트 안에 부드러운 천을 깔고 먹이 퍼즐 장난감에 강아지의 저녁식사 일부를 채워 넣어두면, 강아지가 들어가서 쉬면서 먹이를 씹을 수 있다.

크레이트는 강아지가 엎드리고 편하게 한 바퀴 돌 수 있을 정도로는 넓되, 그 안에 배설 장소를 만들 수 있을 정도로 넓어서는 안 된다. 그래야 배변 교육에 도움이 된다. 대형견으로 성장할 강아지들에게는 조정이 필요할 수 있다. 강아지의 성장에 따라 크레이트 디바이더Crate Divider[61]로 크레이트 크기를 조절할 수 있다.[62] 아니면 강아지의 성장 과정에 맞춰 다양한 크기의 크레이트를 사도 좋다.

크레이트는 배변 교육 중에 안전한 집이 될 수 있다. 페퍼에게는 배설을 하기 위해 자기 침대로부터 멀리 나갈 만한 충분한 공간이 없다는 것을 주목하자.
© Debbie Maus

크레이트 문을 닫기 전에 강아지를 몇 번 쓰다듬어 주고 간식도 주자. 처음부터 욕심 부리지 않도록 한다. 처음 몇 번은 5~15분 정도 문을 닫아둔다. 시간이 지나면서 강아지가 스스로 안으로 들어가면, 이 행동과 '크레이트로 가go to the crate'라는 지시어를 짝지어주고 간식을 줘서 보상한다.

강아지를 얼마나 오랫동안 크레이트에 둘 수 있을까?

강아지가 배설할 필요 없이 크레이트 안에서 있을 수 있는 시간은 개월 수에 따라 늘어날 것이다. 일반적으로는 강아지의 개월 수에 한 시간을 더하여 계산한다. 즉 2개월령에는 3시간이 되고, 3개월령에는 4시간이 되는 식이다. 하지만 강아지가 크레이트 안에 있을 수 있는 '하루' 최대 시간은 4~5시간이다.

강아지가 '만약' 밤새 크레이트에서 자더라도 이를 똑같이 적용해야 한다. 즉, 강아지들이 배변 실수하는 것을 막기 위해서는 우리가 밤에 한 번 일어나 배변 시간을 줘야 한다는 의미다. 모든 강아지는 다르므로 자기 강아지에 맞춰서 시간을 조절한다:

> **실내 화장실**
>
> 강아지는 성견에 비해 방광이 작고 신장에서 소변을 농축시키지도 못하기 때문에 4~5시간 이상 소변을 참을 수 없다. 따라서 이 시간이 강아지를 가둬두는 상한선이 되어야 한다. 그 이상 두는 건 배설 실수를 자초하는 것이다. 강아지가 크레이트나 울타리, 펜스 내에서 자꾸 배설할 수밖에 없게 되면, 배변 교육 도구로서 크레이트나 울타리의 기능이 사라지게 된다. 그러니 강아지를 혼자 오래 집에 두어야 할 때는 실내에 배설 가능한 장소를 마련한다.
>
> 다행히도 이제 페이퍼 트레이닝paper training[63] 시스템이 다양해졌다. 요즘 실내 화장실은 주로 밑이 방수 트레이가 있는 배변패드나 인공 잔디 매트 같이 더 내구성 있는 소재로 만들어진다. 고양이용 대형 화장실이나 플라스틱 수납 박스를 트레이로 사용하고 인조 잔디 매트를 깔아 직접 만들 수도 있다. 시판 중인 일부 화장실 제품에는 유인 물질[66]이 포함된 것도 있으며, 우리 개의 소변을 유인 물질로 사용할 수도 있다.

> 시판 제품이든 집에서 만들었든, 실내 화장실은 우리가 도심 속 아파트에서 살 때 그리고 악천후로 실외 배변이 어려울 때 편리하다. 또는 개와 자주 여행을 가거나 개가 혼자 실내에서 오랜 시간 지내야 하는 경우에도 유용하다. 개가 작을수록 치울 게 더 적기 때문에 실내 배변 교육에 대한 전망도 좋다.
>
> 개가 새로운 화장실을 배울 때는 시간이 좀 걸린다는 걸 예상해야 한다. 개가 바뀐 화장실을(예를 들어 신문지에서 다른 재질의 화장실 재질로) 배울 수 있도록 한동안 새로운 화장실에 원래 사용하던 화장실 재질을 써야 할 수도 있다.

강아지에게 크레이트 교육을 시킬 때 보호자가 직면하게 되는 주요 문제는 문을 닫고 가족들이 멀어지면 강아지가 낑낑거리며 야단법석을 떠는 것이다. 낑낑거리거나 짖을 때 강아지를 내보내 주면 '안 된다.' "와! 내가 낑낑거리면 나가게 되는구나!"라는 잘못된 생각을 심어줄 수 있다. 오히려 강아지가 낑낑거리지 않을 때 내보내 준다. 단지 몇 초라도 조용히 있을 때 이에 대한 보상으로 크레이트 안에 간식을 던져 준다. 이러면 강아지를 바쁘게 해서 조용히 있게 할 수 있고, 우리가 문을 열어줄 수 있다! 문을 열고 짧게 쓰다듬는 시간을 갖는 것 또한 조용히 있는 행동을 강화해 준다.

강아지를 야단치거나 처벌하기 위해 크레이트에 넣어서는 안 된다. 강아지가 크레이트 안에서 편안하게 지내게 하려면 크레이트를 긍정적인 곳으로 유지해야 한다.

크레이트 교육 팁

크레이트 교육은 나이 든 개보다 어린 강아지에게 더 쉬우므로 가능한 한 일찍 시작하는 것이 좋다. 입양되는 강아지가 크레이트로 이동해야 할 경우, 제대로 된 브리더라면 이미 크레이트 교육을 시작했을 수 있다. 성견을 배변 교육시킬 때 크레이트를 사용하고 싶다면, 개를 오랜 시간 크레이트에 남겨두기 전에, 앞서 설명한 강아지 크레이트 교육 방법을 적용해 보호자가 집에 있는 동안 개가 그 공간을 어떻게 견디는지 지켜본다(크레이트 교육에 대한 더 자세한 팁은 부록 참고).

어떤 개들은 그리고 몇몇 강아지들은 시간이 얼마가 됐건 좁고 밀폐된 공간에서 잘 지내지 못한다. 이런 개들에게는 작은 방에 안전문을 달거나, 엑서사이즈 펜exercise pen[65]을 사용해 공간을 마련해주는 편이 더 좋다.

크레이트 교육에 관해 마지막으로 할 말이 있다. 앞서 설명한 방법대로 몇 주간 노력했음에도 강아지가 크레이트를 필사적으로 거부한다면, 즉 짖거나, 낑낑거리거나, 크레이트 안에 있는 물건을 씹거나, 크레이트 안에서 배설하거나, 침을 흘리거나, 밖으로 나가려고 하다가 스스로 다치는 경우가 생긴다면 강아지가 분리불안을 겪고 있을 가능성을 고려해보자(11장 참고). 분리불안은 상당 부분 치료가 가능한 행동 상태이다. 다만 성공적인 관리를 위해서는 수의사 또는 수의행동학자의 도움이 필요하다.

성견 배변 교육 또는 재교육하기

입양한 성견이 배변 교육이 제대로 안 되어 있을 수 있다. 개의 과거 이력을 모른다면, 당연히 배변 교육 여부도 알 수 없다. 과거에 배변 교육을 받았더라도, 건강 문제, 환경 변화 또는 스케줄 변화 때문에 배변 실수를 할 수 있다.

성견에게 배변 재교육을 하는 방법은 앞서 설명한 강아지 배변 교육법과 같다. 개가 적절한 배설 장소를 사용하도록 이끌어 주고, 스케줄 관리, 관리 감독 및 가두기를 통해 실내 배설을 피한다. 반복된 배변 실수 후에 바로잡는 것보다 올바르게 교육을 시작하는 편이 성공 가능성이 높다.

화장실 교육 Q&A

틀림없이 '실수가 일어날 것이다.' 배변 실수는 주로 우리가 주의를 기울이지 않을 때나 우리가 요구하는 시간을 강아지가 참을 수 없을 때 일어난다. 보호자는 프로그램을 따르는 것을 잊을 때면 실수도 예상해야 한다. 실수는 흔하다는 것(강아지보다도 보호자에게 훨씬 더)과 학습 과정의 일부분이라는 것을 기억하자. 실수가 있다고 해서 세상이 끝나는 건 아니다. 문제를 일으킬 수 있는 몇 가지 일반적인 상황과 그에 대한 해결책을 소개한다. 무엇이 문제인지 탐색하는 데 도움이 될 것이다.

강아지가 4~5시간 이상씩 갇혀 있어야 한다면?

강아지가 우리 기대보다 더 오래 배설 욕구를 참을 수 있기를 바라서는 안 된다. 이는 강아지를 실패할 상황에 두는 것일 뿐 아니라, 강아지가 필요할 때 실외 배설 장소로 갈 수 없기 때문에 실내에 배설하는 것을 배우게 하는 것이다.

만약 강아지가 참을 수 있는 시간보다 더 오래 집을 비워야 한다면, 화장실 영역과 자는 영역이 분리될 만큼 충분히 넓은 공간에 허용된 배변 장소(배변패드, 인공 잔디 등)를 마련해 준다. 이때 화장실 표면이 실외 배설 장소와 비슷하면 더 좋다. 그러나 필수 사항은 아니다.

배설 장소가 멀다면?

배변 실수 없이 배설 장소까지 갈 수 있는 확률을 높이기 위해 배설 장소까지 강아지와 함께 빨리 걷는다. 필요하다면 리드줄을 채운다. 이동거리가 꽤 멀다면 처음에는 강아지를 안아서 이동하되, 강아지가 방광 조절 능력이 발달하면 걸어가도록 한다. 엘리베이터 탑승을 오래 기다려야 하는 상황이라면, 강아지가 쪼그려 앉아 기다리는 자세가 되레 소변을 유도할 수 있으므로 강아지를 안고 있거나 작은 이동장에 넣어서 데리고 나온다.

강아지가 대소변을 밖에서 안 하고, 집에 들어오자마자 바닥에 한다면?

실외 배설 장소에 가서 처음 몇 분 동안은 놀이가 아니라 볼일 보기에 집중해야 한다. 강아지가 밖에 나갔을 때 배설을 안 한다면, 집으로 돌아와 강아지를 크레이트 안에 10~15분간 둔 뒤, 다시 실외 배설 장소로 간다. 강아지가 밖에서 볼일을 볼 때까지 이를 반복한다.

이 상황에서 강아지를 데리고 들어왔을 때 크레이트에 넣는 대신 리드줄을 채워 줄 반대쪽 끝을 우리 허리나 벨트 고리에 묶는 방법도 있다. 이렇게 하면 다시 실외 배설을 시도하러 나갈 때까지 강아지를 확실하게 우리 시야 안에 둘 수 있다.

강아지를 크레이트 안에 가두는 것에서 집 전체를 돌아다니게 하는 것으로 바꾸는 데 어려움을 겪는다면?

몇 가지 설명이 유용할 수 있다. 보금자리 개념은 한계가 있다. 개는 절대 집 전체를 보금자리로 보지 않는다. 개는 주거 공간을 핵심 지역(가족이 지내고 자는 곳)과 그 외 지역(배설해도 괜찮은 곳)으로 나누는데, 대체로 집들이 너무 크고 개방되어 있어 작은 강아지가 핵심 지역을 알아보기가 어렵다. 혹은 거의 아무도 가지 않는 비핵심 지역이 너무 많다. 강아지에게 이런 곳은 배설하기에 적절한 장소로 보인다. 이 경우에는 핵심 지역이 아닌 곳에서 이따금씩 강아지와 함께 있

성견은 아기 안전문baby gate으로 막아 둔 넓은 공간에 갇히는 편이 더 반응이 좋을 수 있다.

© Rachel Berkley, DVM

는 게 도움이 될 수 있다. 개에게 이곳도 우리가 생활하는 핵심 지역의 일부라는 것을 가르치는 것이다.

여기서는 리드줄과 묶어 놓기, 즉 리드줄을 무거운 가구나 벽에 박힌 볼트에 연결해두는 것이 도움이 될 수 있다. 개를 묶어 놓는 동안에는 개가 다치지 않도록 항상 지켜본다. 개를 묶어 놓은 채 집을 비워선 절대 안 된다. 리드줄과 벨트가 결합된 상품(한쪽은 보호자의 허리에 묶고 반대쪽은 강아지의 목줄에 다는 리드줄)을 사용하면 집 안에서 이리저리 돌아다니는 동안 강아지를 가까이 둘 수 있다.

리드줄을 사용할 때는, 리드줄을 가구에 연결하고 그 근처에서 일하는 동안 강아지가 지루하지 않도록 씹는 장난감이나 먹이 퍼즐 장난감 그리고 안락한 침대를 제공해 준다. 이렇게 하면 가두는 것, 관리 감독 그리고 사회화를 한 패키지로 만드는 셈이다.

너무 추워서 강아지가 볼일을 보고 싶어 하지 않고, 우리도 밖에서 계속 기다리고 싶지 않다면?

추운 계절에는 배변 교육이 더 힘들 수 있다. 꼭 밖으로 나가야 한다면, 궂은 날씨로부터 대피할 만한 배설 장소를 찾아보자. 빨리 입고 나갈 수 있게 그리고 나가는 도중 배설 실수를 피할 수 있게 문 옆에 강아지 코트와 부츠를 둔다.

제설을 위해 길에 뿌려진 염화칼슘은 강아지 발바닥에 위험할 수 있으니 강아지 부츠를 신기는 것이 좋다. 또한 코트를 입히면 추운 날씨에 밖에서 배설하는 동안 편안함을 느낄 수 있을 것이다. 너무 춥다면, 날씨가 좀 풀릴 때까지 실내 화장실을 사용하고 나중에 실외 배설 장소로 바꾸는 방법도 고려해볼 수 있다.

강아지가 배설 욕구를 드러내지 않아 언제 밖에 나가야 하는지 도무지 모르겠다면?

이는 관리 감독의 문제지만, 또한 우리가 강아지가 방광이나 장이 꽉 찼다는 신호를 못 알아차렸는지도 모른다. 가까이 다가가 강아지가 불편해하는 신호를 찾아보자. 낑낑대기, 냄새 맡기, 빙글빙글 돌기, 개를 밖으로 데리고 나갈 때 이용하는 문 앞에 가 있기 등 말이다.

강아지가 배설을 위해 밖에 나가고 싶게 만드는 문구를 만들 수도 있다. 강아지가 배설하고 싶어 한다는 것을 알아차렸을 때 "화장실 가고 싶어?" 같은 말을 반복적으로 사용하면, 강아지가 그 말을 알아듣기 시작할 수 있고, 그러면 재빨리 밖으로 나가기 위해 문 앞으로 갈 것이다. 시간이 지나면 강아지는 우리 가까이에서 왔다 갔다 하는 등의 특정 방식으로 신호를 주거나 불편함을 보이고, 우리가 그 말을 하면 밖에 나가게 된다는 것을 배우게 된다.

교육이 뜻대로
잘 진행되지 않을 때

개의 관점에서 배변 교육은 얼마나 중요할까? 휴식 장소를 깨끗하게 유지하는 것은, 즉 보금자리 굴에서 장내 기생충을 없애는 것은 개들의 조상에게는 생사가 걸린 문제였고, 그렇게 했던 개들이 살아남아 자신들의 '청결 유지' 유전자를 물려주었을 것이다. 하지만 기생충 예방약 개발로 청결 유지와 이와 관련한 유전자는 덜 중요해졌다. 오늘날 많은 개가 청결 유지 유전자 없이도 번창한다. 결국 청결에 대한 중요성이 사라지면 '청결 유지' 유전자 선별의 필요성이 줄게 되어 유전적 변이가 증가한다. 그래서 타고 나길 소변과 대변이 없도록 넓은 지역을 매우 깨끗이 유지하는 개들과 그렇게 잘 못하는 개들이 다 존재한다.

때로는 어린 시절 학습이 문제의 원인이 된다. 대소변으로부터 떨어질 수 없는 좁은 환경에서 갇혀 지낸 강아지들은 보금자리 개념을 제대로 형성할 수 없다. 우리는 강아지들이 작은 범위는 깨끗하게 유지할 거라고 믿지만, 강아지가 배설을 참을 수 있는 시간보다 더 오래 남겨져 있어서 어쩔 수 없이 그곳에서 배설하게 된다면, 강아지는 자신이 타고난 깔끔한 성향을 무시할 수도 있다(그러나 이런 개들 중 일부는 분리불안을 겪고 있을 수 있다는 사실을 기억하자. 만약 보호자가 없을 때 주로 배설한다면, 부재 동안의 강아지 행동을 녹화하여 배변 교육의 부족인지 분리불안인지 살펴보는 것도 좋은 방법이다).

개들이 깔끔함을 유지하는 것을 다시 배울 수 있게 공간의 크기를 재정비하고 규칙을 다시 세울 필요가 있다. 어떤 미니어처 푸들Miniature Poodle은 중형 크레이트에서는 배설을 했지만, 공간을 절반으로 줄이니(여전히 그 개가 안에서 돌아설 수는 있지만, 그 이상은 못 하는 크기) 더는 배변 실수를 하지 않았다. 보호자는 미니 푸들을 강아지였을 때 펫숍에서 데려왔는데, 강아지의 생활공간이 충분히 깨끗하게 유지되지 않았을뿐더러 강아지들이 배설하기 위해 자주 밖에 나가지도 못한 것 같다고 의심했다. 보호자는 음식, 물 그리고 배설 기회에 대한 적절한 스케줄 관리를 하면서, 크레이트 바닥에 흡수력 좋은 잠자리를 두지 않아 강아지가 배변 실수로 인한 불결한 환경을 무시하기 어렵게 만들 수 있다.

대부분의 개가 배변 교육이 가능할까? 그렇다. 다만 배변에 대한 내적 신호가 불명확한 개의 경우, 시간과 노력 그리고 세심한 주의력이 더 필요할 수 있다.

그래도 문제가 계속된다면?

스케줄 관리, 크레이트 교육, 알맞은 배설 기회 제공 등 해야 할 것을 다 했음에도 배변 실수가 일어난다면 다음에 대해 깊이 생각해볼 때다. 문제가 계속되는 건 다음의 사항들 때문일 수 있다.

- **신체적 또는 의학적 문제**: 배설을 조절할 수 없다면 배변 실수를 피하기 힘들다. 소변량 증가나 설사를 일으키는 질병 또는 요실금과 관련된 신체적 기능장애가 원인일 수 있다. 배변 교육 문제가 지속된다면 수의사와 상담한다. 개가 배변 교육이 잘되었다고 확신했는데 갑자기 실수를 하기 시작할 때도 수의사와 상담해야 한다.
- **흥분과 분리불안**: 강아지가 흥분했거나 복종 행동을 보일 때 바닥에 오줌을 누는가? 보호자가 집을 비울 때만 개가 대소변 실수를 하는가? 혼자 남겨질 때 기분이 안 좋아 보이는가? 그렇다면 분리불안일 수 있다(11장 참고). 초점을 배변 교육에서 다른 행동 문제로 바꿔야 할 수도 있다.
- 강아지 또는 개가 배설을 얼마나 오랫동안 참을 수 있을 거라 기대하는가? 우리의 기대가 현실적 수준이라 여기는데도, 배설 실수가 주기적으로 일어난다면 기대치를 수정할 필요가 있다.

불완전한 배변 교육의 원인을 알아내기 위해서는 탐정이 되어야 한다. 먼저 질병이나 신체적 이상을 배제하기 위해 필요한 의학적 검사를 받는다. 검사 결과 이상이 없다면 수의행동학자를 방문하는 것이 그다음 순서다. 수의행동학자는 개의 행동 패턴을 알려주는 단서들을 찾아내어 개의 동기를 파악하고 효과적으로 문제를 해결해줄 것이다.

절충안 찾기

수의행동학자들이 흔히 보는 사례는 배변 교육 중 어떤 부분은 잘되고, 어떤 부분은 잘 안 되는, 말 그대로 불완전한 배변 교육이다. 앞에 나온 클로이의 사례가 적절한 예다. 클로이의 보호자 마지는 벽 없이 개방된 형태의 큰 집에 살고 있어서 배변 교육 과정 중 가둬 두는 공간을 차츰 넓히는 데 문제가 있었다.

대형 이층집에 살았던 클로이는 어느 순간부터 집의 일부를 '굴이 아니다'라고 판단했고, 습관이 될 정도로 자주 그곳에 배설했다. 클로이는 이층에 있는 방들에서는 배변 실수를 안 했지만, 그 외의 장소는 화장실로 사용했다. 더 작고 명확히 구획된 집이었다면 클로이가 잘 배웠을 텐데, 마지는 당분간 이사할 계획은 없었다. 절충안을 찾아야 했다.

이제 마지는 집을 비울 때 클로이를 이층이나 바깥에 있게 했다. 이층에서는 실수가 없었고 바깥에서 볼일 보는 것은 괜찮았다. 집에 있을 때는 컴퓨터로 일하거나 텔레비전을 보는 동안 클로이에게 리드줄을 채워 자신의 몸에 매놓거나 근처 침대에 묶어 놓았다.

마지는 실내용 배설 장소를 만들기로 결심했다. 거실에 낮은 트레이를 놓고 그 안에 클로이가 평소 사용하는 실외 배설 장소의 재질인 잔디 조각을 까는 것으로 돌파구가 마련되었다. 마지는 그곳을 클로이 공원이라 불렀고, 마지의 관리 감독이 약간 소홀할 때도 클로이는 실내 배설을 위해 그 장소를 찾았다.

마지와 클로이는 이 절충안에 만족했을까? 그렇다. 적어도 마지의 말에 따르면 말이다. 마지는 처음에는 실내용 강아지 화장실에 별로 기대하지 않았지만, 매일 클로이의 뒤처리를 하거나 양육을 포기하고 보호소에 보내는 것에 비해 훨씬 좋다고 말했다. 클로이는 배변 교육이 완전히 되었을까? 클로이에게는 푸른 잔디면 충분했다.

소형견일수록 배변 교육이 어려운가?

배변 교육 문제는 모든 품종과 믹스 품종에서 나타날 수 있는데, 작은 품종의 개들이 일반적으로 배변 교육이 더 어렵다는 말이 널리 퍼져 있다. 이는 근거가 명확하지 않은 주장이다.

벤과 리넷 하트 박사는 저서 《완벽한 강아지》를 위한 연구에서 품종으로 배변 교육의 용이함을 포함해 특정 행동 속성을 예측할 수 있는지 살펴보았다. 개의 크기는 직접적으로 다루지 않았지만, 연구 대상의 개들 중에 소형 품종의 개들은 배변 교육이 매우 쉬운 개부터 매우 어려운 개에 이르기까지 다양했다. 벤과 리넷 하트 박사는 품종과 배변 교육의 용이성은 무관하다고 판단했다.

그런데 소형견의 배변 교육이 더 어려울 수 있다는 말에는 몇 가지 납득할 만한 이유가 있다.

- 소형견은 성견이 된 후에도 방광이 작아 소변을 참을 수 있는 시간이 제한적일 수 있다.
- 소형견의 입장에서는 굴 개념으로 보기에 집이 너무 클 수 있다.
- 작은 개들은 악천후에 더 민감할 수 있어 이런 날 바깥에서 배설하는 것을 싫어할 가능성이 더 높다.
- 배변 실수를 하더라도 양이 그리 많지 않아 보호자가 소형견의 실수를 크게 문제 삼지 않고, 철저한 관리 감독과 가둬 두기 등을 제대로 지키지 않을 수 있다.

요점 정리

- 자신의 잠자리와 보금자리를 깨끗하게 유지하고 생애 초기에 학습된 표면 재질과 장소 선호도를 고수하려는 개의 타고난 성향 덕분에 배변 교육이 가능하다.
- 강아지나 개의 배변 교육이 확실하게 될 때까지는 보호자의 관리 감독 아래 개를 배설 허용 장소에 두거나 배설할 가능성이 낮은 장소에 가두어 둬야 한다.
- 규칙적인 식사와 운동 일과를 계획하고 실내 배변 실수를 피하기 위해 화장실에 가는 시간도 정한다.
- 개를 오랫동안 관리 감독할 수 없는 상황에서는 실내용 화장실이 도움이 될 수 있지만, 적절한 배설 장소는 대개 실외다.
- 배변 실수는 일어나기 마련이다. 그런 일이 발생하면 그냥 침착하게 뒤처리를 하고 스케줄 관리와 관리 감독을 더 엄격하게 한다.

5장

교육 도구

인도적이고 안전한
교육을 위한 도구

로리 개스킨스Lori Gaskins, DVM, DACVB

존은 5개월 된 수컷 래브라도 리트리버, 부치를 입양하고는 함께 동네를 산책할 생각에 잔뜩 부풀어 있었다. 존에게 완벽한 산책이란 부치가 존의 발치에 바짝 붙은 채 힐링 포지션heeling position으로 걸으며 냄새 탐험을 하느라 다른 곳으로 방향을 틀지 않는 것이었다. 존은 개에게 누가 '대장'인지 알려 주려면 산책할 때 보호자가 개를 통제해야 한다는 말을 들은 적이 있었다. 반면 부치가 생각하는 완벽한 산책이란 세상을 보고, 멈춰서 최대한 많은 것을 냄새 맡고, 다른 개와 사람을 만나고 인사하는 것이었다. 존과 부치의 기대와 목표는 너무 달랐다.

대부분의 강아지 보호자들처럼 존은 부치에게 일반적인 버클형 목걸이를 채웠다. 부치가 세상을 보고 싶은 마음에 흥분해서 리드줄을 당기자, 존은 리드줄을 세게 잡아챘다. 하지만 아무리 리드줄을 잡아채도 다른 곳으로 가려는 부치의 욕구를 줄이지 못했기 때문에, 존은 결국 도움이 필요하다는 생각에 부치를 복종 훈련 수업에 데려갔다. 존은 훈련사들이 부치가 리드줄을 당기지 않고 옆에서 잘 걷도록 가르쳐줄 것이라 믿었다.

이 '특별' 수업에서는 초크 칼라choke collar[66] 사용을 권했고, 부치가 옆에서 얌전히 걷지 않으면 벌을 주는 차원에서 초크 칼라를 세게 잡아채라고 했다. 존은 배운 대로 했지만 여전히 별 소용이 없었다. 그러자 프롱 칼라prong collar[67]를 권했다. 존은 이 목걸이가 무섭게 생겼기 때문에 사용하기가 망설여졌지만, 다른 사람들도 자기 개에게 이를 사용하고 있었기 때문에 받아들였다. 하지만 역시나 효과는 없었다.

부치와의 싸움이 계속되었기 때문에 존은 산책이 두려워졌다. 그의 모든 노력에도 부치는 여전히 리드줄을 당겼다. 갈수록 산책 횟수는 줄어들었다. 존은 부치와 여유롭게 산책하고 싶었다. 존은 뭔가를 해야겠다고 결심했다. 존이 최후의 수단으로 선택한 건 전기 충격 목걸이[68]였다. 존은 냄새 맡고 인사하고 탐색하는 것에 대해 충분히 무거운 벌을 준다면 부치가 이를 그만둘 것이라 생각했다.

현관문을 나서자마자 부치가 이웃집 고양이 냄새를 맡고 그 방향으로 향했다. 존은 '지금이 내 곁에서 벗어나지 말라고 가르칠 완벽한 기회야!'라고 생각했고, 자기 개에게 전기 충격을 가했다. 비명을 지른 부치는 온몸을 떨면서 리드줄을 잡아당기며 미친 듯이 집 안으로 들어가려고 계단을 뛰어올라갔다.

그 사건 이후, 부치는 앞마당에 뭔가 엄청나게 무서운 것이 있기 때문에 다시는 밖으로 나갈 수 없다고 마음먹었다. 존은 부치에게 죄책감을 느꼈고 어찌할 바를 몰랐다. 그저 산책할 때 부치가 자기 발치에서 얌전히 따라오는 개가 되기를 원했을 뿐이었는데, 앞마당조차 나가기 싫어하는 개가 되고 말았다. 그날 이후 부치를 집 밖으로 나오게 하는 유일한 방법은 옆마당으로 이어지는 뒷문을 통하는 것이었다. 그럴 때도 부치는 앞마당 쪽을 잔뜩 경계하면서 지나갔다.

동정심을 가진 인간으로서 우리는 우리의 '절친'에게 항상 가장 복지 친화적인welfare-friendly 도구를 사용해야 한다. 개가 리드줄을 매고 있는 동안 얌전히 잘 걷거나 심지어 발치에 붙다시피 따라오길 바라는 것은 보호자들의 공통 목표다. 그리고 이 목표는 우리가 적절한 도구를 사용해 개들에게 우리가 바라는 것을 가르친다면 충분히 이룰 수 있다. 보호자나 개에게 고통을 주지 않고 개의 행동 문제를 예방하고 치료하는 데 도움을 주는 옵션은 많다.

내 아이에게도
이 도구를 사용할 수 있을까?

개에게 보호자와 화목하게 사는 법을 가르칠 수 있는 도구는 많다. 이 도구들 중 어떤 것은 매우 효과적인 반면, 어떤 것은 효과가 없을 수 있다. 최악의 경우, 어떤 것은 부치의 경우처럼 잔인할 수 있고 부작용을 일으킬 수 있다. 교육을 위해 사용할 도구를 선택할 때는 "나에게 이 도구를 사용하면 어떨까?" 또는 "어린아이에게 이 도구를 사용해도 될까?"를 생각해 보면 도움이 된다. 둘 중 어느 질문에든 '아니요'라는 답이 나온다면 개에게도 사용해선 안 된다.

개는 인식표가 있는 버클형 목줄을 착용하고 있을 수 있지만, 버클형 목줄은 개에게 리드줄을 맨 채 산책하는 법을 가르칠 때 가장 쉬운 방법이 되진 못한다. 하지만 존이 잘 맞는 헤드 칼라head collar[69]를 부치에게 씌웠다면, 부치는 존이 무엇을 가르치려고 하는지 쉽게 이해했을 것이고, 점점 더 가혹한 도구를 사용하는 걸 피할 수 있었을 것이다. 개의 몸은 머리가 가는 방향으로 가기 마련이어서, 목과 주둥이를 둘러싸는 헤드 칼라로 개의 움직임을 통제할 수 있다.

다소 거추장스러워 보이는 생김새 때문에 오해를 사지만, 연구에 따르면 개들은 헤드 칼라에 일반적인 버클형 목줄 이상의 신경을 쓰지 않는 것으로 나타났다. 2003년 수의행동학자 마거릿 덕스베리Margaret Duxbury가 실시한 연구는 보호소를 통해 입양된 강아지들 중 다른 종류의 목줄을 착용한 경우에 비해, 헤드 칼라를 착용한 경우 새 집에 계속 남을 가능성이 더 높았음을 보여 주었다. 보호자들은 적절한 도구를 사용하여 개를 교육시켰기 때문에 좌절감을 덜 느꼈을 수 있고, 그 개를 보호소로 돌려보낼 가능성이 낮았을 수 있다.

초크 칼라의 사용은 여전히 여러 훈련 상황, 심지어 부치처럼 어린 강아지에게도 권해지고 있다. 이 목걸이는 개가 특정 상황이나 활동을 피하도록 만드는 혐오적인aversive 도구로 설계되었기 때문에, 아무리 올바르게 사용하더라도 개에게는 고통스러울 수 있다.

2004년 수의행동학자 마타이스 스킬더Matthijs Schilder와 2010년 에스더 샬케Esther Schalke의 연구 결과는 전기 충격 목걸이와 프롱 칼라가 개에게 고통과 스트레스를 야기한다는 것을 보여 준다. 스킬더는 또한 전기 충격 목걸이는 개로 하여금 보호자에 대한 두려움과 사용된 장소에 대한 두려움을 유발한다고 밝혔다. 독일을 비롯한 몇몇 국가에서는 전기 충격 목걸이의 사용을 법으로 금지하고 있다. 대부분의 개 보호자는 전기 충격 목걸이를 사용하는 데 충분히 숙련되지 않았고, 반려동물에게 사용하기에는 부작용의 위험도 너무 크다. 당연하게도 존은 부치에게 전기 충격 목걸이를 시도했던 것을 매우 후회하고 있다.

교육 도구의 종류

수의행동학자들은 헤드 칼라와 클리커처럼 온화하고 복지 친화적인 도구들을 사용할 것을 권장하며, 프롱 칼라나 전기 충격 목걸이 같이 통증을 일으키는 도구들의 사용은 권하지 않는다. 다음 도구들 중 어떤 것이 우리 개의 행동을 관리하는 인도적인 도구로 적합하다고 생각하는가?

목줄 Collars

목줄 또는 목걸이는 개의 인식표를 달기 위해서 또는 산책을 위해 리드줄과 함께 사용된다. 목줄은 목만 둘러싸며 여러 종류가 있다.

버클형 목줄은 목을 둘러싼 후 버클을 끼우거나 스냅 버튼을 채우는 형식으로, 가장 일반적으로 사용된다. 하지만 리드줄과 연결했을 때 개를 통제하는 데는 신통치 않아, 수의행동학자들은 개에게 행동 문제가 있다면 헤드 칼라나 하네스를 착용할 것을 추천한다.

마팅게일Martingale 목줄 또는 제한적 슬립 목걸이limited slip collar[70]는 당겼을 때 좁아지지만 목을 완전히 조이진 않는다. 그레이하운드처럼 목이 머리보다 더 굵은 품종들의 보호자가 사용할 가능성이 높다. 품종과 상관없이 모든 개 보호자는 초크 또는 슬립 목걸이의 대안으로 마팅게일을 사용하거나 일반 버클형 목줄에서 빠져나올 수 있는 개들에게 이를 사용할 수 있다. 마팅게일로 어느 정도 통제할 수 있지만 행동 문제가 있거나 과도하게 당기는 개들에게는 별 소용이 없다.

초크 또는 슬립 목걸이는 당겼을 때 목을 조이며 잘못 사용하면 산소 공급을 막을 위험이 있다. 보호자들은 흔하게 훈련에 이것을 사용하지만 이 목걸이의 사용을 권장하지 않는다.

인식표가 달린 버클형 목걸이
© Lori Gaskins

(좌측) 마팅게일 또는 제한적 슬립 목걸이는 목을 완전히 조일 수 없다. (우측) 반면 초크 또는 슬립 목걸이는 개의 목을 완전히 조일 수 있기 때문에 항상 위험성이 존재한다. © *Lori Gaskins*

프롱 또는 핀치 칼라는 안쪽으로 갈래 고리가 둘러싸여 있는 금속 또는 플라스틱 목걸이다. 목걸이가 조여지면 가느다란 갈래 고리들이 목에 통증을 일으킨다. 보호자들이 개가 리드줄을 당기는 것을 막기 위해 이것을 사용하고 있는데, 수의행동학자는 이보다는 헤드 칼라나 앞가슴 쪽에서 리드줄을 연결하는 하네스를 추천한다.

전기 충격 목줄은 고통스러운 전기 충격이 바로 가해지거나 경고 소리가 난 뒤에 고통스러운 충격이 가해지는 도구다. 현재 몇몇 나라에서 법으로 사용을 금지하고 있으며, 행동 문제 치료나 교육에도 사용을 권하지 않는다.

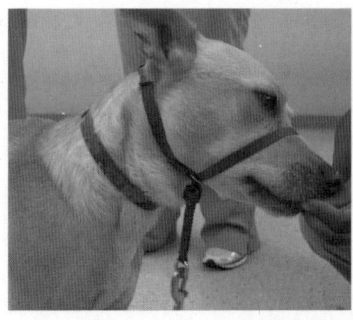 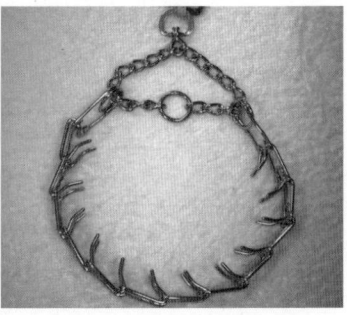

(좌측) 젠틀 리더Gentle Leader 같은 헤드 칼라는 개가 리드줄을 당기는 행동을 줄일 수 있다. (우측) 프롱 또는 핀치 칼라는 조였을 때 통증을 일으킬 수 있다. © *Lori Gaskins*

헤드 칼라는 말에 사용되는 고삐와 비슷하다. 개가 줄을 당기면 목 뒤와 코 위로 압력이 가해지고, 개가 우리 옆에 차분히 걷고 있으면 리드줄이 느슨해져서 압력이 풀린다. 우리가 약 540킬로그램짜리 말을 이런 형태의 도구로 통제할 수 있다면 개에게도 분명 잘 통할 것이다. 헤드 칼라는 개가 리드줄을 당기는 것을 줄이는 것은 물론, 공격성과 강박 행동 같은 다른 행동 문제를 치료하는 데도 사용될 수 있다.

리드줄

보통 나일론, 가죽 또는 금속으로 만들고, 목줄 및 목걸이, 헤드 칼라 또는 하네스에 부착한다. 리드줄은 개가 앞으로 나가는 것을 막고 방향도 바꿀 수 있어 개의 움직임을 통제하는 데 사용될 수 있다. 또한 일부 행동 문제를 치료할 때 개를 어딘가에 매어 두는 추가적인 안전장치로도 유용하다.

자동 리드줄retractable leashes은 줄 하나로 길이를 줄였다 늘였다 할 수 있어 개가 자유롭게 돌아다닐 수 있게 한다. 하지만 이 리드줄은 개의 움직임을 통제하는 데 한계가 있다. 긴급 상황에서 리드줄을 되감기가 어렵고, 개를 끌어당기려고 손잡이가 아닌 줄 부분을 잡아당길 경우 찰과상, 창상, 열상 등의 부상을 입을 수 있다.

흔히 쓰는 고정형 리드줄nonretractable leashes은 길이가 다양하고, 산책, 교육, 매어 두기 등 다양한 상황에서 사용할 수 있다. 개의 움직임을 더 잘 통제할 수 있기 때문에 수의행동학자들은 산책 및 교육용으로 고정 리드줄을 선호한다. 특히 우리가 줄의 팽팽한 정도를 조절할 수 있기 때문에 헤드 칼라와 함께 사용하기 가장 좋다. 개에게 리드줄을 당기지 않고 느슨한 상태로 걷는 것을 가르치기 위해 손쉽게 줄을 풀 수 있는데, 우리가 원하는 대로 개가 걸을 때 리드줄을 느슨하게 풀어주는 것은 부적 강화를 사용하는 방법이다. 즉, 개가 바람직한 행동을 할 때 부적인 것(리드줄에 가해지는 팽팽함)을 없애서(부적) 이 행동이 미래에 다시 나타날 가능성을 높이는 것(강화)이다(3장 참고). 반면 자동 리드줄은 헤드 칼라의 특정 부분에 지속적인 압력을 가해 개가 불편함을 느낄 수 있다. 개가 헤드 칼라를 한 채 자동 리드줄로 인한 지속적인 압력을 받으면서 걷는다면, 개는 그 압력에 익숙해진다. 결국 그 리드줄은 줄 당김을 통제하는 도구가 될 수 없다. 개가 자신의 속도대로 나아가게 되고 이것이 당기는 것에 대한 보상이 되기 때문이다.

하네스

하네스body harnesses, 즉 가슴줄은 개의 상체를 둘러싸는 형태로, 산책 시 버클형 목줄 대신 사용할 수 있다. 또 목 부상을 입었거나 목에 조금의 압력도 가해져선 안 되는 건강 상태인 개에게도 유용하다.

당김 방지 하네스anti-pull harnesses는 리드줄을 당기는 것을 줄이기 위해 앞가슴 쪽에 리드줄을 연결하게 되어 있는데, 개의 방향을 바꾸고 앞으로 향하는 움직임을 멈추게 하는 데도 유용하다. 리드줄을 하고 있을 때 당기는 개들에게 주로 이 하네스를 추천한다.

일반적인 하네스는 개의 등에 리드줄을 연결하게 되어 있다. 그런데 개가 이런 형태의 하네스를 하고 있을 경우, 리드줄 당김이 더 심해진다. 따라서 일반 하네스는 거의 권장하지 않으며, 특히 개가 리드줄을 잡아당기거나 개를 통제해야 할 필요가 있는 경우에는 더욱 그렇다.

이지 워크Easy Walk 하네스는 리드줄을 하고 있을 때 당기는 것을 제지해 준다. © Lori Gaskins

입마개

입마개muzzles는 개의 입에 덮어씌운 뒤 목 뒤에서 버클을 채우는 형식이다. 개가 무는 것을 막아 공격성 행동을 치료하는 동안 추가적인 안전장치로 사용되며, 음식이 아닌 것을 먹는 이식증pica 질환을 치료하는 데도 사용될 수 있다.

나일론 입마개는 개가 입을 벌리지 못하도록 개의 주둥이를 둘러싼다. 이런 형태의 입마개는 헐떡거림과 간식 먹는 것을 어렵게 만들 수 있다. 나일론 입마개는 주로 수의사가 의료 행위, 주사 접종, 검사 등을 할 때 짧은 시간 내에만 사용한다.

바구니 형태의 입마개는 철사나 가죽, 플라스틱으로 만들어진다. 개가 입마개를 착용한 채로 헐떡거리거나 간식을 받아먹기 위해 입을 벌릴 수 있고, 물그릇에 입을 담가 물을 마실 수도 있어 나일론 입마개보다 개가 더 편안해한다. 집에 손님이 있을 때와 같이 장시간 입마개를 착용해야 할 경우에 사용되며, 행동 문제를 치료할 때도 바구니형 입마개가 주로 사용된다.

바구니형 입마개는 추가적인 안전 장치로 사용될 수 있다.
© Lori Gaskins

크레이트와 가둬 두기

크레이트는 개를 가두기 위해 모든 면이 막힌 상자 형태로, 플라스틱이나 철사로 만들어졌다. 소형견을 위한 여행용 크레이트 또는 이동장은 천으로 만들어지기도 한다. 손님이 왔을 때나 개가 실내를 돌아다니면 안 되는 상황일 때 크레이트는 개에게 안전한 장소가 될 수 있다. 보통 배변 교육을 위해(4장 참고) 그리고 파괴 행동, 씹는 행동 또는 공격성 같은 행동 문제를 치료할 때 크레이트 사용이 권장된다(부록 참고).

개를 가둬 두기 위한 또 다른 도구로는 출입구에 설치하는 아기 안전문, 방문, 지붕 없는 철망 펜스pens가 있다.

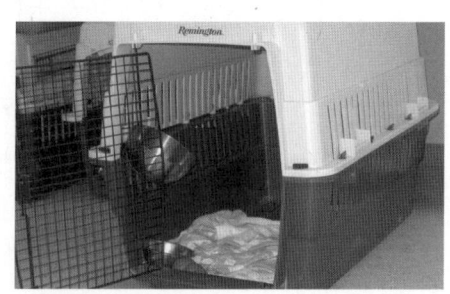

크레이트는 개에게 편안하고 안전한 장소가 될 수 있다. 사진에 나온 크레이트에는 먹이, 물, 침구 그리고 콩Kong 장난감이 들어 있다.
© Lori Gaskins

강화 장치

보상 또는 강화 장치는 개가 한 어떤 행동에 대한 반응으로 기분 좋은 뭔가를 더해줘서 개가 그 행동을 반복할 가능성을 높인다(3장 정적 강화 참고). 주로 개의 삶을 풍성하게 만들기 위해, 새 행동을 가르치기 위해 또는 행동 문제에 대한 치료 계획의 한 부분으로 이 도구들이 사용된다.

클리커는 바람직한 행동을 표시하고 그 행동의 빈도를 증가시키기 위해 사용하는 소리가 나는 도구다. 개가 클릭 소리와 간식 간의 연관성을 이해한다면 클릭 소리는 개가 방금 한 행동이 맞았고 곧 보상이 온다는 것을 개에게 알려준다. 클리커 트레이닝으로 개가 해 주길 바라는 거의 모든 행동을 가르칠 수 있다. 심지어 공격적인 개를 다른 개들 주변에서 평온하게 있도록 가르치는 것도 가능하다.

매너스마인더MannersMinder는 원격으로 작동되는 자동 간식 지급 장치다. 손님에게 뛰어오르는 행동, 분리불안, 소리에 대한 두려움, 물지는 않더라도 낯선 사람이 집으로 들어올 때 보이는 두려움 그리고 창가에서 보이는 영역 공격성territorial aggression 같은 행동 문제를 치료할 때 사용된다.

먹이 퍼즐 장난감은 그 안에 보상이 들어 있어, 이를 얻기 위해 개가 장난감을 이리저리 조작하게 된다. 이 장난감들은 혼자 남아 있거나 장시간 갇혀 있는 개를 즐겁게 해 주고 분리불안을 치료하는 데도 도움이 된다. 콩, 버스터 푸드 큐브Buster Food Cube 및 터그 어 저그Tug-A-Jug를 포함해 여러 회사에서 만든 다양한 종류가 시판되고 있다. 또 생수병처럼 뚜껑이 있는 플라스틱 용기로 먹이 퍼즐 장난감을 직접 만들 수도 있다. 개가 이리저리 굴리면 간식이 나올 수 있게 측면에 구멍을 몇 개 내면 된다.

매너스마인더MannersMinder

매너스마인더는 정적 강화 원리를 이용해 개를 교육하는 원격 조종 보상 장치다. 즉 바람직한 행동을 보상 또는 강화해주며, 앉아, 엎드려, 이리 와, 기다려 같은 새 행동을 가르치는 데 유용하다. 예를 들어, 손님이 집 안으로 들어올 때 개가 문 앞에서 조용히 앉아 있기를 원한다면 매너스마인더가 도움이 될 수 있다.

매너스마인더로 매트 위에 앉아 있게 하는 법을 알아보자. 우선 매트 가까이에 매너스마인더를 놓고 휴대용 리모컨을 누른다. 그러면 간식이 지급된다. 개가 새 간식 지급기를 보고 흥분해서 일어설 수 있는데, 매트에 차분히 앉아 있는 동안에만 간식이 지급되게 한다. 일단 개가 매트에 차분히 앉아 있는 것을 가르치고, 현관문에 아무도 없을 때 연습해본다. 충분히 연습한 다음, 누군가 집에 방문했을 때 개에게 매트로 가도록 지시한 뒤, 손님과 인사를 나누는 동안 개가 매너스마인더 앞에 앉아 있으면 리모컨을 눌러 간식이 나오게 한다. 이제 개는 손님에게 뛰어오르거나 짖지 않을 것이다.

분리불안, 두려움, 공포증 같은 행동 문제를 치료할 때도 매너스마인더가 도움이 될 수 있다. 매너스마인더 시스템은 수의사이자 응용동물행동학자인 소피아 잉Sophia Yin[71]이 개발했다.

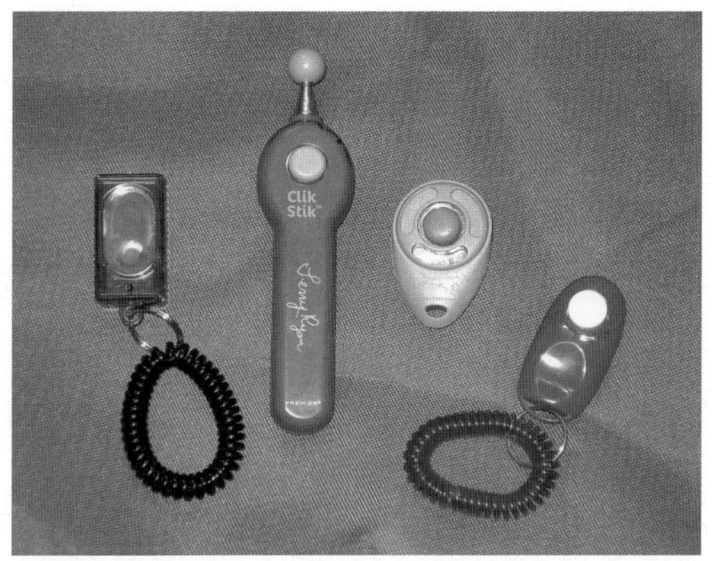

좋은 행동을 강화하기 위해 클리커 소리를 마커marker로 사용할 수 있다. © Lori Gaskins

행동 방지물

행동 방지물deterrents은 개의 어떤 행동에 대한 반응으로 뭔가 혐오적인 것을 더해서 개가 그 행동을 반복하거나 특정 장소에 접근할 가능성을 줄이는 장치다(3장 참고). 특히 원격 방지물remote deterrents은 접근에 대한 선택권을 개에게 주며, 제대로 사용한다면 두려움이나 공격적 반응을 보일 가능성을 줄이는 이점이 있다.

집이나 마당의 특정 장소나 가구에 개의 접근을 막기 위해 방지물을 사용할 수 있다. 이들 중 통증을 일으키는 제품은 오히려 불안감이나 두려움을 유발하므로 사용을 금한다.

양면테이프를 바닥에 붙여 두면 발에 들러붙게 되는데 대부분의 개들이 이를 싫어한다. 따라서 화분 앞쪽 바닥에 양면테이프를 붙이는 것은 개가 '화분에 물주는 것'을 막는 방법 중 하나가 된다. 카펫 러너carpet runners

또는 차량용 매트를 뒤집어 미끄럼 방지 차원에서 만든 뾰족한 플라스틱 돌기가 위로 향하게 놓는 것도 같은 효과를 얻을 수 있다. 개가 그 위를 밟는 것을 불편해하여 전기 충격 없이도 특정 장소에 대한 접근을 막을 수 있다. 작동될 때 큰 소음이 나는 동작 감지 장치도 접근을 막는 데 효과적이지만, 다른 개들에게 스트레스를 줄 수 있다.

동작 감지 스프링클러는 개가 물을 싫어한다는 가정하에 마당의 일정 부분에 대한 접근을 막는 데 사용될 수 있다. 꽃밭 같은 마당의 특정 구역에 접근하지 못하게 막기 위해 스프링클러를 정원 호스에 연결해두고 개의 접근이 센서에 감지되는 순간 물이 나오게 한다.

짖음 방지 목걸이는 짖는 것을 저지하려는 시도로 사용된다. 두 가지 종류가 있는데 한 종류는 압축된 공기나 시트로넬라향을 분사하는 목걸이고, 다른 하나는 전기 충격을 주는 목걸이다. 전기 충격식 짖음 방지 목걸이는 권하지 않는다. 수의행동학자 소라야 후아르베 디아즈 Soraya V. Juarbe-Diaz와 캐서린 알브로 홉 Katherine Albro Houpt이 1996년에 진행한 연구에서 보호자들이 전기 충격 목걸이보다 분사식 목걸이를 더 잘 받아들일뿐더러, 분사식 방식이 짖음 방지에도 더 효과적인 것으로 나타났다. 짖는 요인은 복합적일 수 있다. 보통 불안감이 기반이 되는데, 이런 상황에서 짖음 방지 목걸이 사용은 부적절하다는 것을 명심해야 한다. 짖음 방지 목걸이를 하면 효과야 금방 나타나겠지만 '착용 중'일 때만 효과가 있다. 개가 계속 짖는다면 목걸이는 적절한 방법이 아니다.

매립 전기 펜스는 미국에서 꽤 흔하다. 개를 마당 밖으로 나가지 못하게 하기 위해 사용되는데 위험성이 없지는 않다. 개를 가두고자 하는 구역 주위에 전기 신호를 보내는 전선을 매립하고, 개에게 전기 신호가 수신되는 목걸이를 채운다. 처음에는 깃발을 꽂아 매립 전선 위치를 표시한다. 개가 전선이 매립된 경계선 가까이로 가면 '삐' 하는 소리 신호가 목걸이에 울려 개에게 경고를 준다. 개가 이 경고음을 무시하고 경계선에 더 가까이 가거나 이를 넘으려 하면 벌, 즉 목걸이에 전기 충격이 가해진다. 개가 경고음을 더 이상 나가지 말라는 신호로 이해하면 깃발을 차츰 제거한다.

어떤 개들은 경계선을 피하는 것을 재빨리 배운다. 하지만 이런 유형의 교육에 노출된 모든 개는 마당을 두려워하게 될 수 있고, 영역 문제가 심각한 개들은 전기 충격에도 경계를 넘어 달아날 수 있다. 펜스는 보통 소유지 전체를 에워싸서 설치되기 때문에 개를 외부 자극에 너무 가까이 두는 셈이 되어 욕구불만 및 공격성 표출을 증가시킨다. 이런 유형의 펜스를 설치하는 것은 개는 물론 다른 이들에게도 위험할 수 있다. 가능하다면 다른 종류의 울타리를 설치한다. 울타리 안에 갇힌 개들은 아무 감시 없이 마당에 홀로 남겨져서는 안 된다. 보호자는 이런 유형의 울타리를 사용하는 것에 대한 위험에 대해 잘 알고 있어야 하고, 개가 두려움이나 불안감, 공격성 반응을 보이는지 잘 살펴야 한다.

항불안 장치

항불안 장치antianxiety devices는 개의 흥분과 두려움, 불안감을 줄이는 데 도움이 되는 도구로, 흔히 추천되는 다른 치료와 함께 사용된다. 만약 개가 두려움, 공포증 또는 불안 장애가 있다면 적절한 치료를 위해 전문가를 만나야 한다.

카밍 캡스Calming Caps[72]는 시각적 자극을 감소시켜 주는 도구로, 특정 상황에 극도로 흥분하거나 불안해하는 개들에게 도움이 될 수 있다. 다른 동물이나 사람을 보면 공격적으로 변하거나 그 외 과도하게 흥분하는 모든 상황에서 사용할 수 있다.

멋 머프스Mutt Muffs[73], 이어플러그, 솜뭉치cotton ball는 보호소나 비행기 또는 혼잡한 도로 같은 시끄러운 곳에서 소리를 줄여 주는 도구로, 소리에 대한 두려움을 가진 개들을 치료하는 데 유용하다. 텔레비전, 라디오 또는 하네스에 묶어 놓은 아이팟 같은 데서 나오는 차분한 배경음은 다른 무서운 소리를 안 들리게 하는 데 도움이 된다.

바디 랩body wrap[74]은 몸에 지속적인 압박을 가해 진정 효과를 주는 도구다. 범불안증, 소음 또는 천둥번개 공포증이 있는 개들을 치료할 때 도움이 되며, 앵자이어티 랩Anxiety Wrap과 썬더셔츠Thundershirt, 두 가지 상업용 브랜드가 있다.

페로몬은 다른 개의 행동에 영향을 주기 위해 개에게서 분비되는 천연 화학물질이다. 합성 페로몬은 불안감, 두려움, 공포증이 있는 개를 진정시키는 물질로 사용된다. 시판 중인 제품으로 디퓨저형과 스프레이형, 물티슈형이 있다. 안에 진정 물질이 든 목걸이 형태도 있는데, 이는 개가 늘 지닐 수 있어 좋다. 이 목걸이는 복종 훈련 교실, 자동차 여행 및 동물 병원 진료실 등에서 도움이 될 수 있다.

개를 진정시켜 주는 페로몬

페로몬은 개미부터 사람, 개에 이르기까지 동물계의 수많은 구성원이 분비하는 화학물질이다. 1956년 독일 연구팀이 누에나방에서 처음 발견했다. 페로몬은 종 특이적이며, 성 유인 물질인 나방 페로몬은 오직 나방에게만 작용한다. 마찬가지로 개 페로몬은 오직 개에게만 작용한다.

개를 진정시키는 특정 페로몬은 1999년 프랑스 수의사인 패트릭 파짓Patrick Pageat이 처음 발견했다. 암컷 개는 출산 후 3~5일 이내에 유선 조직에서 페로몬을 생성해 강아지에게 행복과 안심을 느끼게 한다. 이러한 페로몬은 이후 합성되어 개를 진정시키는 데 쓰이고 있다. 다양한 형태가 있으며, 불안감, 두려움, 공포증을 가진 모든 연령대의 개에게 사용된다.

교육과 관련된
잘못된 속설과 진실

고통을 주면서 가르쳐야 잘 배운다?

어떤 사람들은 개에게 혐오스럽거나 고통을 주는 장치를 사용하면 강한 인상으로 인해 개가 더 빨리 잘 배울 것이라고 믿는다. 하지만 사실 클리커 트레이닝처럼 정적 강화 방법을 사용하는 편이 혐오적인 방법을 사용하는 것보다 더 효과가 뛰어날뿐더러 학습 과정도 즐겁다. 2010년 수의행동학자 에밀리 블랙웰Emily Blackwell은 처벌을 기반으로 한 교육법을 사용할 경우 두려움과 공격성을 포함한 행동 문제가 더 많이 나타난다는 것을 알아냈다. 그에 반해 정적 강화를 기반으로 한 교육법은 원치 않는 행동이 더 적게 나타났다.

정적 강화 교육 방법이 최고라면 모든 처벌은 나쁜가?

꼭 그렇지는 않다. 원치 않는 행동을 줄일 목적으로 개가 원하는 것을 제거하는 것은 수의행동학자들이 일상적으로 사용하는 처벌의 한 형태다. 예를 들어, 개가 보호자를 맞이할 때 점프하는 것이 원치 않는 행동이라면, 점프할 때 개를 떠나는 것, 즉 보호자의 관심을 제거하는 것은 처벌의 한 형태다. 그 결과 점프하는 행동이 줄어들게 된다(3장 참고).

처벌은 또한 혐오스러운 것, 그러니까 개가 원하지 않거나 피하고 싶어 하는 것을 사용하는 것이 될 수도 있다. 사람이 직접적으로 가하는 '체벌' 즉, 때리거나, 질식시키거나, 목덜미를 움켜잡거나, 개를 굴리는 행동은 권하지 않는다. 2009년 개 보호자에 대한 연구를 진행한 수의행동학자 메간 헤론이 알아냈듯, 이런 방법들은 다른 것에 비해 개의 공격성을 불러일으킬 가능성이 높다. 또 전기 충격 장치나 가혹한 육체적 체벌 등 혐오적인 도구도 개에게 불신, 두려움, 공격성을 유발할 수 있어 권장하지 않는다. 보호자가 개를 감독하지 못하는 상황일 때 개가 문제 행동을 일으킬 가능성을 줄이기 위해 그리고 개가 보호자와 방지물을 서로 연관 짓는 것을 막기 위해 원격 방지물을 사용할 것을 권한다. 일단 문제 행동을 미연에 방지하여 개가 바람직한 행동을 하도록 선택할 기회를 주고, 올바른 선택을 하면 보상으로 이를 강화하는 것 또한 중요하다.

방지물과 보상

다음은 행동 방지물을 적절히 사용한 사례다. 부치는 거실에 있는 모든 가구 위로 올라가는데, 존은 자신이 가장 아끼는 의자에만큼은 그러지 않길 원한다. 존은 부치가 그 의자에 앉아 있는 걸 발견하면 소리를 질렀고, 그 결과 존이 집에 있을 때는 부치가 의자 위에 안 올라갔다. 하지만 여전히 의자에 개털이 있었기 때문에, 부치가 존이 없을 때 거기에 올라간다는 것을 알 수 있었다.

존은 카펫 러너를 의자 쿠션만 한 크기로 잘라 뾰족한 면이 위로 향하게 의자 위에 놓았다. 또한 집을 비울 때마다 부치가 가장 좋아하는 장난감 안에 여분의 간식을 숨겨서 소파 위에 올려놓았다. 이제 존이 집에 없을 때면, 카펫 러너는 부치가 의자에 올라가는 것을 방지하는 역할을 하고, 부치는 소파에 올라가기로 선택하면 그에 대해 간접적으로 보상을 받게 되었다. 부치는 방지물을 쉽게 피할 수 있고 옳은 결정을 한 것에 대한 보상을 받는다.

부치는 어리석지 않기 때문에 보상 받는 쪽을 선택한다. 존은 존이 원하는 대로 부치가 결정하도록 설계하는 데 성공했다. 집에 오면 존은 카펫 러너를 치우고 개털 하나 없는 의자에 앉는다.

행동 문제 예방하기로 시작하기

행동을 바꾸도록 개를 가르칠 때는 즐겁고 온화한 방법을 쓰자. 두려움이나 통증을 일으키는 도구를 사용하면 학습은 두려운 과정이 된다. 학습은 개와 보호자 모두에게 즐거워야 한다. 이것은 아무리 강조해도 지나치지 않다.

행동 문제 예방하기

개의 여러 행동 문제를 예방하기 위해 개를 입양하자마자 최대한 빨리 다음과 같은 교육 도구들을 사용한다.

- 리드줄을 매고 산책하는 법을 가르치기 위해서는 헤드 칼라 또는 앞가슴 쪽에 리드줄을 연결하는 하네스를 사용한다.
- 개가 쉴 수 있는 안전한 장소를 제공하고, 문제를 예방하고, 배변 교육을 돕기 위해 안락한 크레이트를 사용한다(4장과 부록 참고).
- 개가 원하는 것 또는 당신이 주고 싶은 것, 즉 쓰다듬기, 먹이, 놀이, 산책, 드라이브car rides 등을 주기 전에, 개에게 '앉아' 또는 '날 봐'와 같이 바람직한 행동을 하도록 지시한다. 이 접근법은 우리가 어떤 행동을 요구하고, 개가 이에 적절하게 반응하면 개에게 보상을 주는 단계로 이루어진다(요청-반응-보상[75]). 이 테크닉은 우리가 개와 상호작용하는 방식에 일관성을 갖도록 도와줄 것이고 개가 모든 상황에서 차분하고 편안하게 행동하도록 도울 것이다. 이 테크닉으로 개와 명확하게 의사소통함으로써 좋은 관계를 형성할 수 있다.

요청-반응-보상

다음은 '요청-반응-보상' 테크닉을 실행한 사례다. 존은 부치에게 아침을 주고 싶다. 존은 부치가 예의 바르고 차분한 상태로 존의 지시를 따르기를 원하며, 존은 요청-반응-보상 테크닉이 교육에 필요한 명확한 의사소통을 제공한다는 것을 알고 있다. 부치는 이미 앉는 법을 알고 있으므로 이제 존은 부치의 밥그릇을 바닥에 내려놓기 전에 부치에게 앉으라고 지시한다. 부치는 너무 흥분해서 이리저리 춤추듯 돌아다니며 앉지 않는다(틀린 반응). 존은 부치가 이리저리 춤추듯 돌아다니는 행동을 '보상'하고 싶지 않기 때문에 그릇을 바닥에 내려놓지 않는다. 존은 부치가 단 한 번의 요구에 앉는 것을 원한다. 그래서 존은 부치에게 다시 앉으라고 지시하지 않고 그냥 밥그릇을 조리대 위에 올려놓고 떠나버린다. 부치는 부적절한 반응으로 방금 아침 먹을 기회를 잃었다! 와! 이것은 앉으라는 지시에 앉지 않은 것에 대한 부적 처벌, 즉 먹이처럼 기분 좋은 뭔가를 빼앗는 것이다.

몇 분 뒤, 존은 다시 부치에게 앉으라고 지시한다. 이번에는 부치는 바로 앉아서 올바른 반응을 보였다. 존은 바닥에 밥그릇을 내려놓아 이를 보상한다. 이제 부치는 차분하게 식사를 기다릴 줄 알고 존이 지시를 할 때는 진지하다는 것을 안다.

부치가 만약 틀린 반응을 보인다면, 부치는 자기가 얻으려고 노력했던 어떤 보상도 얻지 못한다. 이 사례 속 보상은 아침밥이었지만, 쓰다듬기, 소파 위에 올라가기, 드라이브하러 가기, 존과 터그$_{tug}$ 놀이하기가 보상이 될 수도 있다. 존이 부치에게 주고 싶은 것이나 부치가 원하는 것은 무엇이든지 보상이 된다. 이제 존과 부치는 서로 명확하고 차분하게 의사소통할 수 있게 되었다.

개에게 헤드 칼라를 착용할 때나 크레이트 안에 들어가는 것에 적응시킬 때도 정적 강화를 사용할 수 있다. 개에게 헤드 칼라와 크레이트를 소개하며 이것이 세상에서 최고라는 생각을 심어주고 싶다면, 목걸이를 씌우고 벗길 때와 크레이트에 들어가게 할 때 개에게 작은 간식을 준다. 그러면 개는 이 도구들에 긍정적인 연관을 형성하게 된다. 하지만 이미 이 도구들 중 뭔가를 시도했을 때 개가 싫어했거나 두려워했다면, 점진적으로 개를 노출시키는 탈감각화desensitization[76]와 '앉기'처럼 더 바람직하고 편안한 행동을 가르치는 역조건화counterconditioning를 사용하는 것을 고려해 본다(11장과 12장 참고).

행동 문제를 바꾸기 위한 도구 사용

심리학 교수인 엘시 쇼어Elsie Shore는 2008년 개 보호자들을 대상으로 한 조사를 통해 다섯 가지 주요 행동 문제를 알아냈다. 이는 사람 또는 동물에 대한 공격성, 집에서의 대소변 실수, 씹는 행동과 파괴적 행동, 짖음 그리고 사람이나 소음에 대한 두려움이었다. 이제 올바른 도구를 사용해 어떻게 행동을 향상시키고 개선시킬 수 있는지, 수의사나 수의행동학자가 설계한 치료 계획을 어떻게 보완할 수 있는지 살펴보자. 하지만 그전에 명심할 것이 있다. 완전한 치료 계획을 받기 전에는 행동 문제를 일으킬 수 있는 상황을 피하려고 애써야 한다.

사람 또는 동물에 대한 공격성
- 창밖에 있는 사람이나 동물을 볼 때 개의 공격성이 나타난다면, 커튼이나 시트지로 개의 시야를 차단하거나 카밍 캡스를 사용한다.
- 개를 크레이트 안에 두거나 방에 두고 문이나 아기 안전문을 닫는다. 또는 하네스와 리드줄을 채워 가구에 묶어둔다. 이는 집에 있는 사람들을 안전하게 지키는 방법이다. 다만 감독할 수 있을 때만 개를 묶어두어야 한다. 외출 시에는 절대 그러면 안 된다. 페로몬을 추가하면 두려움에 차서 공격하는 개를 진정시키고 개가 스트레스 상황에서 안 좋게 반응할 가능성을 줄일 수 있다.
- 헤드 칼라는 치료하는 동안 개의 머리를 통제하기 위해 사용할 수 있

다. 헤드 칼라를 쓰면 개의 머리 부위를 더 잘 통제할 수 있어 개의 방향을 바꾸거나 개의 관심을 공격 대상이 아닌 다른 곳으로 쉽게 돌릴 수 있다.
- 공격성 치료 과정 중에 안전장치로 입마개 사용을 권할 수 있으니, 개가 공격성이 있다면 입마개 착용을 좋아하게 만들어야 한다(10장 참고).

추가적인 안전 조치

입마개는 차에 있는 에어백과 같다고 생각하면 된다. 자동차의 에어백은 추가적인 안전을 위해 존재하지만, 우리는 에어백이 필요한 상황이 절대 오지 않길 바란다. 에어백이 있다고 해서 우리가 전봇대를 들이박는 것이 허용되는 것은 아니다. 마찬가지로 입마개도 추가적인 안전장치다. 개에게 입마개를 씌웠다고 해서 개가 공격성을 일으킬 수 있는 상황에 처하게 해서는 안 된다.

배변 실수

- 개가 아직 제대로 배변 교육을 받지 못해서 실수를 하는 거라면, 크레이트나 그 밖의 장소에 가두는 교육부터 고려한다. 크레이트 안에 가두지 않을 때는 개를 더 잘 관리 감독하고, 집 안에 배변 실수하는 것을 막을 수 있게 개를 리드줄로 우리 몸에 연결해 둔다.
- 아파트에 있는 소형견을 위해서는 배변패드 또는 강아지용 화장실[77]의 사용을 고려한다.
- 집 안에서의 배변 실수가 분리불안 문제의 일부분이라면, 정밀 건강 검진과 치료 계획을 받도록 한다. 치료 계획에는 보호자가 집을 비우는 동안 개를 안정시키기 위해 집을 떠나기 직전 먹이 퍼즐 장난감을 제공하는 것과 페로몬 사용이 포함될 수 있다(분리불안은 11장, 배변 실수는 4장 참고).

씹는 행동과 파괴적인 행동

- 보호자가 집에 없을 때 개가 뭔가를 씹어 놓거나 파괴한다면 분리불안과 관련 있을 수 있다(11장 참고). 개에 대한 정밀 건강검진과 치료 계획을 받도록 한다. 배변 실수 부문에 나온 내용도 참고하자.
- 보호자가 집에 있을 때 개가 뭔가를 씹거나 파괴한다면 예방적 방법을 취해야 한다. 예를 들어, 개가 주로 씹는 물건들을 치우고 개를 해당 물건에서 떨어지도록 가두어 놓거나 다른 곳에 묶어 두고 개가 씹을 수 있는 먹이 퍼즐 장난감을 준다. 단, 묶어 두는 것은 반드시 사람이 있을 때만 해야 한다(7장 참고).

짖음

- 짖는 것을 촉발하는 원인을 정확히 찾아내서 그 상황을 최대한 피한다. 낯선 사람이 집에 들어올 때 짖는다면 그 상황을 바꾼다. 즉 출입문에서 가장 멀리 떨어져 있는 방에 크레이트를 두고 그 안에 먹이 퍼즐 장난감과 함께 개를 가둔다. 그리고 집 안에 누가 들어오는지 모르도록 라디오를 켜 둔다.[78]
- 개가 관심이나 음식을 얻으려고 짖는 거라면 보호자의 지시에 따라 조용히 하는 것을 가르친 다음, 개의 조용한 행동을 관심이나 먹이로 보상해 준다. 주둥이에 끈을 둘러 조절하는 헤드 칼라를 사용하면 지시어를 주면서 리드줄을 잡아당겨 개의 입을 부드럽게 다물게 할 수 있다. 짖음 방지 목걸이를 사용한다면, 원격으로 조종되는 짖음 감지 분사식 목걸이를 선택해서, 개가 짖었을 때 짜증은 나지만 무해한 시트로넬라향이 분사되게 한다. 이것이 좀 더 복지 친화적이다. 만약 짖는 원인이 두려움과 불안감 때문이라면 전문가를 만나야 한다. 또한 짖음이 예전에 없던 행동이고 나이 든 이후 시작되었다면 치매와 관

련 있을 수 있다(7장, 14장 참고).

사람, 폭풍, 소음에 대한 두려움
- 이런 개들은 정밀 건강검진과 치료 계획이 필요하다. 치료를 용이하게 하기 위해 썬더셔츠, 멋 머프스 및 앵자이어티 랩 같은 항불안 장치를 사용할 수 있다(10장과 12장 참고).

중요 포인트

헤드 칼라
개가 헤드 칼라를 쓰는 것을 두려워하거나 불안해서 시도했다가 포기하는 사람들도 있다. 절대 강제로 씌우면 안 된다. 먼저 개가 스스로 쓰도록 지시하는 것부터 시작한다. 땅콩버터[79]를 올린 숟가락이나 개가 가장 좋아하는 간식을 개가 헤드 칼라 안으로 주둥이를 집어넣어야만 먹을 수 있도록 그 앞에 들고 있는다(사진 참고). 개가 간식을 먹기 위해 기꺼이 자기 주둥이를 헤드 칼라 안으로 집어넣으면, 헤드 칼라를 채울 동안 개의 주의를 분산하기 위해 바닥에 추가로 간식을 떨어뜨리거나, 개껌이나 으깬 캔 사료 같이 오래 먹을 수 있는 간식을 준다.

우리가 옷이 불편하면 옷매무새를 매만지듯, 개가 헤드 칼라를 쓰고 자기 얼굴을 발로 건드린다면 먼저 헤드 칼라를 제대로 착용했는지 확인한다. 제대로 착용했는데도 계속 건드린다면 개의 관심을 돌리기 위해 산책하면서 다른 멋진 것들을 냄새 맡거나 보게 해 주거나 간식을 준다. 개가 차분하게 있고 발로 건드리고 있지 않을 때만 헤드 칼라를 벗긴다.

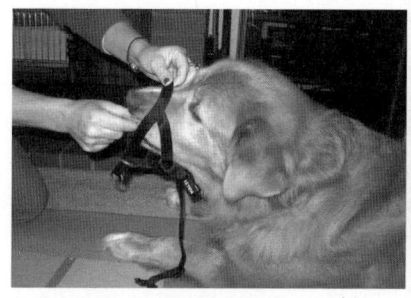
개는 간식을 얻기 위해 주둥이를 집어넣어야 한다.
© Lori Gaskins

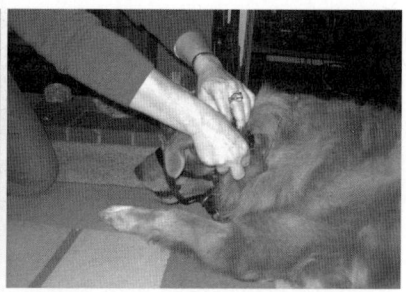
이제 착용했다.
© Emily Elizabeth Jefferson

하네스

하네스는 대부분의 개가 무서워하지 않는다. 그렇더라도 처음에 개에게 하네스 착용을 지시할 때는 간식을 사용해 유도한다. 새로운 모든 것을 좋은 것과 짝지으면 개가 기분 좋은 연관을 형성할 수 있다. 하네스를 착용한 후 개가 하네스를 신경 쓰는 것처럼 보인다면 간식을 주거나 리드줄을 하고 산책을 해서 개의 관심을 다른 곳으로 돌린다. 이 외에도 개를 행복하게 하는 모든 것을 사용해 개의 관심을 돌릴 수 있다. 개가 차분한 상태일 때 하네스를 벗긴다.

입마개

입마개를 간식 지급기로 생각하는 개는 입마개 착용을 좋아할 수밖에 없다. 착용을 가르치는 방식은 헤드 칼라와 같다. 개에게 절대 강제로 입마개를 씌워서는 안 된다. 개가 스스로 입마개 안에 코를 넣도록 선택권을 줘야 입마개에 대한 개의 걱정을 줄일 수 있다. 개가 매번 스스로 입마개 안에 코를 넣을 때마다 엄청 맛있는 간식을 먹게 된다면 개는 자발적으로 코를 더 자주 넣을 것이다.

개가 입마개를 보자마자 달려와서 '내 코를 입마개 안에 넣어도 될까?'

라고 말하는 것처럼 입마개를 착용하려 든다면, 이제 목줄을 채울 준비가 되었다. 바구니형 입마개의 가장 안쪽 부분에 스프레이형 치즈나 땅콩버터 같은 간식을 묻혀 목줄을 채우는 동안 개의 관심을 돌린다. 개가 간식을 다 먹기 전에 입마개를 풀어준다. 이 과정을 반복한 다음, 간식을 다 먹은 후에도 개가 여전히 편하게 입마개를 쓰고 있다면, 입마개 사이로 간식을 조금 더 줘서 개가 행복하게 입마개를 착용하고 있는 시간을 더 늘린다.

다음번에는 간식을 드물게 주되, 입마개를 빼려고 발로 건드릴 시간은 없을 정도로 자주 준다. 입마개를 발로 건드린다면, '쮸쮸' 같은 소리를 내거나 간식 통을 흔들어 개의 관심을 끌고 간식을 조금 준다. 개가 차분할 때만 입마개를 벗겨 준다.

개가 입마개를 쓰고 있는 시간에 주의하자. 바구니형 입마개는 헐떡거림을 다소 허용하긴 하지만, 매우 더울 때는 오래 착용하면 위험할 수 있다.

올바른 행동을 강화하자

헤드 칼라나 크레이트, 입마개처럼 새로운 것을 가르칠 때는 개가 반드시 새 물건에 대해 두려워하지 않고 즐거워하도록 간식, 칭찬 또는 쓰다듬기 등과 함께 정적 강화를 해야 한다.

개가 불안해하거나 헤드 칼라 또는 입마개를 벗으려고 할 때 이를 풀어 주면 이 행동이 강화된다. 우리는 우리가 강화시킨 행동을 얻게 되므로, 이 도구들을 발로 건드리면 벗어날 수 있다는 생각을 개에게 심어 주어선 안 된다. 이럴 때는 자리를 뜨거나 소음을 내는 등 개의 관심을 다른 곳으로 돌린 뒤 개의 부정적인 감정을 간식으로 바꾸고, 개가 헤드 칼라 또는 입마개를 발로 건드리지 않고 편안하게 있을 때 이를 풀어준다. 이로써 입마개 쓰는 행동을 강화 또는 보상한다. 이것이야말로 우리가 원하는 것이다.

전문가의 도움받기

특정 도구를 사용해 원하는 결과를 얻는 데 문제가 있다면 도움이 필요할 수 있다. 우선 수의사에게 검진을 받아 의학적 원인이 있는지 확인한다. 개가 건강상 문제가 없는 것으로 확인되면 전문가의 도움을 요청한다.

개가 분리불안, 공격성, 두려움이나 공포증 같은 비정상적인 행동을 보인다면 반드시 수의행동학자에게 연락한다. 불렀을 때 안 오거나 과도하게 짖는 것처럼 정상이지만 원치 않는 행동 같은 교육상의 문제는 수의행동학자나 공인 행동컨설턴트 또는 처벌 기반의 훈련법이 아니라 정적 강화 원리를 주로 사용하는 트레이너에게 의뢰한다. 우리가 고민 끝에 베이비시터를 선택하듯 개 트레이너도 반드시 신중하게 선택해야 한다.

반려견 트레이너가 지켜야 할 사항

다음과 같은 공인 반려견 행동컨설턴트 또는 개 트레이너를 선택한다.
- 개가 올바른 행동을 하면 보상하기 위해 간식과 장난감을 사용한다.
- 헤드 칼라 또는 하네스를 사용하고 권장한다.
- 각 개에게 맞는 맞춤형 교육을 한다.
- 모든 개에게 예방접종 증명서를 요구한다.
- 수업을 관찰할 수 있게 허용한다(교육 중인 개들이 즐거워하는지 관찰하자).

다음과 같은 훈련사는 선택해선 '안' 된다.
- 소리 지르기, 목걸이 잡아채기, 때리기 같은 처벌 기반의 훈련을 한다.
- 초크, 프롱 또는 전기 충격 목걸이를 사용하고 권장한다.
- 교육 중에 간식을 허용하지 않는다.
- 당신을 불편하게 만들거나 개를 두렵게 한다.

만약 존이 이 장에서 설명된 모든 것을 알았더라면, 처음부터 헤드 칼라를 사용했을 것이고, 힐 자세를 유지하는 것에 대한 보상을 주기 위해 산책 중 많은 간식을 줬을 것이다. 존은 부치에게 명확한 지시를 했을 것이고, 처벌 기반의 도구들이 일으킨 모든 불안감과 두려움을 겪게 하지 않았을 것이다. 나와 내 개의 행복은 우리 손에 달려 있다.

요점 정리

- 우리는 몇 가지 일반적인 행동 문제를 예방하고 치료하기 위해 도구들을 사용할 수 있다.
- 선택하는 도구는 온화하고, 즐겁고, 인도적이어야 한다.
- 개와의 명확한 의사소통을 위해 교육은 요청-반응-보상 테크닉의 계획대로 이뤄져야 한다.
- 개는 헤드 칼라나 앞가슴 쪽에서 리드줄을 연결하는 하네스를 착용해야 하고, 개가 안전하고 안심하는 장소가 있어야 한다. 이는 크레이트가 될 수 있다.
- 어떤 행동을 멈추기 위해 처벌 도구가 꼭 필요하다고 생각한다면 3장을 다시 본다. 처벌 대신 강화할 수 있는 대체 행동이 있는지 살펴본다. 강화는 처벌보다 더 즐겁고 효과적이다.
- 스스로에게 또는 어린아이에게 사용하지 않을 것 같은 도구는 개에게도 사용해선 안 된다.
- 어떤 도구를 사용한 결과가 불만족스럽다면 수의사와 논의해 보자.
- 반려견을 훈련사에게 데려간다면 훈련사를 신중히 선택해야 한다.

6장

개의 사회화

개의 학창시절을 위한
실용적 조언

제라드 플래니건Gerrard Flannigan, MS[80], DVM, DACVB

엘렌 린델Ellen M. Lindell, VMD, DACVB

    강아지가 성견이 되기까지의 여정은 개체의 성격과 초기 성장 환경에 따라 수많은 방향으로 나뉜다. 강아지가 장차 최고의 개가 되려면 무엇보다 첫출발이 중요하다. 저스티스와 스티브의 예를 살펴보자.

    생후 10주된 수컷 골든 리트리버인 저스티스는 입양 전 형제들과 잘 어울려 지내던 사교적인 강아지였다. 그의 부모도 모두 정서적으로 안정되고 다정했고, 모든 강아지가 낯선 사람이 다가가면 조금이라도 더 관심받기 위해 달려들었다. 저스티스는 형제들과 헤어져 새 가정에 입양되었을 때 이따금 조금 불안해 보였지만 낯선 개와 사람들에게 여전히 적극적으로 다가갔다. 그 뒤 몇 주 동안, 저스티스는 낯선 성견들을 만나면 살짝 겁을 먹었다. 그래도 일단 상대 개가 친근한 행동을 보이면 금세 긴장을 풀었다.

    한편 스티브는 출생과 초기 성장 배경을 알 수 없는 10주령의 수컷 테리어 믹스다. 스티브의 보호자는 스티브의 부모를 보지 못했고, 스티브는 입양됐을 때 이미 낯선 사람을 약간 두려워하는 행동을 보였다. 낯선 사람들이 다가가면 처음에 머뭇거렸는데 일단 상호작용을 시작하면 과하다 싶을 정도로 흥분했다. 스티브의 보호자는 특히 밖에서 낯선 사람이 스티브를 안아 올리면 스티브가 차분해진다고 말했다. 보호자가 스티브의 행동을 묘사하자 수의사는 이것을 경고 신호로 보았고, 스티브가 보호자의 생각과 달리 편안하지 않을 수 있다고 설명했다. 굉장히 진정된 상태는 불안감의 신호일 수 있다. 보호자는 스티브가 작은 개와는 잘 지내지만 큰 성견이 다가오면 움츠러들었다고 말했다. 스티브는 11주령이 됐을 때 처음 참석한 퍼피 클래스에서 다른 강아지들과 편안하게 놀았지만, 친근한 성격의 셰퍼드가 다가오자 으르렁거렸다.

사회화에 관한 Q&A

우리는 보호자들이 지금 키우는 개가 예전의 개와 달라서 실망했다는 말을 종종 듣는다. 또는 그 반대의 경우도 듣는다. 동시에 일부 훈련사들이 모든 강아지는 똑같은 방식으로 다룰 수 있다고 말하는 것도 듣는다.

진실은 모든 강아지는 똑같지 않다는 것이다. 궁극적으로 행동은 유전적 요인과 환경적 요인, 즉 선천적 요인과 후천적 요인의 영향을 모두 받는다. 강아지는 태어나기 전 뱃속에서 어미와 같은 스트레스를 받는데, 생애 초기 질병과 영양 부족은 행동 장애가 일어날 위험성을 높인다. 한배 형제들조차 모든 유전자를 공유하지 않으며 다르게 성장한다. 유전뿐 아니라 선천적·후천적 요인이 행동에 다양한 영향을 미친다는 것을 알 수 있다.

정확히 백지 상태에서 시작하는 것은 아니긴 하지만, 우리는 강아지가 성장하는 방식에 큰 영향을 줄 수 있다. 그레이트 데인 성견을 비행기 좌석 아래 딱 맞게 들어가게 할 수 없는 것처럼 강아지의 유전자 구성을 바꿀 수는 없지만, 강아지가 최대한의 잠재력을 발휘해 성장할 수 있도록 풍부한 환경을 제공할 수는 있다. 이상적인 접근법은 어린 강아지를 다양한 범주의 사회적 경험과 다양한 시각적·청각적·후각적 자극에 노출시키는 것이다. 이는 행동적으로 건강한 개로 성장하는 토대가 된다.

사회화가 이룰 수 있는 것과 없는 것에 관한 오해는 정말 많다.

보호자와 유대감을 형성하려면 개는 생후 6~8주에 입양되어야 하나?

그렇지 않다. 생후 8주가 지났더라도 생애 초기 사람과의 상호작용이 긍정적이기만 하면 강아지는 새 가족과 끈끈한 유대감을 형성하게 된다.

개가 사람에게 뛰어오르고 산책 시 리드줄을 당기는 것을 내버려두면 공격성이 유발될까?

그렇지 않다. 개가 관심을 받기 위해서 혹은 반가워서 뛰어오르는 것은 정상적인 행동이다. 주변 세상을 열정적으로 탐색하느라 줄을 당기는 것도 정상 행동이다. 보호자 입장에서는 개가 뛰어오르고 줄을 당기는 것이 불편할 수 있지만, 이런 정상 행동들 중 어떤 것을 허용하고 허용하지 않을지는 우리에게 달려 있다. 단, 대형견의 경우 사람에게 뛰어오르고 줄을 당기는 것이 뜻하지 않게 부상을 초래할 수 있고 다른 사람들을 거슬리게 할 수 있다는 것은 기억해야 한다.

강아지가 가구 위에서 쉬는 걸 내버려두면 공격성이 유발될까?

개가 옮겨지는 것을 참지 못할 경우 기존에 있던 공격성을 악화시킬 수는 있다. 하지만 가구에서 자는 것이 실제로 공격성을 유발하는지 아닌지는 불명확하다. 당신이 원한다면 강아지를 가구 위에서 쉬라고 불러들일 수 있다. 하지만 개가 이런 장소에서 쉬는 동안 공격적인 행동'도' 보이기 시작한다면, 가구를 공유하는 것은 안전 문제로 이어질 수 있다.

> **용어 정리**
>
> - **사회화**socialization: 한 개체가 다양한 다른 종이나 같은 종의 다른 개체들과 가까이 지내는 것을 배우는 동안의 학습 과정이다.
> - **강아지 사회화**puppy socialization: 강아지를 사람과 개뿐만 아니라 다른 종류의 동물과 장소에 대해서도 즐겁고, 안전하고, 준비된 방식으로 소개하는 과정이다.
> - **강아지 사회화 수업**puppy socialization classes: 사회화를 용이하게 하기 위해 특별히 고안된 수업으로, '앉아'나 '기다려' 같이 몇 가지 기본 스킬을 배울 수 있지만 복종이 주안점은 아니다.
> - **습관화**habituation: 자극에 반복적으로 노출되면서 반응이 감소하는 것을 뜻한다.
> - **민감화**sensitization[81]: 반복적인 노출 이후에 자극에 대한 반응이 '증가되는' 것이다. 주로 이것은 강아지가 습관화되는 대신 자극에 노출될 때마다 점점 더 두려움을 갖게 될 때 일어나는 바람직하지 못한 반응이다.
> - **체계적 탈감각화**systematic desensitization[82]: 습관화가 일어날 수 있도록 자극에 대한 노출을 매우 점진적으로 진행하는 과정이다. 만약 강아지를 새로운 것이나 새로운 대상에게 처음 소개하려고 하는데 떨기 시작하거나 도망가려고 한다면 잠시 쉰다. 강아지에게는 느리고 체계적인 접근이 필요하다.

사회화와 관련된 잘못된 속설과 진실

모든 사람이 요크셔테리어Yorkshire terrier와 마스티프Mastiff의 차이를 안다. 하지만 어떤 면에서 두 종은 다른 점보다 비슷한 점이 많다. 품종마다 외모와 행동은 다르지만, 사실 다 비슷한 요구 사항을 가진다. 특정 행동을 보이는 경향은 품종마다 다를 수 있지만, 대부분의 행동 레퍼토리behavioral repertories는 공유된다. 모든 개는 낯선 사람에게 짖고, 우리가 남긴 음식을 핥아 먹고, 빈 소파에서 낮잠을 청할 수 있다. 그리고 모든 개는 강아지로 삶을 시작한다. 따라서 우리는 모든 강아지와 보호자에게 도움이 되는 보편적인 강아지 양육 지침을 정립할 수 있다. 하지만 그전에 먼저 몇 가지 잘못된 속설과 진실을 구분할 필요가 있다.

성견이 되었을 때 크기와 상관없이 모든 강아지는 적절한 사회화로 도움을 받는다. 생물학자 존 폴 스콧John Paul Scott과 존 엘 풀러John L. Fuller의 1965년 저서 《유전학과 개의 사회적 행동Genetics and the Social Behavior of the Dog》에 보고된 그들의 선구적 연구에 따르면, 발달 과정 중 강아지들이 새로운 자극을 가장 잘 받아들이는 시기가 있는데 이를 '사회화' 시기라고 한다.

개의 사회화 시기는 생후 3주부터 대략 3개월까지다. 생후 3~5주는 1차 사회화 시기로, 한배 형제들과의 경험이 미래 정서적 행동에 큰 영향을 미친다(2장 참고). 이후 사회화는 생후 12주까지 이어지는데, 이때는 다른 종들과의 사회적 접촉으로 유대를 형성한다. 그래서 강아지들은 새 가정에서 어른, 어린이, 다른 개, 고양이 및 다른 반려동물과 있는 것이 편해진다. 스콧과 풀러는 생후 6~12주 기간을 사회화의 '결정적' 시기라고 불렀다. 이제는 많은 행동학자가 이를 '민감한' 시기라고 부르기를 더 선호하는데 그 시기가 갑자기 끝나버리는 것이 아니기 때문이다.

이 강아지는 처음 본 사람에게 예의 바르게 인사하는 법을 배우고 있다. 사람에게 뛰어오르는 대신 차분히 앉아 있는 것에 대해 보상으로 간식을 받고 있다. 작은 개를 평생 품 안에 품고 살 생각이 아니라면 바닥에 내려져 있을 때 어떻게 해야 하는지 사회화시켜야 한다.
© Linda J. Lew

생후 12~14주를 넘어서면 강아지가 새로운 것을 경험할 때 더 많이 의심하는 것은 사실이다. 하지만 '이상적인' 사회화 시기를 지났다는 이유만으로, 사회화를 포기해서는 안 된다. 사실 강아지가 괴로워하는 징후를 보이지 않는 한, 적어도 공식적으로 성견이 될 때까지는 수많은 장소, 사람, 사물에 계속 노출시켜야 한다.

개는 크기에 따라 대략 1~3살에 사회적 성숙에 이른다. 작은 개는 더 빨리 성숙한다. 개가 사회적으로 성숙하고 나면, 발달 중이던 행동 문제의 강도가 더 세지기 쉽다. 예를 들어, 어린 강아지가 모자 쓴 남자를 무서워한다면 뒤로 물러나며 짖을 수 있다. 그런데 그 강아지가 성숙한 뒤에는 앞으로 나서면서 더 맹렬하게 짖거나 결국 달려들거나 무는 것 같은 공격적 행동을 보일 수 있다. 개가 성장하면서 행동은 바뀌지만, 그 행동이 내재된 두려움 또는 불안감에서 비롯된다는 사실은 같다. 성견의 경우, 이상적인 사회화 시기가 끝났기 때문에 사회적 상호작용만으로 반응을 성공적으로 바꾸는 것은 훨씬 힘들다. 사회화가 어떻게 작용하는지 더 잘 이해하기 위해 세 가지 중요한 행동 개념을 알아보자.

습관화

'습관화'는 쉽게 말해 무언가에 익숙해지는 것을 의미한다. 예를 들어, 우리가 철길 근처로 이사하면, 처음에는 기차가 지나갈 때마다 소리(자극)에 잠을 설칠 수 있다. 하지만 시간이 지나면 그것에 익숙해져서, 즉 습관화되어 잠을 잘 자게 된다.

민감화

'민감화'는 강아지가 무언가에 노출될 때마다 습관화되는 것이 아니라 오히려 더 두려워하게 되는 것을 말한다. 반복적으로 자극에 노출될수록 자극에 대한 반응이 '증가하게' 되는데 대개 이것은 바람직하지 못한 반응이다. 예를 들어, 우리가 저녁 간식으로 팝콘을 튀기고 싶다고 가정해보자. 강아지는 처음 팝콘 기계가 작동하는 소리를 들으면 달아난다. 팝콘 기계가 음식을 만들고 강아지에게 아무 해도 끼치지 않았기 때문에, 다음번에 강아지는 팝콘 기계를 탐색하기 위해 다가올 것이라 예상할 수 있다. 그런데 강아지가 팝콘 기계 스위치를 켜기도 전에 도망간다면 '민감화'되었다고 볼 수 있다. 강아지는 그 기계가 자신을 무섭게 할 것이라고 예측하고 미리 도망가는 것이다.

체계적 탈감각화

'체계적 탈감각화'는 자극에 점진적으로 노출시켜 강아지가 자극에 민감화되기보다는 확실히 습관화되게 하는 방식이다. 팝콘 기계를 무서워하는 강아지 이야기로 다시 돌아가보자. 이 강아지는 '둔감화'되어야 한다. 우선 강아지가 도망가지 않을 방식으로 그 자극(팝콘 기계)을 보여준다. 강아지에게 이미 만들어진 팝콘을 좀 줄 수도 있을 것이다. 소음도 없고 간식까지 나오니 이제 이 기계는 그리 나쁘지 않다. 다음에는 강아지를 방 반대편에 두고 기계를 켠다. 간식을 던져준 다음 기계를 끈다. 시간이 갈수록 강아지는 기계가 시끄럽긴 해도 결국 무섭지는 않다는 것을 알게 된다. 강아지를 새로운 것이나 새로운 사람에게 소개하려는데 강아지가 떨거나 도망가려 한다면 일단 멈춘다. 그 강아지에게는 느리고 체계적인 접근이 필요하다. 보다시피 자극의 강도가 가장 중요하다. 강아지가 두려워하지 않는 것을 배우도록 돕기 위해, 우리는 자극과의 거리, 소리의 크기, 낯선 정도 또는 이 변수들의 조합을 잘 다뤄야만 한다.

강아지를 위한 사회화 프로그램 만들기

1. 강아지가 성견이 되었을 때 만나게 될 상황들을 미리 파악해 이런 상황이 사회화의 일부가 되게 한다. 예를 들어, 강아지가 다 컸을 때 함께 여행을 다니고 싶다면 강아지를 동물병원 이외의 여러 장소에 차를 태워 데려간다.
2. 강아지를 위협적이지 않고 차분한 방식으로 새로운 상황들에 노출시킨다. 강아지가 주로 망설임과 움츠림으로 표현되는 두려움 또는 불안감의 신호를 보인다면 강요하지 않는다. 예를 들어, 강아지가 처음으로 소화전 옆을 지나칠 때 멈칫한다면 잠깐 그 근처에 앉는다. 강아지를 쓰다듬고, 긴장을 풀게 한 다음, 조금 더 가까이 다가간다. 강아지가 긴장을 풀면, 소화전에 더 가까이 가서 탐험하고 냄새를 맡을 수도 있다.
3. 새로운 상황에서 약간 머뭇거리는 것은 정상적이며 학습의 일부라는 것을 인지해야 한다. 강아지의 자신감을 말로 칭찬해주고 작은 간식으로 보상해준다. 강아지가 새로운 상황에 정상적인 망설임만 보인다면, 자극에 몇 번 노출된 다음에는 더 편안해하고 관심도 보일 것이다.
4. 걱정거리가 있다면 빨리 해결한다. 걱정거리는 저절로 사라지지 않는다! 강아지가 일상적인 상황에서 점점 더 염려하거나 불안해한다면, 문제가 되는 특정 부분에 더 천천히 노출되도록 노력한다. 체계적 탈감각화를 기억하자.

하지만 제 강아지는 어리고 연약해요!

담당 수의사가 강아지가 백신접종을 다 맞을 때까지는 공공장소에 데리고 나가선 안 된다고 말할지도 모르겠다. 이 주장은 강아지 보호자들과 수의사들 사이에서 늘 논란이 된다. 수의사는 강아지가 다른 개들과 접촉하거나 단순히 길을 걸어 다니기만 해도 파보바이러스 같은 심각한 질병에 걸릴 거라고 걱정한다.

하지만 강아지가 백신접종을 모두 맞을 즈음이면 사회화를 위한 민감한 시기가 지난다. 집 밖으로 강아지를 데리고 나오는 게 전혀 위험하지 않다고 말할 수는 없다. 그러나 강아지가 심각한 질병으로 쓰러질 위험보다 심각한 행동 문제를 가진 개로 자라게 될 위험이 훨씬 더 크다. 질병의 위험은 조금만 주의한다면 이를 예측하고 줄일 수 있다.

안전하게 사회화하려면, 다음과 같은 규칙을 따라야 한다.

- 강아지를 백신 접종을 하지 않은 개나 유기견들이 자주 다니는 장소에 데려가지 않는다.
- 전염성이 있다고 알려진 개와의 접촉을 피한다.
- 강아지가 다른 개들을 포함한 다른 동물의 분변을 냄새 맡거나 먹지 못하게 한다.
- 강아지가 다니는 퍼피 클래스가 감염 확산 예방을 위해 바닥 청소가 용이한 재질의 바닥으로 되어 있는지 확인한다.
- 수의사의 조언에 따라 강아지에게 예방 접종을 한다.

에티켓에 관한 잘못된 속설과 진실

강아지의 생애 초기 교육에는 에티켓 같은 사회적 기술을 배우는 것이 포함되기 때문에, 어떤 행동을 수용할 수 없는지 신중하게 따져봐야 한다. 다음 질문에 대해 생각해 보자.

1. 왜 개들은 소파에서 쉬는 걸 좋아할까?
2. 왜 개들은 산책할 때 보호자를 앞질러 급히 가려고 할까?
3. 왜 개들은 사람을 반길 때 뛰어오를까?

어떤 사람들은 이런 행동이 곧 우리보다 우위에 있으려는 개의 욕구가 반영된 것이라고 말할지도 모른다. 그리고 당신은 강아지가 이런 행동을 계속하게 내버려두면 공격적 행동이 발달하게 될 거라는 두려움을 가질 수도 있다. 장담하건대 이는 절대 사실이 아니다. 우위 이론과 강아지에 관한 정확한 정보는 1, 3 및 10장에서 찾아볼 수 있다. 우리가 부적절한 행동이라 부르는, 즉 사회적으로 받아들일 수 없는 대부분의 행동은 그야말로 '갯과 동물의 정상적인 행동'이다. 다시 말해, 강아지는 곧 개다. 크든 작든 개는 어떤 행동이 보상을 받는다고 깨달으면 그 행동을 계속해서 반복할 것이다. 앞의 질문에 대한 답을 보자.

1. 개들이 소파에서 쉬는 걸 좋아하는 이유는 소파가 푹신푹신하고 개가 가장 좋아하는 사람의 냄새가 나기 때문이며, 집 안의 모든 사람이 거기에 앉기 때문일 것이다.
2. 개들이 산책할 때 보호자를 앞질러서 가려고 하는 건 이 신나는 세상을 열렬히 탐험하고 싶고 사람이 터무니없이 느리기 때문일 것이다.
3. 개들이 사람을 반길 때 뛰어오르는 이유는 사람 얼굴에 가까워지는 것이 더 효과적인 의사소통을 가능케 하거나 활기 넘치게 반기는 것이 그냥 더 재밌기 때문일 것이다.

개가 우리와 공유할 필요가 있을까?
우리가 지시하면 개는 음식이나 다른 가치 있는 물건을 우리와 공유해야 된다는 말을 들어봤을 것이다. 개가 밥을 먹는 동안 우리는 무엇을 해야 할까? 강아지가 평화롭게 밥을 먹도록 내버려두는 것부터 강아지가 먹는 동안 쓰다듬고 안아주는 것, 공유하는 것을 가르치기 위해 개의 밥그릇을 일상적으로 뺏는 것에 이르기까지 다양한 제안이 있다.

사실 어떤 강아지는 음식을 나누는 것에 신경 쓰지 않지만, 어떤 강아지는 그렇지 않다. 정확히 얼마나 많은 강아지가 음식을 나누는지 그 정확한 비율은 알려지지 않았다. 자기 식사를 뺏길 때 보이는 강아지의 반응에 사실 많은 요인이 영향을 미친다. 먹이는 하루에 한두 번밖에 제공되지 않기 때문에 아주 가치 있는 것이다. 강아지가 아주 배가 고플 수도 있다. 어쩌면 어린 시절 형제들이 괴롭혔기 때문에 또는 함께 사는 사람들에게 음식을 늘 빼앗겼기 때문에 음식을 지키기 위해 싸우는 법을 배웠을 수 있다. 우리가 레스토랑에서 초콜릿 무스 케이크를 이제 겨우 두 입 먹었는데, 직원이 우리를 강하게 껴안더니 케이크를 가져버린다면 어떨까?

어떤 개입으로 개에게 공유를 가르칠 수 있는지 또는 그래야 하는지, 혹은 이러한 개입으로 나중에 개가 자기 자원을 지키려는 행동을 예방할 수 있는지에 대한 명쾌한 답은 없다. 강아지는 저녁을 먹는 동안 사람이 가까이 있어도 아무 걱정도 하지 않는 개로 자랄 수도 있다. 반대로 주변에 아무도 없는 것을 좋아할 수도 있다. 둘 중 어떠한 경우든 강아지가 평온하게 먹도록 내버려두고 우리는 우리 일에 집중하는 것이 가장 좋다.

특정 개입, 특히 반복적으로 먹이를 뺏는 방법은 실제 먹는 중에 공격성을 드러내는 경향성을 더 악화시킬 수 있다. 민감화의 개념을 기억하자. 자극에 반복적으로 노출되면 반응이 감소하기보다는 '증가되어' 나타나는 것 말이다.

생후 3개월 된 코커스패니얼Cocker spaniel인 머피를 예로 들어보자. 배고픈 머피는 저녁 식사를 먹기 위해 이제 막 자리를 잡으려던 참이었다. 머피는 아직 이빨이 덜 나서 사료 알갱이를 씹으려면 시간이 좀 걸린다. 머피가 한창 식사에 열중하고 있는데, 보호자인 진이 밥그릇을 빼앗았다. 그때까지 머피는 사람에게 사료를 뺏긴 적이 한 번도 없었다. 다음날, 머피는 밥을 먹는 동안 경계했고 더 빨리 먹었다. 진은 수의사에게 머피가 굶주렸던 것처럼 먹는다고 얘기했다.

며칠이 지나지 않아, 머피는 진이 밥그릇에 손을 뻗으려 하면 몸을 경직시킨 상태로 노려보기 시작했다. 이 보디랭귀지가 의미하는 메시지는 개 세계에서는 명확하다. '내 거야!' 하지만 진은 머피의 언어에 익숙하지 않았고 머피의 메시지를 무시했다.

머피는 혼란스럽고 좌절감을 느끼게 되었다. 이 외계 종족에게 자기 말이 먹히지 않으니 이제 무엇을 해야 할까? 머피는 결국 더 강력한 신호를 사용하는 것 외에는 선택의 여지가 없었다. 머피는 진이 밥그릇 근처로 다가오는 것을 알아챌 때마다 이빨을 드러내고 으르렁거리기 시작했다. 머피는 자신의 저녁 식사를 원했다!

머피는 뭔가를 먹는 동안 사람이 접근해오는 것은 나쁜 결과가 일어날 수 있다는 의미임을 배웠다. 결국 강아지의 밥그릇을 계속해서 뺏는 것은 실제 공격적인 반응 패턴을 부추길 수 있다.

강아지가 먹는 동안에는 혼자 먹게 내버려두는 것이 가장 좋다. 그런데 어린아이들이 있는 가정에서는 누군가 우연히 개에게 다가갈 수 있다. 아이들은, 특히 개가 먹고 있는 동안에는 절대로 보호자의 감독 없이 개 가까이에 있으면 안 되지만 말이다. 다음의 '먹이 다루기 food handling에 대한 조언'은 강아지가 먹이를 먹는 동안 누군가와 함께 있는 것을 좋아하도록 만드는 안전한 교육에 대한 내용이다.

먹이 다루기에 대한 조언

우리는 강아지가 평온하게 먹이를 먹게 내버려두는 것을 선택할 수 있지만, 사고는 일어나기 마련이다. 손님이 바닥에 떨어져 있는 사료 알갱이를 보고 밥그릇에 다시 넣어주려 할 수도 있다. 이런 경우를 고려하면 공유에 대한 개념을 가르쳐야 할 이유가 생긴다. 다음은 그 개념을 가르치는 방법이다.

1. 밥그릇을 바닥에 두고 강아지가 1~2분간 먹게 내버려둔다.

> 2. 숟가락 위에 코티지치즈 1티스푼을 올리고 강아지 옆에 서 있는다.
> 3. 강아지가 먹는 동안, 밝은 목소리로 "보너스"라고 말하고 치즈를 밥그릇에 넣어준다.
> 4. 강아지가 '보너스'를 들었을 때 잔뜩 기대하며 바라볼 때까지 매일 연습한다. 그런 다음 강아지를 놀라게 해준다. 몇 발자국 떨어진 곳에서 기다리면서 강아지가 밥을 조금 먹게 둔다. 그런 다음 맛있는 추가 간식을 가지고 강아지에게 걸어간다. 가까이 다가가면서, "보너스"라고 말하고 밥그릇에 간식을 넣어준다. 이때 즈음이면 강아지는 사람이 접근하는 것을 더 잘 받아들일 것이다.
>
> 이 과정 중에 강아지가 몸을 경직시키거나 이빨을 드러내거나 으르렁거린다면, 교육을 중단하고 전문가에게 조언을 구해야 한다.

사회화 시작하기

이번 장의 앞에 나왔던 골든 리트리버, 저스티스는 정서적으로 안정된 강아지로 보였다. 저스티스의 보호자들은 기본적인 사회화 프로토콜protocol을 따랐다. 저스티스는 강아지 사회화 수업에 참석했고 상냥한 개들만 만났다. 그런데 이들조차 지나치게 밀어붙이는 저스티스의 행동에 입술을 들어올리곤 했다. 저스티스는 뒤로 물러섰다. 저스티스는 성견들에게서 예의 바르게 행동하는 법과 참을성에도 한계가 있다는 사실을 배우고 있었다. 만일 저스티스가 이런 온화한 경고를 무시했다면, 저스티스의 보호자는 그를 그 상황에서 벗어나도록 조용히 개입했을 것이다.

저스티스는 개의 출입이 허용되는 모든 종류의 장소를 방문했다. 보호자와 함께 은행을 방문하고 농산물 직거래 장터를 거닐었다. 저스티스의 보호자는 자녀가 없었기 때문에, 저스티스가 활동적인 아이들을 많이 만날 수 있는 장소들도 일부러 찾아 다녔다. 저스티스는 목적지가 어디든 상관없이 새로운 하루를 맞이하기 위해 앞장서서 활보하며, 다음 모험을 향해 신나게 차 안으로 뛰어올랐다.

보호자는 저스티스를 품종 컨포메이션 도그 쇼, 복종훈련 대회obedience competitions, 필드 트라이얼field trials에 데리고 나가기를 원했다. 사람들은 수행 능력을 향상시키고 방해 요소들을 무시하게 하려면 저스티스를 시끄럽고 사람 많은 환경에 노출시켜야 한다고 조언했다. 이에 따라 보호자는 저스티스를 가능한 한 그런 장소에 많이 데려갔다. 물론 처음에는 가장 시끄러운 장소로부터 편안한 거리를 유지시켰다.

반면, 테리어 믹스인 스티브의 보호자는 다른 고민이 있었다. 스티브가 두려움의 신호들을 보였기 때문이다. 보호자는 일단 스티브의 사회화를 지속시키면서 이런 신호들을 알아보는 법을 배워야 했다. 새로운 상황에 스티브를 노출시킬 때는 두려움이 일어나지 않도록 점진적으로 진행했다. 스티브의 보호자는 거의 매일 낯선 사람과의 상호작용을 계획했다. 스티브가 외출할 때마다 다섯 명의 새로운 사람을 만나는 것이 목표였다. 스티브의 보호자는 외출할 때마다 간식을 챙겨가도록 지시받았다. 스티브가 낯선 사람은 기분 좋은 선물을 갖고 있다는 것을 배우도록, 모든 낯선 사람이 스티브에게 맛있는 간식을 건네주었다.

대형견과의 첫 만남 또한 조심스럽게 진행되었다. 참을성이 많고 관대한 개하고만 상호작용을 허용됐다. 스티브가 떨거나 헐떡거리거나 으르렁대는 반응을 보이며 두려워하면 간식이나 장난감으로 스티브의 관심을 돌렸다. 보호자는 스티브가 편안해질 수 있도록, 접근해오는 개의 보호자에게 개를 데리고 가 달라고 부탁했다. 몇 분 뒤, 보호자는 다시 다른 개의 접근을 조심스럽게 허용했다. 단 한 번의 나쁜 사건이 성견이 된 후까지 영향을 미칠 수 있기 때문에 낯선 개들과의 무서운 상호작용은 피했다.

보호자는 스티브와 각종 대회에 참가할 계획은 없었다. 그저 스티브가 좋은 반려견이 되기를 바랐다. 보호자는 스티브의 자신감을 키워 줘야 했지만 스티브에게 합리적인 수준의 기대를 가졌고 재촉하지 않았다. 스티브가 자신감을 얻게 되자 보호자는 더 혼잡한 환경에서 사회화를 시작했고, 스티브가 더 활동적인 사람들과 개들을 만나도록 했다.

우리 강아지를 위한 우리의 목표에 대해 생각해 보자. 지금부터 1년 후, 다 자란 개와 함께 있는 우리 모습을 상상하면 어떤 그림이 그려지는가? 개가 우리와 함께 직장에 가서, 휴식 시간에 직장 동료나 그들의 개들과 친하게 지내는 것이 떠오르는가? 아이를 가질 계획이 있거나 고양이를 입양할 계획이 있는가? 도시를 떠나 농장을 꾸리고 싶거나 아니면 교외를 떠나 대도시로 가고 싶은가?

강아지가 발달 초기의 몇 주간 집에서 혼자 있었다면, 사무실에 데려갔을 때 놀랄 수 있다. 이리저리 오가는 사람들이나 다른 개들에게 압도당할 수 있다. 그러니 개를 데려가는 것이 허용되는 직장이라면, 처음부터 강아지를 데려간다. 너무 바빠서 강아지를 산책시키기 어렵다면 펫시터pet-sitter나 친구에게 부탁한다. 자녀 계획이 있다면 강아지를 데리고 어린이가 있는 가정을 되도록 자주 방문하고, 고양이를 입양할 계획이 있다면 고양이가 있는 가정을 최대한 많이 방문한다.

그렇지만 아무도 미래를 정확히 내다볼 순 없다. 그런데 다행히 개는 꽤 적응력이 좋다. 우리가 사랑하는 개는 보통 시끄러운 대학가부터 조용한 1인 가구를 거쳐 연인이나 심지어 아이들과 함께 사는 생활까지 다양하게 변하는 보호자의 삶을 잘 따라간다. 그렇더라도 뭐든 운에 맡기는 대신, 우리와 우리 개를 위해 미래에 일어날 수 있는 다양한 상황에 강아지를 노출시키는 것이 좋다.

아이들 접해보기

집에 아이가 있든 없든 강아지에게 아이들 세상을 경험하게 하는 것은 좋은 생각이다. 집에 아이가 없으면 친구 가족의 도움을 받아 친구의 자녀가 축구 경기를 하러 가거나 쇼핑을 하러 갈 때 개가 동행할 수 있게 한다. 아이들이 웃고, 울고, 소리치고, 뛰어다니는 것을 강아지가 조용히 앉아서 지켜보도록 한다. 심지어 아직 잘 걷지도 못하는 아기에게 강아지를 쓰다듬어 보게 할 수도 있다. 단, 너무 거친 손길은 부드럽게 잡아주고, 강아지의 날카로운 유치에 아기의 피부가 긁히는 것을 막아야 할 경우를 대비해 아주 가까이에 서 있어야 한다.

개를 아이에게 소개할 때 팁

- 개가 아이들과 있을 때는 항상 가까이에서 관리 감독한다.
- 어린아이가 강아지를 들어올리지 못하게 한다. 강아지를 다치게 하기 쉽다.
- 강아지가 자신을 쓰다듬으려고 손을 뻗는 아이를 물려고 하거나 뛰어오르려고 하는 경우를 대비해 간식을 손닿는 곳에 준비한다. 간식으로 강아지에게 '앉아'를 시켜서 문제를 피한다.

어른 접해보기

단순히 아이냐 어른이냐를 떠나 사람은 모습과 크기가 다 다르므로 강아지는 다양한 사람을 만나봐야 한다. 키가 큰 사람과 작은 사람, 피부가 검은 사람과 하얀 사람, 남자와 여자, 젊은 사람과 나이 든 사람은 물론 지팡이를 짚는 사람, 휠체어를 탄 사람, 자전거를 탄 사람까지 접해야 한다.

강아지가 쓰다듬기나 간식을 얻기 위해 뛰어오르지 말고 앉아야 한다는 것을 배운다면 사람들이 강아지를 쓰다듬을 때 걱정할 필요가 없다. 즉, 정상 행동이지만 우리가 원치 않는 행동(뛰어오르기)을 교정하려고 노력하는 대신, 개에게 인사 자세를 가르친다. 집에서 쓰다듬는 손길을 얻기 위해 앉는 것을 배우면, 집 밖에서도 '앉아'를 할 수 있다. 힌트를 주자면, 사람이 손에 간식을 들고 있을 때 인사가 더 순조로울 수 있다.

사회화 초기 단계 때는 강아지를 돕기 위해 사람들에게 강아지를 한두 번만 쓰다듬고 멈춘 뒤 간식을 주게 한다. 강아지가 성공할 수 있는 환경을 만든다는 것은 강아지가 편안해하는 장소에서 교육을 진행하고 강아지가 침착함을 유지할 수 있는 한계를 알고 있어야 한다는 의미다. 강아지가 관심 있어 하기를, 심지어 열정적이기를 원하되, 가만히 앉아 있을 수 없을 정도로 흥분하는 것은 피해야 한다.

강아지가 뛰어올라도 강아지를 야단치지 않는 것이 중요하다. 강아지는 무엇을 잘못했는지 생각하지 못할 것이다. 질책은 새로운 사람을 반기는 것을 두려워하게 만들 수 있다. 사람에 대한 두려움은 물론, 재주나 도그 스포츠 같은 다른 상황에서 신호에 맞춰 점프하는 것에 대한 두려움이 생기게 해선 안 된다.

다른 개들과 접해보기

개는 살면서 다른 개들과 마주치기 마련이다. 동물병원에 가도 개들이 있고 동네에도 산책하는 다른 개들이 있다. 강아지가 다른 개들과의 사회적 기술을 갖추는 것은 강아지가 성숙했을 때 우리와 함께할 수 있는 활동 유형에 큰 영향을 미친다.

강아지는 모든 개가 놀이 상대가 아니라는 것을 배워야 한다. 더 정확히 말하자면 강아지는 어떤 개들은 무관심하고 어떤 개들은 노골적으로 불친절할 수 있다는 것을 받아들여야 한다. 보호자인 우리의 임무는 강아지가 평온하고 조용한 상태를 유지할 수 있도록 도와줘서, 상호작용에 별 관심이 없는 다른 개들을 참을성 있게 지켜보게 하는 것이다. 강아지가 낯선 개들을 무작위로 반기도록 하는 것은 안전하지도 적절하지도 않다.

하지만 이는 말처럼 쉽지 않다. 강아지는 우리를 따분하다고 여기고 다른 친구 개와 놀 기회를 가지려고 줄을 당기거나 짖을 수 있다. 그러니 우리는 재미없는 존재가 되어서는 안 된다. 정말 맛있는 간식을 늘 준비해 두고, 강아지가 앉거나 우리에게 집중하면 간식을 준다. 주머니에 줄을 꼬아 만든 터그 장난감을 갖고 있다가 다른 개가 옆으로 지나갈 때 꺼내서 '약한' 터그 놀이를 해준다.

터그 장난감은 지나가는 개보다 우리를 더 흥미로운 존재로 만들 수 있다. © Linda J. Lew

다른 개들과의 사회화에서 중요한 부분은 적절하게 노는 법을 배우는 것이다. 어린 강아지에게 친절한 개들과 인사하고 놀 기회를 줘야 한다. 강아지가 '사회화의 민감한 시기'(이하 민감기)에 다양한 사람들을 접해야 하는 것처럼, 다양한 개들을 만나야 한다. 강아지에게는 반드시 참을성 있고 온순하며, 강아지가 혹여 개 세계에서의 사회적 실수를 하더라도 입질을 하거나 물지 않는 개를 소개해야 한다. 강아지들이란 상대를 귀찮게 할 수도 있다. 따라서 너그럽지 못한 성견은 강아지를 두렵게 하거나 다치게 할 수 있다. 이런 면에서는 리드줄 산책이 좋지는 않다. 강아지는 무작위로 낯선 개들을 만나게 되는데, 리드줄에 매여 있는 것은 갯과 동물의 정상적인 인사 행동을 방해하고 개가 다른 개들로부터의 공격 위험을 더 많이 느끼게 만들 수 있다. (리드줄 산책의 목표는 다른 개 옆을 자신 있게 지나치는 차분한 강아지가 되게 하는 것이다.)

강아지 사회화 수업

종종 '강아지 유치원'이라고도 불리는 강아지 사회화 수업의 목적은 강아지에게 다른 강아지들과 그들의 가족들을 만날 기회를 주는 것이다. 강아지 사회화 수업은 통제된 상황에서 강아지를 사회화하기 좋은 기회다. 트레이너와 수의사는 이런 수업을 통해 강아지가 교실 안에서 다양한 사람, 개 및 다른 반려동물을 접하게 한다. 대부분의 수업이 강아지에게 '앉아' 같은 몇몇 간단한 행동들을 가르치는 것을 돕긴 하지만, 무엇보다 사회적 기술을 가르치는 것에 초점을 둔다.

개의 발달 단계 과정을 고려한다면, 강아지가 민감기일 때 수업에 등록해야 한다. 민감기는 12주령에 끝난다는 것을 기억하자. 대부분 강아지 입양 전에 등록할 수 있으며, 대부분의 수업들은 10주령 강아지들을 대상으로 하고, 일부에서는 더 어린 연령도 받아준다. 수업을 들을 때쯤 강아지는 이제 막 몇 종류의 예방접종을 순차적으로 맞기 시작했을 것이다. 모든 잠재적 질병에 대해 완전한 면역력이 없는 상태일 수 있으니, 수업 진행하는 대표에게 수업에 참가하는 모든 강아지에게 예방접종 증명서를 요청했는지 확인한다.[83]

강아지 유치원에서 강아지가 배우게 될 기술은 다음과 같다.

- 다른 강아지가 놀고 있는 동안에도 침착하게 앉아 있는 법

- 뛰어오르지 않고 사람을 만나고 반기는 법
- 다른 강아지, 다른 성견, 고양이를 만나고 인사하는 법
- 다른 강아지들과 예의 바르게 노는 법
- 앉는 법, 엎드리는 법, 부르면 오는 법, 리드줄을 한 채로 잘 걷는 법

주변에 강아지 유치원이 없어도 걱정하지 말자. 우리도 얼마든지 강아지를 잘 사회화시킬 수 있다.

좋은 강아지 유치원이 갖춰야 하는 것

- 보호자와 강아지가 선생님의 말을 들을 수 있도록 조용한 환경이어야 한다.
- 모든 가족 구성원, 특히나 아이들이 수업에 참여할 것을 권장해야 한다.
- 온화한 접근법이 필수다. 먹이, 장난감 및 칭찬 같은 보상을 사용해 강아지가 적절하게 행동하도록 지도하는 것에 중점을 둬야 한다.
- 수업이 즐거워야 한다!
- 강아지들은 비슷한 연령대로 비슷한 성숙 단계여야 한다. 가급적이면 8주에서 14주령 사이가 좋다.
- 대형 종의 강아지들이 더 작은 종의 강아지들을 압도하는 것을 막기 위해 강아지들을 크기별로 분리할 수 있어야 한다.

피해야 할 것

- 교사가 보호자에게 프롱 또는 초크 칼라를 사용하라고 요청해서는 안 된다.
- 강아지의 목덜미를 잡은 채 들어올려서는 안 된다.
- 강아지들을 강압적으로 배를 보인 채 눕힌 다음 못 움직이게 해서는 안 된다.
- 교사가 강아지에게 소리 지르거나, 물거나, 짖거나, 으르렁거리라고 요청해서는 안 된다.
- 거친 교정법은 절대로 용인되어서는 안 된다!

집에서의 앞날 준비

적절한 사회화와 양육 과정을 통해 강아지는 더 큰 세상에 나가서도 편안해하는 개로 성장할 것이다. 바라건대 하네스를 한 상태에서의 초기 경험들로 인해 강아지는 미래에 일어날 온갖 종류의 경험을 평온하고 자신감 있게 대처할 수 있을 것이다.

하지만 강아지는 우리와 대부분의 시간을 보낼 것이다. 그러니 강아지가 집에서 평온하고 자신감 있는 것이 중요하다. 집은 우리와 강아지가 의사소통하는 것에 대해 가장 많은 것을 배우게 될 장소다.

이제 자리에 앉아 몇 가지 규칙을 써본다. 우리는 강아지에게 우리가 개인적으로 기대하는 것이 무엇인지 가르칠 필요가 있다. 우리 집에서 허용되는 행동은 무엇인가? 앞에서 우리는 우리 강아지가 다 성장했을 때 어떤 개가 될지 생각해보는 시간을 가졌다. 이를 다시 생각해보자. 강아지가 몸도 커지고 털도 많아지게 될 때, 진흙투성이인 채로 침대에 올라와도 괜찮을까? 만약 그렇다면 규칙은 '강아지는 침대 위에 올라올 수 있다'가 된다. 개가 무엇을 먹으려고 하는지 지켜볼 수 있도록 개가 앞서서 걸어가는 게 나을까? 그렇다면 규칙은 '강아지는 나를 앞서 걸을 수 있다'가 된다.

반려동물이나 사람이 위험에 처하지 않는 이상, 절대적으로 옳고 그른 건 없다. 다만 강아지가 혼란스럽지 않도록 일관성이 있어야 한다. 그러니 규칙을 적어 놓고 그 규칙을 고수하자.

중요 포인트

사공이 많으면 배가 산으로 간다고 했다. 인터넷의 출현으로 사공의 숫자는 셀 수도 없을 지경이 되었다. 매일 약 8년 치 콘텐츠가 업로드되고 있고 그 중 많은 영상이 개에 관한 것이다!

우리가 강아지를 키우면서 범하는 오류 중 하나가 다수의 출처에서 조언을 들은 다음 다양한 이론과 추천 사항을 짜깁기해 적용하는 것이다. 정말이지 그렇게 많은 사공은 필요 없다. 무엇보다도 중요한 것은 강아지를 키우는 방법은 온당하고, 간단하고, 합리적이어야 한다는 사실이다.

첫째, 당신이 생각하는 이상적인 개의 모습을 그려보자. 강아지가 성견이 되어 따르길 바라는 규칙 목록을 만든 뒤, 우리가 선택한 행동들을 강아지에게 교육시킨다. 우리가 원하는 행동은 보상하고, 원하지 않는 행동은 신중한 관리 방법을 통해 방지한다.

둘째, 강아지에게 다양하고 풍부한 경험을 제공한다. 상호작용이 일어나는 모든 순간에 강아지의 반응을 관찰하고 강아지가 행복할 때를 사진 찍는다. 그 사진을 참고하여 강아지가 새로운 상황에서 두려움이나 스트레스의 징후를 보이지는 않는지 확인한다. 어떤 강아지들에게는 더 부드러운 노출이 필요하고 어떤 강아지들은 더 극적인 경험을 즐긴다.

셋째, 우리는 현실적이어야 한다. 강아지의 기질과 성격 그리고 품종은 특정 행동을 드러내는 데 영향을 미친다. 수줍어하거나 내성적인 강아지는 사교적인 강아지와는 다른 방식의 사회화가 필요하다. 대부분의 개는 학습 및 수행을 할 때 활기가 돈다. 그러니 개에게 평생 정신적 자극을 제공할 계획을 세운다. 사실 모든 개에게 트레이닝은 평생 지속되어야 한다.

다시 만난 저스티스와 스티브

이제 여덟 살이 된 저스티스는 사람과 있든 개와 있든 사회적 기술이 좋은 정상적인 성견이다. 비록 컨포메이션 챔피언십에서 우승을 하지는 못했지만, 좋은 도그 쇼 경력을 갖고 있고 그 경험을 즐기는 것 같다. 저스티스는 일하는 것을 좋아하며, 주니어 사냥개 타이틀[84]도 받았다. 저스티스는 계속 새 친구들을 사귀며 소풍과 파티에서도 항상 환영받는다.

한편 스티브는 이제 막 18개월이 넘었고, 모든 새로운 사람을 만나는 것을 좋아한다. 스티브는 대부분의 대형 품종 성견들을 받아들이고 있고, 보호자들과 함께 하이킹을 하거나 다른 야외활동을 한다. 하지만 개들이 너무 가까이 다가오면 불안해서 두려움의 신호로 으르렁거리며 뒤로 물러서려고 할지도 모른다. 스티브는 큰 개를 좋아하게 되는 데는 시간이 걸리는데, 보호자가 인내심을 잃지 않아 몇몇 대형견 친구가 생겼다.

이번 장에서 나온 교육과 사회화에 관한 제안들이 너무 벅차다고 생각할지도 모르겠다. 하지만 매일 몇 분씩만 투자하면 된다. 함께 살며 일상생활을 해 나가다 보면 강아지는 중요한 가르침들을 배워 나갈 것이다.

요점 정리

- 행동은 유전과 환경(본성과 양육) 모두의 영향을 받는다. 각 강아지는 개별적이지만, 초기 경험의 영향을 받는 '이미 결정된' 선천적 행동들을 가지고 태어난다.
- 강아지의 잠재력이 최대한 발휘되게 하기 위해서는 강아지를 매우 다양한 사회적 경험에 노출시켜야 한다. 이 시기가 미래의 성견을 만들어 나가기 시작하는 때다.
- 사회화란 개체가 미래에 일어날 사회적 상황들을 받아들이는 법을 배우는 동안의 특별한 학습 과정으로 정의된다. 사회적 상황에의 노출은 성견이 될 때까지 계속되어야 하지만, 강아지가 새로운 자극에 가장 민감할 때 시작하는 것이 중요하다. 생후 6~12주인 민감기에 말이다.
- 강아지가 특정한 두려움이 있다면 인내심을 갖고 관심을 다른 곳으로 돌리고, 모든 발전에 대해 강아지가 매우 좋아하는 간식으로 보상한다. 하지만 강아지가 여전히 두려움과 불안감을 보인다면, 전문가와의 상담을 주저하지 않는다.
- 강아지 사회화 수업은 보호받는 환경에서 강아지를 사회화할 수 있는 훌륭하고 안전한 기회다. 덧붙여 사회화를 확장하기 위해 수업 밖에서도 우리는 모든 기회를 잡아야 한다.
- 어린 나이에 복종 훈련 프로그램을 시작하는 것은 매우 중요하다.
- 무엇보다도 교육은 나와 새 강아지 모두에게 즐거운 과정이 되어야 한다!

7장

행동 수정하기

보호자를 울부짖게 만드는 정상적인 행동 문제들

지닌 버거Jeanine Berger, DVM, DACVB
로레 호그Lore I. Haug, DVM, DACVB

매일 밤이 똑같다. 애나가 사무실에서 여덟 시간씩 힘들게 일하고 집에 돌아오면, 낙천적인 래브라도 리트리버 믹스인 로우디는 애나에게 뛰어오른다. 아니, 돌진한다. 두 살 특유의 엄청난 에너지를 품은 27킬로그램의 로우디는 작은 체구의 보호자를 몇 번이나 넘어뜨릴 뻔했다. 애나는 가장 아끼는 옷을 여러 번 버려야 했고 배에는 할퀸 자국까지 남았다. 청바지에 티셔츠를 입고 둘이 잔디밭에 뒹굴며 레슬링하는 주말에는 애나도 로우디가 뛰어오르는 것을 그다지 신경 쓰지 않는다. 하지만 평일 저녁 애나는 지쳐 있고 굽이 높은 구두를 신고 있다. 애나가 아무리 "안 돼!"라고 소리치며 로우디를 밀쳐도, 로우디는 여전히 애나를 트램펄린 대하듯 했다. 로우디의 얼굴에 물 스프레이까지 뿌려봤지만 소용없었다.

애나는 로우디가 애나보다 우위에 서기 위해 이런 식으로 행동한다고 확신한다. 로우디는 애나보다 집에서 더 많은 시간을 보낸다. 또 애나가 부엌 조리대에 무언가를 두고 가면 그걸 훔치고, 접근할 수 있다면 쓰레기통을 뒤져 사방에 퍼트려 놓는다. 분명 로우디는 그집을 자기 것이라 생각하는 것이 분명하다. 매일 정오에 와서 로우디를 두 시간 산책시켜 주는 도그워커dog-walker는 로우디와 아무 문제가 없다. 애나는 도그워커는 한집에 살지 않기 때문에 로우디가 그 사람보다 우위에 있을 필요를 못 느낀다고 추측한다.

개의 수많은 행동은 지극히 정상이고 인간과의 밀접한 관계 속에서 진화해왔다. 그럼에도 이런 행동 중 일부는 개와 우리의 관계를 해칠 정도로 우리를 괴롭힌다. 가장 좋아하는 신발이나 값비싼 소파를 개가 찢어 놓는다면 막막해지고, 개와의 애정 어린 유대감을 되찾기 어려울 수도 있다. 심지어 개에게 약을 주는 것조차 힘든 일일 수 있다. 수의사가 하루에 네 번씩 개의 귀 또는 눈에 약을 넣으라고 하는데, 개는 이런 치료를 받기 위해 가만히 앉아 있질 않거나, 더 심하게는 어딘가 숨어서 우리를 향해 으르렁거린다면 어떻게 해야 할까?

애나는 어찌할 바를 몰랐다. 누구라도 그럴 것이다. 사람에게 뛰어오르기, 물건 훔치기, 쓰레기통 뒤지기, 문 밖으로 뛰쳐나가기, 조르기 및 우리를 환장하게 만드는 그 외 모든 골치 아픈 행동은 우리에게 깊은 좌절감을 주고 개와 삶을 공유하는 즐거움을 앗아갈 수 있다. 좋은 소식은 골치 아픈 행동 또한 완전히 예방 가능하고 수정도 할 수 있다는 것이다. 우리가 우위 이론 같은 잘못된 속설에서 빠져나온다면, 그리고 개를 그렇게 행동하게 만드는 것이 무엇인지를 제대로 이해한다면, 우리가 원하는 대체 행동을 개에게 교육시킬 수 있다.

이제 사람에게 뛰어오르기, 물건 훔치기, 리드줄 당기기 같은 흔한 골치 아픈 행동들과 이빨 닦기, 발톱 깎기, 약 주기 같은 몇 가지 일반적인 일들을 다루는 방법에 대해 알아보자. 무엇보다 우리의 의사소통과 교육 기술을 향상시켜야 개의 행동을 개선할 계획을 실행할 수 있다.

정상적인 개 고유의 행동

사람에게 뛰어오르는 것에 대해 계속 이야기해 보자. 생물학자들에 따르면 개는 인간과 상호작용하기 위해 특별한 인사 의식을 발달시켰다. 뛰어오르는 것과 이빨을 드러내고 활짝 미소 짓는grinning 것은 개의 타고난 행동인데, 개들끼리 사회적 상호작용을 할 때 필요한 신체적 특성, 즉 움직이는 귀, 꼬리 및 후각 신호를 전달하는 특정 분비샘이 인간에겐 없기 때문에 인간을 위한 인사 방식을 따로 발달시켰다고 여겨진다. 개는 의식화된 '나는 사람을 만나고 있어' 인사를 사용해 다양한 인식과 애착을 표현한다. 그래서 개가 낯선 사람을 만날 때는 꼬리를 가볍게 치는 반면, 자신의 보호자에게는 주체할 수 없는 기쁨의 댄스를 추는 것이다.

따라서 개가 우리를 보고 뛰어오르는 것은 우위를 차지하기 위함이 아니라 정상적인 개 고유의 인사 행동이다. 로우디는 애나가 어떤 식으로 인사받기를 원하는지 전혀 모른다. 게다가 애나는 주말이면 로우디가 뛰어오르는 행동을 반겨줘 이를 한 번씩 강화했다. 이를 '간헐적 강화intermittent reinforcement'라고 한다. 또한 밀어내고 야단치는 것은 관심인데, 관심이야말로 몇 시간 넘게 혼자 있었던 로우디가 갈망하는 것이기 때문에 로우디의 행동을 바꾸지 못한다.

개는 매우 사회적인 동물이란 사실을 잊어선 안 된다. 개는 우리의 관심을 얻고 유지하기 위해 많은 것을 한다. 배설하기 위해 밖으로 데리고 나가라고 신호를 보낼 수도 있고, 배고파서 먹이를 요구할 수도 있고, 그저 놀기를 원하거나 사회적 상호작용을 하고 싶어 할 수도 있다. 어떤 경우에는 걱정스럽고 불안해할 수도 있고, 자기가 뭘 해야 하는지 우리한테 단순히 물어볼 수도 있다. 이때 보이는 우리 반응이 개를 집요하게 만들기도 하고 다음에 그들이 할 행동을 결정하기도 한다. 개는 우리에게 뛰어오르거나 우리 다리를 붙잡고 마운팅을 하거나 리모컨을 뺏어갈 수도 있다(사람들이 늘 리모컨을 움켜쥐고 있어 아주 가치 있는 물건으로 보이기 때문이다). 우리의 관심을 갈망하는 개는 '피플 독people dogs', 즉 우리와 상호작용하는 것에 동기 부여가 많이 되는 개다. 이런 개는 칭찬을 받기 위해 움직인다. 그저 머리를 한 번 쓰다듬어 주는 것이 간식의 힘을 능가할 수 있다. 개가 앉거나, 편하게 눕거나, 공 내려놓기 등 우리가 원하는 행동을 할 때만 관심을 줄지는 우리가 결정할 문제다.

로우디는 어리고 에너지 넘치는 개에게 필수적인 운동을 상당히 많이 하고 있지만, 여전히 최소 여덟 시간을 혼자 있는다. 할 것이라고는 쓰레기통을 뒤지고 조리대 위를 돌아다니는 것뿐이다. 이는 우리를 짜증나게 하는 행동이다. 우리가 전날 밤 조리대 위에 있던 남은 저녁거리를 치우는 것을 깜박했다는 것을 지적해주니 말이다. 하지만 개의 세상에서는 아주 자연스러운 일이다. 쓰레기통을 뒤지고 조리대를 돌아다니는 일은 집 안 여기저기에서 '사냥'하는 것과 같다. 달리 할 일이 없는 로우디는 '사냥' 여정을 떠나고, 아주 잘 발달된 코로 스파게티 접시가 놓인 위치를 단번에 찾는다. '사냥' 여정은 많은 개에게 즐거운 놀이다. 그리고 이따금씩 뭔가를 찾으면 그것이 곧 보상이 된다. 즉 이 과정 자체는 간헐적 강화라는 강한 힘을 가진다.

간헐적 강화는 인간을 포함한 모든 동물에게 강력한 동기를 부여한다. 이를 라스베이거스 효과라고 생각해보자. 슬롯머신을 하면 어쩌다 한 번씩만 이기지만, 우리는 잭팟이 터질 거라는 기대감으로 슬롯머신에 동전을 계속 넣는다. 개도 마찬가지다. 때때로 조리대 위에 빵 한 조각이 남겨져 있기 때문에 개는 계속해서 음식을 찾을 가치를 느낀다. 간헐적 강화는 연속 강화continuous reinforcement, 즉 원하는 행동이 일어날 때 '매번' 보상하여 가르친 새로운 행동을 견고하게 만든다. 개가 뛰어오를 때 우리가 주기적으로 관심을 주고, 가끔 조리대 위에 음식을 남겨두거나, 저녁 식사 도중 음식을 가끔 줌으로써 부지불식간에 이 행동을 간헐적으로 보상한다면 이 행동이 강화되어 우리를 괴롭게 할 수도 있다(3장 참고).

씹는 것은 갯과 동물의 또 다른 정상 행동이다. 수천 년 동안 개는 살아남기 위해 골수를 갈고 뼈를 쪼개야만 했다. 이 힘든 일을 수행하기 위해 탄탄한 턱 근육을 만들어야 하므로, 개는 강아지 시절 초기인 몇 주 때부터 씹기 시작한다. 이제는 음식이 밥그릇에 담겨 제공되지만 씹고 싶은 충동은 타고난다. 어떤 개들에겐 씹는 것이 삶의 전부이다. 물론 어떤 개들은 씹는 걸 안 할 수도 있다. 어느 쪽이든, 씹는 것은 갯과 동물의 뿌리 깊은 행동이라는 것을 기억해야 한다. 우리 개는 질투심 때문에 남자친구의 신발을 씹는 것이 아니라 단지 송아지 가죽을 보고 참을 수 없어 그러는 것이다.

용어 정리

- **간헐적 강화**intermittent reinforcement: 어떤 행동이 일어날 때마다 보상하는 것이 아니라 가끔씩만 보상하는 것이다.
- **강화물**reinforcers: 개가 원하고 그것을 얻기 위해 일하게 되는 어떤 것이다. 먹이, 간식, 관심, 칭찬, 배 문질러 주기, 공 던지기, 문 열어 주기, 산책을 위해 리드줄 착용하기 또는 공원에서 리드줄 풀기, 차에 타기 등이 있다.
- **우위**dominance: 사회적 관계에 있는 다른 개체와의 경쟁에서 먹이, 휴식 공간, 영역 또는 짝짓기 같은 중요한 자원을 얻고 지키는 능력이다.
- **관심 끌기**attention seeking: 개가 먹이를 얻든 쓰다듬어지든 아니면 같이 놀든, 우리의 반응을 얻기 위해 사용하는 행동이다.
- **정신적 자극**mental stimulation: 개의 뇌에서 일어나는 활동과 학습을 증가시키기 위해 개의 삶에 포함시키는 활동이다. 상호작용 장난감, 게임, 씹기, 먹이 찾기, 문제 해결 같이 개의 타고난 능력과 욕구를 해소시킬 수 있는 에너지 배출구이다.

> 뭔가를 숨겨 찾게 하는 장난감, 씹는 장난감, 소리 나는 봉제 장난감, 간식으로 채운 콩 장난감 및 트릿볼treat ball 같은 먹이 퍼즐 장난감이 그 예다.
> - **신체적 자극**physical stimulation: 개의 신체 활동을 증가시키기 위해 개의 삶에 포함시키는 행동이다. 규칙적인 놀이와 운동은 개의 건강과 행복에 필수적이다.
> - **소거 격발**extinction burst: 더 이상 보상을 받지 못해 약화되고 있던 행동이 갑자기 다시 나타나는 것이다.

대신해야 할 행동을 가르친다

우리는 개의 행동, 특히 산책 중 리드줄을 당기는 것 같은 골치 아픈 행동에 대해 인간의 동기를 적용시키려는 경향이 있다. 이는 개에게 불공평할 뿐만 아니라, 괜한 '권력 싸움'을 조장한다. 만약 개의 행동을 개가 앙심을 품고 있거나 우리보다 우위에 서려는 의도로 해석한다면, 진짜 원인은 생각해 보지도 않고 개를 원래 있어야 할 지위로 내려가게 할 방법만 찾게 된다. 이런 생각에서 뛰어오르는 것을 멈추게 하기 위해 개의 발가락을 밟거나 가슴을 무릎으로 세게 밀치는 것 같은 불유쾌하고 슬픈 전략이 비롯되는 것이다. 이는 우리를 보고 기뻐하는 개에게 벌을 주는 것과 다름없다.

이보다는 개가 '그 대신 했으면 하는 행동'을 배우도록 돕는 것이 더 좋다. 예를 들자면, 우리 앞에 앉아 있거나 '말해speak'라는 신호에 맞춰 짖게 해서 예의 바르게 우리를 맞이하도록 가르칠 수 있다.

행동 수정 시작하기

골치 아픈 행동들은 우리의 선호에 따라 예의 바른 태도로 바꾸거나 우리를 괴롭히지 않는 수준으로까지 관리될 수 있다. 여기에는 네 가지 전략이 있다.

- 관리 기법management techniques
- 일관성 있는 상호작용으로 교육하기
- 교육 솔루션
- 신체적·정신적 자극

관리 기법

수많은 골치 아픈 행동이 미연에 예방되거나 더는 문제가 되지 않을 수준으로 관리될 수 있다. 관리는 교육이 아니라는 것을 명심하자. 관리 기법은 개에게 우리가 원하는 방식으로 행동하는 법을 가르치는 게 아니다. 단순히 우리가 선택 옵션과 결과를 통제해 개가 특정 상황에서 원치 않는 방식으로 행동하는 것을 방지하는 것이다. 하지만 특히 골치 아픈 행동을 보이는 어린 동물의 행동을 완화하는 데 훌륭한 단기적 조치이며, 보통 장기적으로도 많은 사람을 만족시킬 만큼 효과가 좋다. 또한 개가 문제 행동을 하고 그 행동을 되풀이하며 나쁜 습관을 배우게 되는 것을 막을 수 있다. 예를 들어, 개를 부엌에 못 오게 하면 개가 조리대 위로 뛰어올라가 먹다 남은 음식을 찾아 보상받게 되는 것을 방지할 수 있다. 개가 부엌에 들어갈 수 없다면, 개는 조리대 위로 뛰어오르면 보상을 받게 된다는 것을 절대 배우지 못한다. 행동이 계속되는 건 보상이 뒤따르기 때문이라는 것을 기억하자. 보상이 개가 그 행동을 반복하는 이유다.

관리 기법은 아기 안전문과 울타리 또는 펜스 같은 장벽을 설치하거나, 헤드홀터나 하네스와 같은 인도적인 줄 당김 방지 장치를 사용하는 것을 말한다. 음식을 치우고, 소중한 물건을 개가 닿지 않는 곳에 두는 것 같이 개가 말썽을 부릴 수 없게 집을 정리하는 것도 이에 해당된다.

개가 앉아 있을 때만 보상을 주어 우리에게 뛰어오르는 것을 앉는 것으로 대체하게 한다. 처벌은 필요하지 않다. 개는 앉을 때 자기가 원하는 것을 얻게 된다는 것을 매우 빨리 배울 것이다. 이 과정은 개가 다른 행동을 탐구하고 올바른 결정을 하게 돕는다.

개가 앉는 행동을 다시 보일 가능성은 매우 높다. 우리가 일관성 있게 반응한다면 개는 곧 인사하기 위해 앉는 자세를 기본적으로 취할 것이다.

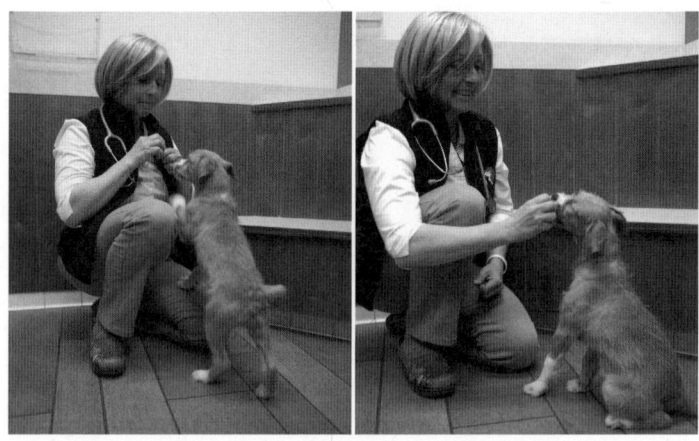

(좌측) 이 사진 속에서 개가 인사하기 위해 뛰어올랐기 때문에 간식과 칭찬을 보류한다.
(우측) 개가 뛰어오르는 대신 앉았기 때문에 간식과 칭찬으로 보상을 받는다.

© Robert J. Schroeder Photography

표 7.1 행동 관리 기법

이 행동을 예방하기 위해	이렇게 한다.
집에 오는 손님에게 뛰어오르기	초인종이 울릴 때 개를 다른 방에 둔다.
우리가 집에 왔을 때 뛰어오르기	바닥에 간식을 던지거나 공을 물어오라고 던진다.
창문 밖에 지나가는 행인에게 짖기	커튼을 치거나 개가 창문에 접근하는 것을 제한한다.
리드줄 당기기	당김 방지 헤드 홀터 또는 하네스를 사용한다.
정원에서 물 호스 공격하기	정원에 물을 주는 동안은 집 안에 넣어 둔다.
가구 씹기	아기 안전 문 또는 크레이트를 사용해 가구에 접근 못 하게 한다.

일관성 있는 상호작용으로 교육하기

이는 예절을 가르치고 강화하기 위해 일상 상황을 이용하는 것을 의미한다. 즉 개를 트레이닝하기 위해 시간을 따로 할애할 필요가 없다. 간단히 말하자면 개가 원하는 것이 무엇이든 그것을 공짜로 주지 않으면 된다. 개가 발로 문을 긁는다고 문을 열어 주면 안 된다. 개가 그저 짖는다고 공을 던져 줘선 안 된다. 문을 열어 주고 공을 던져 주는 것 외의 수없이 많은 '특혜'를 받기 위해서는 앉아서 기다리기 같은 예의 바른 행동으로 '해주세요please'라고 부탁해야 한다는 것을 가르쳐야 한다.

이 방법은 이점이 많다. 첫째, 예의 바른 행동이 특별 트레이닝 세션 중에만 지시에 따라 나타나는 것이 아니라 생활화된다. 또 개는 충동을 어느 정도 조절하는 법도 배운다. 충동적으로 행동하기보다는 다른 대안을 선택하는 것이 보상을 받을 수 있음을 깨닫는 것이다. 또한 개가 이 교육법을 자신이 좋아하는 활동에 전부 적용할 수 있다. 개는 산책을 나가기 위해 리드줄을 매려고 앉을 것이고, 소파 위로 올라오기 전 그래도 좋다는 지시를 기다릴 것이고, 아침식사나 씹는 장난감을 받기 전에 우리를 바라볼 것이다. 우리와 함께 공 물어오기 놀이를 하기 위해 물어온 공을 입에서 놓을 것이다. 우리가 주는 신호에 개가 반응한 다음에 모든 좋은 것이 일어나게 되면, 개는 예의 바르게 행동하는 것을 재빨리 배운다.

목표는 '앉아'나 '기다려'에 완벽히 순종하게 만드는 것이 아니라, 개에게 '해주세요'라고 말하는 법을 가르치는 것이다. 개가 엉덩이를 바닥에 붙이면 물건이나 관심을 받게 될 것이고, 이것은 제2의 천성이 되어서 뛰어오르거나 앞발로 우리를 건드리는 대신에 '앉는' 것이 당연한 것이 될 수 있다. 그런 다음 우리는 '엎드려' 또는 '여기 봐look' 같은 추가적인 행동을 지시할지 결정할 수 있다. 이는 안전 예방책도 된다. 차 문을 열려고 할 때마다 개가 앉는다면 개가 갑자기 뛰쳐나가서 다치는 일은 없을 것이다. 개가 리드줄을 매기 위해 앉는다면, 개는 이리저리 뛰어다니지 않을 것이고 우리는 쫓아다닐 필요가 없다. 이 과정은 개와 함께하는 외출을 힘든 일이 아닌 즐거운 일로 만들어 준다.

다음 같은 상황 전에 '해주세요'를 하게 하자.

- 공이나 프리스비Frisbee 등을 던져 주기 전에
- 장난감을 주기 전에
- 밥그릇을 내려놓기 전에
- 간식이나 씹는 장난감을 주기 전에
- 문을 열어 주기 전에
- 산책하기 위해 리드줄을 매기 전에
- 공원 또는 해변에서 리드줄을 풀어 주기 전에(단, 허용된 장소에서)
- 배를 문질러 주거나 귀를 긁어 주기 전에(단, 만져 주는 것을 좋아해야 함!)
- 개에게 차에 타거나 내리는 것을 허용하기 전에

교육 솔루션

모든 골치 아픈 행동을 다루는 비결은 반대되는 행동이나 동시에 할 수 없는 행동을 가르치고 보상을 주는 것이다. 예를 들어, 로우디가 애나를 맞이하기 위해 앉아 있다면 애나에게 뛰어오를 수 없다. 장난감을 입에 물고 있으면 손님에게 짖을 수 없고, 강아지 침대에 엎드려 기다리고 있으면 저녁 식탁 아래서 구걸할 수 없으며, 산책 중 애나 곁에서 5초마다 눈을 마주친다면 리드줄을 당길 수 없다. 어떤 성가신 행동이든 그것을 불가능하게 하는 행동이 무엇인지 생각하고 그 행동을 지속적으로 교육하면 문제를 해결할 수 있다.

어떤 것이든 새로운 행동을 교육시킬 때, 특히나 오래 고착되어 있던 골치 아픈 행동을 대체할 때는 인내심과 일관성이 가장 중요한 열쇠다. 그동안 꾸준히 효과가 있었던 전략을 포기하게 만드는 것이니 시간이 좀 걸릴 수 있다. 하지만 더 이상 그것에 대한 보상을 주지 않고 다른 대체 행동을 일관성 있게 강화한다면, 개는 곧 그 새로운 반응을 선택할 것이다. 계속 이 방식을 고수해야 한다. 우리가 원치 않는 그 행동이 과거에 효과가 있었던 만큼 개가 그 행동을 다시 할 가능성은 높다. 개가 완전히 포기하기 전 그 행동을 더 심하게 할 수도 있다. 이를 '소거 격발'이라 한다. 보상을 중단한 후 줄어들고 있던 행동이 갑작스레 표출되는 것으로, 개가 "이제 진짜 안 (해) 줄 거야?"라고 말하는 셈이다. 절망하지 말자. 계획대로 하다 보면 결국 이 행동은 사라진다.

표 7.2 대체할 행동 교육하기

바꾸고 싶은 행동	교육시킬 행동
문 틈으로 뛰쳐나가는 것	문 열기 전에 앉기 또는 엎드리기
땅에 떨어진 쓰레기 먹는 것	장난감 물고 있기 또는 우리와 눈 마주치기
초인종 소리에 짖는 것	장난감 가져오기
화분 또는 정원 파헤치는 것	장난감 물어 오기 또는 장난감 찾기
앞발로 우리를 건드리는 것	지시했을 때 앞발로 '하이파이브'하기 또는 '손 흔들기'
가구 씹기	아기 안전 문 또는 크레이트를 사용해 가구에 접근 못 하게 하기

'빨리 가고 싶어요!'

윌과 크리스티는 셰퍼드와 콜리의 믹스인 보에게 딱 하나 불만이 있었다. 보는 예의 바르고 사람과 개 모두에게 친근하며 집에서도 편안히 지냈지만, 상습적으로 리드줄을 당겼다. 공원으로 가기 위해 리드줄을 매고 현관문을 열기 무섭게 썰매개로 변신해 달리기 시작했다. 크리스티와 열두 살과 열네 살인 두 자녀는 보를 자동 리드줄로 산책시켰고, 윌은 보를 더 잘 통제하기 위해 고정 리드줄을 썼다. 결국 보호자는 어깨 통증이 생겨 절박한 심정으로 초크 체인도 사용해 봤지만 보의 행동을 바꾸지 못했다. 보는 그저 더 크게 쌕쌕거리며 계속 나아갔다. 그나마 공원에서 한 시간 동안 프리스비 물어 오기와 다른 개들과 쫓기 놀이를 한 후 집으로 돌아갈 때면 줄을 덜 당기긴 했다.

왜 보는 줄 당기기를 보호자가 싫어한다는 것을 알아차리지 못할까? 보가 우위를 차지하고 있었던 걸까? 보에게 '누가 우위인지 보여주는 것'이 해결책이 될까? 아니다! 보가 당기는 이유는 간단했다. 보는 공원에 가는 것에 흥분했고 더 빨리 가고 싶었을 뿐이다. 보는 강아지 때와 어린 개였을 때도 줄을 당겼을 것이다. 하지만 당시 윌과 크리스티는 그것에 대해 걱정하거나 교육시켜야 할 문제로 보지 않았다. 그 결과, 보는 리드줄을 당기는 행동을 강화받았다. 줄을 당기면 원하는 곳에 빨리 갈 수 있었으니 말이다. 그것도 하루 세 번씩. 게다가 자동줄은 보가 당기면 잠깐 동안 자유롭게 늘어나기 때문에 앞으로 나아가는 것을 부추겼을 수 있다. 초크 체인이 불편했겠지만, 보에게 공원에 도착하는 것이 최고의 보상이었기 때문에 공원에 가고 싶은 욕구와 흥분을 상쇄시키기엔 역부족이었다.

리드줄 당기기 해결하는 법

1. 자동줄이 아닌 일반 리드줄과 함께 헤드 칼라나 앞에 버클이 달린 하네스를 사용한다(5장 참고).
2. 개에게 줄을 느슨히 한 채로 걷는 법 loose-leash을 가르친다.
3. 개가 당겨서 줄이 팽팽해질 때마다 즉시 걸음을 멈추거나 돌아서서 반대 방

향으로 걷는다. '네가 당기면 우린 아무데도 못 가. 더 나쁘게는 집으로 돌아갈 거야'라는 교훈을 준다.
4. 줄이 느슨해지면 다시 걷기 시작한다.
5. 개가 당기지 않고 걸을 때, 특히 바로 우리 옆에서 걸을 때 간식과 칭찬으로 이를 보상한다.
6. 개가 지루해하지 않도록 빠르게 걸어 몇 분마다 냄새를 맡고 소변보는 것을 방지한다.
7. 개가 냄새를 맡고 배변할 수 있도록 할 때는 "냄새 맡으러 가" 또는 "화장실 가" 같은 말로 신호를 주면서 일부러 멈춰 개가 볼일을 보게 한다. 다시 걸을 준비가 되면 "가자!"라고 말한다. 그래야 언제 냄새를 맡아도 괜찮은지, 언제 다시 걷기 시작해야 하는지를 개가 알 수 있다.
8. 줄 길이가 계속 바뀌지 않도록 팔을 쭉 뻗지 않는다.
9. 일관성을 유지한다. 가족 모두가 같은 규칙과 신호, 장비를 사용해야 한다. 절대 개가 줄을 당기지 못하게 한다.

신체적·정신적 자극

개와 사람 모두에게 신체적 운동은 건강에 필수다. 소파에 앉아 텔레비전만 보는 생활은 수많은 건강 문제를 초래한다. 개의 경우, 활동이 부족하면 골치 아픈 행동 문제까지 유발될 수 있다. 대부분의 개는 일을 시킬 목적으로 번식되었다. 목양견herding 품종과 사냥견 품종만 그런 게 아니다. 겉보기에는 얌전한 요크셔테리어는 쥐를 사냥하는 것이 목적이었다. 개에게 활력을 주는 매일의 운동은 개의 행동에 지대한 영향을 미친다. 피곤한 개들은 덜 씹고, 덜 짖으며, 더 많이 자고, 집에 혼자 있을 때 휴식을 취할 가능성이 높다.

매일 충분히 운동하는 것, 그리고 개가 사교적이라면 다른 개들과 정기적으로 노는 시간을 갖는 것은 정말 좋다. 마당에서 숨바꼭질을 하든 사무실에 따라오든 간에 보호자와 상호작용하는 시간을 보내는 것도 좋다.

로우디처럼 어떤 개가 매일 몇 시간 운동을 하고도 여전히 쓰레기를 뒤지거나 침대 베개를 헤집어 놓는다면, 정신적 자극이 부족해서라고 봐도 무방하다. 인간이 머리를 쓰는 재미를 위해 낱말 게임, 독서, 체스, 뇌를 활성화하는 기타 활동에 몰두하듯, 개도 개 세상의 문제를 풀어야 한다.

개는 원래 먹이를 얻기 위해 일하도록 되어 있다. 개가 야생에서 살던 시절에는 아무도 사료를 그냥 주지 않았다. 개는 사냥에 타고났고 문제를 해결하는 능력을 가졌다. 우리가 이를 잘 이용한다면 여러 골치 아픈 행동 문제들을 완화할 수 있다. 개의 모든 식사를 콩 장난감이나 간식 공 안에 채워 주거나, 먹이가 나오는 장치를 이용해 주거나, 숨바꼭질 같은 놀이를 통해서 주거나, 먹이 퍼즐 장난감을 통해 제공하는 것이 그 예다.

흥미로운 개 장난감은 개가 뇌를 사용하게 하는 또 다른 좋은 방법이다. 개는 장난감에 뚜렷한 취향이 있으니 개가 좋아하는 장난감을 찾기 위해 이것저것 시도해 볼 필요가 있다. 어떤 개들은 봉제 인형을 분해할 때 가장 행복해하고, 어떤 개들은 밧줄 장난감으로 몇 시간 동안 혼자서도 잘 논다. 개가 지루할 틈이 없도록 장난감을 여러 종류 가져와서 매일 바꿔 주자. 물론 개가 장난감 일부를 섭취하지 않도록 안전한지 반드시 확인해야 한다. 여러 종류의 콩 장난감, 졸리 볼Jolly Balls, 버스터 푸드 큐브 및 터그 어 저그 등이 특히 튼튼하다.

우리 개는 발톱을 깎을 때마다
저랑 싸워요

마크와 제니는 맥스의 발톱 깎기를 거의 포기했다. 맥스는 발톱깎이를 보자마자 도망쳐 침대 아래 숨고 마크가 빼내려 하면 물려고 든다. 제니가 리드줄을 꺼내 산책 가는 척 속여서 맥스를 침대 밑에서 나오게 할 수는 있지만, 일단 맥스를 붙잡으면 제니가 맥스의 발톱을 자르는 동안 마크가 맥스를 위에서 누른 채 주둥이를 쥐고 있어야 한다. 이 모든 과정 동안 맥스는 줄곧 깽깽거리고, 으르렁거리며, 보호자나 발톱깎이를 물려고 한다. 맥스는 결국 다루기 너무 어려워져서, 애견 미용사와 수의사조차도 두 손 들었다.

이는 개를 키우는 가정에서 흔히 볼 수 있는 시나리오다. 발톱 깎기처럼 귀 청소, 이빨 닦기, 빗질 등 여러 몸단장이나 관리로 보호자들이 힘들어한다. 아기가 치과의사에게 저항하는 것이 우위에 서려고 그러는 것이 아니듯, 이곳저곳 만지고 다루려고 할 때 개가 저항하는 것도 마찬가지다. 이런 절차들에 대한 저항은 절차나 이를 행하는 사람에 대한 두려움, 고통 및 불신 때문이다.

개는 잠재적 위협을 맞닥뜨리면 물러나거나 그 위협에서 벗어나려고 한다. 즉 도망가거나 싸우는 것을 택한다. 이는 자연스럽고 생물학적으로 선천적인 반응이다. 우리는 벌집을 건드리면 벌들이 몰려나와 스스로를 방어하고 우리를 쫓아 버리기 위해 벌침을 쏘려고 하는 것을 이해한다. 마찬가지로 개도 안전에 위협을 느끼면 공격적인 반응을 보일 수 있다. 개는 처음에는 도망치려 한다. 하지만 우리가 못 가게 붙잡거나 막기 때문에, 우리를 물려고 하는 것이다.

개가 왜 나를 믿지 못하거나 자신에게 위험하다고 생각할까? 우리와 개 사이의 수많은 상호작용이 잘못 해석된다. 우리는 친근하다고 느끼는 것이 개에게는 위협적으로 느껴질 수 있다(1장 참고). 게다가 이러한 유지 관리 절차는 개들에게 자연스럽지 않은 일이다. 야생 환경에서 개와 그 조상들은 귀에 약 넣기, 눈 세정하기, 이빨 닦기 및 발톱 깎기 등을 하지 않았다. 야생 동물은 도망가고 사냥하는 게 중요한 만큼 자기 발을 격렬히 보호한다. 발에 상처를 입는다는 것은 죽음이나 다름없다. 마찬가지로, 야생에서 살아가는 개가 땅에서 들어올려질 때는 딱 하나, 포식자에게 잡혔을 때뿐이다. 이는 개에게 선천적으로 두려움을 유발하는 상황이다. 우리가 안약을 들고 다가갈 때 개가 배를 보이며 드러눕거나 놀이 자세를 취하며 피한다면, 겁이 나니 그만 멈춰달라고 예의 바르게 말하는 것이다.

또 개가 예전에 안 좋은 경험을 했다면 우리를 불신할 수 있다. 어쩌면 귀가 감염된 상태에서 또는 한때 감염됐던 상태에서 우리가 약물을 넣어 개는 꽤 아팠을 것이다. 당연히 개는 약이 곧 귀를 아프지 않게 해 줄 것이라는 사실을 이해하지 못하며, 그 절차가 '지금' 아프다는 것만 알기 때문에 다시는 그것을 허용하지 않으려 한다.

설상가상으로 우리는 개가 비협조적이거나, 특히 공격적으로 행동할 때 좌절감이 들고 화가 난다. 그래서 개를 '항복시키고' 협조하게 만들려고 개에게 소리를 지르거나 심지어 때리기도 한다. 그런 행동은 개를 더 두렵게 만들고 우리를 불신하게 만들 뿐이다. 이제 개는 그 절차뿐만 아니라, 평소 다정하고 사랑하는 보호자가 지킬 앤 하이드의 '하이드'로 변하는 것도 무섭다. 발톱깎이나 약통은 보호자가 곧 '하이드'로 돌변할 것이라는 신호다. 개에게는 발톱깎이가 보이면 도망가야 할 충분한 이유가 있다!

그렇다면 우리는 이 문제를 어떻게 다뤄야 할까? 우선 감정적으로 받아들이지 않는다. 개가 우리보다 우위에 서려고 하거나 우리 삶을 통제하려고 저항하는 것이 아니다. 몸단장grooming에 대한 저항은 개가 무례하다는 것을 의미하지 않는다.

우리 개는 이런 절차를 하려는 우리 또는 그 외 다른 누군가에게 안전함과 편안함을 느낄 준비가 충분히 되어 있지 '않다.' 하지만 우리가 이를 바꿀 수 있다. 동물원 사육사가 코뿔소를 교육시켜서 누군가가 그에게 주사를 놓을 수 있게 하듯이, 우리도 개에게 그렇게 교육시킬 수 있다.

교육 시 해야 하는 것과 하지 말아야 할 것

먼저 개에게 속임수를 쓰지 '말자'! 예를 들어, 개에게 몰래 다가가서 약을 먹이거나 치료하거나, 개가 자는 동안 발톱을 깎는 행위는 오히려 개와 우리의 관계를 '심각하게' 망친다. 이러한 시도를 자주 할 경우, 개는 우리가 있을 때 자는 것도 두려워할 수 있다. 극도로 예민해져 누군가 다가오거나 깨운다면 방어적으로 입질을 하거나 물지도 모른다. 예방과 재교육 과정상 주의를 딴 데로 돌리는 일이 필요할 수 있지만, 속임수는 절대 안 된다.

교육을 위한 트레이닝을 하는 동안 문제에 대한 일시적인 해결책을 찾아야 한다. 예를 들어, 귀 치료가 필요하다면 경구 투약이나 수의사가 마취한 뒤 투여하는 효과가 오래가는 국소 도포제 같은 치료 옵션을 수의사와 의논한다. 발톱을 당장 깎아야 한다면, 개를 마취시키고 발톱을 짧게 자르는 것에 대해 상의한다. 그래야 개를 교육할 시간을 벌 수 있다.

문제를 제대로 해결해 나가기 위해 체계적인 트레이닝 계획을 세운다. 개가 물려고 한다면 공인 행동학자나 공인 트레이너에게 도움을 구한다.

인내심을 갖고 우리와 개 모두에게 즐겁고 부담스럽지 않은 속도로 문제를 풀어나갈 계획을 짠다. 한 가지 관리 절차에 성공하면, 그 외의 몸을 다루는 문제는 쉽게 풀릴 것이다. 개가 우리를 신뢰하고 일어나는 일에 대해 이해하게 되면, 전반적으로 개를 다루기 쉬워질 것이다.

어떤 절차에 대한 개의 생각 바꾸기

이것이 성공하려면 매우 작게 쪼개진 단계들로 교육이 이루어져야 한다. 개가 두려움이 많거나 비협조적일수록 과정을 더 천천히 진행한다. 만약 개가 소리 지르기, 깽깽거리기, 몸부림치기, 입질하기, 물기 같은 반응을 보인다면, 그 문제를 해결하는 데 몇 주 또는 그 이상이 걸릴 것을 각오해야 한다. 개가 공격적이지는 않더라도 가만히 있지 못하고 매우 불안해한다면 일은 훨씬 어려워진다!

우리에게 필요한 것은 시간, 인내심, 개와 교육할 편안한 장소 그리고 개가 가장 좋아하는 것(간식이나 장난감 등)이다.

우리는 다음 두 가지를 이루고자 한다.

1. 이빨 닦기 같은 불쾌한 경험과 닭고기 조각 같이 개가 정말로 좋아하는 것을 짝지어서 개가 그 과정을 기다리게 만든다.
2. 절차를 진행하는 동안 개가 앉거나 가만히 엎드려 있도록 가르친다.

개가 비교적 차분하고 편안해할 것 같은 때와 장소에서 교육을 시작한다. 예를 들어, 개가 매우 활동적이라면 교육은 산책 이후나 저녁 식사 이전에 하는 것이 가장 좋을 수 있다. 이때가 개는 약간 피곤하고 배고프다. 주의를 산만하게 하는 방해 요소들을 제거한다. 예를 들어 다른 동물은 다른 방에 두고, 아이들은 다른 곳에서 놀게 한다.

우리가 해당 관리 절차에 단계별로 접근하는 동안, 개에게 조용히 앉는 것을 가르친다. 각 단계를 반복한 후, 즉시 매우 맛있는 간식으로 차분한 행동에 대해 보상한다. 다음 단계를 재빨리 이어갈 수 있도록 간식은 바로 바로 먹을 수 있을 만큼 작아야 한다. 개가 각 단계에 매우 익숙해질 때까지는 다음 단계로 넘어가면 안 된다. 다음은 하나의 과제를 여러 단계로 쪼갠 예시다.

1. 해당되는 몸 부위를 이리저리 만진다. 발톱을 깎기 위해서라면 다리와 발을, 귀 치료를 위해서라면 머리와 귀를, 이빨을 닦기 위해서라면 머리와 입을 만진다.
2. 손가락으로 개의 이빨을 부드럽게 문지르거나 발톱깎이를 개의 발

에서 10센티미터 이내로 가져온다.

3. 개 치약을 묻힌 손가락으로 이빨을 부드럽게 문지르거나 발톱깎이로 개의 발과 발톱을 건드린다.

4. 손가락에 거즈를 두르고 이빨을 부드럽게 문지르거나 발톱깎이를 발톱 위에 올려놓되 실제로 발톱을 깎진 않는다.

5. 개 치약을 묻힌 거즈로 이빨을 닦이거나 발톱 한 개를 부드럽게 자른다.

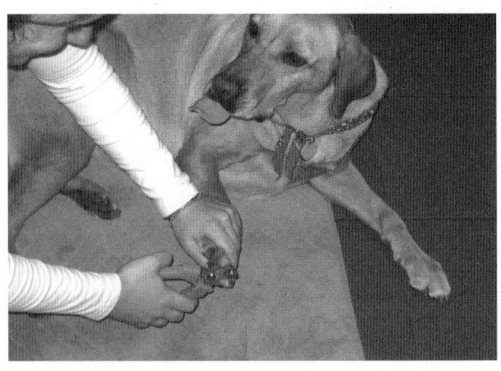

첫째 발톱만 자르기.
© Lore I. Haug, DVM

개가 한 단계를 차분하게 받아들이면 그다음 단계로 넘어간다. 이 과정은 개가 적응하길 바라는 다른 절차에도 적용할 수 있다.

각 단계를 여러 번 교육해야 할 수도 있다. 교육에 걸리는 시간, 즉 교육 세션의 길이는 우리의 인내심과 개가 얼마나 오랫동안 편안해하면서 흥미를 유지하는지에 따라 결정된다. 일반적으로 교육 세션은 짧게는 5분에서 길게는 30분까지 진행된다. 예측 가능성은 불안감을 줄이는 데 도움이 되기 때문에, 적어도 초반 몇 세션은 같은 장소에서 진행하는 것이 좋다. 대부분의 유지 관리 절차는 개 옆에 의자에 앉거나 바닥에 앉아서 하면 더 쉬우므로, 처음부터 교육을 그렇게 시작하는 것이 좋다.

어떤 종류의 표시 신호를 사용해 우리가 원하는 것을 정확히 해낸 순간을 개에게 알려준다면, 개는 그 과정을 더 빨리 이해할 것이다. 표시 신호로는 '옳지yes,' '잘했어good,' '좋았어sweet' 같은 특정 단어나 클리커 같은 기계음이 좋다. 개가 성공할 때 차분하되 열광적인 칭찬도 아끼지 않는다.

> **표시 신호marker signal**
> 표시 신호는 교육 과정을 돕기 위해 사용되는 클리커, 휘파람 또는 특별한 단어나 소리 같은 독특한 소리다. 선택한 소리를 낸 뒤 항상 높은 가치의 강화물(주로 특별한 간식)을 바로 주고, 개가 그 소리를 들으면 그 간식을 예상하도록 이를 반복해 교육한다. 이 소리를 사용해 개가 바람직한 행동을 하는 순간을 표시mark할 수 있다. 예를 들어, 개의 윗입술을 들어올리는 동안 개가 가만히 앉아 있는 등의 바람직한 행동을 표시할 때 이를 사용한다(3장 참고).

이 교육은 보호자와 개 모두 즐거워야 한다는 것을 기억하자. 언제든지 개가 불안해하거나 공격적이거나 교육에 참여하고 싶지 않은 듯 행동한다면 중단한다. 그리고 다음에는 이전 단계부터 시작한다. 한 단계 전으로 돌아가서 그 과정을 더 쉽고 즐겁게 만들어 준다. 다음 단계로 넘어가는 것도 더 천천히 진행한다.

개의 몸은 양쪽 중 한쪽이 더 다루기 쉬울 수 있다. 예를 들어, 왼발보다 오른발 발톱을 깎는 게 더 수월할 수 있다. 다루기 '힘든' 쪽은 노력과 인내가 더 필요할 수 있다. 시간이 정해져 있는 일이 아니니 충분히 여유를 갖고 임해야 한다. 하루에 한쪽씩만 해도 된다. 우리가 이 과정을 정확하게 진행한다면 개는 이 모든 절차를 꽤 일상적으로 받아들이게 될 것이다.

이빨 닦기 교육법

1단계: 개가 매우 좋아하는 간식이 담긴 그릇을 우리 손이 닿는 곳에 두고 의자에 앉는다. 개에게 우리 앞에 앉으라고 지시한다. 부드럽게 감싸듯 양손을 개에게 얹는다. 즉, 한 손은 개 목 뒤에, 한 손은 개의 턱 밑에 둔다.

개의 머리를 부드럽게 잡는 동안 얌전히 기다리도록 가르친다.
© Lore I. Haug, DVM

개가 머리를 움직이지 않고 가만있으면, 속으로 1초를 세고 클리커 같은 표시 신호를 사용하거나 특정 문구 또는 입으로 만드는 소리verbal noise를 낸 뒤, '양손을 떼고' 그 즉시 그릇에서 간식 한 개를 꺼내어 준다. 이로써 개가 움직이지 않고 가만히 있는 것에 두 가지 보상을 주게 된다. 즉 개의 머리를 자유롭게 놔주는 것, '그리고' 가장 좋아하는 간식이 다 보상이 된다. 머리를 놓아주면 짧게나마 개가 휴식을 취할 수 있어 너무 긴장하거나 초조해하지 않게 된다.

만약 개가 약간 몸부림치거나 꿈틀댄다면, 개의 머리에 양손을 살짝 올려둔 채 기다리다가 움직임을 멈추는 순간 1초를 센 뒤, 표시 신호를 주고 양손을 개에게서 떼어 간식을 준다. 개가 1초 동안 가만있는 것을 연속해서 3~5번 한다면 다음 단계로 넘어간다. 양손을 머리에 둔 상태에서 개가 가만히 있는 시간을 2초, 그다음에는 3초로 늘린다. 이렇게 5초가 될 때까지 한다. 단, 시간을 늘릴 때는 적어도 세 번 연속 정해진 시간 동안 가만히 있어야 한다. 머리와 입 부분을 둘 다 연습한다.

2단계: 이제 1단계에서 했던 것을 반복하되 우리 손의 위치를 개의 머리에서 좀 더 앞으로 옮긴다. 목표는 우리가 개의 주둥이 부분을 만지고 잡는 것뿐만 아니라 양쪽 입술을 모두 들어올리는 것까지 개가 받아들이게 하는 것이다.

한 손은 개의 정수리에, 한 손은 아래턱jaw이나 입술 바로 아래 턱chin 밑에 놓는다.[85] 개가 가만히 있으면 1초를 센다. 개가 머리를 움직이면 기다리다가 멈추는 순간 1초를 세고, 표시 신호를 하고, 개를 놓아주고, 간식을 준다. 1단계처럼 개가 연속해서 적어도 세 번 이상 성공한 다음에 시간을 1초씩 늘린다.

3단계: 머리 쪽에 있던 양손을 모두 앞으로 움직여서 한 손은 눈을 살짝 가리고 한 손은 아래턱이나 입술 바로 아래 턱 밑에 둔다. 이전 단계처럼 개가 머리를 움직이지 않으면 1초를 세고 표시 신호를 사용한 뒤 보상을 준다.

4단계: 머리를 부드럽게 잡은 채 손가락 하나로 한쪽 윗입술을 들어올린다. 1초 동안 움직이지 않고 있으면, 표시 신호나 문구나 소리를 내고, 손을 떼고, 간식을 준다. 착하기도 해라! 이전 단계와 같이, 가만히 있게 하는 시간을 1초씩 늘리고, 머리와 입 부분을 모두 연습해야 한다는 것을 기억한다.

윗입술을 들어올린다. © Lore I. Haug, DVM

5단계: 주둥이를 붙잡고 윗입술을 들어올리고, 뒤쪽 큰 어금니를 볼 수 있도록 입꼬리를 뒤로 당기는 것을 개가 받아들이면, 이제 '칫솔질'을 시작할 수 있다. 개의 입을 부드럽게 잡고 윗입술을 들어올리고 한 손가락으로 앞니를 1~2초간 부드럽게 문지른다. 개가 머리를 움직이지 않고 차분히 있으면, 표시 신호를 사용하고 놓아준 뒤 간식을 준다. 적어도 3~5번 반복한 후 차츰 범위를 넓히거나 안쪽 이빨에 '칫솔질'을 시도한다. 한 번에 좁은 범위만 문질러서 개가 그 과정 중에 자주 보상을 받을 수 있게 한다. 연습할수록 차츰 더 넓은 부위를 문지를 수 있게 된다.

6단계: 5단계를 반복하되 손가락에 소량의 개 전용 치약을 묻혀 사용한다. 사람 치약은 개에게 위험하니 사용하면 안 된다. 개 전용 치약만 사용한다.

7단계: 개가 손가락 외에 다른 느낌과 추가적인 마찰감에 적응하게 하기 위해 손가락에 거즈를 감싼 채 교육 단계를 반복한다. 처음에는 좁은 범위만 문지르고, 개가 3회 이상 연속으로 움직이지 않으면, 범위를 넓혀간

 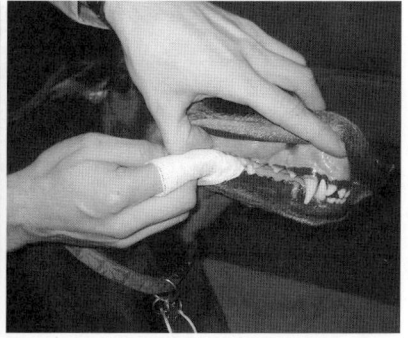

거즈로 이빨을 닦는다. © Lore I. Haug, DVM

다. 계속 표시 신호를 사용하고 머리와 입을 움직이지 않을 때마다 보상을 준다.

짜잔! 이제 우리도 개도 차분하게 이빨 닦기를 즐길 수 있다! 앞으로 스트레스는 덜 받게 될 것이고, 개의 구강 상태는 좋아질 것이다. 전문적인 치아 관리도 그만큼 필요하지 않을 것이기에, 진료비도 절감할 수 있을 것이다.

어떤 단계에서든지 개가 으르렁거리는 것 같이 공격적인 반응을 보인다면, 하고 있는 일을 모두 멈추고 보상을 주지 않는다. 개가 다시 편안해질 때까지 몇 초간 기다리고, 다시 강화물을 제공할 수 있도록 개가 잘 받아들였던 이전 단계로 돌아간다. 그러고 나서 공격적인 반응이 유발된 단계까지 더 천천히 교육을 진행한다. 공격성이 지속된다면 전문가에게 조언을 구한다.

이러한 체계적인 과정으로 발톱을 깎는 동안 가만히 엎드려 있도록 가르치거나 눈약이나 귀약을 넣는 것을 받아들이도록 가르칠 수도 있다.

중요 포인트

- 골치 아픈 행동에 대한 모든 보상이나 강화를 없앤다. 즉, 개가 골치 아픈 행동을 했을 때는 완전히 무반응으로 일관하고, 앉아 있는 것, 조용히 있는 것, 개 전용 장난감을 씹는 것, 그 외 바람직한 행동들은 칭찬하고 간식을 준다.
- 일관성을 지킨다. 주말에는 사람들에게 뛰어오르는 것을 허용한다면, 개는 주중에는 규칙이 바뀐다는 것을 이해하지 못한다. 개는 요일이나 청바지와 정장의 차이를 구별하지 못한다.
- 꾸준히 한다. 어떤 골치 아픈 행동이 반복적으로 강화를 받은 이후라면, 우리가 의도치 않았다 하더라도, 개는 원래 먹혔던 전략을 바로 포기하진 않을 것이다. 하지만 곧 전구에 불이 들어오듯 자신이 원하는 것을 얻을 수 있는 새롭고 더 좋은 방법을 이해하게 될 것이다. 또한 개도 인간과 마찬가지로, 과거에 효과가 있었던 전략으로 되돌아갈 수도 있다는 것을 기억한다. 그럴 때는 그저 반응하지 말고 새 행동을 지시하면 된다.
- 개의 개다움dogness을 가치 있게 여긴다. 개는 우리 관심을 얻기 위해 음식을 훔치고 뛰어오르고 불쾌한 일들을 한다. 그들은 개다. 그들이 금붕어였다면, 우리는 하이파이브를 가르치거나 소파에서 같이 껴안고 있을 수 없었을 것이다. 우리가 원하는 행동을 가르치기 위해 약간의 시간만 투자한다면, 우리는 좋은 예절 '그리고' 헌신적인 우정을 모두 얻을 수 있다.

요점 정리

책에서는 행동을 바꾸는 것이 쉬워 보인다. 그러나 각 단계들을 실행해 보면 어려울 수 있다. 모든 가족 구성원이 참여해 일관된 교육 계획을 실천한다면 분명 도움이 될 것이다. 다음과 같은 기본적인 사항을 명심하도록 하자.

- 개가 바람직하지 않은 행동을 계속하거나 배울 수 없도록 상황을 관리한다.
- 반드시 개가 충분한 정신적·신체적 운동을 하게 해 준다. 개는 우리가 기분이 내킬 때만 놀아주는 장난감이 아니다(9장 참고).
- 개에게 '해주세요'를 가르친다. 즉, 기본적으로 차분하고 예의 바르게 행동할 때만 원하는 것을 얻을 수 있음을 가르친다.
- 개에게 더 바람직한 태도로 행동하도록 가르치기 위해 체계적인 교육 프로그램을 시작한다. 기억하자. 우리가 강화하는 대로 행동이 나타나므로 우리가 원하는 방식대로 개가 행동할 때만 개가 바라는 것을 해 주는 것이 중요하다. 좋은 행동을 당연하게 여기지 말자.
- 예방은 치료보다 훨씬 가치 '있다.' 지금 개가 어떤 문제도 갖고 있지 않다면, 이 상태를 유지하기 위해 미리 조치를 취한다. 개가 이상하고 때로는 고통스러운 상황을 잘 견뎌낸다면 칭찬과 보상을 통해 잘하고 있다는 것을 알려준다.

8장

어린아이와 개

조화로운
가족 만들기

밸러리 타인스Valarie V. Tynes, DVM, DACVB

    캐롤은 충격에서 헤어나질 못하고 있었다. 캐롤은 첫째 아이를 임신했을 때 4년간 키운 암컷 미니어처 푸들Miniature Poodle, 스윗피와 살고 있었다. 그 이름은 행동을 묘사하는 듯했다. 정말 스윗sweet하고 친근했으니 말이다.
    스윗피는 아기가 처음 집에 왔을 때 냄새는 맡았지만 최소한의 관심만 보였다. 그런데 아기가 기어 다니기 시작하자, 처음에는 아기를 피하더니 아기가 다가오면 으르렁거렸다. 캐롤은 놀랐지만 스윗피에게 "안 돼!"라고 말하고 나서 아기가 스윗피를 쓰다듬을 수 있도록 스윗피를 품에 안았다. 스윗피는 처음에 약간 몸부림치다가 결국 아기 손길을 가만히 받아들였다. 하지만 스윗피의 귀는 머리 뒤로 납작 붙어 있었고, 눈에 흰자가 드러나고 있었다. 스윗피는 몸을 떨며 헐떡거렸다.
    이틀 뒤, 아기의 비명소리를 듣고 거실로 달려간 캐롤은 스윗피가 아기의 머리를 물었음을 알 수 있었다. 다행히 상처는 경미했다. "못된 개!" 캐롤은 의자 밑에 웅크리고 있는 스윗피를 향해 소리쳤다. 그날 저녁 캐롤은 남편에게 흐느끼며 그날의 일을 말했다. "아무래도 스윗피를 다른 곳으로 보내야 할 것 같아. 스윗피가 아기를 질투할 거라고는 상상도 못 했는데. 아기에게 못되게 군다면 스윗피를 데리고 있을 수 없어!"

슬프게도 수의사들은 이런 얘기를 자주 듣는다. 많은 보호자가 어린아이들을 위협적인 존재로 보고 방어적인 태도로 행동하는 것이 개의 관점에서는 완전히 정상이라는 것을 이해하지 못한다. 많은 사람이 모든 개가 영화 속 천재견 '래시'처럼 굴기를 바란다. 사람의 감정과 행동의 미세한 차이를 읽어내고 모든 지시에 반응하는 개 말이다. 하지만 대부분의 개는 그렇지 않다.

개를 키우는 것은 아이들에게 많은 이점이 있다. 반려동물을 돌보는 것을 도우면 공감능력과 동정심뿐 아니라 다른 생명을 돌보는 기쁨과 어려움을 배우게 된다. 또한 자연과 귀중한 관계를 맺는 기회도 얻는다. 반려동물이 주는 특별한 유대감은 아이들의 삶을 크게 향상시킬 수 있다. 아이들이 성장하면 개를 관리하고 교육하는 데 참여할 수도 있고, 다른 생명을 책임지는 방법도 배울 수 있다. 그러나 이러한 이점들을 누리려면 먼저 아이가 개 주변에서 올바르게 행동하는 방법을 알아야 하며, 개가 사회화되어 있어야 하며 교육을 잘 받아야 한다. 무엇보다 부모의 역할이 중요하다.

개와 아이에 관한
잘못된 속설과 진실

최근의 한 연구에 따르면, 부모와 아이들이 개와 관련한 안전 행동 교육을 받았더라면 아이의 개 물림 사고 중 약 75퍼센트는 막을 수 있었다. 즉, '개에게 물리는 사고, 특히 아이들이 물리는 사고는 대부분 막을 수 있다.' 사고를 막기 위한 첫 번째 단계는 개와 아이들에 대해 사실을 제대로 아는 것이다. 몇 가지 잘못된 속설들을 살펴보자.

개가 저희 아이를 질투해요

개가 우리와 아이 사이를 비집고 끼어드는 것을 질투로 해석하는 건 좀 솔깃하다. 하지만 개는 그저 관심을 얻을 수 있을 것 같은 순간에 관심을 얻으려는 것뿐이다. 우리가 아이를 대하는 말투와 몸짓이 개와 상호작용하는 방식과 유사하다 보니 개가 이런 순간을 선택하는 것이다. 즉 개는 우리의 부드러운 눈빛, 웅크려 앉은 몸, 행복한 목소리 톤을 보고 우리와 함께 있을 시간이라고 생각한다. 아이가 있는 집에서는 개가 관심을 덜 받기도 하는 만큼, 관심을 끌려는 개의 행동은 지극히 정상이다.

개가 아이를 두려워하는데 개가 우리에게 관심을 얻으려고 하는 그 타이밍에 아이가 접근한다면, 개는 질투심 때문이 아니라 두려움 때문에 으르렁거리거나 입질을 할 수 있다. 사실 아이들에게 개가 공격성을 보이는 이유는 우위성이나 질투심이 아닌, 두려움과 부적절한 사회화 때문일 가능성이 높다.

대부분의 아이들은 몸집이 작기 때문에 개의 눈높이에서 상호작용을 하는데, 개에게는 위협적으로 느껴질 수 있다. 아이들 특유의 고음과 불규칙한 움직임도 두렵게 느껴질 수 있다. 개의 세계에서 두려움과 관련된 상호작용은 위협이 다가오지 못하도록 으르렁거리거나 입질을 하는 것이다.

**꼬리를 흔드는 것이 '와서 날 쓰다듬어 주세요'를
의미하는 것은 언제일까?**

1장에서 언급했듯이, 꼬리를 흔드는 것은 상호작용에 대한 의지를 나타낸다. 때로는 우호적인 방식일 수 있지만, 상황에 따라 방어적이거나 공격적인 방식일 수도 있다.

> 어린아이들은 그 차이를 잘 구별하지 못하므로, 어른 허락 없이 낯선 개에게 다가가서는 안 된다. 나이가 좀 더 있는 아이들에게는 개와 상호작용을 하기 전에 꼬리 외의 보디랭귀지가 모두 '느슨하고 이완된' 상태인지 반드시 확인하도록 가르칠 수 있다. 항상 지나치다 싶을 정도로 조심해야 한다. 개가 편안한 상태인지 확실하지 않을 땐 절대 다가가서는 안 된다.

개가 아이보다 우위에 서려고 해요

그동안 개 행동에 대한 과학적 연구 결과, 길들여진 개는 인간과 서열 체계를 형성하려 들지 않는다는 것이 증명됐다. 인간을 향한 대부분의 공격성은 불안과 두려움 때문에 위협적이라 느껴지는 대상의 접근을 막으려고 일어난다. 스윗피가 그랬던 것처럼, 개가 아이를 피하는 동안 귀를 뒤로 젖히고 꼬리를 내리면서 시선을 피하면, 이 작고 낯선 사람이 두렵다고 명확하게 말하고 있는 것이다. 하지만 부모와 특히 어린아이들은 이 행동을 제대로 해석하지 못해, 개가 두렵다고 말함에도 불구하고 계속 접근해 개와 상호작용하려 든다(1장과 10장 참고). 이 경우 안타깝게도 아이가 물리곤 한다. 그 개는 더 이상 신뢰받지 못할 수 있고, 사람과 동물의 유대감이 깨져 안락사될 수도 있다.

아직 개와의 적절한 상호작용을 이해하지 못하는 어린아이들은 개의 공격적 표현을 실제 무는 행동으로 악화시킬 수 있다. 수의행동학자 일라나 라이즈너Ilana Reisner 박사가 2007년과 2010년 연구에서 만 18세 이하의 아이들의 개 물림 사고를 조사한 결과, 만 6세 미만의 아이들은 음식이나 장난감 같은 중요한 자원이 개의 옆에 있을 때 다가가거나 개가 쉬고 있을 때 다가간 경우에 가장 많이 물렸다. 주로 아이가 다가갔다. 6세 이상의 아이들은 개의 영역을 침범하는 중에 가장 많이 물렸다. 그리고 대부분의 아이가 알던 개에게 물렸다.

뭔가 지키려는 행동guarding behavior의 초기 경고 신호를 알면, 보호자들은 개가 자원을 가지고 있을 때는 개를 피하거나, 개가 먹고 있는 동안은 가족으로부터 떨어뜨려 놓거나, 그 문제를 다루기 위한 정보를 얻기 위해 전문가를 만나 부상을 막을 수 있다. 우선 우리가 자원이나 영역을 침범하는 것 같이 개가 아이에게서 위협을 느끼는 상황이 무엇인지 이해하게 되면, 아이와 개 모두에게 더 안전한 환경을 만들 수 있다.

용어 정리

- **자원 지키기**resource guarding: 개가 가치 있다고 여기는 무언가를 뺏으려고 하는 개체에게 보이는 행동이다. 이 행동은 누군가가 가치 있는 자원을 뺏으려 한다고 '생각'되기만 해도 발생할 수 있다. 그 행동은 으르렁거림 또는 입질처럼 분명할 수도 있지만, 몸이 뻣뻣하게 경직되거나, 입술을 들어올리거나, 먹거나 씹는 것을 멈추거나, 개가 지키고자 하는 것 주변을 맴도는 것 같이 미세해서 감지하기 어려울 수도 있다.
- **안전한 은신처**safe refuge: 개가 두려움이나 불안감을 일으키는 상황을 피하기 위해 갈 수 있는 장소다. 모든 가족이 개가 안전한 은신처에 있을 때는 어떤 식으로든 개를 괴롭혀선 안 된다는 것을 배워야 한다.
- **두려움 반응**fear response: 두려움은 어떤 상황이나 물건에 대해 불안해하는 감정이다. 동물이 두려움을 겪을 때 보이는 행동으로, 심박수와 호흡수 증가와 같은 생리적 변화와 귀를 납작하게 하기, 머리와 꼬리 낮추기, 회피 행동 같은 시각적 신호들이 포함된다.
- **회피 행동**avoidance behaviors: 어떤 특정 자극이 두려워 개가 벗어나고 싶을 때 보이는 행동이다. 개는 머리를 낮추고 귀를 납작하게 하고 몸을 낮춘 뒤, 무서운 자극이 존재하는 곳에서 적극적으로 물러서려 하거나 완전히 벗어나려 할 수 있다. 만약 특정한 사람이나 동물이 들어올 때마다 개가 방을 나간다면, 회피 행동을 보이는 것일 수 있다.
- **움츠리기**cowering: 두려워하거나 불안해하는 개가 꼬리를 다리 사이로 집어넣거나, 귀를 납작하게 하고 머리를 낮추고 몸을 바닥으로 낮추는 것을 움츠리기

> 라 할 수 있다. 이는 개가 위협적으로 보이는 대상의 관심을 피하기 위해 자기 몸을 더 작게 보이려고 하는 것이다.

아이가 태어나면 무엇부터 시작할까?

캐롤의 경우, 스윗피는 아기를 질투하는 것이 아니다. 질투는 아니라 해도, 스윗피는 아이와 같이 둘 수 없는, 신뢰할 수 없는 사나운 개인 걸까? 스윗피는 안락사되거나 다른 집으로 보내져야 할까? 스윗피는 자라는 동안 아이들을 접할 기회가 없었기 때문에, 아기가 집 안을 기어 다니자 본능적으로 무서웠다. 알고 있던 인간들과는 완전히 달랐으니 말이다.

어떻게 하면 개가 아이들에 대해 배우도록 도울 수 있을까? 강아지는 성장하면서 대략 6~14주령에 사회화 시기를 거친다(6장 참고). 이때 아주 다양한 사람, 동물, 환경, 소리 등에 노출되지 않으면 성견이 돼서 아이들을 포함한 새로운 경험에 노출되었을 때 두려워하거나 평소와 다른 반응을 보일 가능성이 높다. 아이는 어른과는 매우 다르게 행동한다. 움직임이 빠르고 예측 불가능하고, 높은 소리를 내고, 개의 눈높이에 맞춰서 접근한다. 이 모든 게 개들이 태생적으로 무서워하는 것이다.

물론 모든 개가 아이들을 두려워하는 것은 아니다. 심지어 아이에 대해 사회화가 되지 않더라도 그렇다. 하지만 아이들과의 경험이 제한적이거나 두려움의 신호를 보이는 개의 경우, 보호자는 그 신호에 집중하고 개를 안전하게 지켜줘야 한다. 개가 원하면 아이를 피할 수 있게 해 줘야 한다. 예를 들어, 아기 안전문을 설치해 걸음마를 시작한 아기가 개를 계속 쫓을 수 없게 하면 개와 아이 모두를 안전하게 지킬 수 있다. 또한 개에게 아이가 주변에 있는 것이 안전하며 곧 좋은 일이 일어난다는 사실을 적극적으로 가르쳐야 한다. 개가 차분한 태도로 아기에게 다가가면 간식을 던져 주고 칭찬한다. 아이와 함께 있을 때 개에게 놀이, 먹이 및 관심 같은 긍정적인 경험을 제공하고 아이가 없을 때는 이런 상호작용을 최소화하여 개에게 아이가 주변에 있으면 좋은 일이 일어난다는 사실을 가르칠 수 있다.

모든 개는 아이가 접근하거나 개와 상호작용할 수 없는 안전한 공간, 즉 집에서 사람들이 별로 다니지 않는 곳에 둔 크레이트나 전용 침대가 있어야 한다. 아기 안전문은 이런 목적에 아주 적합하다. 아이와 반려동물이 있는 가정이라면 적어도 한 개 이상은 이를 갖춰두는 것이 좋다.

그렇다면 태어난 아기를 대하는 스윗피의 행동은 어떨까? 우리는 두려울 때, 실제 그렇게 보일뿐더러 두렵다고 직접 말한다. 스윗피는 으르렁거리고 아기를 피하려고 함으로써 자신이 두렵다는 것을 말했다. 두려워하는 모습을 보인 것도 의심의 여지가 없다. 캐롤은 아기가 쓰다듬을 수 있도록 스윗피를 강압적으로 붙잡아 스윗피의 두려움을 고조시켰다. 결국 아기가 스윗피를 쓰다듬었을 때, 스윗피는 두려움이 덜어진 것이 아니라 궁지에 몰려 무력감을 느꼈다. 아마도 스윗피는 무는 것밖에는 다른 방법이 없다고 여겼을 것이다.

아이와 개의 관계를 개선시키고 싶어 하는 부모라면 안전을 위해 전문가와 상담해야 한다. 개의 행동은 적절한 행동 수정 방법을 통해 바꿀 수 있다(3장 참고).

포식성 행동

포식성 행동predatory behaviors이란 동물이 먹이를 찾고, 쫓고, 죽이는 것이다. 개는 사냥감을 보면 아주 조용한 상태가 되어 움직이지 않는다. 먹잇감을 응시하면서 천천히 그리고 조용히 그쪽을 향해 움직이기 시작한다. 그리고 적시에 먹

> 잇감을 덮쳐 물고 흔든다.
>
> 불행히도, 어떤 개들은 매우 강한 사냥 욕구prey drive를 갖고 있어서 배부른 상태에서도 고양이나 다람쥐 같은 작은 동물들을 사냥할 수 있다. 어떤 개들은 심지어 아주 작은 개에게도 유사한 포식성 행동을 보인다. 대부분의 개 보호자는 자기 개를 숙련된 포식자로 보지 않기 때문에, 이런 행동에 충격 받을 수 있다.
>
> 그보다 더 큰 문제는, 개가 아기를 사냥감으로 볼 때다. 이런 경우는 비교적 드물지만, 보호자는 태어난 아기를 처음 집에 데려올 때와 아기가 기어 다니기 시작할 때 개의 행동에 주의를 기울여야만 한다. 개가 집중해서 아기를 응시하고 조용히 아기를 따라다닌다면, 즉시 수의사와 상의하고 자격 있는 전문가를 찾아야 한다.

아이를 두려워하는 개는 어떻게 해줘야 할까?

개가 두려움, 공격 또는 회피 행동을 보일 때 그 행동에 대해 처벌을 하지 '않는' 것이 매우 중요하다. 개가 두려워하는 행동을 보일 때 그 상황을 강제로 겪게 하는 것은 개의 두려움을 증폭시킬 수 있다. 처벌 또한 개의 두려움과 공격성을 증가시킬 가능성이 높다.

개의 전반적인 건강 상태도 아이와 개의 관계에 영향을 미치는 요인이 된다. 개는 병이 있거나, 관절염 같은 질환 때문에 통증이나 불편함을 겪고 있거나, 우연히 아이 때문에 다치게 될 때, 공격적으로 반응할 수 있다. 어린아이들은 운동 기능을 잘 조절하지 못해 개에게 넘어지거나 개를 밟거나 거칠게 쓰다듬을 수 있다. 만 4세 미만의 아이는 다른 이들이 통증과 불편을 겪는다는 것을 깨닫지 못하며, 무심코 개를 너무 거칠게 다루거나 아프게 하여 공격적인 반응을 유발한다.

어른들이 개가 보이는 두려움의 본질에 대해 더 잘 이해한다면 아이와 개 사이의 많은 문제를 피할 수 있다. 개가 아이와 함께 자랐다 하더라도 아이와 좋은 경험을 갖지 못했다면 아이를 두려워하는 신호들을 보일 수 있다. 부모는 다음과 같은 두려움과 관련된 행동과 신호들을 주시해야 한다.

- 아이로부터 슬금슬금 도망가거나 움츠리거나 방을 나가려고 애쓰거나 아이를 피한다.
- 아이가 다가오면 꼬리를 집어넣거나 귀를 납작하게 하거나 다른 곳을 본다.
- 아이가 다가오면 자기 입술을 핥아대거나 하품을 하거나 갑자기 자기 몸을 긁거나 핥기 시작한다. 이 모두가 불안감 또는 긴장감의 신호다.
- 아이가 다가오면 이빨을 드러내며 으르렁거리거나 입을 닫고 으르렁거린다.
- 개가 아이를 향해 이빨을 부딪치며 물려는 시늉을 한다.

개가 이런 행동을 보인다면, 즉시 아이를 안전한 장소로 이동시키고 개 또한 안전하다고 느낄 수 있는 장소에 격리한다. 만약 개가 아이 주변에 있을 때마다 이런 행동들을 보인다면 행동 전문가에게 도움을 요청한다. 그것이 불가능하다면, 개가 아이는 두려움의 대상이 아니라는 것을 배울 수 있을 때까지 아이와 떼어놓는다. 또한 아이가 개에게 손을 뻗거나 개를 잡을 때 고통을 유발할 수 있다는 것을 잊지 말자. 개는 치과 질환, 귀 염증, 관절염 같은 의학적 문제를 가지고 있을 수 있고 이로 인해 아이와의 상호작용에 참을성이 줄어들 수 있다.

아이를 문 달마시안의 운명은 바뀔 수 있을까?

어느 월요일 아침, 여섯 살 된 수컷 달마시안 윌리가 안락사를 받으러 병원에 왔다. 전날 한 아이를 물었기 때문이었다. 윌리가 아이들과 잘 지냈고 과거에는 공격성을 보인 적이 한 번도 없다는 것을 알고 있던 수의사는 충격을 받았다.

윌리의 보호자인 파울라가 들려준 이야기는 이러했다. 친구와 그녀의 여섯 살 된 아들이 파울라 집에서 주말을 보냈다. 그 아이는 윌리가 자거나 먹는 동안 윌리를 괴롭혀 주말 내내 수차례 야단을 맞았다.

일요일 오후, 모두가 거실에서 텔레비전을 보고 있었다. 파울라는 아이가 또다시 소파에서 자고 있는 윌리에게 다가가는 것을 알아차렸다. 어른들은 텔레비전에 집중하고 있었기 때문에 일이 어떻게 벌어졌는지는 정확히 보지 못했다. 윌리가 으르렁거리는 소리에 돌아봤을 때는 윌리가 앞으로 달려들어 아이의 얼굴을 문 뒤였다.

당장 응급실에 가야 했을 정도로 상처가 심했다. 파울라는 윌리의 갑작스럽고 사나운 행동에 충격을 받았고 매우 화가 났으며, 만약 24시간 동물병원이 근처에 있었다면 당장 윌리를 안락사시켰을 것이라고 말했다.

수의사는 윌리를 안락사시키기 전, 먼저 몸을 살폈다. 윌리의 얼굴에 아이가 붙잡았을 때 생긴 열 개의 붉고 선명한 손톱자국이 깊게 남아 있었다. 보호자는 윌리가 먼저 상처를 입었다는 것을 알게 되었고, 윌리의 행동이 그렇게 부적절한 것이 아니었음을 이해했다. 보호자는 다시는 윌리를 그런 어려운 상황에 처하게 하지 않겠다고 약속하고 윌리를 집으로 데려갔다.

현실적 기대 하기

톰과 메리 앤은 두 살 된 래브라도 리트리버인 캐시의 상태를 진단받기 위해 진료를 예약했다. 캐시가 세 살과 여섯 살짜리 딸들에게 으르렁거리기 시작했기 때문에, 톰은 몹시 화가 나 있었다. 톰은 래브라도 종을 고른 이유가 '아이들에게 아주 착한 품종'이어서라고 설명했다. "저희 형네 래브라도는 아이들과 잘 지내요. 아이들이 올라타고 꼬리를 잡아당기는 등 무엇을 해도 다 받아줘요." 톰은 자신의 개도 그러길 기대했다고 말했다.

불행하게도 톰처럼 생각하는 사람들이 흔하다. 많은 사람이 자기 개에게 아주 비현실적인 기대를 한다. 어떤 개는 아이들의 거친 손길에 참을성을 보일 수도 있지만, 아이의 연령대가 어떻든 이는 적절한 상호작용이 아니다. 심지어 개가 아이들이 귀를 잡아당기거나 꼬리를 세게 잡아채는 것을 참는다고 할지라도, 개가 이런 가혹한 대우를 받아들이길 기대하는 것은 부당하다. 게다가 아이들이 개를 거칠게 다뤄도 괜찮다고 믿게 되는 건 스스로를 위험에 처하게 만드는 셈이다. 아이들은 언젠가 낯선 개와 만나게 될 테다. 스스로의 안전은 물론 개의 안전을 위해서도 개와 올바르게 상호작용할 준비를 갖춰야 한다.

아이가 다른 사람들에 대한 책임감, 동정심 및 공감을 배우기를 바란다면, 동물과의 경험으로 그 교육을 일찍 시작할 수 있다. 아이들은 어른에게 배워야만 알 수 있다. 어린아이들이 정밀한 운동 신경이 부족해 의도치 않게 개를 거칠게 대할 수 있으니, 부모는 항상 다정하고 부드러운 상호작용을 가르치고 지켜보아야 한다.

중요 포인트

집에 아이나 어린이만 개와 남겨두어서는 '절대' 안 된다. 어른이 항상 둘의 상호작용을 감독해야 한다. 아이가 개와 단둘이 있을 수 있는 나이는 아이의 개인적 발달과 개의 기질에 따라 다르지만, 일반적으로 만 5세 미만의 어린아이는 개와 단둘이 있으면 안 되며, 그보다 나이가 많은 경우에도 다양한 수준의 감독이 필요할 수 있다.

개의 욕구를 존중하도록 아이들을 가르쳐야 한다. 아이가 지시를 따를 나이가 되면 아이에게 다음과 같은 내용을 가르친다.

- 개를 빤히 쳐다보지 않는다.
- 개를 안으려 하지 않는다. 개가 어른이 안는 것은 허용할지 몰라도, 아이에게 안기는 것은 원치 않을 수 있고 이를 위협으로 받아들일 수 있다. 안기는 것은 개에게 타고난 행동이 아니라는 것을 기억한다. 많은 개가 안기는 것을 즐기는 법을 배우지만, 어떤 개들은 그렇지 않으며, 특히나 낯선 사람과 아이가 안으면 더욱 그렇다.
- 먹고 있거나 쉬고 있는 개에게 다가가지 않는다.
- 개는 살아 있고 숨 쉬는 동물이다. 사람들에게 하듯이 개를 친절하고 온화하고 존중하는 마음으로 대해야 한다.

아이가 빤히 쳐다보며 정면으로 다가가 개의 몸 위로 자신의 몸을 기울인 채 손을 뻗고 있다. 개가 위협적으로 받아들이는 자세로 접근하고 있다.

아이가 개와 눈 마주치는 것을 피하면서 개 옆에 쪼그려 앉아 있다. 개가 덜 위협적으로 느끼는 접근법이다. 아이는 개를 토닥대기보다는, 길고 부드럽게 어루만져주는 식으로 개의 등을 쓰다듬는다.
© M.C. Tynes

아이가 개와 있을 때 해야 하는 적절한 행동들을 배우고 존중하는 태도를 보일 때까지는, 부모가 가까이에서 지속적으로 감독하기 불가능한 경우 개와 아이를 떼어놓는다.

흔히 수의행동학자들이 도움을 청하는 가족에게 물어보면, 개가 아이와의 상호작용 중에 고개 돌리기, 회피 행동, 이빨 드러내며 으르렁거리기 같은 불편함을 의미하는 몇 가지 신호를 보였다고 말한다. 이런 신호들은 절대로 무시하면 안 되며, 아이와 개의 관계를 이해하기 위한 근거로 사용해야 한다. 이럴 때 주로 자격 있는 전문가의 개입이 필요하다.

집 밖에서 낯선 개를 만났을 때

아이와 부모는 목줄 없이 혼자 있는 개에게 절대 다가가면 안 된다는 것을 알아야 한다. 그 개가 어른과 함께 있다면, 개와 상호작용하기 전에 허락을 받는 것이 좋다. 허락을 받았다면, 개를 놀라게 하거나 공격적인 반응을 일으키지 않기 위해 다음의 사항을 염두에 둔다.

- 빤히 쳐다보지 않는다. 몸의 측면이 개를 향하도록 서고, 조용하고 다정한 목소리로 말하며, 개가 먼저 다가오길 기다린다. 개가 다가와서 냄새 맡고 상호작용에 관심을 보일 때까지 개를 만지지 않는다. 215쪽의 사진들은 개에게 다가가는 올바른 방법과 잘못된 방법을 보여준다.
- 개가 다가오지 않고 가버린다면, 상호작용을 원치 않는 것이다. 개에게 다가가는 것을 멈춘다.
- 보자마자 개의 머리 위로 손을 뻗지 말자. 어떤 개들은 이런 접근 방식에 두려움을 느낀다.

개가 관심을 보이고 계속 상호작용을 하려고 한다면, 개의 등, 귀 또는 턱 밑을 부드럽게 쓰다듬는다. 사실상 많은 개가 토닥이는 걸 별로 즐기지 않으니 천천히 길게 쓰다듬는다. 개가 으르렁거린다면 모든 행동을 멈추고 천천히 개에게서 떨어진다.

개가 우리를 향해 달려온다면 절대로 뒤돌아서 도망쳐선 안 된다. 양손을 겨드랑이 사이로 집어넣거나 귀와 머리를 감싼 채로 움직임 없이 서 있는다(옆 사진 참고). 넘어진다면 공처럼 몸을 동그랗게 말고 팔로 머리와 목을 감싼 채 꼼짝 않고 누워 있는다.

어린아이(특히 만 5세 미만~10세)는 절대로 지켜보는 어른 없이 개와 단둘이 있어서는 안 된다. 개가 아무리 순하고 예의 바르더라도 사고는 눈 깜짝할 사이에 일어날 수 있다. 어른이 없을 때 개가 으르렁거리거나, 입질하거나, 심지어 무는 일이 발생하면, 정확히 무슨 일이 일어났는지 알 수 없게 된다.

소년이 머리를 팔로 감싼 채 꼼짝하지 않고 서 있다. 이는 개가 공격적인 태도로 우리에게 다가왔을 때의 적절한 자세다.

© M.C. Tynes

어른이 감독한다고 해서 공격적인 사건을 모두 예방할 수 있는 것은 아니지만, 사건이 발생하는 과정을 어른이 목격한다면 아이가 개를 아프게 했거나 무섭게 했는지, 개가 아이의 접근에 예민한 건지 등 중요한 정보를 전문가에게 알려줄 수 있다. 이런 정보는 전문가가 그 상황을 더 잘 진단하고 최고의 관리와 치료 계획을 세우는 데 도움이 된다. 게다가 부모가 항상 감독을 한다면, 부모는 아이와 개에게 무엇을 하고 무엇을 하지 말아야 하는지 적극적으로 가르칠 수 있다.

벌은 절대 사용해선 안 된다

시선 돌리기, 입술 핥기, 으르렁거리기 같은 개의 회피 행동과 경고 행동을 처벌이나 말로 혼내는 것은 도움도 되지 않고 문제도 해결하지 못한다. 이런 방법은 개의 두려움을 줄여주지 못할뿐더러, 개가 아이의 존재와 그 불쾌한 결과를 연

> 관짓게 만들 수 있다. 다시 말해, 일을 더 악화시킬 수 있다.
> 　만약 우리가 엘리베이터를 무서워하는데 누군가 우리를 엘리베이터 안으로 떠밀어 넣고는, 우리가 빠져나가려고 몸부림치며 싸우자 우리에게 소리를 질러 댄다면? 몸이 떨리고 식은땀이 나는데 그 사람이 주먹으로 내 코를 때린다면? 과연 이런 방식이 엘리베이터에 대한 두려움을 덜어줄까? 개가 회피 행동이나 공격의 경고 신호를 보이는데 처벌한다면, 최악의 경우, 다음번에는 경고 단계 없이 바로 물 수 있다.

안전한 은신처 만들어주기

　개를 억지로 아이와 상호작용하게 하는 건 나쁜 생각이다. 개에게 그 상황을 모면할 틈을 주어야 한다. 개는 분주한 가족들 틈에서 받는 흥분감과 스트레스를 피할 수 있도록 안전한 은신처가 있어야 한다. 두려움이나 불안감을 유발하는 상황을 피할 수만 있다면 안전한 은신처는 집 안 어디든 될 수 있다. 인적이 드문 곳에 있는 크레이트, 조용한 침실이나 서재에 있는 강아지 침대가 성역이 될 수 있다. 개가 혼자 있기 위해 갈 수 있는 곳이면 어디든 된다. 중요한 것은 개가 항상 쉽게 그곳을 이용할 수 있어야 하고, 무섭거나 불편한 상황을 피하고 싶을 때는 언제든 그곳으로 갈 수 있다는 것을 개가 배우는 것이다. 모든 가족 구성원이 개가 안전한 은신처에 있을 때는 절대 개를 괴롭히지 않아야 하는 것을 배우는 것도 중요하다. 따라서 개가 안전한 은신처에 있을 때는 개를 혼자 내버려둬야 한다는 것을 '반드시' 아이에게 가르쳐야 한다.

　새로 태어난 아기 또는 모든 아이가 집에 오기 '전에' 개를 위한 안전한 은신처를 마련하는 것이 개를 위하는 첫걸음이다. 우리가 가까이 있긴 하지만 바쁠 때 개를 한 번에 몇 분씩 분리시키는 것부터 교육한다. 교육은 개에게 즐거워야 하고 불안감을 느끼게 해선 안 된다. 이 교육 세션 동안 개에게 특별 간식을 주고 '조용한 시간quiet time' 같은 신호를 사용해 개가 무엇을 해야 하는지 이해할 수 있게 돕는다. 차츰 개를 혼자 두는 시간을 늘린다. 개가 조용히 있을 때는 항상 간식을 주고, 낑낑거리거나 짖는 것에 반응하거나 개가 불평할 때 크레이트나 아기 안전문에서 내보내서는 안 된다(부록 참고). 개가 우리와 떨어져 있는 걸 너무 괴로워한다면 전문가와 상담해서 아이가 도착하기 전에 그 문제를 해결한다.

개를 가두지 않을 계획이라면 한 장소로 가서 계속 거기 있는 것을 가르친다. 이때 개는 그곳에서 방해받지 않고 아이로부터 자유로워야 한다. 안전한 은신처에는 오래 씹을 수 있는 장난감이나 콩, 키블 니블Kibble Nibbles, 터그어 저그 같은 먹이 장난감을 놓아두어 개가 이 장소를 애용하도록 가르친다. 자원을 지키려는 행동과 관련된 잠재적 문제를 피하기 위해 장난감은 아이가 없을 때 주도록 한다. 장난감들은 안전한 은신처에서 조용히 휴식을 취하는 것에 대한 보상으로도 줄 수 있다.

> ### 미리 계획하기
>
> 개를 입양할 계획이고 아이가 있거나 아이를 가지려 한다면, 다음의 사항을 명심하자.
> - 요크셔테리어, 치와와, 토이 푸들 같은 매우 작거나 여린 품종들은 쉽게 들어올릴 수 있고, 그래서 운동 기능이 미숙한 아이들이 거칠게 다루면 다칠 수 있다.
> - 움직이는 것을 쫓으려는 성향이 있는 품종, 예를 들어 아프간하운드Afghan Hound와 디어하운드Deerhound 같은 시각 하운드sighthounds 일부와 오스트레일리안 셰퍼드와 보더콜리 같은 목양 품종herding breeds은 움직임이 재빠른 아이들에게 이런 성향을 보일 수 있으니, 특별한 감독과 교육이 필요하다.
> - 가능하다면 아이가 있거나 아이들에게 강아지를 자주 이리저리 다루게끔 하는 브리더에게서 강아지를 입양한다. 아니면 임시보호 중에 아이들과 지낸 경

> 험이 있는 개를 입양할 수도 있다.
> - 강아지 인생의 첫 3개월에서 12개월까지 모든 연령과 크기의 아이들을 경험할 수 있도록 가능한 모든 기회를 잡자. 아이들에게 강아지를 만났을 때 맛있는 간식을 주게 한다. 아이들이 너무 거칠게 놀아 개를 무섭게 하거나 실수로 다치게 하지 않도록 가까이서 관리 감독해야 한다.
> - 개에게 방해받지 않는 안전하고 조용한 장소에 가는 것을 가르친다.
> - 안전한 은신처에 있는 개는 혼자 내버려둬야 한다는 사실을 아이들에게 확실하게 가르친다.
> - 개가 음식을 얻기 위해 아이를 핥거나 입질하는 것을 배우지 못하도록 아이가 먹고 있는 동안에는 개를 분리해둔다.
> - 개에게 기본예절을 가르치고, '앉아', '엎드려', '기다려', '네 자리로 가' 등의 말로 개의 행동을 잘 통제할 수 있어야 한다.
> - 아이들에게도 개를 다루는 방법과 혼자서 조용히 쉬는 개의 권리를 존중하는 기본예절을 가르친다.

신생아와 개의 만남 준비하기

아기가 태어나면 우리의 하루 일과가 어떻게 바뀔지 가늠해보고, 변화들 중 일부를 미리 시작하면 개와 가족의 스트레스를 크게 줄일 수 있다. 또한 모두 새로운 일과와 환경에 적응할 수 있는 시간을 벌 수 있다. 예를 들어, 현재는 엄마가 낮 동안 개를 산책시키지만, 곧 아기가 태어나면 엄마는 나갈 수 없거나 산책 시간이 짧아질 것으로 예상된다. 이 경우 가족 중 다른 어른이 아기가 태어나기 전부터 엄마의 산책 일정대로 강아지를 산책시키면서 산책 시간을 차츰 줄인다.

특히 아이가 기어 다니고 걸음마할 때는 개와 아이를 분리해야 할지도 모른다. 우선 아기 안전문이나 개를 위한 크레이트 등 분리에 필요한 모든 장비를 갖춘다. 그런 다음 개가 자신의 안전한 은신처에서 편안히 있는 법을 가르치는 데 시간을 투자한다. 개의 페이스에 맞춰 천천히 진행해야 한다.

유모차, 보행기, 바운서, 아기 울타리 또는 베이비룸, 놀이 매트 및 가드형 아기 침대 같은 아기 용품은 개에게 무섭게 느껴질 수 있다. 아기가 오기 전 일부라도 미리 소개해 개가 이 용품들에 친숙해지게 한다. 장난감 형태 보행기나 바운서는 개와 함께 있을 때 아이에게 안전한 공간이 아니다. 어른이 곁에서 감독할 수 없다면 아기가 이런 용품들에 있을 때 개는 반드시 아기 안전문으로 막힌 방이나 크레이트 안에 있어야 한다. 감독은 '실제로' 곁에 있는 것을 의미한다. 그러니 짧게라도 방을 비우게 될 때는 아기를 아기 침대나 베이비룸에 두는 것이 더 좋다.

아기를 맞이하기 위한 체크리스트

- 아기가 집에 오기 '전에' 일과 및 환경을 미리 바꾼다.
- 아기와 관련된 소리와 물건에 개를 탈감각화시킨다.[86] 유모차를 옆에 나란히 밀면서 개를 산책시킨다.
- 개와 아기를 처음 소개할 때는 세심하게 통제된 상황에서 신중하게 진행하도록 계획한다.
- 아이의 움직임이 더 자유로워지면, 개에게 분리되고 안전한 전용 휴식 공간을 마련해줘서 소파와 침대 같은 높은 공간에 개가 접근하지 못하게 하는 것이 좋다. 개가 소파나 의자에 쉬고 있을 때 아이가 다가오면 개는 영역 또는 자원을 지키려는 반응을 보일 위험이 있다. 게다가 개가 높은 곳에 있으면 아이의 얼굴과 위치가 비슷해져 아이가 더 심하게 물릴 수 있다.
- 개가 이전에 음식, 간식, 장난감 또는 낯선 사람 주변에서 으르렁대거나 입질을 한 적이 있다면 전문가를 찾아간다.

앞으로 침대에서 아기와 함께 잘 계획인데, 지금은 개와 함께 자고 있다면 아기가 태어나기 훨씬 전부터 개의 잠자리 습관을 바꿔야 한다. 가능하다면 개의 새 침대를 침대 근처에 두고, 인내심을 가지고 계속 칭찬해 주면서 개에게 자기 침대에서 자는 법을 가르친다. 처음에는 어려울 수 있고, 때로는 개를 개 침대에만 있을 수 있게 줄에 매어두는 과정이 도움이 될 수 있다. 아기가 집에 온 뒤에야 이런 변화를 주면 모두에게 큰 스트레스가 될 수 있다는 것을 잊지 말자.

개가 아기 소리에 익숙해지게 도와줄 수도 있다. 새로운 무언가에 점차적으로 익숙해지는 과정을 '습관화'라고 한다. 이를 위한 상업용 녹음 파일이 많다. 울음소리를 포함해 온갖 종류의 소리가 있다. 개에게 매우 특별한 간식을 주면서 아기 소리를 아주 작게 틀어 놓으면 개가 그 소리를 두려움이나 불안감이 아닌 좋은 감정과 연관 짓게 된다. 점차 볼륨을 높인다. 볼륨을 높이는 과정에서 개가 헐떡거리기, 입술 핥기, 귀 뒤로 젖히기 같은 불안 행동을 보이면, 볼륨을 너무 빨리 너무 크게 높인 것이다. 아기가 태어나기 수개월 전부터 이 과정에 매일 몇 분씩 투자한다면, 개는 아기와 관련된 소리들에 훨씬 더 편안할 수 있다.

개는 자기 환경의 냄새를 매우 잘 인지하며, 새로운 냄새는 열정적으로 조사하고 싶어 한다. 그러니 아기가 집에 오기 전에 아기 옷이나 담요를 개에게 가져다주어 개가 모든 육아용품을 포함한 신생아와 관련된 냄새에 익숙해지게 한다. 많은 개가 이런 변화에 빠르게 적응하며 별다른 준비가 따로 필요하지 않다는 것을 기억하자.

개 주변에서 차분하게 있는 아기나 어린아이를 둔 친구나 친척이 있다면, 그들을 집으로 초대해 개가 나이 어린 인간을 경험하고 적응할 수 있게 한다. 그 아기의 부모 또는 어린아이가 개에게 간식을 던져 주게 하면 개가 아이에 대한 긍정적인 연관성을 발달하는 데 도움이 된다.

대소변을 위해 반드시 규칙적인 산책이 필요한 경우라면, 유모차를 밀면서 개를 산책시키는 연습을 한다. 먼저 유모차를 집 안에 가져와 개가 유모차의 존재에 익숙해지게 한다. 개가 움직이는 물체를 무서워한다면, 개에게 간식을 주면서 유모차를 앞뒤로 밀어, 유모차를 기분 좋은 것과 연관 짓게 도와준다. 개가 유모차를 편안해하면 빈 유모차를 밀면서 개와 산책을 시작한다.

만약 개가 리드줄을 계속 잡아채거나 당겨서 산책시키는 것이 힘들다면, 젠틀 리더Gentle Leader, 할티Halti 같은 헤드홀터 또는 이지워크Easy Walk, 프리덤 하네스Freedom Harness 같은 당김 방지 바디 하네스를 사용하는 것을 고려한다. 이것들은 줄을 당기는 개를 인도적이고 안전하게 통제해주는 훌륭한 보조 장치다(5장 참고). 또 산책을 통해 복종 훈련을 시킨다. 아기가 태어나기 전에 개가 '앉아', '기다려', '이리 와' 같은 지시에 잘 반응하면, 여러 가족 활동에 개가 더 안전하게 참여할 수 있다. 만약 개가 계속 괴로워하는 신호를 보이거나 유모차와 함께 산책하는 것을 힘들게 한다면, 전문가에게 도움을 구해 더 완전한 교육 프로그램을 세운다.

개가 앞발을 계속 우리에게 올려놓거나pawing, 짖거나, 뛰어오르는 등 과도한 관심 끌기 행동을 보인다면, 아기가 태어나기 전에 이 문제들도 해결해야 한다. 개가 이전에 음식, 간식 또는 장난감 주변에서 공격적인 신호를 보인 적이 있다면, 모든 교육을 시도하기 '전에' 전문가와 상담한다.

모든 개는 평화롭고 조용하게 자기 사료를 먹을 자격이 있다는 것도 기억하자. 식사 시간 중에 방해받지 않도록 안전한 방이나 크레이트에서 개에게 먹을 것을 줘야 한다.

노령견과 신생아

노령견은 갓 태어난 아기를 유난히 힘들어할 수 있다. 나이가 들어 아픈 곳이 많아지면, 아이들이 야단법석을 떨며 놀거나 그로 인해 우연히 부상을 입을 때 참

> 을성이 적어지기 쉽다.
>
> 　노령견이 어린 개와 같은 방식으로 아이와 상호작용하기를 기대하는 것은 불공평하다. 나이 든 개에게는 혼잡 속에서 벗어날 수 있는 안전한 은신처가 훨씬 더 중요하다. 그리고 항상 노령견의 통증을 완화하거나 특정 질병을 치료하기 위해 수의사에게 도움을 구해야 한다(14장 참고).

아기를 집에 데려오기

　드디어 아기를 집에 데려올 순간이 왔다면 신중하게 계획을 세워야 한다. 그래야 개와 아기의 첫만남을 긍정적인 경험으로 만들어줄 수 있다. 아빠가 아기를 안고 있는 동안 엄마는 빈손으로 개에게 인사하는 것이 가장 좋다. 인사가 격렬한 편이라면 말이다. 보호자들과 인사가 끝나고 개가 진정했다면, 이제 개에게 아기를 소개할 차례다.

　소개는 아기가 자고 있거나 깨어 있을 때 해야 한다. 울고 있을 때는 절대 안 된다. 개를 잘 통제할 수 있는 사람이 개의 리드줄을 잡고 있는다. 다른 사람이 아기를 앉은 채 자세를 낮춰 개가 아기에게 다가와 냄새를 맡게 할 수 있다. 개가 쉽게 흥분하거나 매우 불안해한다면 이 과정을 서서히 진행한다. 리드줄을 잡고 있는 사람이 자주 개를 불러서 오게 하고, 개가 침착하게 있을 때 이에 대한 보상으로 간식을 준다. 개가 너무 흥분하면, 개를 다른 곳으로 데려가 장난감을 가지고 같이 놀거나 '앉아' 같은 간단한 지시들을 내린 뒤 반응에 맞게 간식을 준다. 또는 미리 마련해둔 안전한 피난처로 개를 데려간다.

- 이때 개가 너무 흥분하거나 두려워하는 행동을 보인다고 해서 처벌해선 안 된다. 그러면 개는 아기와 불유쾌한 경험을 연관 짓게 된다. 개

가 너무 다루기 힘들어진다면, 그냥 개를 그 상황에서 분리시킨 뒤 다음날 다시 천천히 시도한다.
- 개가 아기를 살펴보도록 강요해선 안 된다. 개가 준비가 되었을 때 아기에게 다가가게 하되, 보호자는 항상 이를 감독해야 한다.
- 개에게 아기 냄새를 맡게 하려고 아기를 들이대선 안 된다. 개가 아기 쪽으로 다가가서 다리를 냄새 맡도록 한다. 개는 매우 뛰어난 후각을 가졌다. 아기가 몇 미터나 떨어져 있고 개가 허공에 대고 킁킁대며 관심을 보인다면, 편안하고 안전한 상황에서 아기의 냄새에 익숙해지고 있는 중이다.
- '아기는 좋은 것'이라는 연관을 강화하는 것을 돕기 위해 개가 아기와 함께 편안하게 있으면 개에게 간식을 준다.
- 개가 몸이 얼어붙은 듯 뻣뻣해지고 몇 초 이상 아기를 빤히 응시한다면, 침착하고 빠르게 개를 분리시킨 뒤, 더 이상의 소개 과정은 중단하고 전문가와 상의한다.

테드와 파울라는 아기 숀을 집으로 데려온 지 몇 달 후 행동 상담을 예약했다. 그들의 개, 트러플스는 파울라가 바쁠 때면 맥없이 집 안을 어슬렁거렸고, 낮잠을 재우기 위해 아기를 아기 침대 안에 눕히면 매우 흥분해 관심을 얻기 위해 파울라를 몹시 성가시게 했다. 파울라는 예전처럼 트러플스와 많은 시간을 보내지 않는다는 것을 알고 있었기에 트러플스가 아기를 질투할까 봐 걱정했다.

테드와 파울라는 트러플스와 숀이 함께 자라며 서로에게 좋은 친구가 되길 진심으로 바랐다. 그들은 트러플스와 아기를 단둘만 남겨두지 않으려고 매우 조심했다. 또 트러플스는 아기를 향한 어떠한 공격성도 보이지 않았고, 아기나 아기 용품과 관련된 두려움도 전혀 보이지 않았다. 트러플스가 아기를 더 긍정적인 존재로 바라보도록 도와줄 방법은 몇 있었다.

- 아기가 자고 있거나 다른 방에 있을 때보다는 아기와 함께 있을 때 트러플스에게 더 많은 관심을 준다. 개에게 차분함과 적절한 행동에 대해 활기찬 어조로 칭찬하거나 아기에게 다가와서 차분하게 행동하는 것에 대해 간식을 던져준다. 그러면 트러플스는 아기와 함께 있는 것을 좋은 것들과 연관 짓는다.
- 앞발로 건드리거나 뛰어오르는 것 같은 관심 끌기 행동에는 모두 반응하지 않는다.
- 아기를 유모차에 태워 밖에 데리고 나갈 때 항상 트러플스도 같이 산책시킨다. 가능하다면 같은 시간에 산책시켜서 트러플스가 아기의 존재를 산책의 즐거움과 연관 짓게 만든다.
- 트러플스가 아기 안전문을 사이에 두고 아기와 분리돼야 할 때는, 항상 먹이 퍼즐 장난감처럼 아주 특별하고 오래 즐길 수 있는 간식을 줘서 분리를 기분 좋은 일로 여기게 한다.
- 앉아서 아기를 흔들거나 음식을 먹일 때 보호자 옆에 트러플스의 밥그릇을 둔다. 보호자에게 다가와 눈을 마주칠 때마다 사료 알갱이를 던져준다. 그 행동을 편하게 하게 되면, '앉아' 같이 트러플스가 이미 알고 있는 행동을 지시하고, 다가와서 앉고 눈을 마주치는 것에 대해 사료 알갱이로 보상한다.
- 숨바꼭질은 보호자가 아기를 안고 있는 동안 개와 놀 수 있는 재밌는 게임이다. 트러플스에게 앉아서 기다리도록 지시한 뒤, 아기와 함께 다른 방으로 걸어간다. 그다음 트러플스를 부르며 신나고 기쁜 목소리로 "숀이 어디에 있을까?"라고 말한다. 트러플스가 당신과 아기를 찾으면 간식을 던져준다.

2개월 후, 파울라는 트러플스가 바뀐 일상을 정말 즐기고 있다고 말했다. 트러플스는 파울라가 손과 바쁠 때 방에서 그냥 조용히 앉아 있고, 유모차를 꺼낼 때면 자기도 같이 나간다는 것을 알기 때문에 신나 했다. 전반적으로 트러플스는 아기 곁에서 더 차분하고 편안해 보였다. 이 과정은 큰 도움이 되었고, 파울라는 자기 자신도 트러플스와 함께 있는 것이 더 즐거워졌다고 말했다.

아이가 개를 원할 때

글로리아는 자신의 개, 데이지에 대해 몇 가지 궁금한 것이 있었다. 그녀는 동네 동물 보호소에서 강아지였던 데이지를 입양했고, 당시 각각 여섯 살, 여덟 살이었던 "아들들이 반려동물을 간절히 원해서" 마지못해 그랬다고 말했다. 데이지는 다 자라자 예상했던 약 18킬로그램을 훌쩍 넘어 27킬로그램의 거구가 되었고, 형제들도 데이지와 그다지 시간을 보내지 않았다. 이제 데이지는 다루기가 매우 힘들어졌고 하루 대부분을 뒷마당에서 다람쥐를 향해 짖으며 보내는 통에 이웃들의 불평도 끊이질 않았다.

데이지는 매우 다정하지만 잠시도 가만있지 못하는 래브라도 리트리버 믹스였다. 형제 중 하나와 어쩌다 한 번씩 산책이나 놀이 시간을 가질 수 있었고, 다른 아이들이 마당에 들어오면 몹시 제멋대로 굴었다. 행동 상담자는 데이지에 대한 모든 이력을 듣고, 글로리아의 두 아들과 함께 있는 데이지를 관찰했다. 데이지는 자기 나이와 기질에 비해 충분한 운동이나 정신적 자극을 받지 못하는 지극히 평범한 개였다. 글로리아는 데이지를 트레이닝 클래스에 데려갈 시간도 없고 예절을 가르칠 시간도 없었다. 데이지는 더 이상 실내에서 환영받지 못했고 글로리아는 데이지를 다른 집으로 입양 보내고 싶어 했다. 불행하게도 이는 흔한 시나리오다. 수의사들은 더 이상 개를 데리고 있고 싶지 않다며 다른 보호자를 찾게 도와 달라는 부탁을 거의 매일 듣는다.

데이지는 다른 가족을 만났더라면 정말 좋은 반려견이 됐을 것이다. 수많은 바쁜 부모처럼, 글로리아는 개를 돌볼 시간이 없었고, 여섯 살과 여덟 살 된 아들들은 혼자 개를 돌보기에는 너무 어렸다. 글로리아와 그녀의 남편이 그때 그냥 안 된다고 말하고 두 아들이 더 클 때까지 기다린 후에 반려동물을 입양했더라면 이야기는 행복한 결말을 맺었을지도 모른다.

어느 가족이든 살아가면서 한 번쯤 아이들 중 적어도 하나가 개를 갖고 싶다고 조를 것이다. 이미 개가 있어도 아이는 자기만의 개를 갖겠다고 마음먹는다. 또는 다른 친구들은 다 개를 기르는데 자기만 개가 없다는 것을 알아차리기 시작했을 수도 있다. 아이가 개를 키우고 싶다고 조르기 시작하면 어떻게 할 것인가?

어떤 종류의 반려동물을 입양하든, 가족의 라이프스타일에 대해 고려할 측면이 많다(2장 참고). 다음은 스스로에게 물어야 하는 질문들이다.

- 내가 반려동물을 원하는가?
- 지금 당장 가족에 새 구성원을 추가할 시간이 있는가?
- 반려동물을 돌볼 형편이 되는가?
- 다른 사람이 돌볼 수 없는 상황이 되더라도 내가 직접 반려동물을 잘 돌볼 준비가 확실히 되었는가?

많은 아이가 책임감 있는 반려동물의 주 양육자가 되기엔 너무 어린 나이에 반려동물을 원할 것이다. 아이들은 성장 속도가 저마다 다르니, 자녀에게 합리적으로 기대할 수 있는 돌봄 수준의 정도는 우리가 결정해야 한다. 일반적으로 아이가 만 12세 이상이면 반려동물의 일상적인 보살핌을 책임지기에 충분하다. 그보다 더 어리다면 어른의 감독하에 먹이나 물을 주는 것 같은 특정 임무를 하게 한다. 이때 개를 산책하고, 교육하고, 수의사에게 데려가는 등 거의 모든 책임은 우리가 맡아야 할 것이다. 또 만 8세나 10세 이하의 아이와 반려동물 간에 일어나는 상호작용도 우리가 관리 감독해야 한다. 특히 다른 아이들이 놀러 왔을 때는 더욱 그러하다. 이때는 우리 아이들이 반려동물에 대한 책임을 질 수 없기 때문이다.

개를 키우면 책임감을 가르칠 수 있다는 기대로 반려동물을 들이길 원하기도 한다. 그러나 이는 우리가 아이의 능력에 대해 현실적인 기대를 하고, 반려동물의 안녕과 모두의 안전을 위해 상황을 늘 지켜볼 수 있을 때만 가능한 일이다. 게다가 우리가 아이가 못한 일을 할 준비가 돼 있어야 한다.

결국 아이의 나이와 무관하게, 반려동물, 아이 그리고 이들의 관계에 대한 최종적인 책임은 우리에게 있다. 그러므로 우리가 반려동물을 원치 않는다면 아이가 아무리 졸라도 안 된다고 말해야 한다.

많은 십대 아이가 개가 완벽한 친구라고 생각한다. 축구를 함께하거나 밖에서 같이 놀기 좋은 존재 말이다. 어떤 아이들은 개를 교육하고 재주를 가르치는 것을 즐거워한다. 어떤 아이들은 그저 개와 함께 있는 것만으로도 마음이 진정되고, 개를 자기 속마음을 털어놓을 수 있는 친구로 여긴다. 개는 비판하지 않는 최고의 친구이고 어린 시절을 놀랍도록 풍부하게 만들어준다. 따라서 아이가 개를 돌보는 책임을 질 준비가 되었다면 또는 우리가 아이를 대신해 개를 돌볼 책임을 질 수 있다면, 개를 키우는 것은 멋진 경험이 될 것이다.

아이와 개를 위한
정말 좋은 상호작용들

아이들은 나이에 맞게 저마다의 방식으로 개와 안전하게 상호작용할 수 있다. 다만 아이가 어릴수록 상호작용 과정에 어른의 감독이 더 필요하다. 만 8세 미만의 아이들은 부모의 감독하에 다음과 같은 방식으로 반려동물과 상호작용을 즐길 수 있다.

- 개의 음식이나 간식 준비를 돕는다.
- 부모가 밥그릇을 채우면 아이가 밥그릇을 내려놓고 물러선다. 부모가 여전히 근처에 있어야 한다.
- 부모가 준비한 먹이 퍼즐 장난감이나 다른 간식을 개에게 준다.
- 부모가 '앉아' 또는 '엎드려' 같은 행동을 개에게 지시하는 동안, 부모의 신호에 따라 개에게 먹이를 보상으로 준다.
- 개가 우리 지시에 따라 장난감을 돌려주는 법을 알고 있다면, 두 개의 장난감으로 던지면 물어오는 놀이를 할 수 있다.

집을 꾸미기 위해 개를 그리게 하면 아이들이 반려동물을 더 가깝게 느낄 수 있다. 반려동물 그림을 그려서 개의 크레이트나 잠자는 곳에 매달 수도 있다. 잠자리에 들기 직전에 개와 함께 동화 듣기를 좋아하는 아이도 있을 것이다.

초보 부모들이 하는 실수는 아기나 아이들이 잘 때만 개와 시간을 보내고, 다른 때에는 아기에게만 집중하는 것이다. 그러면 개는 곧 아기를 보호자의 무관심과 활동 부족과 연관 지을 수 있다. 그러니 가능하다면 가족의 즐거운 시간에 개도 함께하게 하고 아기가 잠들었을 때는 개와의 시간이 아닌 부부만의 시간을 갖는 것이 좋다. 이렇게 하면 아기의 존재는 개에게 곧 좋은 일이 일어날 것이라는 신호가 된다.

아이들이 성숙하고 운동 기능이 더 발달하면 개와 함께할 수 있는 게임이 많아진다.

- 아이가 장난감을 던지고 개들이 가져오는 놀이는 몇몇 개들에게 적합하다. 두세 개의 다른 장난감으로 놀이 방식을 아이에게 가르친다. 개가 한 장난감을 갖고 돌아오면 아이가 다른 장난감을 보여준다. 대부분의 개들은 다른 장난감을 가져올 생각에 물고 있던 장난감을 기꺼이 떨어뜨릴 것이다. 아이는 개의 입에서 장난감을 뺏지 않아도 된다. 이 놀이는 분명 던지면 물어오는 것을 좋아하고, 가져온 물건에 대해 자원 지킴 행동이나 공격성을 보이지 않는 개에게 적합하다.
- 숨바꼭질은 개와 모두에게 활기를 준다. 아이가 숨으면 보호자가 개에게 아이를 찾으라고 말한다. 아이를 찾으면 보상으로 장난감이나 간식을 주거나 더 놀아준다. 우리가 아이와 함께 장난감이나 간식을 숨긴 뒤 개에게 찾도록 하는 것도 좋다.
- 아이가 기초적인 정적 강화 방식을 사용하는 트레이닝 시간에 참여하거나 교육법을 직접 배우는 것도 개와 상호작용할 수 있는 훌륭한 방법이다. 개가 이미 알고 있는 행동을 지시하고, 개가 올바르게 반응하면 먹이 보상을 주는 일은, 대부분의 아이들이 정말로 즐겁게 할 수 있는 일관되고 예측 가능한 상호작용이다. 이런 상호작용은 아이와 함께 있을 때 개가 느끼는 편안함의 정도를 크게 증가시킨다.
- 아이가 개를 교육하는 일에 더 적극적으로 참여할 수 있을 만큼 나이가 들면, 개와 함께 어질리티, 플라이볼flyball 및 다른 종류의 도그 스포츠를 하는 방법을 배울 수 있다.

요점 정리

- 개 생애 첫 6개월 동안 그리고 그 이후에도, 개에게 어린아이들에 대한 사회화를 시킨다.
- 개가 느끼는 두려움과 불안감의 미세한 신호를 인지하고, 아이에 대해 이런 신호를 보낸다면 억지로 아이 주변에 있게 하지 않는다.
- 아이에게 낯선 개에게 절대 접근해서는 안 되며 개를 똑바로 쳐다보거나 안거나 뽀뽀하려고 해서는 안 된다고 가르친다. 또한 우리 개 이외의 모든 개와는 상호작용하기 전에 항상 책임감 있는 어른, 즉 보호자에게 먼저 물어봐야 한다고 가르친다.
- 아이에게 개가 두려움과 공격성을 띨 때 보이는 보디랭귀지를 가르치고 그런 시각적 신호를 보이면 개를 피하도록 주의를 준다(1장과 10장 참고).
- 개가 아이와 있는 것을 그다지 편안해하지 않는다면 그 마음을 헤아리고, 상호작용을 강요하지 않는다.
- 아이에게 개와 적절하게 상호작용하는 방법을 가르친다. 거친 상호작용은 허용해서는 안 된다.
- 만 8세 미만의 아이를 보호자 없이 개와 단둘이 남겨두면 절대 안 된다. 특히 서로 처음 보는 사이거나, 개가 과거에 아이들과 함께 있을 때 불편한 신호를 보인 경우라면 더 그렇다.
- 개에게는 아이들로 인한 혼돈을 피할 수 있는 안전한 장소를 마련해준다. 개가 먹거나, 자거나, 강아지 침대나 크레이트 또는 안전한 피난처에서 휴식을 취하고 있을 때는 개를 내버려두도록 아이에게 가르친다.
- 아이가 먹는 동안에는 개를 다른 공간에 가둬서, 개가 음식을 얻기 위해 아이를 핥거나 입질하는 것을 배우지 못하게 한다.
- 아이와 함께 있을 때 개에게 더 많은 관심과 간식을 주면, 개는 아이를 기분 좋은 것과 연관 짓게 된다.
- 아이들과 안전하게 상호작용할 수 없는 개도 있다는 것을 이해한다.
- 아이가 개의 마음을 이해하고 올바르게 상호작용할 나이가 될 때까지는, 언제든 개와 아이를 완전히 분리시킬 수 있어야 한다.

9장

모든 개는
일이 필요하다

개를 정신적으로
행복하고 건강하게 해주는 방법

메리 클링크Mary P. Klinck, DVM, DACVB

마크와 린다는 10개월 된 와이머라너Weimaraner, 핀 때문에 망연자실했다. 최근 들어 핀은 늘 뭔가 나쁜 일거리를 찾는 것 같았다. 주기적으로 쓰레기통을 뒤져 종이를 갈기갈기 찢었다. 마크와 린다가 테이블이나 조리대 위에 뭐라도 두고 나가면, 그것이 뭐가 됐든 전부 잘게 씹어버렸다. 소리 나는 인형은 몇 초 만에 배가 갈려 솜뭉치 신세가 되었고, 고무와 플라스틱 장난감도 조각났다. 창밖에 지나가는 사람이나 동물들을 볼 때마다 뛰어오르고 짖는 바람에 창문은 온통 침과 발톱 자국으로 뒤덮였다.

마크와 린다는 이해할 수가 없었다. 핀은 작은 강아지 시절에 착했고, 대소변 교육도 수월했으며, 복종 훈련 강아지 클래스에서도 스타였다. 핀은 새로운 일을 '정말 빨리' 배웠다! 마크와 린다는 핀과 하루에 한 번 동네를 산책했고, 하루 두세 번 대소변을 위해 핀을 마당에 내보내 주었다.

린다가 재택근무를 하는 덕에 개를 온종일 혼자 두지 않아도 됐기 때문에, 마크와 린다는 강아지를 입양하기 딱 좋다고 생각했다. 빛나는 은색 털과 푸른빛 또는 황금빛 눈을 가진 와이머라너는 정말 아름다웠다. 마크와 린다는 외모에 홀려 이 품종의 행동적 성향에 대해서는 생각하지 않았다. 이제 린다는 핀의 파괴 행동을 최소화하려는 노력과 자신의 '진짜' 일 사이에서 곡예를 하는 생활이 버겁기만 했다. 마크와 린다는 핀이 차분하고 예의 바르게 있을 때조차도, 속으로는 뭘 또 파괴할지 음모를 짜고 있다고 확신했다.

마크와 린다의 상황은 유별나지 않다. 개는 생후 6개월에서 2년(또는 그 이상) 사이가 바로 다루기 힘든 사춘기 시절이다. 이 시기가 된 개를 보호소에 버리는 보호자가 꽤 많다. 그들은 이렇게까지 개를 감당하기 힘들게 될 거라고 예상하지 못했다. 짖기, 뛰어오르기, 발로 툭툭 치기, 물기 같은 행동 문제를 어떻게 고쳐야 하는지도 모른다. 앙앙대는 목소리, 흐느적거리는 다리와 아기 이빨을 가진 7킬로그램짜리 털 뭉치가 아장아장 걷던 시절에는 이런 행동들도 사랑스러웠다. 하지만 27킬로그램이 넘는 근육질 몸과 강한 턱, 민첩성은 물론 파괴력까지 갖게 된 핀은 더 이상 귀엽지 않다.

마크와 린다는 핀을 산책시키고 마당에 내보내는 것으로 핀의 욕구를 충족시켜주고 있다고 생각했지만, 이 품종의 이 나이대 개에게는 충분하지 않았다. 마크와 린다가 마구잡이식 파괴라 여긴 행위는 핀으로서는 정상적인 놀이 활동이자 자기 환경에 대한 조사 활동이었다. 보호자들이 골치 아파한 짖음도 상호작용하고 싶은 동물과 사람을 봤을 때 흥분을 주체하지 못해서 나온 반응일 뿐이었다.

또 보호자들은 핀이 장난감을 파괴한다고 여겼지만, 사실 핀 입장에선 주어진 물건들로 할 수 있는 적절한 행동이었고, 가장 중요한 것은 '재밌는' 일이었다. 핀은 아무 음모도 계획하지 않았고 나쁜 개가 될 생각도 없었다. 핀은 원래 밖에 나가 온종일 사냥하도록 번식된 품종이다. 핀은 신체적으로 절정기에 이르렀고, 흥미로운 것들을 찾아내려는 열정과 강한 동기를 가졌다. 핀에겐 그저 뭔가 스스로 할 '일'이 필요했을 뿐이다.

오늘날 보호자들은 무척 바쁘다. 매일 온종일 개와 집에 있는 보호자는 흔치 않다. 있다고 하더라도 개에게 끊임없이 즐거움을 제공해 줄 시간은 없다. 인간은 개가 과하게 짖지 않기, 자기 것이 아닌 것을 훔치거나 파괴하지 않기 같은 집에서 지켜야 할 특정 규칙들을 배우길 원한다. 우리가 정해 놓은 대로 먹이, 물, 대소변 볼 기회 및 운동 일과를 따를 것을 개에게 요구하고, 나머지 시간에는 쉬면서 말썽을 피우지 않기를 바란다. 하지만 이는 현실적인 기대가 아니다.

개는 발달상의 단계, 품종(또는 믹스) 및 성격에 따라, 운동, 관심, 정신적 자극에 대한 욕구가 다르다. 보통 강아지나 청소년기의 개는 더 나이 든 개보다 '바쁘다.' 품종 내에서도 개체마다 다를 수 있지만, 사냥을 위해 번식된 와이머라너나 목양을 위해 번식된 보더콜리는 퍼그처럼 보호자와 함께 온종일 앉아 있도록 번식된 품종보다 훨씬 활동적이다. 물론 토이 품종들 중에도 활동적이고 많은 관심이 필요한 품종도 있고, 사냥개 품종 중에도 차분하고 온종일 느긋하게 있을 수 있는 품종도 있다. 그러나 어떤 개들은 하루 종일 보호자와 밖에서 일하도록 만들어졌고, '몇 시간'씩 끊임없이 생각하고 움직이는 데 필요한 신체적 능력과 에너지를 갖고 있다. 이런 관점에서 보면, 리드줄을 매고 잠깐 산책하고 마당에 몇 번 나갔다 오는 것으로 활력 넘치는 개를 만족시킬 리 만무하다. 집에서 말썽을 일으키는 것도 놀랄 일이 못 된다.

개는 정신적 자극과 신체적 운동이 모두 필요하다

개는 기본적인 신체적 욕구뿐만 아니라 행동적·정서적 욕구를 가진다. 이런 욕구는 우리가 바쁘거나 딴 데 정신이 팔렸다고 해서 사라지지 않는다. 개는 자극이 부족하면 지루해하거나 욕구 불만이 될 수 있다. 또한 할 일이 너무 많거나 잘못된 종류의 정신적 자극을 너무 많이 받아도 스트레스를 받거나 과민해질 수 있다. 어느 쪽이든 둘 다 행동 문제로 이어질 수 있다.

사람과 마찬가지로 개는 에너지 수준과 관심, 신체적 능력이 저마다 다르다. 이것들은 개에게 어떤 종류와 정도의 풍부화가 적합한지를 결정하는 요인이 된다. 개에게는 정신적 자극과 신체적 운동이 모두 필요하다. 하나로 다른 하나를 벌충할 수는 있겠지만, 대부분 둘 다 필요로 하므로 운동을 많이 한다고 해서 개의 욕구가 다 충족되는 건 아니다.

정신적 자극은 여러 방법으로 제공할 수 있다. 예를 들어, 사람이나 동물과의 사회적 상호작용은 정신적 에너지가 필요한 일이다. 같이 산책하기, 새로운 누군가와 만나기, 놀이 교육은 비교적 차분한 상호작용이 될 수 있다. 환경 탐색하기는 정신적 에너지뿐만 아니라 때로는 신체적 에너지도 필요하다. 주변 환경을 탐색하는 것은 개에게 중요하다. 개는 냄새 맡고, 씹거나 먹고, 긁거나 파고, 듣고 보며 주변 환경을 탐색한다.

보는 것이 제일 마지막에 거론된 데는 이유가 있다. 개는 '직접 발로 해보는' 생물이다. 즉 사전 탐색은 시각적으로도 할 수 있지만, 개는 흥미가 느껴지는 대상과 직접적으로 접촉하는 것을 더 좋아한다. 개는 청소꾼이자 사냥꾼으로 진화했다. 이런 관점으로 개를 보면, 개가 주변 환경을 확인하고자 하는 본능적 욕구가 있다는 것이 이해된다.

용어 정리

- **풍부화**enrichment: 개의 사고 활동과 신체 활동을 활발하게 자극하는 상호작용을 갖거나 물건을 제공하는 것을 뜻한다. 목표는 개가 이런 활동을 통해 스트레스를 해소하고 지루함을 달래도록 돕는 것이다.
- **사회 풍부화**social enrichment: 사람이나 다른 동물과 상호작용하고 사회적 관계를 발전시킬 수 있는 기회를 제공하는 것이다. 사회적 관계는 외로움을 달래고, 사고를 장려하며, 적절한 사회적 행동을 형성하고 유지하는 것을 돕는다.
- **환경 풍부화**environmental enrichment: 물건이나 환경상의 변화를 주어 탐색을 장려하고 동물이 활동을 선택할 수 있게 하는 것이다. 경우에 따라서는 동물이 원한다면 혼자 있을 수 있게 하는 것도 이에 포함된다.
- **자극**stimulation: 풍부화의 한 종류이다. 자극은 개가 할 수 있는 사고나 신체 활동을 위한 기회다.
- **운동**exercise: 자극의 신체 활동 부분이다. 개는 품종(또는 믹스), 크기, 나이, 건강, 기질 및 기타 특징에 따라 운동 능력이 다르다.
- **정신적 자극**mental stimulation: 자극의 사고 부분이다. 개가 문제를 해결하거나, 사회적 능력 또는 신체 조정력을 기르거나, 자신의 환경을 탐색하는 활동 등이 해당된다.
- **자극 부족**lack of stimulation: 사람이 느끼는 지루함과는 다를 수 있지만, 개도 할 일이 부족하면 영향을 받는다. 정신적 에너지와 신체적 에너지를 발산할 수 있는 배출구가 필요하다. 이런 상황에 처한 개는 집에서 할 일을 찾거나 관심을 받기 위해 끊임없이 우리를 괴롭히기 쉽다.
- **과잉 자극**overstimulation: 자극이 너무 많은 경우다. 사람은 처리해야 할 일이 너무 많으면 압도된다. 개도 마찬가지다. 집에 손님이 너무 많거나 트레이닝 클래스가 너무 흥분되거나 소리가 몹시 시끄러운 경우가 과잉 자극에 해당한다. 따라서 평범한 사건도 예민하게 반응하게 만들 수 있다.
- **상호 작용 놀이**interactive play: 사회적 상호작용과 관련된 놀이다. 이 용어는 보통 누군가(사람이나 개)와 노는 것과 혼자 노는 것을 구별하기 위해 사용된다.

개마다 필요한 자극 및
풍부화가 다르다

개마다 필요하거나 원하는 사회적·환경적 풍부화가 다르다. 충분한 자극의 정도 또한 개체마다 다르다. 어떤 개는 복잡한 정신적 일거리를 간절히 바라고 탁월하게 해내는 반면, 어떤 개는 너무 많이 생각할 필요 없이 그냥 많이 뛰어다니는 것을 선호한다. 풍부화에 대한 개의 반응을 보면, 어떤 조합이 개에게 가장 적합할지 알 수 있다. 동시에 나이를 먹으면서 개의 욕구가 바뀌는 것도 예상할 수 있다.

조디는 래브라도 리트리버와 함께 자랐지만, 더 작은 개를 갖고 싶어서 셸티[87] 강아지를 데려와 엠마라는 이름을 지어 주었다. 조디는 엠마를 다른 개들과 어울리게 하고 사회화를 시키기 위해 매일 개 공원에 데려갔다. 하지만 엠마는 점점 다른 개들과 노는 것에 관심을 보이지 않았다. 공원에 가면 조디에게 찰싹 붙어 있었고, 집에 돌아오면 조디의 고양이를 쫓고 짖어대서 침대 밑에 숨게 만들었다. 뿐만 아니라 조디가 통화 중이거나 컴퓨터로 일을 하고 있을 때면 옆에서 짖거나 앞발로 계속 조디를 건드렸다.

엠마의 관심을 다른 곳으로 돌리고 고양이에게 쉴 공간을 주기 위해 조디는 엠마를 거리가 내다보이는 발코니에 두기 시작했다. 밖을 보는 것이 텔레비전을 보는 것과 비슷할 것이라고 생각한 것이다. 그런데 몇 주 안 되어 엠마에게 이상 증세가 나타났다. 엠마는 발코니에서 오가는 사람들에게 짖고, 뱅글뱅글 돌고, 발코니 문이나 난간에 펄쩍펄쩍 뛰어오르며 난폭하게 반응했다. 이웃들을 더 이상 못 괴롭히도록 실내로 데리고 들어와도, 여전히 발코니 문 안쪽에서 몇 분 동안 짖고, 돌고, 뛰어올랐다.

어떻게 된 걸까? 개에게 적합하지 않은 풍부화와 자극이 제공되었기 때문이다. 조디는 좋은 뜻이었지만 엠마는 개 공원에 있는 개들에게 관심이 없거나 개들을 두려워했다. 이로 인해 조디는 사회화되는 기회를 놓쳤고, 공원을 이리저리 뛰어다니고 탐험하는 것도 할 수 없었다. 엠마는 스트레스를 받은 상태였고 여전히 에너지를 발산할 분출구가 필요했다. 그래서 조디의 관심을 과도하게 얻으려고 했고 격렬하게 고양이와 놀려고 해 고양이를 무섭게 했다.

조디는 풍부화의 일환으로 엠마에게 발코니를 제공했지만, 이런 상황에 놓인 많은 개가 그렇듯, 엠마는 "경계경보! 누군가가 다가오고 있어!"라며 영역 침범에 대한 경고로 짖거나 보이지만 닿지 않는 행인들과의 상호작용 기회 부족으로 생긴 욕구 불만의 표시로 짖기 시작했다.

우리는 조디와 엠마로부터 무엇을 배울 수 있을까? 우선, 모든 개가 개 공원을 즐기는 것은 아니란 걸 알 수 있다. 개 공원에서 시간을 보내는 대신, 엠마가 이곳저곳 냄새를 맡게 하거나 주위를 둘러볼 수 있도록 리드줄을 채우고 산책하거나, 트레이닝 세션을 진행하거나, 조디나 친한 개 한 마리와 노는 시간을 갖는 등 다른 신체적·정신적 자극을 제공했다면 좋았을 것이다. 또 감독하는 사람 없이 발코니에 개를 혼자 두어서는 안 된다. 엠마가 발코니에서 보인 행동 문제는 적절한 분출구 없이 과잉 자극을 받으며 점점 악화됐다. 집에 있을 때는 자극이 부족하지 않게 조심하고 스트레스나 불안감을 없애기 위해 개가 즐기는 활동을 해야 한다. 먹이 퍼즐 장난감을 가지고 노는 것이 고양이 쫓기보다 더 흥미로울 것이다.

콩Kong 장난감은 안에 먹이를 채워 넣을 수 있고 좋은 씹기 장난감도 된다. © Mary Klinck

집에서 말썽 피우지 않게 하는 방법

표 9.1에는 개가 혼자 있고 정신적·신체적 에너지를 소모해야 할 때 개를 바쁘게 할 수 있는 활동이 나열되어 있다. 지루함을 줄이고, 사고를 장려하며, 동물이 가벼운 스트레스에 잘 대처할 수 있도록 도와주기 위해 풍부화를 사용할 수 있다. 다양한 장난감과 다양한 형태의 쉬거나 숨을 공간은 동물의 환경을 풍부하게 해준다.

씹는 장난감은 표에 제시된 바와 같이 생가죽 개껌처럼 오랫동안 씹을 수 있는 간식이거나 안에 먹이가 채워져 노력을 해야만 먹을 수 있는 장난감이다. 퍼즐 장난감은 보상을 얻기 위해 개가 생각하고 다양한 전략을 시도하도록 만들어졌다. 꼭 장난감이나 도그 스포츠 수업에 돈을 많이 지출할 필요는 없다. 대체할 수 있는 저렴한 장난감과 활동도 매우 많다.

신체적 자극과 정신적 자극을 결합할 수도 있다. 예를 들어, 다른 개들과 공원에서 노는 것은 신체 능력과 사회적 능력을 연습하는 기회가 된다. 정신적 자극은 동물이 갇혀 있거나 신체적으로 활동적이지 못한 상황일 때 풍부화를 제공해 주는 방법 중 하나다. 신호에 맞춰 행동하도록 개를 가르치는 것이 정신적 자극의 좋은 예다. 보호자가 원하는 행동을 개가 이해해야 하기 때문이다.

표 9.1A와 9.1B에 나온 예시에만 국한하지 '않는다'. 동네 반려동물 용품점에 있는 다른 장난감이나 집에 있는 물건들을 살펴본다. 일대일로 몇 분씩 놀아 주거나 재주를 가르치는 것만으로도 개와 유대 관계를 돈독히 하고 개가 집에서 편안히 있도록 도와줄 수 있다.

새 재주나 게임이 떠오르면 시도해본다. 단, 새로운 장난감을 줄 때는 개가 먹으면 안 되는 것을 먹으려 들진 않는지 확인해야 한다.

표 9.1A 개를 바쁘게 하는 혼자 노는 활동들

활동	예시	고려할 것들
기본 장난감	공, 봉제 장난감, 삑삑 소리나는 장난감, 로프형 장난감	개가 가장 좋아하는 장난감을 주고, 다른 종류의 장난감을 테스트한다. 개가 전체 또는 일부를 먹지 않도록 감독한다. '속이 터진' 봉제 장난감은 내다버리기 전에 내용물을 몇 차례 다시 채우거나 삑삑이를 교체한다.
씹는 장난감과 먹이 장난감	먹을 수 없는 씹는 장난감(나일라본 Nylabone®), 오래 먹을 수 있는 간식(개껌이나 불리스틱 bully stick), 속을 채울 수 있는 먹이 장난감, 콩 Kong 장난감, 건사료나 간식이 나오는 장난감(오메가 포 트리키 트릿 볼 Omega Paw Tricky Treat Ball)	개가 장난감 조각을 뜯어 삼키거나, 간식의 경우 너무 큰 조각을 삼키지 않는지 감독한다. 속을 채우는 장난감에 캔 사료, 으깬 과일, 익힌 야채, 소량의 저지방 크림치즈, 저지방 저염 땅콩버터 등을 건식사료와 섞어서 넣어 준다. 먹이를 채운 뒤 얼리면 더 오래간다. 새 먹이를 소개할 때는 알레르기 같은 문제가 없는지 주의한다.
홈메이드 장난감	판지, 종이, 생수병 같이 잘 구부려지는 플라스틱 용기, 나뭇가지	개가 먹을 수 있거나 이빨을 다칠 수 있는 독성 물질 및 매우 단단한 물체는 피한다. 플라스틱, 나뭇가지, 판지의 일부를 섭취하지 않도록 감독한다. 개 장난감은 개 장난감 상자에 따로 보관하면 개가 자기 물건과 우리 물건을 명확히 구별할 수 있다.
놀이	먹이 또는 간식 찾기	개는 꼭 밥그릇에 사료를 먹을 필요는 없다. 건사료를 바닥에 뿌리거나, 간식을 마당, 크레이트, 개 침대, 개 전용 장난감 상자 등에 숨겨 개가 찾게 한다. 다만 사람이나 다른 반려동물로부터 먹이를 지키는 개에겐 적합하지 않은 활동이다.

표 9.1B 개를 바쁘게 하는 상호 작용 활동들

활동	예시	고려할 것들
트레이닝	도그 스포츠 연습하기(표 9.2와 9.3 참고), 재주, 기타 유용한 과제들 ('침대로 가' 또는 '장난감 치워' 등)	트레이닝에 경험과 지침이 유용하긴 하지만, 직접 진행하면서도 얼마든지 배울 수 있다. 교육 방법이 3장에서 논의했던 것과 일치하는지 확인하면서 혐오적인 방법은 피하도록 한다.
놀이	던지면 물어오기	난이도를 높이기 위해 변화를 고려한다. 예를 들어, 장소를 옮기거나 방해물을 통과하게 한다. 물건을 입에서 놓지 않으려는 개의 경우엔 두 개의 장난감 또는 공을 사용해 하나를 다른 하나와 교환하면 된다.

활동	예시	고려할 것들
놀이	터그 놀이tug	사람 손과 집 안 물건을 보호하기 위해 개에게 먼저 '내려 놔'를 가르친다. 지정된 터그 장난감만 사용하고, 양말 같은 것을 당기지 않게 한다. 놀이 시간에 대한 규칙(시작과 방법, 끝마침)을 만들어, 놀이 시간인지 아닌지 개가 쉽게 이해할 수 있게 해 준다. 만약 개가 너무 흥분해서 터그 장난감 대신 우리 몸의 일부를 잡는다면, 더 긴 장난감으로 바꿔 개 이빨과 손 사이가 멀어지게 해야 하는지, 좀 더 침착하게 놀아야 하는지, 개가 너무 흥분하기 전에 놀이를 더 일찍 끝내야 하는지, 개에게 또는 우리에게 정말 맞는 놀이인지를 고려해본다.
	숨바꼭질, 장난감 찾기	사람이나 장난감을 찾는 것을 게임이나 간식과 연관 지을 수 있다.
운동	산책, 하이킹 또는 조깅	군대식 행군이 아님을 기억한다. 개가 탐색하게, 즉 냄새를 맡게 내버려둔다. 개와 사람 모두가 즐길 수 있도록 적절한 통제 도구를 사용한다(5장 참고).
사교 활동	친한 개와 놀이 약속	모든 개가 사교적이지 않으며, 사교적인 개라고 해서 모두 잘 지내는 것도 아니다. 공원에서는 매번 낯선 개를 만나게 하지 말고, 친한 개와 놀이 약속을 잡는다.

'진짜' 개 직업과 이에 걸맞은 도그 스포츠

수많은 품종이 특정 목적을 위해 개발되었다. 표 9.2는 치안 유지와 관련된 일을 포함해 몇몇 개 직업과 그것에서 발전된 도그 스포츠를 해당 스포츠에 가장 걸맞은 품종과 함께 정리한 것이다. 도그 스포츠를 고를 때 다음의 사항을 꼭 고려한다.

- 사는 지역에 따라 각 활동을 할 수 있는지 여부가 달라지며, 때로는 특정 스포츠가 너무 값비싸거나 불편할 수 있다.

- 트레이너 또는 트레이닝 학교에서 사용하는 교육 방식이 적절한지 확인하고 평가한다(3장 참고).
- 달리기, 뛰어오르거나 넘기, 끌기를 포함한 매우 육체적인 능력을 요하는 스포츠는 개에게 부상을 입힐 수 있다. 개가 18~24개월 미만이라면, 뼈와 관절이 여전히 성장 중이므로 크게 충격을 주는 활동은 하지 않는 것이 좋다. 또한 나이 든 개는 관절염의 위험성이 높거나 다른 의학적 문제가 있을 수 있으니 해당 트레이닝을 시작하기 전에 수의사와 상의하는 것이 좋다.
- 개와 다른 동물들 간에 상호작용하는 모든 스포츠는 그 활동 및 수행 방법에 따라 상대 사냥감에게 약한 스트레스부터 부상 또는 죽음에 이르기까지 다양한 정도의 위험을 줄 수 있다. 물론 개도 다칠 수 있다.

표 9.2 전통적인 개 직업과 오늘날 개 직업[89]

직업 종류	개 종류	스포츠	설명
허딩herding	캐틀독Cattle dogs, 쉽독Sheepdogs	허딩 독, 스톡독stock dog, 쉽독 트라이얼	개가 핸들러의 신호에 따라 동물 무리, 떼 그리고 개체를 이동시키는 훈련을 받는다.
사냥	테리어Terriers, 닥스훈트Dachshunds	어스 독 트라이얼[90]	개가 쥐 같은 사냥감의 냄새를 쫓아 땅 속으로 들어가고 사냥감을 찾으면 알린다.
	시각 하운드 Sighthounds	토끼 쫓기hare coursing, 미끼 쫓기lure coursing	개가 일정 코스 내에서 또는 탁 트인 들판에서 살아 있는 사냥감 또는 인조 미끼를 뒤쫓는다.
	후각 하운드 Scenthounds	트레일링trailing, 트래킹tracking, 비글링Beagling[91]	한 마리 또는 그룹을 이룬 개가 인조 냄새 또는 사냥감의 흔적을 뒤쫓고, 미끼 또는 동물을 발견하면 핸들러에게 알린다.

직업 종류	개 종류	스포츠	설명
사냥	조렵견 리트리버Retrievers, 스패니얼Spaniels, 포인터Pointers, 세터Setters	헌팅, 헌트 테스트, 필드 트라이얼	개가 말을 탄 또는 걷는 사람과 함께 일하면서 새를 찾고, 위치를 알리고, 물어오는 등 새 사냥과 관련된 다양한 기술을 훈련받는다.
끌기	시베리안 허스키 같이 중형에서 대형에 속하는 모든 품종	머싱Mushing, 드래프팅drafting, 카트 끌기carting, 무거운 것 끌기weight pulling	개가 물건 또는 사람을 실은 썰매나 수레를 끈다. 레크리에이션용은 스키, 스키저링skijoring, 스쿠터, 도그 스쿠터링dog scootering, 자전거 또는 바이크져링bikejoring 등에 타고 있는 사람을 끄는 것 같이 무거운 것을 끄는 것, 그리고 뛰거나 조깅하는 캐니크로스canicross[92]가 있다.
수색 구조	모든 품종(주로 대형)	수색 및 구조search and rescue	개가 실종되었거나 잃어버린 사람을 찾는다. 수색 구조팀은 주로 폭넓은 훈련을 받은 자원 봉사자들로 구성된다. 즉, 잘 훈련된 반려견을 데리고 있는 일반인 보호자들로 구성된다.
치안 유지, 경비	저먼 셰퍼드 같은 모든 대형 품종	경찰견police dog, 쇼츠훈트Schutzhund[93], 프렌치 링 스포츠French Ring sport	개는 복종, 목표물 공격, 핸들러 또는 물체 방어, 추적, 냄새 탐지 또는 식별, 민첩성 등 여러 가지 임무를 수행하기 위해 훈련된다.
냄새 탐지	모든 품종	마약 또는 폭발물 탐지, 노즈워크 및 후각 활동	개가 불법 또는 위험 물질 같은 특정 냄새를 찾아서 알린다. 레크리에이션용으로는 특정 물건 찾기 또는 물건에서 나는 사람 냄새 찾기 또는 '첨가된' 냄새 찾기(클로브유clove oil) 등이 포함된다.

그 외 도그 스포츠

개와 같이할 수 있겠다고 생각되는 거의 모든 활동이 아마도 이미 도그 스포츠로 지정되었거나 될 수 있다. 도그 서핑도 있으니 말이다. 표 9.3의 목록이 전부가 아니다. 나 자신과 개의 신체적 능력, 관심, 상상력만 있다면 도그 스포츠는 얼마든지 무궁무진하다. 다음은 일반적인 고려사항이다.

- 보호자가 거동이 불편하다면 이런 활동에 다 참여할 수는 없겠지만, 어질리티나 프리스타일canine freestyle⁹⁶처럼 거동이 불편하거나 휠체어를 탄 사람들도 할 수 있는 활동들을 보면 놀랄지도 모른다(표 9.3 참고). 할 수 없다고 생각하지 말고 강사나 그 스포츠에 참여 중인 사람에게 조언을 구한다.
- 수업 시간은 다양하며 유연하다. 그룹 수업 일정은 일반적으로 몇 주간 일주일에 한 번 한 시간씩 진행되고 소규모 워크숍도 제공될 수 있다. 대부분의 스포츠는 집에서 일주일에 몇 분씩 수차례 연습하는 것이 도움이 된다. 트래킹tracking 같은 일부 스포츠는 트레이닝 세션에 앞서 준비가 필요하다.
- 어질리티와 플라이볼 같은 일부 스포츠는 특수 장비가 필요하기 때문에(표 9.3 참고) 집에서 연습하기는 어렵다. 어떤 모임은 수업 시간 외에 회원들에게 시설에서 연습할 시간을 준다.

표 9.3 도그 스포츠[95]

스포츠	설명	고려할 것들
컨포메이션conformation	품종 표준서의 기준과 비교한 외모, 리드줄을 한 상태로 걷고 뛰는 것 그리고 신체 검사로 평가된다.	개는 켄넬 클럽에 정식으로 등록된, 중성화되지 않은 순종이어야 한다.
복종obedience	개는 '앉아,' '엎드려,' '기다려,' '이리 와,' '힐heel' 같이 간단한 것부터 보호자로부터 멀리 떨어져서 하는 임무, 장애물 뛰어넘기, 특정 물건 가져오기 같은 복잡한 것까지 다양한 복종 임무를 수행하도록 배운다.	다양한 그룹 수업을 접할 수 있는데, 복종 교실에서 사용하는 트레이닝 방법들은 다양하므로 원하는 교육 방식에 대해 미리 확인한다(3장 참고).

스포츠	설명	고려할 것들
랠리 복종 rally obedience	일반 복종 형태의 변형으로, 개가 힐 상태를 유지하며 걷는 동안 복종 활동을 수행한다. 보통 '힐', '앉아', '엎드려' 같은 기본적인 복종 훈련이 되어 있어야 가능하다.	걷거나 천천히 뛰는 속도로 움직여야 하므로 어느 정도는 이동성이 있어야 한다. 대부분 지역에서 단체 수업이 가능하다.
캐이나인 프리스타일 canine freestyle	개와 보호자가 복종, 재주 같이 안무 동작을 배워 음악에 맞춰 함께 '춤을 춘다'. 시작하기 전에 개는 기본적인 복종 훈련이 되어 있어야 한다.	어느 정도 몸을 움직일 수 있어야 하고 음악에 맞춰 움직임을 조정할 수 있는 능력이 필요하다.
어질리티 agility	개는 자신이 뛰어넘거나, 올라가거나, 이리저리 빠져나가거나 통과해야 하는 다양한 장애물을 통과하는 것을 배운다. 개가 올바른 순서대로 장애물을 통과하도록 안내할 수 있기 위해 보호자와 개는 서로 의사소통하는 것을 배운다. 개는 미리 기본 복종 훈련을 마쳐야 한다.	어느 정도 움직일 수 있어야 한다(걷거나 천천히 뛰는 속도의 움직임). 특정 기본 훈련은 집에서 연습할 수 있지만, 특정 장비와 충분한 공간이 필요하기 때문에 보통 연습은 훈련 시설에서 한다. 대부분의 지역에서 단체 수업이 가능하다.
플라이볼 flyball	릴레이 경주로, 한 팀을 이룬 개들이 한 번에 한 마리씩 레인을 따라 일련의 장애물을 뛰어넘으며 달려가, 플라이볼 상자로 점프해 테니스공이 튀어나오게 한다. 튀어나온 테니스공을 물고 다시 레인을 돌아오면 다음 주자가 출발한다. 팀에 있는 모든 개가 과정을 가장 빨리 마치는 팀이 이긴다. 기본 복종 훈련을 아는 것이 도움된다.	이 스포츠는 흥분도가 높고 과밀 공간에서 이뤄지기 때문에 많이 짖고 경우에 따라 개들이 서로 쫓거나 달려가기도 하므로, 소심한 개에게는 추천하지 않는다. 이동성이 필요하다. 특수 장비가 필요하기 때문에 연습은 일반적으로 훈련 시설에서 이루어진다.
플라잉 디스크 flying disc	개는 핸들러가 던진 프리스비 같은 플라잉 디스크를 쫓아가서 잡는다. 목표는 최대한 멀리서 던진 것을 받거나 현란한 재주를 부리면서 주고받는 것이 될 수 있다.	이 스포츠는 충분한 공간만 있으면 어디서든 연습할 수 있다. 핸들러가 해야 될 것은 원반을 던지는 것이 전부다. 조직적인 리그도 있다.
독 점핑 Dock jumping, 플랫폼 다이빙 dock diving	개는 던져진 장난감을 쫓아 독 dock 끝에서 물속으로 점프한다. 주로 물에 닿기 전 점프한 거리 또는 높이로 평가한다.	연습하기 위한 독을 찾기 어려워 훈련이 제한적일 수 있다. 개가 물을 좋아해야 한다. 전국의 반려동물 박람회와 기타 행사에서

9장 | 모든 개는 일이 필요하다

247

스포츠	설명	고려할 것들
		순회 전시를 하는데 여기서 초보자들이 참여해보도록 초청하곤 한다.
트레이볼Treibball	개는 커다란 피트니스 공을 한 번에 하나씩 목표 지점까지 밀고 간다. 리드줄 없이 하기 때문에 공을 잘 '몰고 가기' 위해 개와 보호자가 의사소통하는 법을 배우는 것이 필요하다. 개는 일부 기본적인 복종 훈련을 미리 알아야 한다.	이 스포츠는 충분한 공간이 있으면 어디서든 연습할 수 있다. 장비가 약간 필요하다.
트래킹tracking	개는 사람의 발자국이 남긴 냄새 자국을 따라가다가 그 사람이 남긴 냄새 자국 위의 물건을 알리도록 배운다. 핸들러는 보통 냄새 자국을 보지 못하기 때문에, 개가 제대로 추적하고 있는지를 알기 위해 개의 보디랭귀지를 읽는 것을 배워야 한다.	트래킹tracking은 일반적으로 야외에서 진행되기에, 개와 핸들러가 이동해야 해, 비, 바람 같은 기상 조건을 견딜 수 있어야 한다. 발자국 길을 하나 또는 여러 개 만들기 위한 준비 시간이 필요하다. 이것은 보통 혼자서 하는 활동이므로 바쁘거나 일정이 자주 바뀌는 보호자에게 적합하다.

우리 개를 행복하게 해주는 법,
시작하기

개를 행복하게 해주기 위한 딱 맞은 방법을 찾기란 어렵지 않다. 다만 약간의 시행착오가 있을 수 있으므로 인내심이 필요하다.

개의 관심사를 허용 가능한 활동으로 바꾸는 법

개는 저마다 다른 방식의 풍부화가 필요하며, 개마다 효과적인 풍부화도 다르다. 개가 좋아하는 것과 싫어하는 것 그리고 개의 에너지 수준을 생각해보자. 개가 무엇을 좋아하는지 아는가? 다음은 개의 관심사를 우리가 받아들일 수 있는 활동으로 바꾸는 몇 가지 방법이다.

어질리티에서 핸들러는 올바른 순서대로 개를 장애물로 가도록 지시한다. 개 가까이에서 또는 약간 떨어져서 함께 뛰면서 할 수 있다.　　　　　　　　　　© Jacey D. Courneen

개가 씹는 것을 좋아하거나 물건을 훔치고 찢는가?

그렇다면 이 개는 먹이 장난감, 퍼즐 장난감, 판지와 같은 안전한 재활용품을 즐길 수 있다. 먹이 장난감은 그 자체가 보상이 된다는 점에서 편리하다. 개는 대체로 먹는 것을 다른 물건들보다 선호한다.

개가 땅파기를 좋아하는가?

마당에 넓은 모래 또는 흙 놀이 박스를 놓고 그 속에 장난감 또는 간식을 숨긴다. 이때 주의사항이 있다. 개가 모래를 먹으려고 한다면 모래 놀이 상자를 사용해서는 안 된다. 흙은 뭉쳐질 만큼의 많은 양이 아닌 한 조금은 먹어도 괜찮다.

개가 밖에서 이리저리 냄새 맡고 다니는 걸 좋아하는가? 나무 같은 무

언가에 마킹하는 것을 즐기는 것 같은가?

리드줄을 한 뒤, 천천히 냄새 맡는 산책이 되도록 개가 가고 싶은 길로 가게 둔다. 시간을 들여 환경을 탐색하고 다음에 확인하고 싶은 냄새를 고르게 한다. 이는 개가 긴장을 풀고 사고 활동을 할 수 있는 기회다. 복종적인 힐 자세는 필요하지 않다. 우리가 원하는 것은 개가 그저 우리와 함께 잘 걷고 줄을 당기지 않는 것이다.

개가 물건을 찾아오거나 쫓는 것을 좋아하는가?

던지면 물어오기 놀이를 하거나, 플라잉 디스크, 플라이볼, 트레이볼 같은 도그 스포츠를 고려한다. 물어오기 놀이는 항상 공으로 할 필요는 없다. 여러 종류의 던지는 물체를 시도해볼 수 있다. 예를 들어, 로프가 달린 콩Kong 장난감처럼 흥미롭게 튕기는 뭔가로 할 수 있다.

개가 물을 좋아하는가?

많은 개가 얕은 물에서 뛰어다니고 수영하는 것을 즐긴다. 물에 물건을 던져 물어오기 놀이를 하거나 독 점핑을 생각해 보거나, 그냥 개와 함께 수영하거나 물가에서 물어오기 놀이를 하자. 이는 육체적으로 그리고 때로는 정신적으로도 개를 피곤하게 만들어 준다.

개가 다른 개들과 함께 노는 것을 매우 좋아하는가?

개와 함께 주기적으로 놀 개 친구들과 펜스가 있는 적절한 장소를 찾아본다. 사람도 그렇듯, 개도 새 친구를 많이 만나는 것보다는 친한 친구들과 시간을 보내는 것을 더 즐긴다. 마당발처럼 모두와 어울리는 개도 있지만 대부분은 자기가 아는 개들과 시간을 보내는 것을 선호한다. 낯선 개가 우호적이지 않을 수 있다는 것 그리고 심지어 우리 개를 두렵게 만들 수도 있다는 것을 기억한다.

서로 알고 지낸 지 몇 년이 된 개 두 마리가 해변에서 쫓기 놀이를 하며 정말 즐거운 시간을 보내고 있다.
© Mary Klinck

개가 새로운 사람을 만나는 것을 매우 즐기는가?

개에게 사람 친구들과 함께할 수 있는 활동들을 더 찾아본다. 자랑삼아 개에게 재주를 가르칠 수도 있다. 노인, 환자 또는 장애인을 돕기 위한 치료견 자격증을 딸 수도 있다.

개가 나와 함께 뭔가를 하는 것을 너무 좋아하는가? 개가 트레이닝을 좋아하는가? 개가 무한한 에너지를 갖고 있는가?

그렇다면 도그 스포츠를 고려해보자. 정규 수업은 상대적으로 짧은 시간 동안 우리의 관심을 온전히 개에게 100퍼센트 쏟을 기회를 주고, 개에게는 정신적으로 그리고 활동에 따라 아마도 육체적으로도 자극을 주어 지치게 한다. 간식과 놀이 같은 보상 기반의 교육 방식을 사용하는 도그 스포츠 트레이닝은 개가 생각하는 것을 격려하고 우리와의 유대감을 더 끈끈하게 만든다. 개는 행복하고 지친 상태로 집에 돌아오기 쉽다. 특정 도그 스포츠에 관심이 있다면, 수업이나 대회를 직접 보면서 정말 흥미로운지 그리고 개도 그것을 즐길 것인지 판단하자.

개의 반응을 평가한다

개에게 완벽한 활동을 찾았다고 생각했는데, 막상 해보니 개가 관심이 없거나 자극만 과하게 받을 수도 있다. 해당 활동이 개에게 정말 좋은지 어떻게 판단할 수 있을까?

개가 활동 중에 분명한 즐거움을 보이고 열광적으로 임한다면 그 활동을 좋아한다고 생각할 수 있다. 정말 편안하게 즐기고 있는지 보디랭귀지를 확인한다. 그 활동이 개에게 부상을 입힐 위험이 없는지도 확인한다. 개가 활동 후에 더 편안하고 만족스러워 보이는가? 이를 어떻게 알 수 있을까? 활동이 끝나면 개는 낮잠 잘 준비가 되었을 수 있다. 개의 전반적인 행동이 더 편안하고 행복해 보이며, 개가 우리와 상호작용하는 것을 기뻐하지만 우리의 관심을 요구하는 것은 줄어들었고 이전처럼 개가 할 일, 어쩌면 말썽거리를 찾아다니는 것 같아 보이지 않는다면 확실하다!

반면 해당 활동이 개에게 맞지 '않다'는 것을 알려주는 신호는 무엇일까? 개가 관심이 없는 것이다. 우리가 최선을 다해도 개는 그 활동을 피하거나 빨리 포기한다. 개의 관심을 끌기 위해 요리조리 조정해 볼 수도 있다. 더 쉬운 먹이 장난감을 주고 그 안에 더 맛있는 간식을 넣거나, 다른 스포츠 또는 다른 훈련 시설을 시도해 본다. 하지만 효과가 없을 수 있다. 무관심을 나타내는 또 다른 신호는, 개가 물건을 망가뜨리거나 자신이 다칠 위험이 있는 방식으로 그 활동을 하는 것이다. 예를 들어 어떤 개는 집에서 공을 갖고 놀 수 있지만, 어떤 개는 그러다가 가구를 망가뜨린다. 어떤 개는 고무 장난감을 망가뜨리지 않고 잘 씹고 잘 갖고 놀지만, 어떤 개는 고무 장난감을 물어뜯다 큰 조각을 삼키기도 한다(이는 간혹 장폐색으로 이어진다). 개가 스트레스를 받거나 무서워한다면 그 활동은 개에게 맞지 않다. 확인하는 방법은 개의 보디랭귀지를 읽는 것이다. 꼬리가 내려가고 귀가 뒤로 젖혀졌는가? 헐떡거리고 불안하게 주변을 둘러보는가? 개가 심하게 흥분하거나, 회피 행동을 보이거나, 다른 개나 새로운 사람들 또는 우리에게 공격성을 나타낸다면, 그 활동은 개에게 맞지 않는 것이다.

마지막으로, 개는 그 활동에 관심을 가져야 하지만 평소보다 예민해지거나 진정하지 못하면 안 된다. 개는 자기 삶에 나타난 새롭고 즐거운 것으로 기운이 북돋워질 수 있다. 하지만 풍부화에 소개된 이후 오히려 안정적이지 않다면 그 활동으로 과잉 자극을 받았거나 스트레스를 받았을 수 있다.

제공된 풍부화를 수정하고 필요하다면 재평가한다

시도했던 활동이 개에게 맞지 않는 것 같다면, 활동을 조정하거나 다른 활동으로 바꿔본다. 예를 들어, 개가 도그 스포츠 수업에 가는 것을 싫어했다면, 집 안에서 먹이 장난감과 퍼즐 장난감을 준다. 삶의 많은 것이 그렇듯, 보상이 가장 큰 짝을 찾는 일에는 시행착오가 따르기 마련이다.

새로운 것을 시도한다

선택한 활동이 개에게 좋은 활동인 것 같다면, 추후 개의 관심사가 바뀔 경우를 대비해 계속 그 활동을 재평가하고 새로운 활동을 시도해 나간다. 많은 개가 약간씩의 변화를 즐긴다. 예를 들어, 먹이 장난감이나 퍼즐 장난감의 종류를 돌려가면서 주거나, 산책이나 놀이 약속 장소를 달리해 본다.

일이 바쁠 때 풍부화 제공하기

매일 출근해야 한다면, 개의 행동적 욕구를 어떻게 관리해야 할까?

할 것

- 우리가 없는 동안 개를 바쁘게 해줄 특별한 장난감이나 먹이 장난감을 준다.
- 출근 전에 충분히 운동을 시켜서 개가 꽤 느긋하게 있되 완전히 진이 빠지지는 않게끔 한다.
- 우리가 돌아올 때까지 개의 생리적 욕구가 반드시 충족되도록 한다. 방광과 장을 비우고, 물을 제공하고, 충분한 음식을 주고 간다.
- 오랜 시간 집을 비울 예정이라면, 자동 급식기를 사용하거나, 개를 산책시키고 어쩌면 하루 중 일부를 개와 놀아줄 도그 워커dog walker를 고용하는 것을 고려한다.
- 개가 즐거워하고 이용도 편리하며 형편이 된다면 한 번씩 강아지 유치원을 이용하는 것을 고려한다.
- 오로지 개에게만 관심을 쏟는 시간을 매일 조금씩 갖는다. 몇 분이 될 수도 있고 몇 시간이 될 수도 있다. 둘 다 기분이 좋아질 것이다.

하지 말 것

- 개가 장난감을 망가뜨렸다는 이유로 다시는 장난감을 안 줘야겠다고 생각해선 안 된다. 개가 장난감 조각을 삼키려 하는 등의 건강상 문제가 우려되는 게 아니라면 말이다. 장난감을 망가뜨린 것은 그것이 도움이 되었고 즐거웠다는 의미다!
- 정신적 자극의 부족함을 보충하거나 개가 혼자 있을 때의 괴로움을 줄이기 위해 개를 과도하게 운동시키지 않는다. 잘못하면 뼈와 관절 손상으로 이어질 수 있다. 정신적 자극의 부족함이 채워지지도 않는다.
- 우리가 온종일 밖에 있는 동안 개에게 물과 음식을 전혀 주지 않는 것은 안 된다. 배가 고파 안 좋은 행동을 할 수도 있고, 건강에 악영향을 미칠 수도 있다.
- 시간이 없다는 이유로 개와 트레이닝하거나 노는 것을 거르면 안 된다. 아예 안 하는 것보다 조금이라도 하는 것이 낫다!
- 개를 집에 혼자 오래 두는 것에 죄책감을 느끼지 않는다. 개와 함께하는 시간을 잘 활용하자. 집조차 없는 개도 많다.

중요 포인트

자극이 부족한 것 같을 때까지 기다리지 말고 풍부화를 제공한다. 바람직하지 못한 습관들은 빠르게 형성되고 바꾸기 힘들 수 있다. 처음부터 개의 행동적 욕구를 해소해주기 위해 허용할 수 있는 배출구 형태로 좋은 습관을 들이게 하면 개와 우리 모두 더 행복해질 수 있다.

때때로 우리는 바빠지거나 스케줄이 바뀐다. 그런 탓에 개의 풍부화를 위한 계획을 세우는 것을 잊곤 한다. 삶의 변화로 우리가 제공할 수 있는 풍부화의 종류도 바뀔 수 있다. 우리 스케줄과 환경의 제약 안에서 무엇을 할 수 있는지 생각해보자.

개가 때때로 다치거나 질병에 걸려서 운동이나 다른 형태의 풍부화를 제공해주지 못할 수 있다. 따라서 특정 활동을 새롭고 허용할 수 있는 활동으로 대체할 방법을 항상 염두에 두어야 한다. 예를 들어, 개가 신체적 제약이 생긴다면 씹는 장난감을 더 많이 주거나 대부분의 식사를 먹이 장난감으로 줄 수 있다.

> **요점 정리**

- 모든 개는 특정 형태의 풍부화가 필요하다. 내게 시간을 요구하지도 않고 내 스케줄에 영향도 주지 않는, 그냥 눈으로 보고 가끔 쓰다듬는 부드러운 생명체를 원하는 것이라면 개는 적합하지 않다.
- 개는 행동적, 사회적, 감정적, 신체적 욕구를 갖는 개체다.
- 활동이 부족하거나 잘못된 종류의 활동을 하면, 바람직하지 못한 행동들이 초래될 수 있다.
- 풍부화는 개의 웰빙에 기여하고, 행동 문제를 줄이며, 개와의 관계를 향상시킨다.
- 올바른 환경 풍부화는 개의 발달 과정, 기질, 신체 능력 그리고 우리의 취향에 따라 달라질 수 있다.

우리가 하루 종일 집에 있든, 하루에 열 시간씩 일하러 가든, 개에게 반드시 풍부화를 제공해야 한다. 어떤 풍부화를 선택할지는 개의 욕구 그리고 나와 가족에게 가장 적합한 것이 무엇인지에 달려 있다.

10장

공격성

개는 일부러
못되게 구는 걸까?

일라나 라이즈너 Ilana Reisner, DVM, PhD, DACVB
스테파니 슈왈츠 Stefanie Schwartz, MS, DVM, DACVB

잭 러셀 테리어, 메이벨린은 강아지였을 때 보호자의 무릎 위에 두 앞발을 올려놓는 모습이 무척 귀여웠다. 그런데 두 살이 되자 보호자 무릎 위로 뛰어올라 어깨에 앞발을 얹고 얼굴에 대고 으르렁거리는 버릇이 생겼다. 보호자는 어떻게 반응해야 할까? 메이벨린은 대체 왜 애정 어린 상호작용을 하는 동안 보호자를 위협할까?

어린 자이언트 슈나우저 Giant Schnauzer, 셜록은 보호자와 함께 시내를 산책하고 있었다. 셜록의 목걸이에는 긴 자동 리드줄이 연결되어 있었다. 보호자가 이것이 개를 더 자유롭게 해준다고 생각했기 때문이다. 셜록의 보호자는 개를 구속하고 싶지 않았고 복종 훈련은 셜록의 타고난 성향을 억누른다고 믿었다. 하지만 셜록이 이웃집 바셋 하운드 Bassett Hound와 싸우려고 자신을 끌고 가는 일이 발생하자 보호자는 자신의 통제력 부족에 대해 생각하기 시작했다. 셜록은 사실 이 바셋 하운드를 알고 있었다. 셜록이 일주일에 몇 번씩 오프리시 개 공원에서 놀던 친구였다. 그런데 왜 리드줄을 매고 산책하다가 만나자 태도가 급변한 걸까? 그리고 보호자는 이 큰 개를 어떻게 통제할 수 있을까?

굉장히 매력적인 흑백의 잉글리시 포인터English Pointer 믹스, 플래시는 몇 개월 전 보호소에서 입양되어 새 집과 가족에 아주 잘 적응했다. 처음에도 집에 손님이 있으면 약간 긴장하는 것 같긴 했는데, 최근 들어 자신과 친해지려 하는 모든 낯선 사람에게 으르렁대기 시작했고 얼마 전에는 이웃이 거실에서 플래시를 지나쳐 걸어가자 그녀의 바짓가랑이에 달려들기까지 했다. 그렇지만 플래시는 가족과는 너무 잘 지냈다. 왜 플래시는 보호자의 친구들을 이런 식으로 대하는 걸까?

사람 얼굴을 향해 으르렁거리거나 산책 도중 다른 개에게 달려드는 것은 물림 사고가 발생할 수 있는 잠재적으로 심각한 공격적 행동이다. 개의 공격성과 공격성이 일어났을 때의 적절한 대응법에 대한 이해가 충분하지 않다면, 보호자들은 몹시 혼란스럽다. 이 행동은 처음에는 해롭지 않아 보일 수 있지만, 다른 상황에서도 반복될 가능성이 높고 결국 더 심각해진다.

으르렁거리기, 이빨 드러내기, 물기는 모든 개가 할 수 있는 정상적인 행동 중 일부다. 그렇다고 대부분의 상황에서 그 공격성이 타당하게 받아들여지진 않는다. 산책 중 자신을 쓰다듬으려고 손을 뻗는 낯선 사람이든, 총총걸음으로 자기 옆을 지나가는 낯선 개든, 한집에 사는 개나 사람이든 간에 무는 것은 절대로 허용해서는 안 되는 행동이다.

개는 곧 우리 삶, 우리 가족이지만, 개와의 상호작용은 때때로 위험할 수 있다. 미국 질병통제예방센터Centers for Disease Control에 따르면, 매년 450만 명의 미국인이 개에게 물린다. 개 물림 사고의 대부분은 치료가 필요하지 않으며, 소형견 또는 가정견에 의해 일어난 사고는 공공 보건당국에 보고되지 않는다. 그럼에도 매년 수십만 명이 개 물림 사고로 응급 치료 및 재건 수술을 포함한 치료를 받는다.

왜 개는 공격적으로 행동할까?

간단히 말해, 공격이란 목표 대상에게 부상을 입히는 또는 적어도 부상을 입힐 의도가 있는 행동으로 정의할 수 있다. 공격에는 '비용'이 따른다. 공격하는 자신도 상대에게 물릴 수 있다는 말이다. 으르렁거리고, 이빨을 드러내고, 빤히 쳐다보고, 이빨을 딱딱 부딪치고, 무는 행동의 기능은 공격자와 목표 대상 간의 거리를 늘리는 것이다. 공격적인 행동은 다양한 상황에서 나타나는데, 대부분 두려움이나 가치 있는 것을 지키려는 욕구가 원인이 된다.

공격적인 행동은 모든 개가 보일 수 있는 정상 범주 내의 행동이다. 하지만 반려견의 공격성을 관리해야 할 때 그것이 일반적인 행동이라고 아는 것과 공격성의 진화론적 목적을 이해하는 것으로는 충분하지 않다. 중요한 것은 그 개만의 동기, 두려움, 반응성reactivity을 이해하는 것이다. 개도 저마다 들려주고 싶은 이야기가 있다.

공격성에 관한 Q&A

내 개가 나보다 우위에 있기 때문에 공격적인가?

그럴 가능성은 정말 없다. 개가 보호자나 다른 친숙한 사람을 무는 이유가 '알파 지위alpha status'를 차지하기 위해서라는 인식은 많이 바뀌고 있다. 이제는 개가 사회적 서열과는 무관하게 방어적인 이유로 문다는 사실을 안다. 이 말이 인터넷이나 다른 매체에서 흔히 접하는 정보에 대치되는 것 같지만 이것이야말로 개 행동 과학에 근거한 진실이다. 인도에서 자유롭게 배회하는 떠돌이개 무리의 행동을 연구한 결과, 번식을 하고 새끼를 키울 때 외에는 강한 계급 구성은 물론 구성원 간 지속적인 공격적 상호작용도 보이지 않았다.

무는 것이 우위성의 표현이 아니라고 보는 근거는 무엇일까? 우선, 보호자를 무는 개는 대부분 두렵고 불안정한 보디랭귀지를 보인다. 둘째, 개가 무는 것에 대한 구시대적 '우위 이론'의 상당 부분은 사육 환경 속 늑대의 행동에서 비롯되었는데, 이들의 행동은 길들여진 개와 유사하지 않다. 사람들은 이 잘못된 속설을 믿고 개에게 자신의 우위성을 확고히 하려다가 두려움을 느끼는 개에게 물리는 위험을 자초한다.

싹을 자르기 위해 공격성을 벌해야 할까?

흔히 사람들은 개가 입질을 하거나 물 때 어떻게 해야 하는지에 대해 상반되는 조언을 듣고 혼란스러워한다. 흔한 조언 중 하나는 벌을 주라는 것이다. 어떤 이들은 권위에 도전하는 것으로 여겨지는 개에게 보호자가 우위에 있다는 것을 확실히 보여 줘야 한다고 말한다. 우위에 대한 이 잘못된 속설은 두 가지 근거에서 비롯됐는데, 지금은 둘 다 틀렸다고 밝혀졌다. 첫째는 무리를 지어 사는 늑대들이 서로 싸우면서 우위 계급을 유지한다는 것이었다. 이 가정은 1940년대 사육 환경에 속한 혈연관계 없는 늑대 집단을 관찰한 연구에서 비롯되었다. 그 연구에서는 집단 구성원 간 싸움이 많이 일어났다. 50년 후, 다른 연구팀이 야생 늑대 무리를 연구하면서 무리 행동의 우위성 이론은 완전히 뒤집혔다. 야생 늑대 무리는 부모와 갓 태어난 자식 및 청소년기 자식 모두를 포함한 그들의 자손으로 구성된다. 늑대 사회 집단 내에서는 싸움은 일어나지 않고 오히려 생존율을 높이기 위해 모두 협력한다. 알파 지위나 공격성에 대한 증거는 없었다!

둘째는 개가 늑대의 후손이므로 사회적 관계에서도 늑대처럼 행동할 것이라는 것이었다. 이 그릇된 가정으로 인한 피해는 막대했다. 늑대가 엄격한 서열 체계 내에서 행동하지 않는다는 것을 알게 되었음에도 이미 개를 '길들이기' 위해 대립적이 되어야 한다는 가정을 기반으로 대부분의 훈련이 이뤄졌다. 지금은 사실이 아니라는 것을 알지만 말이다.

벌은 전혀 좋은 행동 방침이 아니다. 벌이나 개를 붙잡아 배가 위를 향하도록 돌리는 알파 롤alpha roll 같은 우위 행동은 물릴 위험을 줄이기보다는 오히려 '다시 물릴 가능성을 더 높인다.' 사실 공격성을 보인 개에게 벌을 주면 '안 되는' 이유가 몇 가지 있다. 다시 말하지만, 으르렁거리거나, 입질을 하거나, 사람을 문 건 개가 두려움과 자기방어 의지를 표현한 것이다. 가혹한 취급을 받으면 두려움이 더 심해진다. 이미 공격적 행동을 보이고 있는 개를 벌하면, 물릴 가능성이 높다는 것을 기억해야 한다. 이를 뒷받침하는 연구 결과도 있다. 수의행동학자 메간 헤론이 실시한 연구에 따르면, 공격성을 보인 이력이 있는 개에게 혐오스럽거나 고통을 유발하는 처우를 할 경우 핸들러가 물리는 상황이 발생했다. 이는 우리가 반려견과 함께 가고자 하는 길이 아니다. 공격성에 대한 가장 안전하고 효과적인 대응은 즉시 상호작용을 멈추고, 돌아서서 그 장소를 떠나는 것이다.

벌을 주면 비록 그 순간에는 그 행동이 일시적으로 멈추거나 억제될 수 있지만 행동 자체는 이후에 다시 발생할 가능성이 높다. 더군다나 재발할 때는 이전보다 훨씬 더 심한 불안과 흥분이 동반된다. 특히 개에게 비공격적인 대체 행동을 가르치고자 한다면, 처벌은 정말 멀리해야 한다.

내가 대장이라는 것을 보여주기 위해 개의 음식을 뺏거나 소파에서 내려오게 해야 할까?

우리는 종종 우리 요구에 따라 개가 물건을 내놓도록 가르치기 위해 어릴 때부터 개에게서 물건을 빼앗아야 한다는 조언을 듣곤 한다. 하지만 이는 틀렸을 뿐만 아니라 위험하기까지 하다. 강아지든 청년기든 성견이든 음식과 장난감을 빼앗기면 언제든 자신의 소중한 것이 사라질 수 있다는 불안감을 갖게 된다. 이로 인해 개는 우리가 접근하는 것을 더 불안해할 것이다.

개를 물리적으로 옮기는 것 또한 위험할 수 있다. 개가 가구의 한쪽 자리에서, 탁자 아래서 혹은 어딘가에서 편안히 쉬고 있을 때 억지로 이동시키려고 하다가 개가 으르렁거리거나, 머리를 휙 돌리거나, 입질을 하거나, 심지어 무는 것은 드문 일이 아니다. 개도 우리처럼 누군가에게 밀리거나 당겨지거나 구석으로 몰리는 것을 달가워하지 않는다.

처벌 및 거친 처우를 하는 것은 공격성을 줄이는 것이 아니라 증가시킬 가능성이 높다. 숨어 있는 이 개는 분명히 사람과 접촉하는 것을 두려워하고 있다.

© Ilana Reisner, DVM, PhD

공격성의 종류

공격성에는 여러 유형이 있고 이를 분류하기 위해 다양한 체계가 제안되었지만, 용어 사용이나 분류 기준(대상에 따라 할 것인지, 추정되는 기능에 따라 할 것인지)에 대해서는 합의가 이뤄지지 않았다.

여기서는 주로 친숙한 사람을 대상으로 하는 공격성에 대해 이야기할 것이다. 이런 경우, 개의 공격성을 자기방어 또는 가치 있는 자원을 지키려는 행동으로 이해하는 것이 도움이 된다. 이러한 방어적 공격성 defensive aggression은 개가 대상을 향해 달려들고 이빨을 딱딱대며 입질을 할 때면 적극적 공격성 offensive aggression으로 오해될 수 있다. 해당 공격성이 자신감에서 비롯된 것처럼 보여도 실제로는 두려움에서 비롯된 것일 수 있다.

개의 공격성은 기능에 따라 두려움과 관련된 공격성, 영역 방어와 관련된 공격성, 자원을 지키려는 공격성, 갈등 및 지위와 관련된 공격성(특히, 가정 내 다른 개를 대상으로 하는 경우), 질병으로 인한 통증 및 과민성과 관련된 공격성으로 분류할 수 있다. 두려움과 방어적 태도는 이 모든 형태의 공격성에 공통적으로 작용하는 요인이다.

용어 정리

- **공격성**aggression: 다른 개체를 해치거나 해치려고 위협하는 행동이다. 공격적 행동은 공격자에게도 대가가 따르는 만큼(공격자도 다칠 수 있다), 주된 기능은 공격자와 공격 대상 사이의 거리를 늘리는 것이다.
- **두려움과 관련된 공격성**fear-related aggression: 자기방어를 위해 사용되는 공격성이다. 이 방법 외에는 도망갈 수 없는 개들에게 최후의 수단일 수 있고, 또는 어떤 위협을 예측했을 때 보이는 선제적 행동일 수도 있다.
- **영역 공격성**territorial aggression: 집, 마당, 자동차 또는 개가 자신의 영역으로 인식하는 어떤 장소에 침입자가 들어오는 것과 관련된 방어적 공격성을 뜻한다. 영역 공격성은 보통 다른 가족 구성원이 함께 있으면 더 심해진다. 흔히 두려움과 연관되어 나타난다.
- **방어적 공격성**defensive aggression: 자기방어, 영역 방어 및 자원을 지키려는 것이 동기가 되어 생기는 공격적인 행동을 설명하는 일반적인 용어다.
- **자원 지키기**resource guarding: 높은 가치를 가졌다고 여기는 자원을 지키는 행동이다. 음식, 장난감, 휴식 공간, 심지어 보호자도 해당된다.
- **갈등과 관련된 공격성**conflict-related aggression: 개가 특정 욕구와 그 욕구를 억제하려는 자기 통제력 사이에서 갈등을 겪을 때, 보호자 및 가족 구성원을 향해 나타내는 공격성이다. 촉발 요인, 즉 트리거에는 보통 보호자가 무의식적으로 취하는 위협적인 자세, 처벌, 신체적 조작 및 그 외의 상호작용이 포함될 수 있다.
- **지위와 관련된 공격성**status-related aggression: 자원, 원하는 장소에 대한 사회적·물리적 접근성, 상대의 도발적 자세와 관련하여 가정 내 동거견들 사이에서 일어나는 공격성이다.

- **통증과 관련된 공격성**pain-related aggression: 통증이 직접적인 원인이 되어 발생하는 공격성이다.
- **과민성 공격성**irritable aggression: 질병과 연관 있지만 통증이 직접적인 원인이 아닌 공격성이다.
- **포식 행동**predatory behavior: 먹이를 감지하고, 쫓고, 죽이는 본능이 동기가 되는 행동이다. 명시적인 공격적 행동과 달리, 포식 행동의 목적은 공격자(개)와 목표물(사냥감) 사이의 거리를 늘리는 것이 '아니다.'

위협을 감지했을 때, 개는 자신을 안전하게 지킬 수 있는 선택지가 제한적이다. 도망치는 것이 가장 안전한 방법일 수 있다. 하지만 개가 거실 한쪽 코너로 몰리거나, 동물병원 진료대 위에 붙잡혀 있거나, 리드줄에 묶여 있으면 도망치는 것이 불가능하다. 탈출이 불가능한 상황에서 개는 보통 입술 핥기, 시선 회피하기, 고개 돌리기, 드러누워 배 보이기, 배뇨 및 기타 진정시키기 같은 진정 신호appeasing signal를 보내 위협을 완화하려고 시도한다. 그래도 위협이 지속된다면, 예를 들어 개가 만져지는 것에 대해 불안을 느끼는 상황에서 낯선 사람이 계속 쓰다듬으려고 한다면, 개는 몸을 뻣뻣하게 하거나, 으르렁거리거나, 이빨을 드러내거나 물려고 할 수 있다.

방어적인 행동은 두려움 또는 불안정성에서 비롯된다. 방어 상태에 있는 개에게는 몇 가지 선택지가 있다. 원치 않는 사회적 접촉에서 도망가거나, 항복하거나, 허세를 부리며 위협하는 것이다. 방어적인 행동은 실제 '이기기' 위한 것이 아니라, 상대방 또는 감지된 위협적 존재가 유리한 입장을 차지하지 못하도록 막기 위한 것이다.

왜 비강압적인 교육이 중요한가?

개 물림 사고의 대부분은 개가 느끼는 두려움과 자기방어 때문에 발생한다. 사고를 예방하고 최소화하기 위해서는 개가 물 정도로 위협을 느끼는 상황에 처하지 않게 하는 것이 중요하다. 비강압적인 교육force-free training은 정적 강화를 강조하는 동시에, 리드줄 당기기, 전기 충격, 신체적 조작physical manipulations 및 위협을 피하는 접근법이다. 다음을 기억하자.

- 개는 계획을 세우지 않는다. 현재에 충실한 삶을 살며, 겁을 먹으면 자신을 보호하려고 한다.
- 개들은 먹고, 산책하고, 보호받고, 사랑받기 위해 우리(사람 가족)에게 100퍼센트 의존한다. 이를 교육에서 인도적인 방식으로 확장하는 것이 중요하다.
- 전기충격 목걸이 또는 통증을 유발하는 다른 혐오스러운 도구를 사용하는 트레이닝 방법으로 '말 잘 듣는' 개를 만들 수 있지만 상당히 겁 많고 신뢰할 수 없는 개를 만들 수도 있다. 연구에 따르면, 이런 트레이닝 도구와 기법을 사용하는 것은 개의 불안감을 높이고 그것을 사용하는 사람과의 상호작용을 감소시킨다. 반면 윤리적이고 인도적인 교육 방식은 효과적일 뿐만 아니라 스트레스가 더 적기 때문에, 두려움과 관련된 물림 사고의 위험성을 감소시킨다.
- 과학에 근거한 교육은 제대로 확립된 학습 원리에 의존한다. 개를 우리 요구에 따르는 행복한 개로 키우는 것이 목표라면, 정적 강화를 사용해야 이를 이룰 수 있다.
- 개를 관리하고 보호하는 사람으로서 우리는 반드시 개를 친절하게 다룰 의무가 있다.
- 개가 우리를 일부러 괴롭히기 위해 말을 안 듣거나 골탕을 먹인다는 생각은 말도 안 될뿐더러 우리와 반려견 사이의 유대감을 해친다. 개가 우리 요구에 반응하지 않는다면, 우리 요구를 이해하지 못했거나, 그 순간 개가 더 중요한 무언가에 정신이 팔렸거나, 요구를 따르기에는 너무 불안하거나 두려운 상태일 것이다.

공격성에 관한
잘못된 속설과 진실

개를 사람 침대에서 재우거나 밖으로 나갈 때 먼저 나가게 하거나 우리보다 앞서 걷게 하면, 개가 우두머리가 된다?

널리 알려진 이 잘못된 속설 때문에 많은 사람이 불필요하게 개를 거칠게 다루고 개와 대립confrontation하게 되었다. 상식적으로 생각하면 왜 개가 리드줄을 당기거나 마당으로 튀어 나가고 '싶어 하는지' 쉽게 이해할 수 있다. 볼거리도 있고, 방광도 비워야 하고, 쫓을 다람쥐도 있기 때문이다. 이런 행동들은 강압적이지 않은 정적 강화 기반의 트레이닝을 하는 트레이너의 도움으로 해결할 수 있다. 얼마든지 리드줄을 당기지 않고 느슨한 상태로 산책하는 방법을 가르치고, 출입구로 잽싸게 뛰어나가기 전에 앉는 법을 가르칠 수 있다. '앉아'라는 지시를 따르면 개가 원하는 것을 얻게 되는 '일상생활로 보상life reward' 방식이 좋은 예다.

침대를 같이 쓰는 문제의 경우는, 개가 침대에서 으르렁거리거나, 이빨을 딱딱대며 입질을 하거나 문 이력이 있다면 침대에 오지 못하게 하는 것이 안전한 조치다. 하지만 침대에서 공격성을 보인 적이 없다면, 침대에 못 오르게 할 이유는 없다. 수의행동학자 빅토리아 L. 보이스Victoria L. Voith 박사는 사람 침대에서 자는 것 같은 '버릇없는 행동'과 행동 문제 사이에는 아무 연관성이 없다는 사실을 밝혔다. 보호자의 침대에 개가 눕는 것이 공격적인 행동을 부추긴다는 증거는 '없다.'

개가 보호자를 보호하기 위해 낯선 사람들에게 공격적으로 군다?

군견이나 경찰견처럼 명령에 따라 물거나 놓는 훈련을 받지 않은 한, 개가 낯선 사람에게 보이는 공격성은 우리를 보호하려는 것과 관련 없을 가능성이 크다. 그보다는 '자기 자신'을 지키기 위함일 수 있다. 오히려 우리가 옆에 있으면 개가 두려움을 느껴 공격적인 행동을 보일 가능성이 높다. 마당에 있는 개 두 마리가 혼자 있는 개보다 더 격렬하고 큰 소리로 행인을 향해 짖어대듯, 개는 우리와 함께 있으면 지원군이 있다고 느껴 더 공격적이 된다.

낯선 사람에 대한 공격성은 보호자를 보호하려는 것이 아니라 자기방어가 목적인 경우가 대부분이다. 이 개들은 똑바로 응시하고 있으며, 입은 닫혀 있고 걱정스러운 얼굴 표정이다. 반기는 것으로는 보이지 않는다. 누군가가 이 개들에게 손을 뻗는다면 물릴 수 있다.

© Ilana Reisner, DVM, PhD

개가 배를 보이는 것은 배를 만져주기를 원한다는 의미다?

개가 배를 보이며 드러누울 때 그 의미나 원하는 것은 전후 상황에 따라 다르다. 예를 들어, 관심을 받기 위해 우리를 앞발로 건드린 다음 배를 보이는 건 그다지 어렵지 않은 힌트다. 하지만 이 자세는 불편한 상호작용이 있을 때 흔히 보이는 신호이기도 하다. 특히 개가 공격성 이력이 있다면 더욱 그렇다. 즉, 지금 불편하니 우리가 하고 있는 것을 멈추고 물러나 주기를 바라는 진정 신호다. 만약 이때 개의 배를 만지려 한다면, 개는 자신의 방어 단계를 높여 물 수도 있다.

그렇다면 이를 어떻게 구별할 수 있을까? 개가 먼저 우리와 상호작용을 시작한 다음 배를 드러내며 관심을 구한다면 개를 만져도 괜찮다. 하지만 상호작용이 '우리' 또는 다른 누군가에 의해 시작된 것이라면, 예를 들어 개를 여러 번 불렀는데 반응이 없어서 다가갔더니 배를 보이는 경우라면, 상호작용을 멈추고 돌아서는 것이 가장 안전하다. 확실하지 않다면 개의 배를 만지지 않는 것이 좋다. 분명한 것은 개들끼리는 이런 식으로 상호작용하지 않는다는 것이다.

강아지 때 어린이와의 사회화를 경험하면 어린이에게 공격성을 보이지 않게 된다?

사회화가 잘된 강아지와 개도 두려움이나 통증을 겪거나 자신이 소유한 높은 가치의 물건을 지키려 할 수 있다. 아이가 개를 다루는 규칙을 따르기에 너무 어리거나 충동적이라면 개와 분리시키는 편이 '둘 다'에게 안전하다. 또는 개에게 리드줄을 하고 어른이 적극적으로 감독하는 상황에서 사회화하는 방법도 있다. 개가 공격성을 보인 적이 있다면, 아이가 있을 때는 리드줄을 매거나 따로 분리시켜야 한다(아이와 개에 대한 더 자세한 내용은 8장 참고).

정상적인 공격성과
비정상적인 공격성의 차이

보호자를 괴롭히는 행동 문제 중에는 개에게는 다분히 정상적인 행동도 포함될 수 있다. 이런 경우 이를 '문제'로 볼지는 사람의 관점에 달렸다. 어떤 행동은 동물에게 정상일 수 있지만 인간에게는 부적절하게 느껴질 수 있다. 공격성 같은 경우는 위험하기도 하다.

반면, 행동 문제는 비정상적이거나 비전형적인 경우도 있다. 예를 들어, 동물은 아프거나 통증이 있을 때 물 수 있으며 공격적 행동이 비정상적인 방식으로 나타날 수도 있다. 그렇다면 정상적인 행동과 비정상적인 행동을 어떻게 구별할 수 있을까?

으르렁거림, 입질, 물기는 개의 정상적인 행동 레퍼토리에서 중요한 기능을 하며, 사회적 상황에서 사람과 다른 개에게 의사소통 수단이 된다. 예를 들어, 입질이나 힘 조절이 된 물기(상처를 거의 내지 않는다)가 동반되든 아니든, 으르렁거림은 촉발 요인trigger을 제거하지 않으면 공격할 수 있다는 경고다. 다음은 우리로서는 원치 않는 행동이지만 개의 정상적인 행동 범위에 속하는 공격성에 대한 시나리오다.

- 맥신은 보호자의 침대에 누워 있고 모두가 자고 있다. 한 보호자가 잠에서 깨어나 화장실에 갔다가 다시 침대로 돌아가려 하자 맥신이 으르렁거린다. 이 행동은 자원을 지키려는 것으로 여기서 가치 있는 자원은 침대이거나 다른 보호자와의 가까운 거리일 수 있다.
- 최근에 구조된 하워드는 마당에서 폭우를 맞고 흠뻑 젖었다. 보호자가 하워드의 발을 말려주려고 앞다리를 들어올리자 하워드가 이빨을 드러냈다. 이 행동은 발을 다쳤다면 통증과 관련된 공격성이고, 아니면 못 움직이게 잡혔거나 만져지는 상황에서 나타나는 두려움과 관련된 공격성이다.
- 보니와 클라이드는 행인들이 지나갈 때마다 펜스 앞에서 왔다 갔다 뛰어다니며 격렬히 짖는다. 그러던 중 보니가 클라이드에게 뛰어오르면서 둘 사이에 싸움이 벌어졌다. 이 행동은 영역 공격성으로, 개들이 주요 대상에 직접 접근할 수 없기 때문에 다른 개에게로 공격성이 전

환된 것이다.
- 손님이 골든 리트리버를 몇 분째 쓰다듬고 있다. 손님이 개의 머리에 뽀뽀하려고 몸을 숙이자 개가 손님의 입술을 물었다. 이는 두려움과 관련된 공격성으로, 이 손님이 개가 불편해하는 상호작용을 계속했기 때문에 일어났다.

또한 공격성은 질병에 의해서도 촉발될 수 있다. 발열, 메스꺼움, 관절통 및 기타 건강 문제는 개를 과민하게 만들어 무는 빈도를 증가시킬 수 있다.

그러나 일부 공격적 행동은 정당한 이유 없이 나타나는 것처럼 보이고, 과장되어 보이기도 한다. 이런 행동은 예상되는 개의 행동 패턴과 맞지 않는다. 비정상적인 공격성을 보이는 개들은 촉발 요인에 대해 예측 불가능하고 과장된 방식으로 반응할 수 있다. 이런 반응은 때로는 충동 조절 장애 또는 '돌발성 분노 증후군rage syndrome'으로 묘사된다. 이 용어는 개 보호자와 트레이너들 사이에서 흔히 사용되지만, 행동학자들에게는 인정받지 못한다.

'정상적'인 공격성을 가진 개는 평소에는 물지 않지만 보호자가 소파에서 밀어내는 것 같이 싫어하는 자극을 받을 때 물 수 있다. 반면, '비정상적인' 공격성을 가진 개는 머리를 가볍게 쓰다듬는 것처럼 미세한 자극에도 물 수 있다. 이런 개들은 으르렁거리는 경고를 할 가능성이 더 낮고, 떨림, 동공 확장 및 심지어 방향감각 상실 같은 증상을 보이며 매우 흥분할 수 있다.

일라나 라이즈너가 실시한 연구 결과, 공격적인 개들이 그렇지 않은 개들보다 뇌척수액에서 발견되는 신경전달물질인 세로토닌의 수치가 낮은 것으로 밝혀졌다. 세로토닌은 기분을 조절하는 것과 잠재적으로 스스로에게 해로운 방식의 행동을 지연 또는 억제시키는 것과 관련 있다. 세로토닌이 부족하거나 세로토닌 기능에 장애가 생기면 충동적이고 공격적으로 행동할 가능성이 높아진다.

세로토닌 기능 장애는 공격적인 상태로 이어질 수 있는 여러 생리적 문제 중 하나일 뿐이다. 스트레스를 과도하게 받거나 심하게 불안해하는 개들은 시상하부-뇌하수체-부신 축(HPA, 뇌와 부신 사이를 연결하는 부위)이 비정상적으로 기능하여 생리적으로 과민 상태에 있으며, 이로 인해 싸움 또는 도피를 유발하는 체내 화학물질인 코르티코스테로이드가 분비된다. 이 상태에서 개는 몹시 흥분하며, '이성적'인 경고 없이 방어적으로 물 가능성이 높다. 불안한 개들의 공격성은 비정상적으로 보인다. 궁극적으로 그런 행동은 부적응적이고 심지어 자기 파괴적이다. 이는 개가 정상적인 삶을 영위하는 데 도움이 되지 않는다.

'항상' 동물병원부터 간다

행동 변화를 개가 아프거나 통증을 겪고 있을 가능성이 있다는 경고 신호로 인식해야 한다. 만약 활동량, 흔치 않은 공격성, 불안감, 사회적 행동 또는 식욕 변화를 포함해 개의 행동이 평소와 다르거나 그 변화가 이해가 되지 않는다면, 우선 검진과 건강 평가를 위해 동물병원부터 방문한다. 무는 개에서 관절 통증, 귀 염증 또는 다른 건강 문제가 흔히 발견된다. 사실 질병이 생기면 거의 항상 행동에 변화가 나타난다. 신체적 건강이 먼저 해결되어야 행동 변화에 집중할 수 있다.

뇌에 영향을 줄 수 있는 감염, 암 심지어 외상 같은 문제들도 동물의 행동을 바꿀 수 있다. 더 나쁜 것은, 질병으로 인한 공격적 행동은 질병이 치료된 후에도 오랫동안 지속될 수 있으며, 특히 그 행동의 결과로 개가 원하는 뭔가를 얻었다면 더욱 그렇다. 예를 들어, 고통스러운 귀 염증이 있다면 누군가가 귀를 만질 때 으르렁거리거나 물 수 있다. 이 행동은 보상되기 때문에, 즉 으르렁거리면 손이 멀어지고 통증도 사라지기 때문에, 귀 염증이 치료된 후에도 지속될 수 있다. 결국 행동 문제로서의 공격성과 질병으로 생기는 공격성은 밀접하게 연관될 수 있다.

공격적 신호

인간은 말로 협상하고, 토론하고, 다투고, 조종한다. 그 과정에서 비언어적인 사회적 신호도 교환하지만 여기에는 별로 중점을 두지 않는다. 반면 개는 말은 할 수 없지만 1장에서 설명한 것처럼 몸자세, 움직임, 발성 그리고 얼굴 표정 같은 다양한 언어를 발달시켰다.

개는 인간 가족 구성원인 우리를 관찰하는 데 매우 능숙하고, 표정이나 움직임의 미세한 변화에도 아주 잘 반응한다. 하지만 우리는 개를 읽는 데 뛰어나지 않기 때문에 원치 않는 반응을 유발하기도 한다. 우리는 개의 보디랭귀지에 세심한 주의를 기울일 수 있도록 스스로를 재교육할 필요가 있다. 음성신호에 대해서도 마찬가지다.

개의 사회적 신호는 유전에 기반하지만, 학습도 관련된다. 2장에서 말했듯, 사회화는 사회적 행동의 정상적 발달을 위한 초석이라 할 수 있다. 고아가 되었거나 너무 일찍 한배 형제들로부터 떨어진 강아지는 적절한 사회적 행동 '규칙'을 배울 기회를 얻지 못해 다른 개들이 보내는 신호를 잘못 이해하거나 애매한 신호를 보낼 수 있다. 이런 사회적 결손으로 개 공원에서 또는 다른 그룹 놀이 상황에서 다른 개들과 잘 어울리지 못할 수 있다.

개는 싸움으로 인한 부상을 피하려고 자신의 공격 의도를 경고한다. 공격 신호의 목적은 공격 대상과의 거리를 늘려 부상을 초래할 수 있는 싸움의 발생 가능성을 줄이려는 것이다. 으르렁거리고, 몸이 뻣뻣해지고, 이빨을 드러내고, 딱딱 입질을 하는 행동이 이에 해당한다.

실제로 공격과 물기는 그보다 더 미세한 신호를 대상이 인지하지 못했거나 무시했기 때문에, 혹은 상황이 너무 빨리 전개되어 개가 미처 결과를 예측할 시간이 없었기 때문에 발생한다. 이는 두렵고 불안한 개가 공격적 반응을 보이는 주된 이유다. 사람이 공격 대상이라면, 의사소통의 오류가 원인일 가능성이 크다. 개들 간의 싸움은 최소한 그 중 한 마리가 사회적 상호작용이 불안정하거나 부적절할 때 일어날 수 있다.

영역 공격성은 두려움과 관련 있는 경우가 가장 흔하다. 이 개는 출입구를 지키고 있는데, 귀는 내려갔고 시선은 똑바로 향하며 걱정스러운 표정이다. 불안정하고 두려워 보인다.

© Ilana Reisner, DVM, PhD

개들 간의 싸움

개들 간의 싸움은 갑작스럽고 심각할 수 있다. 동거견 간의 주요 싸움 원인은 주로 사회적 신호 또는 자원 지킴 행동을 잘못 해석한 것과 관련이 있다. 그 외에

> 흥분이나 밀집된 공간도 원인이 된다. 사람을 무는 것과 마찬가지로, 다른 개와 싸우는 것도 두려움과 방어적 반응과 관련이 있다.
>
> 예외가 있기는 하지만, 개들 간의 싸움에서 발생하는 물림은 어느 정도 강도가 억제된다. 즉, 개들은 의식적으로 스스로 무는 강도를 조절한다. 싸움이 계속되면 개들이 심하게 다칠 수 있지만, 보호자가 싸움을 중단시키는 데도 위험이 따른다. 따라서 직접 몸으로 막기보다는 개들에게 담요를 던지거나 물을 뿌리거나 소형 아기 안전문이나 대형 쿠션으로 개들 사이를 가로막는 것이 좋다. 싸움이 중단되면 개들을 안전하게 분리시키고 행동 전문가에게 이 문제를 관리할 방법에 대한 조언을 구한다.

보디랭귀지는 전체 그림을 봐야 한다

우리는 대개 세부적인 것에 초점을 두기에 앞서 큰 그림을 먼저 보는데, 개의 행동에도 이를 적용하면 좋다. 개의 눈이나 귀, 꼬리의 위치 같은 특정 신체 부위로 시선을 좁히기에 앞서, 전반적인 보디랭귀지를 관찰하는 것이 중요하다. 개의 입이나 귀나 꼬리에만 집중하면, 중요한 다른 신호를 놓칠 수 있다.

개는 실제 모낭까지 포함해 모든 신체 부위로 신호를 보낸다. 개가 경계 상태일 때는 목 뒷덜미와 어깨 사이의 털이 곤두설 수 있다. 이는 몸집을 커 보이게 하여 잠재적 위협을 막기 위한 메커니즘이다. 털이 서는 것은 자의적인 반응은 아니지만, 흥분, 두려움 또는 불안정의 신호로 개의 감정 상태를 나타내는 중요한 단서가 된다.

개는 얼굴 표정과 몸자세를 통해 공격에 대한 내적 동기와 의도를 전달한다. 그럼에도 여전히 개가 전달하는 신호를 이해하는 게 어려울 수 있다. 우리가 감지하기에 신호가 너무 빠르거나 미세할 수 있기 때문이다. 예를 들어 개는 호흡 패턴의 변화로 불편함을 나타낼 수 있다. 또한 납작한 얼굴이나 늘어진 귀 같은 품종 특성 때문에 감정 상태나 행동 의도를 전달하는 것이 신체적으로 불가능할 수도 있다. 따라서 우리는 코끝에서 꼬리 끝까지 '모든' 단서에 주의를 기울여야 한다(개가 꼬리가 있다는 가정하에 그렇다는 얘기다. 꼬리가 없다면 개의 의도를 파악하기란 더 어렵다).

개의 행동과 신호뿐 아니라, 상황의 전후 맥락도 고려해야 한다. 개가 공격적으로 행동하는 순간 함께 있었거나 근처에 있었던 사람은 누구인가? 공격성이 일어나기 바로 직전에 무슨 일이 있었으며 어디에서 일어났는가?

'일치성congruency'이란 개가 보내는 모든 신호가 일관되게 나타난다는 것을 의미하기 위해 행동학자들이 사용하는 용어다. '일치하는 신호congruency signal'란 개가 상황을 이해하고 그것에 어떻게 반응해야 할지 결정했고 그에 만족한다는 의미다. 느긋한 시선, 꼬리 흔들기, 입을 벌린 상태가 일치하는 신호로, 사회적으로 편안한 개가 보내는 신호다.

'불일치하는 신호incongruency signal'는 개가 어떤 상황의 위험성과 그에 대한 반응 방법에 갈등을 겪고 있다는 의미다. 이 개의 행동은 언제든지 바뀔 수 있다. 예를 들어, 꼬리를 흔들면서 입술 양끝이 당겨져 있고 낮게 으르렁거리는 것은 불일치하는 신호다. 이는 그 개가 다음에 어떤 행동을 해야 할지 갈등하고 있다는 뜻이다.

개의 사회적 신호를 관찰하고 이해하는 것이 왜 그렇게 중요할까? 개의 현재 감정 상태와 의도까지 파악할 수 있는 가장 직접적인 방법이기 때문이다. 개를 잘 관찰하면 공격성이 어떤 방식으로 유발되는지 알 수 있고, 그러면 이를 통해 예측할 수 있고 피할 수 있다. 어떤 의사소통 신호들은 너무 미세하지만 충분히 감지할 수 있다. 수의행동학자 잭클린 닐슨이 만든 개의 사회적 신호에 대한 유용한 표를 참고하자(표 1.1 참고).

으르렁거리기(이빨 드러내기)는 모든 개의 잠재적 행동 레파토리의 일부이다.

© Ilana Reisner, DVM, PhD

사회적 신호의 품종 차이

품종에 따라 사회적 신호를 표현하는 능력에 차이가 있다.
- 길고 축 늘어진 귀를 가졌거나 꼬리를 짧게 자른 코커스패니얼, 브리타니Brittany, 잉글리시 스프링어 스패니얼English Springer Spaniel 같은 품종은 자신의 사회적 의향을 신호하기 위해 이런 신체 부위를 잘 사용할 수 없다.
- 샤페이Shar-Pei와 퍼그 및 그 외 품종들은 귀가 작고 접혀 있어 귀를 움직이는 데 제한이 있다.
- 여러 품종 중에서도 특히 도베르만 핀셔Doberman Pinschers와 그레이트 데인Great Danes은 전통에 따라 귀를 성형한다. 이런 수술은 전 세계적으로 점점 인기가 없어지는 추세다. 인위적으로 잘린 귀는 공격적이라 오해할 만한 모습을 만들어낸다.
- 푸들처럼 곱슬거리는 털을 가진 품종은 목 뒷부분에 있는 털을 세우는 것으로 흥분 상태를 신호할 수 없다.
- 불독(잉글리시와 프렌치), 보스턴 테리어, 퍼그 등 코가 납작한 단두종들은 입술 양끝을 뒤로 당기는 것이 신체적으로 불가능할 수 있다. 입술 끝을 뒤로 당기는 것은 공격성의 효과적인 경고 신호가 될 수 있다.
- 아키타Akita와 차우차우Chow Chow 같은 품종은 꽤 무표정한 얼굴을 하고 있으며, 표현이 간략화되거나 눈에 잘 띄지 않는다(으르렁 소리와 함께 입술을 뒤로 당기는 것처럼). 그 결과 일부 사람들은 이들이 경고 없이 또는 이유 없이 공격한다고 여긴다.
- 차우차우와 샤페이 같이 꼬리가 동그랗게 말린 개들은, 래브라도 리트리버 및

- 곧게 선 꼬리를 가진 다른 품종에 비해 꼬리를 낮게 내리거나 다리 사이로 집어넣는 것이 어렵다.
- 올드 잉글리시 쉽독Old English Sheepdog은 늘어진 귀와 복슬복슬한 털, 눈을 덮은 털로 인해 저먼 셰퍼드만큼 모든 신호를 완전히 전달할 수 없다.
- 얼굴, 눈, 입술 주변에 긴 털이 있는 개들은 동공이 확장되거나(이는 자율신경계의 고도의 각성 상태 또는 '싸움 또는 도피' 시스템의 활성화를 의미한다), 이빨을 드러내고 으르렁거리는 것이 털로 인해 잘 보이지 않는다.

개의 신호를 읽는 것이 왜 그렇게 중요할까?

개를 읽는 능력은 개의 행동을 예측할 수 있게 한다. '개의 공격성은 대부분 자극에 의해 유발되고 예측 가능하므로' 신호를 배우고 맥락을 이해하는 것이 핵심이다. 사람, 다른 개 그리고 모든 종류의 환경적 자극을 포함한 개의 세상에 개가 어떻게 반응하는지 관찰한다면, 두려움이 느껴질 수 있는 잠재적 상황들을 개가 헤쳐 나갈 수 있게 도와줄 좋은 방법들이 떠오를 것이다. 예를 들어, 겁이 많은 개는 인도에서 어떤 사람들이 다가오면 처음에는 불안함을 보이고 심지어 회피 행동을 보일 수 있다. 꼬리가 내려갈 수 있고 걸음걸이가 느려질 수 있으며, 귀는 뒤로 젖혀지고, 눈이 커지고 자기 입술을 핥을 수 있다. 이는 모두 개가 처한 상황을 불안해한다는 신호로, 우리는 이것을 무시하면 안 된다.

이럴 때 우리는 어떻게 반응해야 할까? 다가오는 사람의 근처로 가지 말고 개에게 부드럽게 안심시키는 말을 건네는 것이 좋다. 억지로 그 사람 가까이로 걸어가게 하거나 천천히 걸어가는 것보다는 다른 방향으로 빠르게 걸어가거나 주차된 차 뒤 또는 길 건너로 이동하면 개의 두려움을 효과적으로 줄일 수 있다. 올바른 조치를 취했다면, 개는 다시 빠르게 걷고, 꼬리를 더 높이 세우고, 귀를 바르게 하는 것으로 걱정이 '줄었음'을 보여

줄 것이다. 개의 걱정을 다른 곳으로 돌리기 위해 약간의 음식을 제공하는 것도 훌륭한 방법이다.

개를 주의 깊게 관찰하면 개에게 두려움을 일으키는 요인(트리거)을 예측할 수 있고, 두려움이 공격성으로 악화되는 것을 예방할 수 있다. 이것은 개에게 '굴복'하는 것이 아니라 개의 감정 상태를 존중하는 것이며, 위험으로부터 자신을 지켜주는 우리를 신뢰하도록 가르치는 것이다. 즉 무엇이 위협인지를 결정하는 것이 우리임을 알려주는 것이다.

결국, 우리는 상황을 앞서서 파악하고, 개의 신호를 늘 기민하게 살피며, 개로서 반응할 수밖에 없는 상황으로부터 개를 지켜줘야 한다. 그러면 개를 안전하게 지킴과 동시에 물기 같은 원치 않는 행동을 피할 수 있다. 또한 개와 더 강한 유대 관계를 형성할 수 있다.

공격성은
항상 촉발 요인 때문에 일어나는 걸까?

아무리 차분해 보이거나 잘 견디는 듯 보이더라도 모든 개는 물 수 있다. 그렇다고 개가 '못된' 존재가 되는 건 아니다. 못됐다는 말은 정말이지 반려견에게는 해당되지 않는 말이다. 개는 복수심이나 악의가 없다. 그저 사회적 상황에 반응하기 위해 갯과 동물이 가진 도구를 사용할 뿐이다.

공격성은 좋아하는 장난감을 계속 소유하려는 욕구, 마당이나 집에 접근하는 '침입자'에 대한 반응, 뭉친 털을 너무 격렬하게 빗질하는 것에 대한 반응이다. 즉 다양한 촉발 요인에 의해 발생한다. 하지만 이런 촉발 요인이 항상 명확하게 드러나는 것은 아니다. 우리가 개에게서 1미터쯤 떨어진 소파 아래 있는 개껌 조각을 미처 보지 못했거나 개가 빗질하는 동안 가만히 있었기 때문에 잘 참는다고 생각했을지 모른다.

개를 잘 모르는 사람, 때로는 잘 아는 사람도 '공격성'이 충동적이고 이유 없이 일어난다고 여길 수 있다. 하지만 개를 공격적으로 변하게 만드는 것이 무엇인지 파악하면, 대부분의 경우 그 행동은 예측 가능하고 피할 수 있다. 사실 대부분의 공격적 행동은 적어도 개의 관점에서는 촉발 요인에 의해 일어나므로 예측할 수 있다. 하지만 개가 특정 트리거를 접할 때마다 항상 공격적인 반응을 보이는 건 아니다. 보호자와 반려견 간의 효과적인 의사소통이 부족하면, 개의 행동이 예측 불가능한 것처럼 보일 수 있다.

자원을 지키려는 행동은 인간이 특히 이해하기 어려운 부분이다. 개는 개껌이나 밥그릇 같은 먹이나 먹이와 관련된 물건을 가치 있게 여기고 이를 지키려는 경향이 있다. 이때 개의 개별적 관점에서 '가치' 있는 것을 이해하는 것이 중요하다. 예를 들어, 개는 휴식 공간이나 침대, 화장실 쓰레기, 심지어는 자신에게 가치 있는 먹이를 주는 보호자를 지킬 수도 있다.

하지만 촉발 요인을 알아차리기는 어려울 수 있다. 일부 공격적인 개들의 미세한 행동 신호를 모두 읽는 것은 매우 힘들 수 있다. 앞서 말했듯, 일부 개 품종과 그 품종 내 일부 개체는 감정을 잘 드러내지 않거나, 신호를 보내는 신체 부위가 번식, 질병, 성형 수술에 의해 변형되기도 했다.

만약 여러분의 개가 이러하다면, 수의행동학자를 만나 공격성에 대한 더 자세한 내용을 듣고 치료 계획을 세우는 것이 좋다. 기억하자. 공격성은 단순히 트레이닝 문제가 아니라 개가 자신에게 일어나고 있는 일을 어떻게 인식하고 그에 반응하는지에 관한 문제다. 따라서 특정 원인을 다루기 위해 적절한 개입이 필요하다.

아이와 개가 세상을 바라보는 시각이 다르다는 것을 인식하면 아이와 개를 모두 보호할 수 있다. 쉬는 중이거나 먹는 중인 개는 방해받는 것이나 안기는 것 또는 쓰다듬어지는 것도 원치 않을 수 있다. 하지만 아이는 이런 신호를 읽지 못해 결국 물리는 사고가 발생할 수 있다.

어린아이들이 물리는 사고는 대부분 쓰다듬거나 안아주는 것 같이 '긍정적인' 상호작용 중에 발생한다. 이 사진 속 개가 편안하거나 느긋해 보이지 않는다는 것에 유의하자.

© Ilana Reisner, DVM, PhD

'관리'부터 시작하기

우리는 모두 개를 사랑하지만, 어떤 상황에는 개가 우리를 물 수도 있다는 것을 받아들여야 한다. 사실 우리와 침대를 함께 쓰는 어떤 개도 우리를 물 수 있다. 인생의 모든 일이 그렇듯, 위험의 가능성이 있다고 해서 포기할 필요는 없다. 특히 그 위험을 능가하는 이점이 있다면 말이다. 아픈 발을 만지는 것 같이 때로는 불유쾌한 일을 해야만 하는 수의사들은 분명히 이 사실을 잘 알고 있다. 매일 마주하는 상황에서 공격성, 특히 무는 것을 예방하기 위해 우리는 무엇을 할 수 있을까?

- **자신의 개를 안다.** 개는 저마다의 기질과 민감성을 가지고 있다. 공격성은 신체적 건강뿐만 아니라 개의 반응성reactivity[96], 경험 및 성격(유전적 기질을 포함)에 영향을 받는다. 과잉 반응하는 개, 자원을 지키는 개 혹은 소리를 두려워하는 개를 키우고 있다면 공격성에 대해 개의 위험성을 평가할 때 이 점을 고려하고 그에 맞춰 계획을 세운다.
- **공격성의 위험도는 행동적 성숙behavioral maturity과 함께 증가할 수 있다는 것을 유념한다.** 행동적 성숙은 육체적 성숙 '후에' 일어난다. 강아지나 미

성숙한 개가 낯선 사람이나 낯선 상황에 직면했을 때 두려워하거나 불안해 보인다면, 개가 성숙기에 접어드는 한 살에서 세 살쯤에 무는 것으로 두려움을 표현할 수 있다. 처음 이런 변화가 나타날 때 전문가에게 상담을 받으면 필요한 정보를 얻고 적절한 대처 방법을 알 수 있다.

- **무는 행동의 촉발 요인을 알고, 피하고, 줄인다.** 매일의 일상적인 상황은 어떤 개에게는 아무렇지 않지만 또 다른 개에게는 심각한 위협으로 느껴질 수 있다. 예를 들어, 쉬고 있는 개 근처에 아직 씹지 않은 개껌이 있는데, 우리가 다가가면 어떤 일이 일어날지 생각해보자. 우리 집 개는 우리가 접근하는 것을 한쪽 눈으로 살짝 보고는 다시 잠들 수 있지만, 이웃집 개는 으르렁대며 달려들어 껌을 지키려 할 수도 있다.

- **개의 의사소통과 보디랭귀지를 유념한다.** 개는 보통 자신의 두려움, 흥분, 불안감을 신호로 표현한다. 개가 무슨 말을 하고 있는지 해석하기 위해 개의 눈, 귀, 꼬리 그리고 몸자세를 지켜보는 것이 좋다. 일반적으로 개가 특정 사람, 다른 개, 상황 또는 사건을 잘 받아들일 것이라고 가정하는 것은 위험할 수 있다. 개가 불안해 보이면, 그 상황에서 최대한 빨리 벗어나게 하는 것이 좋다.

- **모든 개에게 공격성을 일으키는 일반적인 촉발 요인을 이해한다.**

    √ 통증

    √ 처벌

    √ 자기방어

    √ 쉴 때 방해받는 것

    √ 몸을 이리저리 만지고, 밀고, 당기는 것

    √ 은신처에 있을 때 방해받는 것

    √ 가치 있는 침대에 있을 때 방해받는 것

    √ 집, 마당, 차 및 기타 영역을 지키는 것

✓ 펜스 뒤, 차 안 또는 크레이트 안에 있을 때 누군가 다가오는 것
✓ 가치 있는 자원에 누군가 다가오거나, 만지거나, 빼앗으려 할 때 방어하는 것

다음은 공격성을 현실적이고 안전하게 다루기 위한 행동학적 관리 도구들이다.

안전

공격적인 행동을 다루는 최고의 전략은 그것이 애초에 일어나지 않도록 예방하는 것이다. 하지만 그런 상황과 맞닥뜨린다면, 즉 으르렁거리거나 달려드는 개와 마주친다면, 최대한 빨리 그 상호작용에서 떨어져야 한다. 앞서 처벌이 공격성을 어떻게 악화시킬 수 있는지 설명한 것을 기억하는가? 만약 우리 집 개가 우리를 향해 으르렁거리거나 물려고 한다면 돌아서서 그 장소를 떠난다.

일단 그 상황에서 안전하게 벗어난 다음 상황을 되짚어본다. 촉발 요인을 알아내기 쉽다면, 예를 들어 리드줄이 하기 싫어서 개가 한쪽 구석으로 도망갔는데 우리가 리드줄에 손을 뻗은 경우라면, 다음번에 이를 피하는 것이 좋다. 개를 구석으로 몰기보다는 개를 불러서 스스로 오도록 유도하는 것이 좋다. 어떤 상황에서는 피하는 것이 최선의 답이다.

또 어떤 경우에는 개에게 특정 접근이나 상호작용을 받아들이도록 가르치는 것도 중요하다. 물론 이는 안전한 상황일 때 가능하다. 격분한 상태가 누그러지고 기분 좋은 상태가 되도록 상호작용 분위기를 조절하는 것이 도움이 될 수 있다. 예를 들어 간식 한 움큼을 던져 주는 것으로 먹이를 좋아하는 개를 숨어 있는 장소에서 나오도록 구슬릴 수 있고, 같은 음식으로 개를 문까지 나오도록 유인할 수 있다. 개는 화가 난 보호자로부터 자신

을 지키려 하기보다는 그 상황을 훨씬 더 안전하고 매력적인 것으로 받아들이게 될 것이다.

자원을 지키는 개

개가 휴지 조각처럼 위험하지 않은 물건에 소유권을 주장한다면 그냥 갖도록 할 수도 있다. 개의 물건을 빼앗아도 개가 신경 쓰지 않는다는 확신이 없다면 절대 물건을 빼앗아서는 안 된다. 뭔가를 빼앗아야 할 '필요'가 있다면, 다른 뭔가로 교환해 주는 것이 좋다. 이 방법은 효과적일 수 있지만 주의가 필요하다. 개는 매우 빠르기 때문에, 우리가 주는 간식을 받아먹고는 우리가 물건에 손을 뻗는 순간 돌아와 우리를 물 수 있다. 따라서 더 나은 전략은 아주 맛있는 간식을 멀리 던져 개가 물건을 두고 간식을 먹으러 가게 하는 것이다. 그러면 개가 돌아오기 전에 물건을 주울 수 있다. 아니면 간식을 두 개 들고, 하나로는 개를 우리에게 오게 하고, 나머지 하나로 다른 방으로 유인해 데리고 간다. 그런 다음 문을 닫고 돌아가서 물건을 안전하게 치운다.

개의 관심을 물건에서 다른 곳으로 돌려야 한다는 것을 명심하자. 일단 우리가 안전할 만큼 개가 물건에서 멀어지면 어떤 간식을 주든 자기가 포기한 물건과 간식을 연관 지을 가능성은 거의 없다. 그렇다면 이것은 뇌물일까? 어느 정도는 그렇다. 하지만 개를 다른 장소로 이동시키기 위해 뇌물로 유인하는 건 아무 문제 없다. 오히려 이는 제법 인도적인 방법이다(반면 다른 방법에는 개가 거부감이나 혼란스러움을 보이기도 한다). 한걸음 더 나아가, 지시를 받으면 물건을 내주도록 개를 가르칠 수도 있다.

음식을 지키는 개의 경우, 몇 가지 중요한 원칙을 기억해야 한다. 우선 가장 중요한 것은, 개가 씹거나 먹는 중일 때 그 장난감이나 음식을 뺏으면 '안 된다'. 둘째, 자신의 음식을 지키는 개는 분리된 장소에서 먹이를 줘야 한다. 셋째, 핸들링을 시작하기에 적절한 연령이 된 강아지에게는 우리의 접근이나 손길을 맛있는 간식이 '추가되는 것'으로 연관 짓도록 해야 한다. 우리의 존재가 두려움의 대상이 아니라, 신나고 긍정적인 경험과 연결되도록 가르치는 것이 중요하다.

개를 다른 장소로 이동시키는 방법

안전하고 유용한 방법 중 하나는 개가 특정 신호에 따라 다른 장소로 움직이도록 '가르치는 것'이다. 다시 말하지만, 응급조치로 사료를 한 움큼 던져 주는 것은 반응성을 보이는 두려운 개를 사료 알갱이에 집중하게 하는 데 큰 도움이 될 수 있다. 장기적으로는 '(침대에서) 내려가', '(언제 어디서든) 와' 그리고 '(특정 장소로) 가' 같은 신호들을 가르치는 데 시간을 투자하는 것이 좋다. 정적 강화를 사용해 이런 신호를 가르치면 개가 즐겁게 따르게 되고 하기 싫어하거나 불안해하는 개의 목줄을 억지로 당길 필요도 없어진다(교육에 대한 더 자세한 내용은 3장과 7장 참고).

상호작용을 예측 가능하고 안전하게 만드는 방법

모든 개, 특히 긴장감이 높거나 불안해하는 개에게는 규칙적이고 예측 가능한 루틴과 어휘를 설정해 두는 것이 중요하다. 7장에서 말했듯, 개가 무엇을 원하든 그것을 얻기 위해 일단 지시에 따라 앉는 것을 습관화시킨다. 간식 대신, 문을 열어 주거나 공을 던져 주는 등 '일상생활로 보상하기'를 사용한다. 이런 교육은 '서비스에 대한 대가'를 강요하는 것이 아닌 개의 삶을 최대한 예측 가능하게 만드는 훌륭한 방법이다. 원하는 것을 주기 전에 개가 앉는 것부터 하게 하면, 개가 지시를 받기 위해 우리를 바라보도록 가르칠 수 있고, 우리는 개를 위해 결정을 내릴 수 있게 된다. 일관성을 갖고 충분히 반복한다면, 개는 자신의 안녕에 대한 책임을 우리에게 흔쾌히 넘겨줄 것이다.

개는 상황을 예상할 수 없을 때 스트레스가 증가한다. 우리의 목표는 개의 스트레스를 줄여 두려움과 관련된 공격 가능성을 줄이는 것이다. 또한 우리가 불안할 때 그러듯, 두렵고 걱정하는 개는 상황을 자신이 직접 통제하려 든다. 따라서 이러한 교육은 불안한 개에게 특히 중요한다.

안전한 은신처 또는 피난처 마련하기

앞에서 이미 다뤘지만, 다시 언급할 가치가 충분한 이야기다. 개가 자신의 장소가 안전하다는 것을 배우면, 혼란스러운 상황이 발생했을 때 그곳으로 피할 것이다. 개가 파티와 놀이의 혼돈에서 벗어나 안전한 은신처에서 휴식을 취한다면, 개와 손님 모두에게 안전이 보장될 것이다. 이 공간을 활용하여 개를 공격적 반응을 유발할 수 있는 자극으로부터 멀리 둔다(더 자세한 내용은 8장 참고).

처벌 금하기

개의 행동을 관리할 때 처벌은 필요하지 않다. 처벌은 오히려 불안감과 공격성을 증가시킬 수 있으며, 최악의 경우 상황을 더 악화시킬 수 있다. 예를 들어, 리드줄을 순간적으로 잡아당기는 리시 팝leash pop, 전기 충격 목걸이, 배가 보이게 눕히는 알파 롤, 옆으로 눕혀서 물리적으로 제압하는 도미넌스 다운dominance down, 소리치기, 때리기, 그 외 혐오적 상호작용들은 할 필요가 없다. 이런 방법은 '모든' 행동 문제 수정에 권장되지 않으며, 특히 공격성을 관리할 때는 절대 사용해서는 안 된다.

개의 일상적 욕구 충족시키기

모든 개는 욕구가 충족되어야 한다. 사회적 상호작용, 탐색, 운동 및 놀이에 대한 개의 일상적 욕구를 반드시 충족시켜 준다. 두 시간짜리 산책을 할 필요는 없다. 일주일에 몇 번씩 5~10분 동안 여기저기 냄새 맡으며 짧게 산책하는 것으로도 충분하다. 개는 냄새 맡고 씹는 것을 좋아하므로 이런 행동을 안전하게 할 수 있게 한다. 마지막으로, 개는 자신이 원하는 방식대로 보호자와 있어야 한다. 어떤 개는 쓰다듬고 만져주는 것을 좋아하지만, 어떤 개는 그렇지 않다. 우리 개는 우리가 이메일을 읽거나 침대에서 쉬고 있는 동안 발치에 그냥 앉아 있는 것을 가장 행복해할 수 있다는 것을 이해하자. 우리와 개 모두에게 만족스러운 방식으로 안전하게 상호작용할 방법을 찾아야 한다.

관리 이상이 필요할 때: 행동 수정과 통제 도구

행동 문제로 수의행동학자와의 상담을 진행하면, 먼저 진단과 예후가 내려지고 보호자와 반려견을 위해 특별히 설계된 치료 계획이 세워진다. 계획에는 앞서 설명한 관리 방법을 비롯해 여러 조치가 포함된다.

행동 수정 계획은 다음 네 가지 사항을 목표로 해야 한다.

1. **원치 않는 행동을 유발하는 근본적인 감정 바꾸기**: 여기서는 공격성을 유발하는 감정을 말한다. 개가 불안해하거나 두려워하는 대신 편안하고 행복하게 만드는 것을 목표로 한다.
2. **자극의 변화에 따른 개의 반응 이해하기**: 공격성을 유발하는 요소들이 바뀌면 개의 반응이 어떻게 달라지는지 알아야 한다. 거리, 소리 또는 그 외 여러 자극의 변수가 어떻게 개의 반응 강도에 영향을 미치는지 이해해야 한다. 성공적인 치료 계획을 세울 때는 이런 다양한 변수가 고려되어야 한다.
3. **상황에 맞는 새로운 반응 가르치기**: 훈련 세션 중 개가 자극에 과도하

게 노출되거나 강하게 반응하지 않도록 신중하게 계획해야 한다. 개는 차분할 때만 배운다. 개가 차분하게 우리 통제하에 있게 되면 우리도 차분할 수 있다.

4. 올바른 반응에 보상하기: 아주 맛있는 음식이나 놀이로 보상해준다.

행동 수정 계획이 있더라도, 일부 상황은 개에게 안전하지 않을 수 있다. 그럴 경우 그 상황을 피해야 한다는 것을 명심한다.

헤드 칼라, 하네스, 입마개 같은 통제 도구가 치료에 부가적으로 도움이 될 수 있다. 이런 도구로 우리는 더 통제력을 가질 수 있으며, 개에게 더 안전함을 느끼게 해줄뿐더러, 개와 접촉하는 사람에게도 안전을 줄 수 있다 (이 도구들을 언제 어떻게 사용할지에 대한 더 자세한 내용은 5장 참고).

항상 위험한 상황들

공격성 문제를 성공적으로 관리하면 그 빈도와 심각성은 크게 감소할 수 있지만, 일관되게 높은 위험을 보이는 상황은 항상 피해야 한다. 특히 불안해하고, 반응성이 매우 높거나 쉽게 흥분하는 개의 경우는 특히 더 그렇다. 다음은 거의 항상 피해야 할 상황들이다.

- **집에서 모임이 열릴 때:** 개의 행동을 주의 깊게 감독하고 관리할 수 없다면 더 그렇다. 이런 모임을 한다면 개를 다른 곳에 안전하게 격리한다.
- **집에 어리고 활동적인 아이가 방문할 때:** 어린아이는 불안한 개를 더 불안하게 만들 수 있다. 아이들이 올 예정이라면, 개를 다른 곳에 안전하게 격리한다.
- **집에 작업자나 서비스 기술자들이 올 때:** 이들은 보통 집 안을 이리저리 빨리 돌아다니며, 장비를 들고 있고 큰 소음을 낸다. 안전을 위해, 이런 상황에서도 개를 격리시킨다.
- **개를 마당에 혼자 두는 경우:** 펜스가 있든 없든, 이는 마당을 지나가거나 다가오는 사람 및 개에게 어떻게 반응할지를 개가 알아서 선택하게끔 내버려두는 것이다. 그러면 개가 공격적이 되고 영역 반응을 보일 수 있다. 마당에서는 보호자가

> 항상 함께 시간을 보내고, 개가 행인에게 덜 집중하게끔 다른 활동에 참여시킨다.
> - **마당에 매립 전기 펜스를 설치하는 경우**: 가까이에서 주의 깊게 감독할 수 없다면 절대 개를 마당에 두어서는 안 된다. 매립 전기 펜스는 개가 마당에 풀려 있을 때 사람이나 동물이 들어오는 것을 막지 못한다. 반응성이 매우 높은 개는 동기부여만 되면 매립 전기 펜스를 충분히 넘을 수 있다.
> - **리드줄 없이 있는 개 공원**: 이곳에서는 개와 사람이 마음대로 다가올 수 있기 때문에 두렵고 불안한 개에게는 스트레스가 된다. 리드줄이 없으면 개가 다른 개와 사람으로부터 도망갈 수 있지만, 개끼리 싸움이 나거나 사람을 공격할 위험은 클 수 있다.

역조건화와 탈감각화

역조건화란 새로운 반응을 가르치는 것을 의미하고, 탈감각화는 원치 않는 반응을 보이지 않으면서 해당 자극을 경험하는 것을 배우는 것을 의미한다. 개의 행동을 향상시키기 위해 때로는 이런 행동 수정 기법들이 필요하다.

낸시와 에드는 약 40킬로그램이 나가는 여덟 살 된 래브라도 리트리버, 터커와 산다. 터커는 산책할 때 다른 개들에게 달려들고 짖는데, 낸시는 이런 행동에 두려움을 느낄뿐더러, 한 번은 터커가 줄을 끌어당겨 에드가 넘어지기도 했다. 터커는 다른 개들에게 두려움 기반의 공격성을 보이고 있었다.

이 행동을 수정하기 위한 첫 번째 단계는 다른 개와 마주칠 가능성이 없는 시간으로 산책을 제한하는 것이었다. 그다음으로 낸시와 에드가 통제력을 갖기 위해 터커에게 헤드 칼라를 씌웠다. 그들과 터커는 진정 신호 calming cue도 배웠다. 즉 터커가 편안한 상태로 낸시나 에드를 바라보면 먹이 보상을 주었다. 귀, 눈, 표정, 몸, 꼬리, 어디든 불안함의 표시를 보이지 않고 개가 부드럽고 차분해야, 완벽하게 편안한 상태라고 기준을 잡았다.

또한 낸시와 에드는 터커의 반응을 슬라이딩 스케일sliding scale[97]로 기록했다. 터커는 언제 다가오는 개를 바라보나? 언제 짖나? 언제 줄을 당기나? 언제 달려드나? 이런 반응을 가장 낮은 수준(다가오는 개를 바라보는 것)부터 시작해 역조건화와 탈감각화를 진행했다. 터커가 반 블록 정도 떨어진 곳에서 산책 중인 다른 개를 보면, 낸시나 에드는 터커에게 앉아서 진정하도록 지시했다. 개가 6~9미터로 가까워질 때까지 터커에게 계속 간식을 줬다. 터커가 짖는 등 반응이 다음 단계로 악화되기 전에 그들은 간식을 치우고 길을 건너거나 다른 방향으로 돌아갔다. 시간이 지나면서 산책 중인 다른 개들과 더 가까워질 수 있긴 했지만, 낸시나 에드가 보통 터커가 부적절하게 반응하기 전에 미리 피하는 식으로 대처했다. 낸시와 에드는 터커가 불안해하지 않고 안전할 수 있도록 개의 반응을 살피며 산책을 관리하는 법을 배웠다.

공격성은 치료될 수 있을까?

행동은 신체적·정서적 건강, 사회적·물리적 환경, 유전적 성향과 기질, 학습 등 많은 요인의 복합적 표현이므로, 행동 문제를 '치료' 측면으로만 생각하는 것은 단순한 접근이다. 이보다는 이해와 장기적인 관리가 필요한 만성질환으로 보는 것이 맞다.

무엇보다 공격성이 개의 정상적인 행동 레퍼토리 중 일부임을 기억하는 것이 중요하다. 과거에 물었던 이력이 '있든 없든' 모든 개는 물 수 있다. 무는 것은 개의 정상적인 사회적 의사소통이다. 이 사실을 받아들이면, 우리는 개의 공격적인 행동을 정상적인 방어 행동 또는 자원을 지키기 위한 행동으로 바라볼 수 있다. 공격성의 잠재력은 절대 완전히 없어지지 않기 때문에 '치료

될' 수도 없다. 수의행동학자들은 무는 '이유'를 분석하고 그 위험을 인정한 후, 그 위험 요소를 최대한 줄이는 데 중점을 둔다.

약물이 도움이 될까?

일부 행동 문제는 다른 것에 비해 다루기가 더 어렵다. 특히 그 행동이 단순한 학습의 결과가 아니라 최소한 부분적으로 기질, 즉 유전과 관련된 경우 더욱 그렇다.

개를 교육하고 환경과 관리법을 바꾸는 것으로는 문제를 크게 개선하기 어려운 경우도 있다. 그런 경우, 개의 치료 계획에 약물 치료를 추가하는 것이 도움이 될 수 있다. 약물 사용 가능성은 수의사나 수의행동학자의 진단과 가족의 특정 목표 및 기대치를 포함한 몇 가지 요인에 따라 결정된다. 수의사만이 개에게 약물 치료를 권하고 처방할 수 있다.

그렇다면 약물 치료는 언제 도움이 될 수 있을까?

- **근본적인 불안감이 있을 때**: 불안한 개는 그렇지 않은 개에 비해 행동 수정에 반응하지 않을 수 있다. 스트레스가 학습 능력을 방해하기 때문이다. 이 경우 그 문제에 관한 관리management는 정체기에 이르러 더 이상 진전이 없을 수 있다. 스트레스는 또한 학습 효과를 쉽게 무효화할 수 있다. 생각해 보면, 불안함과 우울함은 고통의 한 형태이다. 반려견도 고통에서 자유로울 자격이 있다.

- **천둥소리처럼 두려움과 관련된 공격성을 유발하는 자극을 통제할 수 없을 때**: 그 대신 약물로 개의 반응성reactivity을 통제할 수 있다.

- **공격적인 행동 기질이 폭발할 때**: 어떤 개들은 차분한 상태에서 극도의 흥분 상태로 돌변하는 것처럼 보인다. 하지만 이는 내재된 생리적 변

화로 인한 반응이다. 아드레날린 분비와 관련 있으며, 개에게 극심한 스트레스를 일으킨다. 이런 상황에서 약물이 개의 반응성을 조절하는 데 도움을 줄 수 있다. 개가 보호자의 말을 더 잘 들을 수 있고 심지어 자제력을 보일 수도 있다.
- **그 행동이 신체적 문제와 관련 있을 때:** 예를 들어 과민성과 공격성은 급성이든 만성이든 통증과 연관되어 있을 수 있다. 통증 완화 약물 치료가 때로 공격성을 줄이는 데 도움이 될 수 있다.

만약 수의사나 수의행동학자가 약물을 사용해야 할 타당한 이유가 있다고 판단했다면 약물 치료는 행동 수정 계획의 부가적 조치가 될 수 있다. 공격성 행동 치료에 약물을 사용하는 것은 '인가되지 않은 약품의 사용off-label use'으로 간주된다. 이는 공격성을 치료할 목적으로 허가되거나 특별히 승인된 약물은 없다는 의미다. 많은 항불안제는 인간의 항우울제로 개발되었고, 이후 수의행동학자들에 의해 동물에게도 사용되고 있다.

개에게 필요한 안전 조치에 대한 이해와 행동 문제에 대한 철저한 평가 없이 약물을 투여해서는 안 된다. 개는 물 수 있다는 것을 알고 관리해야 한다. 행동 수정(교육, 환경 변화, 관리)은 그 과정의 중요한 부분이다.

공격성을 촉발하는 자극이 관리될 수 없다면 약물 치료는 위험한 전략이다. 약물 치료로 개의 흥분도와 반응성을 줄이더라도, 그런 상황에서 개를 안전하게 만들진 못할 수 있다. 약물로 공격성을 '치료'할 순 없지만, 우리가 '공격성의 대상으로부터 안전한 거리에서' 개를 통제할 수 있게 개의 반응성을 낮출 수는 있다.

모든 행동 수정 약물은 공격성과 흥분도를 '증가시킬' 가능성이 있다는 것도 이해해야 한다. 항우울제를 복용하는 사람들이 약을 먹기 전보다 더 긴장하고 더 불안해할 수 있는 것처럼, 개도 약을 먹으면 불안과 과민성을 경험할 수 있다. 따라서 안전 문제, 예방, 정적 강화 기반의 교육, 촉발 요인 피하기, 그 외 다른 조치들이 병행되도록 계획을 체계적으로 세워야 한다.

행동 수정 약물 사용은, 공격성에서는 복잡한 상황을 연출한다. 행동 수정 약물이 관리에 유용할 수 있지만, 공격적 행동은 '치료'될 수 없다는 것과 물기의 위험성도 완전히 없앨 수 없다는 것을 기억하는 것이 중요하다. 무는 개는 계속 물 것이고, 물려고 위협하는 개도 '무는 개가 될 수 있다.'

우리 개는 '싫다'고 말할 권리가 있을까?

개는 우리처럼 두려움을 느끼거나, 스트레스를 받거나, 만족감을 느끼는 존재다. 우리가 우리의 요구뿐 아니라 개의 요구도 생각해 반려견에게 자율성을 일부 부여한다면 개와 함께하는 삶은 훨씬 더 단순해질 것이다. 개는 행동과 보디랭귀지를 통해 하기 싫거나 주저하는 마음을 드러낸다. 가족 중 하나 또는 낯선 사람이 먼저 상호작용을 시작했는데 개가 다가오지 않는다면 개를 혼자 내버려 두는 것이 최선이다. 아이가 개 침대나 소파에서 자고 있는 반려견을 안아주고 싶어 하는 상황이든, 낯선 사람이 '인사'하기 위해 자기 개와 함께 다가오는 상황이든 마찬가지다. 개가 아이와 놀기 위해 소파에서 내려오지 않는다면 개가 편하게 자도록 내버려두고 아이가 개의 휴식을 방해하지 못하게 한다. 또는 아기 안전문 등으로 아이와 개를 분리한다. 다른 개가 다가올 때 개의 몸이 뻣뻣해지거나 으르렁거린다면 개를 다른 길로 데려간다. 개가 그런 상호작용을 할 수 있을 것이라고 가정하거나 더 나쁘게는 '해야 한다'고 단정하기보다는, 개가 싫다고 말하는 것을 존중해 주고 조용히 상호작용을 중단한다.

공격성 없는 개를 선택할 수 있을까?

성격과 기질은 최소한 유전을 바탕으로 한다. 개의 부모 및 다른 혈연관계들의 공격성을 아는 것이 가능하다면, 당연히 자원을 지키는 행동을 하거나 두려워하는 성향을 갖거나 사람에 대한 공격성을 드러내지 않는 부모나 혈연관계를 가진 개를 선택해야 한다. 하지만 개를 향한 공격성으로 사람을 향한 공격성을 예측할 수 있는지는 분명하지 않다. 만약 부모견의 이력에 공격성이 있다면, 예를 들어 뼈다귀에 다가갔는데 으르렁거렸다면, 그 공격성이 예상되는지, 예측 가능한지, 정도가 경미한지 따져본다. 그렇다 하더라도 반려견으로서는 받아들이지 못할 수 있다.

품종 자체는 어떨까? 품종을 일반화하는 경향이 있는데, 사실 품종 내 개개의 특성은 다 다르다. 예를 들어, 골든 리트리버는 보통 이상적인 가정견으로 묘사되지만, 모든 가족이 다르듯 한 품종 내의 모든 개도 다르다. 만약 순종견을 입양하기로 결정했다면 당신처럼 기질을 중요하게 여기는 윤리적이고 책임감 있는 브리더를 찾는 것이 가장 중요하다. 다른 가족들이 키우고 있는 품종을 보고, 도그 쇼에 가서 브리더나 핸들러와 이야기를 나누어보자(2장 참고).

우리가 이 개와 잘 지낼 수 있을까?

우리 개는 완벽할 필요는 없지만 나와 가족에게 완전히 안전해야 한다. 때로는 정말 성실하고 양심적이고 경험 많은 반려동물 보호자들도 개를 안전하게 키울 수 없는 경우가 있다. 이는 사람과 개의 부조화, 즉 개가 보호자의 기대나 성격, 기량과 맞지 않아서이다. 또는 개의 공격적 행동을 관리하기 너무 어려워서다. 다음은 개가 이상적인 반려동물이 되기 어려운 경우들이다.

- 사회적 고립, 방임, 학대 등으로 사람이나 아이에게 제대로 사회화되지 않은 개는 사람과 편안하고 안전하게 살도록 회복시키는 것이 매우 어렵거나 불가능할 수 있다.
- 극심한 흥분과 억제되지 않은 공격성 이력이 있는 개는 계속 공격적

감정 폭발을 할 수 있어 가족 구성원에게 위험할 수 있다.
- 보호자가 수의행동학자에 의해 권장된 치료 계획을 따를 수 없거나 따를 생각이 없는 경우다. 이런 개 중 일부는 다른 보호자를 만날 때 더 좋은 반응을 보일 수 있다. 하지만 공격성을 가진 동물에게 새 보호자를 찾아주는 데는 법적 책임과 그 외 우려 사항이 있을 수 있다.
- 수의행동학자의 치료 후에도 심각한 공격성이 지속될 수 있다.
- 사람에게 공격적인 대형견은 특히 다루기 어려울 수 있다.
- 일반적으로, 특별 관리가 필요하거나 개와 안전하지 않게 상호작용을 할 수 있는 가족 구성원이 있는 가정은 개에게 잘 맞지 않을 수 있다. 치매에 걸린 가족 구성원이나 지침 또는 규칙을 확실하게 따를 수 없는 아이가 있는 경우가 포함된다.

공격적인 우리 개를 어떻게 해야 할지 결정하는 방법

사랑하는 누군가를 포기하는 것은 매우 어려운 일이지만, 때로는 선택지가 별로 없는 경우도 있다. 수의행동학자가 개의 공격성을 평가한 결과 예후가 나빠 호전될 가능성이 거의 없다고 판단될 때, 또는 모든 옵션을 시도해 봤는데도 전혀 개선되지 않을 때, 개의 공격성으로 보호자의 안전과 안녕이 지속적으로 위협될 때 개를 포기하게 될 수 있다. 이런 경우라면 그 개는 우리에게 맞는 반려동물이 아니다.

일라나 라이즈너가 보호자에게 공격적이어서 안락사된 개들을 대상으로 연구한 결과, 이 개들에게는 키우기 힘들게 하는 특정 특성이 있다는 사실이 밝혀졌다. 이런 특성에는 크기가 더 크다는 점, 개가 보이는 공격성에 대한 예측 가능성이 낮다는 점, 쓰다듬거나 근처를 걸어가는 것 같이 자극적으로 보이지 않는 상황에서도 공격성을 나타낸다는 점이 포함되었다. 이런 특성들은 개와 인간 가족의 관계를 악화시킬 가능성이 높다. 불행히도 현재 우리 개가 가지고 있는 문제는 새로운 집에 가서도 반복될 가능성이 높기 때문에(간혹 그렇지 않은 경우도 있긴 하지만), 새 가정을 찾아주는 것은 좋은 선택이 아니다.

중요 포인트

모든 개는 공격적으로 행동할 가능성이 있다는 것을 인식해야 한다. 개가 이전에 공격성을 보였든 안 보였든 간에, 모든 반려동물 보호자는 사전 조치를 통해 이를 예방해야 한다. 만약 우리 개가 공격성을 보였고, 그 위험이 아무리 작더라도 개를 계속 키우기로 결정했다면, 현재 아무리 사소해 보이는 상황이라도 큰 위험을 예측하고 상황이 재발하지 않도록 철저히 예방해야 한다.

공격적 행동은 단순히 교육적 문제로 볼 수 없다. 잘 교육된 개들도 사람을 문다. 따라서 개를 계속 키우기로 마음먹었다면 가능한 한 빨리 수의행동학자와 상담하는 것이 좋다. 정확한 진단받고, 현실적인 기대치를 설정하며, 나와 가족이 따라야 할 치료 계획을 세운다.

개와 다른 사람들의 안전을 위해 '개의 인생을 위한' 사전 대책들을 마련해야 한다. 확인된 촉발 요인과 높은 위험 상황들을 피하는 것이 중요하다. 예를 들어, 다른 개와 싸우는 개는 개 공원에 가면 안 되며, 새로운 사람을 무서워하는 개는 낯선 사람과 인사하지 않도록 해야 한다. 낯선 사람이 아무리 괜찮다고 주장하더라도 다가와서 개를 만지도록 허락해서는 안 된다!

만약 개가 공격적인 반응을 일으키는 상황에 직면하게 되는 장소에서 꼭 산책을 시켜야 한다면, 인적이 드문 시간을 택하고 바구니 형태의 입마개를 씌우는 것도 고려한다(5장 참고). 개는 이 도구를 하고도 편하게 숨 쉴 수 있고, 역조건화를 할 때나 좋은 행동을 했을 때 간식을 먹을 수도 있다.

　집 뒷마당이든 '어디든' 간에 지켜보는 사람 없이 개를 혼자 두어서는 안 된다. 문제 상황을 미리 예측해서 개가 우리 모두가 후회할 만한 결정을 하지 않도록 예방해야 한다.

　이 장을 시작할 때 이야기했던 개, 셜록은 어떻게 되었을까? 다행스럽게도 그날 아무도 다치지 않았다. 보호자는 셜록을 더 잘 통제하기 위해 자동 리드줄 대신 약 1.2미터 길이의 일반 리드줄로 바꿨고, 셜록에게 헤드홀터head halter를 차츰차츰 적응시켜 산책을 더 효과적으로 할 수 있게 되었다. 또한 셜록이 올바르게 행동하도록 복종 훈련 교실에서 배운 '앉아서 기다리기'와 '엎드려서 기다리기' 같은 매너 교육을 꾸준히 시켰다. 셜록은 다양한 상황에 보다 적절하게 반응하게 되었고, 보호자의 추가적인 통제와 예측 가능한 생활 패턴 속에서 차분하고 편안한 모습을 보이게 되었다.

　전문가로부터 도움을 구하자. 올바른 진단과 행동적 개입으로 공격적 행동 대부분은 안전하게 관리되고 개선될 수 있다.

요점 정리

- 우리가 알아차리기에 너무 미세할지라도 공격성은 거의 항상 촉발 요인에 의해 발생된다.
- 보호자는 개의 신호에 항상 주의를 기울이고 개로서 반응할 수밖에 없는 상황에서 개를 보호하는 책임을 져야 하며, 상황을 주도할 수 있어야 한다.
- 개가 보내는 사회적 신호 가운데 단 하나의 요소에만 집중해서는 안 된다.
- 개의 눈, 귀, 꼬리, 소리 및 전반적인 몸자세를 면밀히 관찰하면 개가 어떤 신호를 보내고 있는지 그리고 얼마나 공격적으로 변할지 알 수 있다.
- 상황에 따라 가장 착한 개조차 공격적으로 행동할 수 있다. 따라서 항상 개를 미리 보호할 수 있는 방법을 생각하고, 개가 불안해하는 상황에 처하지 않도록 한다.
- 개가 어떤 공격성을 보인다면, 진단, 안전 평가, 치료 계획을 위해 수의행동학자나 공인응용동물행동학자 등 전문가를 만난다.
- 공격성은 보통 관리될 수 있지만, 절대 '치료'될 수는 없다.

11장

분리불안

'벨크로 도그[98]' 딜레마

엘리스 크리스튼슨 E'Lise Christensen, DVM, DACVB
카렌 L. 오버올 Karen L. Overall, MA, VMD, PhD, DACVB, CAAB

　말콤은 완벽한 반려견이었다. 보호자인 찰스는 뛰어난 쇼 도그 show dog 였던 말콤을 브리더로부터 입양했다. 말콤은 매력적이었고 사람과 다른 개들에게 친절했으며, 찰스와 함께 직장에 나가는 날이 많았다. 그런데 찰스가 말콤을 집에 혼자 두고 출근할 때마다 집은 아수라장이 되었다. 말콤은 온종일 짖고, 베개, 가구, 러그를 씹고 긁어 댔다.
　찰스는 말콤을 무척이나 사랑했지만 집에서 혼자 지낼 수 없는 말콤에게 화가 나고 좌절감을 느꼈다. 찰스는 직장에 데려가지 않은 것에 대한 화풀이로 말콤이 짖고 물건을 파괴한다고 믿었다. 찰스는 말콤이 파괴한 물건 앞으로 말콤을 끌고 가 야단 치는 것으로 벌을 주었다. 그래도 효과가 없어, 말콤을 크레이트 안에 넣었는데 상황은 더 악화되는 것 같았다.
　퇴근 후 집에 돌아온 찰스는 크레이트가 소변으로 가득 차 있는 것을 보고는 말콤이 '화난' 것이 아닐 수 있음을 깨달았다. 말콤은 괴롭고 두려웠던 것일지도 몰랐다. 찰스는 말콤이 혼자 집에 있을 때의 행동을 촬영해

보기로 했다. 그 결과 자신의 생각이 옳았음을 확인하고 충격을 받았다. 말콤은 혼자 있을 때 크레이트 문을 긁어 대고, 자기 몸에 소변을 보고 낑낑대며 울었다. 침도 잔뜩 흘렸다. 말콤은 찰스가 떠난 지 몇 시간이 지나도록 너무 지쳐서 더 이상 깨어 있을 수 없을 때까지 이런 행동들을 멈추지 않았다.

찰스는 수의행동학자들이 이것을 '분리불안'이라 부른다는 것을 알게 됐다. 혼자 있을 때 물건을 망가뜨리거나 다른 곳으로 옮기고, 소리 내어 짖거나 울고, 자해를 하고, 과도하게 침을 흘리며 안절부절못하고, 그 밖에 다른 행동 문제를 보이는 많은 개가 '분리불안separation anxiety'이라는 심각한 형태의 정신적 고통을 겪고 있다는 것도 말이다.

개와의 유대감

개가 우리를 반기며 달려오고 주변을 졸졸 따라다닐 때면 참 기분이 좋다. 사실 이는 많은 사람이 개를 키우면서 가장 좋아하는 부분 중 하나다. 우리는 그저 개의 커다란 눈망울과 부드러운 털에만 반하는 것이 아니다. 이들이 보여주는 무조건적인 애정에도 크게 끌린다. 우리를 보고 싶어 안달이 난 누군가가 반겨주는 집으로 돌아오는 건 매우 기분 좋은 일이다.

사람과 어울리기 좋아하고 인간과 유대를 형성하는 성향은 아마도 개가 인간의 제일 친한 친구가 되기 위해 진화하는 과정에서 유전적으로 선택된 것일지도 모른다. 유대감 증가는 사람과 어울리기 좋아하는 개만 의도적으로 번식시킨 결과일 수도 있다. 혹은 태생적으로 사람과 어울리기 좋아하는 개가 더 많은 보호를 받을 수 있었고 음식과 그 외 다른 자원에 더 쉽게 접근할 수 있었기 때문일 수도 있다. 어찌되었든, 인간은 우리와 특별한 유대를 형성하는 유일무이한 종을 만드는 데 한몫했다.

그런데 근래 들어 우리의 생활이 바빠지면서 이 독특한 유대는 되레 홀로 남겨진 감수성 예민한 개에게 스트레스를 유발하며, 이는 문제가 되고 있다. 근본적으로 수천 년이 넘는 시간을 거치면서 우리가 오늘날의 작고 불안한 동물을 만들어냈을지도 모른다. 금요일 밤까지 펫시터가 필요하거나, 영화를 보러 나가는 대신 온 가족이 텔레비전 재방송을 보는 데 기여했는지도 모른다.

개, 특히 강아지가 의지할 수 있는 동료 개 또는 사람 같은 애착 대상과 떨어졌을 때 어느 정도 괴로움을 보이는 것은 정상적인 반응일 수 있다. 이런 괴로움은 몇 분 이내로 짧게 지속되어야 하며 강도가 세지 않아야 한다. 예를 들어, 개가 좀 낑낑거릴 수는 있지만 그런 다음에는 기분 좋게 먹이를 먹을 수 있어야 한다. 이런 괴로움의 신호는 시간이 지나 그 개 또는 강아지가 하루 일과를 익히고 자기가 잃어버린 보호자가 다시 돌아온다는 것을 예측할 수 있게 되면 점차 감소해야 한다.

분리불안이 있는 개는 혼자 남겨졌을 때 단순히 슬프거나 실망하는 정도를 넘어선다. 그들은 불안감이 덜한 개들과는 달리 보호자의 빈자리를 견디는 법을 배우지 못한다. 치료를 받지 않는 한, 혼자 남겨질 때마다 개선되지 않는 극도의 괴로움을 겪기 쉽다.

아무리 자기 개를 좋아하는 사람이라도 때로는 개를 혼자 두고 나가야 할 때가 있다. 집에 돌아왔을 때 곳곳에 널려 있는 대소변 자국, 갈가리 찢긴 소파 또는 애절한 울부짖음에 항의하는 이웃과 대면하길 원하는 사람은 아무도 없다. 분리불안으로 괴로워하는 개를 키우는 사람에게는 이런 것들이 일상생활의 일부다. 개의 이러한 행동은 사람과 개 사이의 유대를 무너뜨리고 개를 학대, 유기, 안락사의 위험에 처하게 할 수 있다.

특히 구조된 개는 분리불안이 있을 가능성이 더 높다고 여겨진다. 버려졌다는 사실 자체의 트라우마 때문인지, 보호소에서 보낸 시간 때문인지,

아니면 애초에 분리불안 때문에 버려졌는지는 명확하지 않다. 보호소나 구조 단체에게 개를 맡길 때 많은 사람이 분리불안에 대해 언급하지 않는데, 말했다가는 개가 안락사당하게 될까 두렵기 때문이다. 불행하게도 이 말은 분리불안으로 고통받고 있는 보호소의 개나 구조된 개에 대한 정확한 숫자가 파악도 되지 않는다는 의미다.

분리불안이란?

분리불안을 가진 개는 행동상 장애가 있고, 보호자가 없을 때'만', 또는 문이 닫혀 있거나 펜스가 쳐져 있거나 그 외 물리적으로 분리되어 있어서 보호자에게 갈 수 없을 때'만' 신체적·생리적·행동적 괴로움의 징후를 보인다. 또는 개가 '특정' 사람이 없거나 그 사람에게 갈 수 없을 때'만' 분리불안 징후를 나타내는 경우도 있다.

이런 개 대부분은 보호자와 함께 있을 때는 '상당히' 정상적으로 보인다. 늘 보호자와 같은 방에 있겠다고 고집하지도 않고 다른 반려동물들과도 잘 논다. 그러나 혼자 남겨지게 되면 다른 반려동물과 어울리지 않는다(다른 반려견들이 괴로움에 빠져 있는 이 개를 피하는 것일 수도 있다).

전형적이지 않은 '벨크로 도그'가 되는 개도 이따금씩 있다. 이는 어떤 상황에서도 보호자 곁을 떠나지 않으려는 개를 의미한다. 무슨 일이 있어도 절대 떨어지지 않는 개 말이다. 최악의 경우, 이런 개들은 항상 누군가와 신체적으로 접촉하고 있어야만 한다. 매우 드물긴 하지만 이렇게 극도로 집착하는 개에게는 보호자와 분리된 삶이란 상상조차 할 수 없다.

분리불안과 관련해 가장 일반적으로 보고되는 행동에는 배뇨, 배변, 파괴 그리고 주로 짖거나 과도하게 울기가 있다. 이는 사람들이 쉽게 알아채는 징후다. 하지만 혼자 남겨진 개를 촬영해 보지 않는 한 보호자가 알아차리지 못하는 징후도 많다. 침 흘리기, 헐떡거리기, 얼어붙은 듯 움직임이 없는 상태, 움츠려 있기 그리고 문제 해결 및 다른 인지 행동상의 변화가 그렇다. 이는 눈에 잘 띄지 않을뿐더러, 우리가 집에 없으면 그야말로 발견할 수 없기 때문이다. 그래서 이런 징후를 보이는 개들은 제대로 진단받기가 힘들다. 그렇다면 이런 징후들은 어떻게 알아챌 수 있을까?

소변과 침은 우리가 없는 사이 증발해버려 눈에 안 보일 수 있다. 하지만 작은 휴대용 블랙라이트black light[99]를 비추면 소변 자국에 형광 빛이 발한다. 바닥이나 카펫 위를 천천히 라이트로 비추면 개가 소변을 본 곳이 밝게 빛난다.

개가 침을 흘렸다면 털이 적갈색으로 착색되었을 수 있다. 어두운 색의 털일 경우에는 보이지 않을 수도 있지만 말이다. 우리가 없는 동안 개가 침을 흘리는지 확실치 않다면 개의 다리와 앞쪽 가슴을 만져보자. 침을 흘렸다면 침 잔여물로 털이 뻣뻣하고 두껍게 뭉쳤을 수 있다.

누군가가 불만을 제기하지도 않고 개가 목이 쉰 것을 알아차리지도 못한다면 개가 온종일 짖거나 하울링했는지 모를 수 있다. 이 경우 자동응답기의 메모 기능처럼 음성 인식 녹음기로 개가 짖는 소리를 녹음할 수 있다. 가격도 저렴하다. 하지만 개가 짖는지 그리고 개가 안절부절못하고 부들부들 떠는지, 한 장소에 얼어붙은 듯 있는지 등을 알 수 있는 가장 좋은 방법은 녹화를 하는 것이다. '영상은 우리에게 개의 하루를 말해줄 수 있다.' 개가 헐떡거리거나, 초조하게 왔다 갔다 하거나, 고정된 자세로 뻣뻣하게 앉아 있거나, 아무도 자기 소리를 들을 수 없는데도 낑낑거리며 운다면 극심한 정신적 괴로움과 고통을 겪고 있는 것이다.

집을 비운 동안의 개의 모습을 담은 영상은 우리뿐만 아니라 수의사에게도 최고의 정보를 제공해 준다. 몇 곳에 카메라를 움직이지 않게 설치하여 녹화한다. 적어도 사람들이 드나드는 출입문과 개가 가장 좋아하는 휴식 공간은 포함한다. 우리가 집에 있을 때의 개의 모습도 녹화하면 행복할 때와 괴로울 때의 모습을 비교할 수 있다. 즉 바꾸고자 하는 행동과 보상하고자 하는 행동을 파악할 수 있다. 두 영상을 비교해 보면 다음의 '일반적인 증상'에 나열된 행동이 보일 것이다.

분리불안의 일반적인 증상들

- 배뇨
- 배변*
- 침 흘리기
- 파괴*
- 헐떡거리기
- 안절부절못하고 서성거리기
- 얼어붙은 듯 있기/부동 상태
- 몸 떨림
- 소리내기*

*이런 증상들은 보호자가 인지하기 제일 쉬운 것들이다.

일반적으로 행동 문제는 초기에 발견했을 때 가장 쉽게 고칠 수 있다. 개가 분리불안 징후를 보이는지 확인하기 위해 일 년에 한두 번 영상을 녹화해 본다. 만약 개가 분리불안 징후를 보인다면 임상 징후를 보일 정도로 나빠질 때까지 기다리지 말고 당장 도움을 받는다.

분리불안에 대한 잘못된 속설들

개와 관련된 대부분의 행동 문제가 그렇듯, 분리불안과 분리불안의 치료에 대한 잘못된 속설이 많다. 다음은 그 중 일부다.

- 출장이 잦은 사람은 간혹 자기가 집을 너무 많이 비우기 때문에 개가 분리불안이 생겼다고 말한다. 또 강아지를 키우거나 강아지와 관련된

일을 하는 브리더나 동물병원 관계자들은 분리불안이 생기지 않도록 개에게 혼자 있는 법을 가르쳐야 한다고 말한다. 어느 말이 맞는 걸까?

- 사람들은 막 개를 입양했을 때 개를 침대에서 자게 하면 '버릇이 나빠져서' 혼자 두지 못하게 된다고 말한다.
- 일부 사람들은 우리가 너무 바빠서 개가 물건을 망가뜨린다고 말한다. 반면, 우리가 시간이 많으면 개가 사람에게 '너무 과하게 유대를 느끼게' 만들고 결국 버릇이 나빠져 집을 망가뜨린다고 말하는 소위 전문가도 있다.
- 사람들은 집에 개가 한 마리뿐이면 그 불쌍한 개가 외롭기 때문에 그리고 우리가 그 개에게 너무 많이 관심을 갖기 때문에 우리가 집을 비우면 짖는다고 말한다. 또 집에 개가 한 마리 이상이면, 우리가 너무 많은 반려동물을 키우기 때문에 문제가 있는 개에게 충분히 관심을 줄 방법이 없어서 그렇다고 말한다.
- 재택근무를 하다가 사무실로 출근을 하게 되면, 개가 우리가 집을 떠나는 것에 화가 나 '앙심을 품고' 카펫에 오줌을 싼다는 말도 있다.
- 개가 집을 새롭게 '리모델링'해 주고 있다면, 사람들은 개가 심심해서 그렇다고 하거나, 개에게 더 많은 활동이나 할 일이 필요하다고 말할 수 있다. 하지만 아이러니하게도, 우리가 돌아올 때까지 개가 먹이 장난감에 전혀 관심을 보이지 않거나, 심지어 그 안에서 나오는 음식도 먹지 않는 경우가 있다.
- 사람들은 개는 '제한'이 필요하다고 말한다. 즉 우리가 집을 비울 때는 개의 반응과 상관없이 개를 크레이트에 가둬야 한다고 말한다.
- 동물구조자, 보호소 그리고 동물구조 및 보호 웹사이트에 '벨크로 도그'에 대해 자주 언급되는데, 이런 개들이 개로부터 많은 관심을 얻기 원하는 사람들에게 적합한 반려동물로 묘사된다. "개는 항상 당신 곁

에 있을 거고, 당신은 개가 어디 있는지 늘 알 거예요."

이렇게 서로 모순되는 말들은 보호자들에게 혼란과 좌절감을 불러일으킨다. 결국 이 상태를 관리하는 데 도움을 받지 못하게 되고 설상가상으로 엉터리 도움 탓에 근본적인 불안감을 다루는 데 집중하지 못하게 된다.

분리불안과 관련된 사실

분리불안 치료용 약물 승인을 위한 실험에서 수집된 자료 덕분에 우리가 알고 있던 사실이 더 명확해졌다. 실험 결과는 놀라울 수도 있는데, 분리불안에 대한 잘못된 정보로 생기는 많은 우려를 해소해준다.

가족 구성원 형태와 보호자의 행동은 분리불안과 무관하다
실험에는 개가 한 마리뿐인 가정의 개, 다견 가정의 개 그리고 여러 반려동물이 함께 사는 가정의 개가 참여했다. 연구 결과는 분리불안이 개 보호자에 의해 유발되는 것이 아니며, 여러 요인들에 의해 발생한다는 것을 보여줬다. 집에 누군가가 거의 항상 있든, 모두가 밖에서 일하든 개가 분리불안을 겪을 가능성은 같았다. 또한 분리불안은 전염되지 않는다. 즉 분리불안을 가진 개와 함께 산다는 이유만으로 분리불안이 생기지는 않았다.

어떤 보호자는 자기 개를 몹시 애지중지했고, 또 다른 보호자들은 그렇지 않았다. 다른 연구 결과에서도 나왔듯, 개를 '응석받이로 키우는 것'도 분리불안 발생에 영향을 미치지 않았다. 분리불안이 있는 개의 보호자들 중 일부는 개를 침대에서 함께 재웠고, 일부는 허용하지 않았다. 프리미엄급 사료를 먹인 사람도 있고 그렇지 않은 사람도 있었다. 개의 털 관리도 거의 하지 않은 사람도 있고, 개에게 옷을 입힌 사람도 있었다(옷을 입히는 것은 개를 어색하게 만들 수는 있어도 분리불안을 일으키지는 않았다).

분리불안에 품종 소인은 없다

분리불안 문제로 일반 동물 병원에 방문하는 개들에서 순종견과 믹스견의 비율은 별 차이가 없었다. 분리불안을 가질 가능성이 더 높은 품종도 없는 것으로 나타났다. 또한 성견이거나 유기견 또는 구조된 상태에서 입양된 개들을 전체 병원을 찾는 환자 수와 비교한 결과 이들이 분리불안을 겪을 가능성이 더 높지는 않았다. 즉, 분리불안을 겪지 않을 거라 보장할 수 있는 '이상적인' 품종이나 출처는 없어 보였다.

많은 운동과 활동이 개에게 필요한 전부는 아니다

분리불안이 있는 개들은 단지 자극이 부족하거나 결여된 것이 아니다. 즉 단순히 심심해서가 아니다. 심지어 바깥으로 나갈 수 있는 개 전용문이 있어도 개는 분리불안을 겪을 수 있다! 영상을 살펴보면, 분리불안이 있는 개는 다른 개가 같이 놀자고 청해도 무시하고, 먹이 장난감을 사용하지 않으며, 다른 때 같았으면 허겁지겁 먹었을 음식도 전혀 먹지 않는다. 벽과 문을 파내 탈출구를 만들거나 창문을 깨서 탈출하려다 몸에 상처를 입고, 때로는 심하게 자해를 하기도 한다. 그런 다음에는 누군가를 찾거나 자기 곁에 있어줄 사람을 찾으려 한다.

개는 보호자가 충분히 '우위에 있지' 않기 때문에 괴로운 것이 아니다

보호자가 개에게 분리불안을 일으킨다는 생각을 뒷받침하는 연구 결과는 없다. 책임을 전가하려고 애쓰는 잘못된 속설들은 개가 정확한 진단과 적절한 치료를 받는 것을 방해한다. 분리불안이 있는 개는 정신적으로 괴로운 상태다. 그들은 화가 나지 '않았고' 앙심을 품고 행동하는 것도 '아니다.' 스스로를 '통제할 수 없는' 상태에 있는 것이다.

이 개들은 자기를 혼자 남겨둔 것에 대해 우리를 응징하려는 것이 아니라 '자신의 사람'과 떨어졌을 때 그들이 느끼는 극심한 괴로움, 때로는 공황 상태에 대해 반응하는 것이다. 이 장 맨 앞에서 언급됐던 말콤의 경우, 보호자가 말콤의 파괴적이고 울부짖는 행동들을 앙심 때문이라고 생각했기 때문에 말콤은 보호자가 그의 고통을 깨닫기 전까지 벌을 받아야 했다.

> **용어 정리**
>
> - **분리불안**separation anxiety: 개가 가족 구성원과 떨어져 있게 된다고 예상할 때 겪는 정신적 고통으로, 혼자 남겨진 동안에도 지속된다. 임상 증상으로는 짖기, 파괴 행동, (배변 교육이 잘되었음에도) 배변 실수, 침 흘림, 헐떡거림, 안절부절못하며 서성거리기 등이 있다. 이런 개들 중 상당수가 혼자 남겨졌을 때 공황 상태의 임상 증상을 보인다.
> - **공황**panic: 갑작스럽고 강렬한 공포감을 느꼈을 때 나타나는 것으로, 심박수 증가, 불안 및 동요, 배탈, 탈출 행동, 헐떡거림 같은 신체 증상이 동반된다. 확인 가능한 특정 트리거가 없어도 공황이 일어날 수 있다.
> - **탈감각화와 역조건화**desensitization and counterconditioning: 이 치료 과정은 온화하고 점진적으로 학습을 유도하며 진행된다. 두려움이나 괴로움을 유발하는 상황에 개를 노출시키는 과정이 포함되는데, 개가 괴로운 반응을 보이지 않을 정도로 낮은 수준에서 시작해 점진적으로 노출 강도를 증가시키는 방식이다. 이를 탈감각화라고 한다. 더불어 이 개는 바람직하지 않은 행동과는 동시에 할 수 없는 바람직하고 즐거운 행동을 배우게 되는데 이를 역조건화라고 한다.
> - **불안**anxiety: 위험하거나, 무섭거나, 두려움이 유발되는 상황이 예측될 때 일어나는 불안함 또는 걱정을 말한다. 개에게 불안은 주로 안절부절못하는 상태, 높은 근육 긴장도, 떨림, 심한 경계심 즉, 쉽게 깜짝 놀라고 과도하게 경계하는 상태 등으로 나타난다.

분리불안에 관한 과학의 결론

직장에서 힘든 하루를 보낸 당신은 집에 가서 개와 함께 쉬기를 고대한다. 새로 산 크레이트가 개에게 편안했기를 바란다. 크레이트는 크기도 크고, 통풍이 잘되는 장소에 있다. 안에는 담요, 자동급수기, 개가 가장 좋아하는 씹는 장난감 그리고 개가 정말 좋아하는 땅콩버터가 채워진 먹이 퍼즐 장난감도 있다.

크레이트를 선택한 것은 직장에서 보내는 시간이 점점 길어지면서 집에 오면 책과 종이가 찢어져 있는 것을 발견했기 때문이다. 이후에는 소파 모서리가 씹혀 있었다. 개는 아직 어리고, 당신이 집을 비우는 시간은 길다. 어쩌면 개는 당신이 없는 동안 할 거리를 찾고 있었을지도 모른다. 그런 와중에 누군가가 크레이트와 장난감을 추천했고, 주말에 개가 간식을 먹기 위해 크레이트에 들어가는 것을 즐기는 것처럼 보였다. 오늘은 개가 크레이트에 갇힌 채 혼자 남겨진 첫날이다.

현관문을 열자 개가 당신에게 뛰어오른다! 주위를 둘러보니 집이 온통 난장판이다. 책과 종이만 씹혀 있는 것이 아니라 베개와 쿠션도 갈기갈기 뜯겨 있다. 크레이트는? 담요는 철창 사이로 빠져나와 있고, 자동급수기는 뒤집어져 있으며, 먹이 퍼즐 장난감은 건들지도 않았다. 크레이트 철창은 구부러져 있고, 문은 열려 있었다.

그리고 가엾은 개의 잇몸에서는 피가 나고 있고 이빨 하나가 부러져 있다. 개의 발톱도 온통 부러졌고 발바닥에 상처도 났다. 러그에 온통 피가 묻어 있다. 당신의 개는 무엇이 잘못된 걸까? 고칠 수 있을까? 당신은 개를 사랑하지만 직장에 가야만 한다. 그래서 수의사에게 연락한다.

흔히들 강아지가 혼자 있는 시간을 견디는 법을 배워야 한다고 생각하고 크레이트에 가두는 것이 이를 가르칠 좋은 방법이라고 믿는다. 적절한 크레이트 교육은 해를 끼치지 않지만 그렇다고 해서 반드시 분리불안을 예방하는 것은 아니다. 만약 개가 행동적으로 건강하고 정상적이라면 그 개는 스스로 사람들과 다른 동물들에게서 떨어져 있는 시간을 가질 것이고, 그 중에는 혼자 있는 시간을 위해 한적한 장소, 심지어 크레이트를 선택하는 개도 있을 수 있다.

1950년대와 1960년대의 고전적 연구에 따르면, 2~4주령 무렵의 강아지들은 서로를 따라다니기 시작하며, 5주령 무렵에는 무리 지어 펜스 출입구로 몰려간다. 생후 5주가 되면 탐험 기회가 주어질 경우 혼자 돌아다니기 시작하며 탐색 기술을 연마한다. 이 탐색 기술은 14주령이 될 때까지 빠른 속도로 발달한다. 따라서 우리 개가 정상이라면, 과보호하려는 사람이 개의 행동을 방해하지 않는 한, 개는 혼자 있을 수 있는 상황과 사회적 상호작용을 할 수 있는 상황을 모두 찾으려 할 것이다.

2011년에 발표된 한 연구는 30~40일령(4.5~6주령)에 입양된 개들이 60일령(8.5주령)에 입양된 개들에 비해 파괴적이고, 과도하게 짖고, 산책 시 두려움을 보이고, 소리에 민감하게 반응하며, 장난감과 음식에 대한 소유욕을 보이고, 보호자로부터 과도한 관심 끌기 행동을 보일 가능성이 더 높다는 결과를 보여 준다. 이 연구 결과가 주는 메시지는 개가 혼자 있는 법을 '배워야'만 한다는 것이 '아니라,' 가능하다면 '강아지가 최소한 8주령이 될 때까지 부모, 형제들과 함께 지내며, 주변 세계를 탐험하고 배우는 것이 안전하게 장려되는 환경에서 자라야 한다'는 것이다.

사람의 행동이 직접적으로 분리불안을 야기하지는 않지만, 사람이 개와 있을 때 어떻게 행동하느냐는 개가 분리불안을 극복하는 데 큰 영향을 미친다. 심리적으로 안정된 개는 혼자 편하게 있는 것을 따로 가르칠 필요가 없을 수도 있지만, 분리불안이 있는 개는 점진적이고 처벌 없는 과정을 통해 혼자 있을 때도 평온함을 느낄 수 있도록 가르쳐야 한다.

더 차분해지면 더 행복해질 것이라는 것을 차근차근 가르치면서, 그 어떤 불안 행동도 조장하지 않도록 주의해야 한다. 개를 관찰하고 개의 불안 행동을 읽는 법을 배워야 '정상적인' 행동이라고 오인해서 불안 행동을 무의식적으로 보상하는 일을 피할 수 있다. 예를 들어, 개가 코로 우리를 툭 찌르면 쓰다듬어주는 것이 그렇다. 이 조언은 개에게서 어떤 것을 빼앗으라는 의미가 아니다. 대신 더 차분하고 독립적인 행동을 보상해주는 것에 집중해서 개에게 그런 행동이 더 바람직하며 그런 행동을 하면 기분이 좋아진다는 것을 가르쳐야 한다. 개는 차분할 때만 집에 혼자 있는 것을 포함해 새로운 것을 배울 수 있다.

이 방법이 효과를 보려면, 개가 크레이트, 안전문 그리고 반려견 유치원 같은 개를 보호하기 위해 고안된 방식들에 어떤 반응을 보일지 알아야 한다. 크레이트와 안전문은 어떤 개들에게는 안전감을 주지만 어떤 개들에게는 갇힌 느낌을 줄 수 있다. 만약 개가 갇혔다고 느낀다면 분리불안은 더 악화되고 개는 공황 상태에 빠질 가능성이 높다.

개가 자기 크레이트를 좋아해서 낮잠을 자거나, 장난감을 씹거나, 먹기 위해 자발적으로 크레이트 안에 들어가고 우리가 크레이트 문을 닫고 오래 혼자 남겨두어도 아무런 문제도 없다면, 크레이트 사용이 분리불안을 치료하기 위한 일반적인 접근법에 도움이 될 수 있다. 반면 개가 크레이트를 두려워하고, 잡아끌어서 넣어야 하고, 그 안에서 겁먹은 눈으로 앉아 장난감, 음식, 물을 절대 건드리지도 않을 만큼 불안해한다면, 크레이트 사용은 개의 상태를 더 악화시킬 것이다. 확신이 서지 않는다면, 개의 반응을 정확히 알 수 있도록 개가 크레이트 안에 있을 때의 영상을 촬영한다.

소리에 예민하거나 공포증이 있는 개, 즉 폭풍, 총성, 불꽃놀이, 엔진 소리 같은 것을 두려워하거나 공황 상태에 빠지는 개는 보통 불안을 포함한 다른 문제도 함께 겪는다는 증거들이 있다. 특정 상황에서 나타나는 비정상적인 신경화학적 반응이 다른 상황에서도 일어날 가능성이 있다. 소리에 대한 예민함은 뇌의 신경세포들이 정보를 전달하는 방식을 변화시킬 수 있다. 따라서 개가 보이는 어떤 행동에 대해 걱정이 된다면, 개의 불안 장애가 보통 다른 질환과 함께 발생할 수 있다는 점을 고려해 모든 행동적 문제에 대해 철저하게 검사했는지 확인한다. 개의 상태가 좋아지고, 행복해지고, 삶의 질이 높아지기 위해서는 개의 모든 문제를 다루어야 한다.

이것은 파괴 행동을 예방하기 위해 크레이트에 넣어둔, 분리불안을 가진 개의 밥 그릇이다. 그 개는 크레이트 안에 넣어둔 모든 것을 포함해 크레이트까지도 파괴시켰다. 심지어 스테인리스 스틸 소재의 그릇을 씹어 구멍까지 냈다. © *K. L. Overall*

분리불안을 가진 개의 일반적인 행동 패턴

분리불안이 있는 많은 개가 다음과 같은 몇 가지 공통된 행동 패턴을 보인다.
- 완전히 혼자서 있을 때만 괴로워하고 개 유치원에 있거나 펫시터와 함께 있다면 문제가 없다.
- 특별한 한 사람 또는 몇몇 특정 사람과 떨어졌을 때 괴로워한다. 개 유치원이나 펫시터는 도움이 되지 않는다.
- 집에 한 사람 또는 여러 사람과 함께 있더라도 방문이나 안전문 같은 장벽 때문에 그들에게 접근하는 것이 불가능하면 괴로워한다.
- 개가 일정 변화에 민감하다. 예를 들어, 하루 일정이 늘 같다가 불규칙하게 변하거나, 일찍 시작되던 것이 늦게 시작되는 경우 괴로워한다. 개는 여섯 시간 동안 혼자 있어도 문제가 없지만 여덟 시간 동안은 혼자 있지 못할 수 있다.

- 다른 종류의 불안과 관련된 문제를 함께 가진 개는 불꽃놀이나 천둥 번개 같은 사건에 노출되었을 때 비슷하거나 같은 증상을 보인다.

분리불안 치료, 어떻게 시작할까?

개가 분리불안으로 고통받고 있다고 생각된다면 전문가의 조언을 구해야 한다. 우선 수의사부터 만나본다. 수의사는 먼저 분리불안을 유발하는 의학적 문제가 없는지 확인하고, 개의 행동 이력을 듣고 이를 바탕으로 분리불안을 진단하는 것이 적절한지 판단할 것이다.

분리불안 진단을 받은 경우, 바로 시작할 수 있는 간단하고 효과적인 치료법이 여러 가지 있다. 가능한 한 개를 혼자 두고 집을 비우지 않는 것, 개가 혼자 있는 동안 편안하게 있는 법을 가르치는 것, 전반적으로 개가 진정하도록 가르치는 것, 개가 꼭 혼자 있어야 한다면 약물을 통해 불안감을 완화시키는 방법 등이다. 이 모든 방법을 동시에 진행한다면 최악의 사례를 제외하고는 4~8주 내로 개선되는 것을 확인할 수 있다. 물론 어떤 개는 혼자 남겨져도 차분하게 있을 정도로 호전되고, 어떤 개는 임상 증상의 횟수, 강도 또는 빈도에 따라 호전되기는 하지만 장기적으로 일정 방식의 관리가 필요할 수 있다.

올바른 진단을 받았는지 확인한다

개가 혼자 있을 때 영상을 녹화해 담당 수의사나 수의행동학자와 공유하면, 잘못된 치료 계획을 피할 수 있다. 수시간 녹화할 수 있도록 준비한다. 영상을 녹화할 수 없다고 해서 도움을 구하는 것을 포기해서는 안 된다. 분리불안 치료는 잘못된 진단을 받더라도 개에게 큰 해를 끼칠 가능성은 낮다.

하지만 문제를 치료하지 않으면 개의 상태는 호전되지 않을 것이다.

> ### 분리불안의 증상
>
> 개가 '혼자 남겨지게 된다고 예상되면' 다음과 같은 증상들을 보일 수 있다.
> - 보호자를 주의 깊게 지켜보기
> - 흔히 꼬리를 다리 사이로 집어넣은 채 보호자를 이곳저곳 따라다니기
> - 커진 눈, 주름 잡힌 이마, 경직된 얼굴 등 '걱정스러운' 표정 짓기
> - 헐떡거리기, 안절부절못하며 서성대기, 낑낑거리기
> - 침 흘리기
> - 안 먹기 또는 음식 거부하기
>
> 개가 '혼자 남겨졌을 때' 다음의 증상들이 나타날 수 있다.
> - 짖기, 낑낑거리기, 하울링하기
> - 신발, 리모컨, 안경, 옷 같이 사람 냄새가 강하게 나는 물건이나 문설주, 문 바로 앞의 바닥재, 커튼, 문손잡이 등 출입구 쪽 물건 망가뜨리기
> - 물건들을 다른 장소로 옮기기
> - 엉뚱한 장소에 배뇨 또는 배변하기
> - 발에서 땀 흘리기(집에 돌아왔을 때 바닥재에 축축한 개 발자국이 남아 있는 것을 볼 수 있다.)
> - 안절부절못하며 서성이기(긁혀 있는 바닥, 해진 카펫을 발견할 수 있다.)
> - 구토
> - 설사
> - 침 흘림
> - 얼어붙은 듯한 자세, 몸 떨기, 부동자세

펫시터 구하기

분리불안이 있는 개는 성공적으로 치료될 때까지 절대 집에 혼자 남겨져선 안 된다. 하지만 이를 위해 꼭 펫시터 서비스를 이용할 필요는 없다. 집을 비워야 할 때는 창의력을 발휘해 개와 함께 있을 사람을 찾으면 된다.

펫시터를 추천하는 이유는, 치료 과정을 거치면서 개가 '차츰차츰' 나아지더라도 불가피하게 집을 비워야 하는 상황이 생길 수 있기 때문이다. 개를 불안한 상태로 두게 되면 치료 속도가 느려지거나 증상이 악화될 수 있다. 누구나 가끔은 외출이 필요하고, 가정과 직장에서 다해야 할 책임과 의무가 있다. 부득이하게 집을 비워야만 한다면, 개와 함께 있을 사람을 찾고 개를 안심시킨 뒤 외출하는 것이 중요하다.

개와 함께 있어줄 사람을 찾을 방법이 고민된다면, 먼저 친구들과 가족에게 물어보자. 많은 사람이 기꺼이 펫시터 서비스보다 적은 비용이나 무료로 반려동물을 돌봐주려 할 것이다. 개가 유치원에서 잘 지낸다면 이것도 좋은 옵션이 된다. 어떤 회사는 반려동물을 직장에 데려오는 것을 허용한다. 개를 온종일 행복하게 해줄 수 있는 도그 워커도 있을 것이다.

외출과 귀가를 대수롭지 않은 일로 만들기

집에 돌아와서는 개가 편안하고 조용하게 있을 때만 차분하게 인사한다. 점프하고, 짖고, 핥는 등 개의 '정신없는' 행동 일체에 무반응으로 일관한다. 자신의 반응 패턴에 늘 주의를 기울이면서 개의 행동에 대한 우리 반응이 개에게 긍정적인 영향을 주고 있는지 확인해야 한다. 그래야 개의 차분하고 안정된 행동만 보상할 수 있다. 보상은 개를 쓰다듬고, 말을 걸고, 바라보는 것으로 충분하다.

외출할 때는 재빠르고, 조용하고, 차분하게 행동한다. 호들갑을 떨지 않고, 집을 나가야 하는 시간에서 훨씬 전부터, 가능하다면 적어도 몇 시간 전부터 미리 물건을 챙긴다. 나가기 직전 몇 분 동안 급하게 서두르지 않는다. 개와 상호작용을 할 경우에는 차분한 태도로 임한다. 조용하게 말하고, 개를 쓰다듬을 때는 야단법석을 부려 흥분시키지 말고, 길게 쓰다듬거나 부드럽게 몇 번만 긁어준다.

흥분한 목소리나 걱정스러운 목소리로 말을 걸거나 자극적인 손길로 쓰다듬으면 개를 흥분시킬 수 있다. 집을 나가기 직전에 우리가 차분함을 유지해야 개가 최대한 평온한 상태를 유지할 수 있다.

운동시키기

개를 적절히 운동시키는 것이 중요하다. 외출 전, 긴 산책이나 한 시간 정도 물건을 던져서 물어오는 게임을 하면 도움이 된다. 여유롭게 냄새를 맡으며 돌아다니는 산책만으로 충분한 개도 있다.

물론 운동만으로 분리불안이 완전히 치료되지는 않지만, 적절한 운동과 정신적 자극은 개의 전반적인 건강을 향상시키고 불안감을 낮춘다. 게다가 운동을 하면 우리가 없는 동안 개가 휴식을 취하게 된다. 하지만 너무 열광적으로 하는 것은 피한다. 체력이 좋아져, 점점 더 많은 운동이 필요해질 수 있다.

벌을 주지 않는다

개가 죄책감을 느끼는 것 같아 보이는 생각이 들더라도 우리가 집을 비웠을 때 개가 한 일에 대해 벌을 주지 않는다. 최근 연구 결과 '죄책감을 느끼는 표정'이 단순히 우리의 분노 또는 실망에 대한 반응인 것으로 밝혀졌다. 미안해하는 듯한 행동이 소파를 망가뜨린 것을 만회하려는 노력이라고 착각하지 말자. 개는 우리의 분노를 피하기 위해 개의 언어를 사용하고 있는 것뿐이다.

벌은 45분 전 심지어 5초 전에 일어난 일에 대해서가 아니라 '지금 이 순간' 일어나고 있는 행동에 대해 줘야만 효과가 있다는 것을 기억하자. 분리불안 증상들은 우리가 없는 동안 일어나기 때문에, 올바른 순간에 벌을 주는 것이 불가능하다. 하지만 올바른 순간에 벌을 줄 수 있었다 할지라도,

벌은 불안감과 두려움을 증가시키고 동물이 학습하는 것을 더 어렵게 만들 뿐이다.

벌은 두려움을 없애주지 않는다. 오히려 우리의 귀가에 대해 두려움이나 갈등을 느끼게 만들 수 있다. 역지사지로 생각해보면 된다. 집에 혼자 남겨져 사라진 친구에 대한 걱정 때문에 먹지도 자지도 못할 정도였는데, 사라졌던 친구가 나타나서 걱정한 것에 대해 소리를 지른다면 어떻겠는가? 불안감이 낮춰질까? 아닐 것이다. 우리는 아마도 친구가 돌아왔다는 것에 대한 안도감과 친구가 화를 내는 것에 대한 혼란스러움이 뒤섞인 감정을 느낄 것이다.

차분한 행동에 보상을 준다

함께 집에 있을 때는, 개가 흥분, 긴장, 두려움을 보이지 않을 때마다 조용한 목소리로 말을 걸거나 차분하고 부드러운 손길로 쓰다듬어 주는 짧은 세션을 통해 개의 차분한 행동을 장려해 준다. 이때 고음의 톤으로 반복적으로 말하거나 개를 빠르고 짧게 쓰다듬으면 오히려 개를 흥분시킬 수 있다는 것을 명심한다. 어떻게든 개가 긴장을 풀고 편안하게 느낄 수 있도록 도와준다.

분리불안이 있다고 해서 모든 개가 집에 있는 동안 보호자를 그림자처럼 따라다니거나 딱 붙어 있지는 않다. 하지만 그렇게 하는 개들에게는 이따금씩 거리를 두고 떨어져 있거나 휴식을 취하는 것에 대해 보상을 주면 좋다.

보호자의 외출을 즐거운 일로 만든다

외출 직전에 개를 흥분하게 만들지 않는 것이 중요하며, 집을 비우는 동안 개에게 할 일을 제공하는 것은 매우 좋은 생각이다. 숨겨진 물건을 찾는 것 같은 후각 게임scent game과 먹이가 가득 찬 퍼즐 장난감은 우리가 없는 동안 개를 계속 바쁘게 해줄 훌륭한 방법이다. 막 집을 나가려 할 때 이런 것들을 준비해주는 것이 좋다. 개가 분리불안이 있든 없든 이런 방식의 외출 루틴은 개의 삶을 매우 풍요롭게 해 준다.

분리불안을 가진 개는 집에 혼자 있는 동안 장난감을 갖고 놀지 않거나 뭔가를 먹지 않는 경우가 많다. 하지만 개가 혼자 있을 때 먹거나 논다면 집을 비울 때마다 개를 즐겁게 해줄 뭔가를 놓고 나간다. 어떤 장난감을 사용하든, 집에 있는 동안 몇 차례 정도 개가 그것을 즐기는 법을 배울 수 있게 하고, 실제 외출 시 개에게 주고 간다.

분리불안은 지루함과 관련은 '없지만', 개를 계속 바쁘게 만들면 우리가 없어도 두렵지 않고, 꽤 즐거울 수 있다는 것을 개가 배울 수 있다. 우리가 없으면 아무것도 안 먹는 개를 위해서도 먹이 퍼즐 장난감은 좋은 방법이다. 집을 비운 동안 개가 처음으로 장난감을 갖고 놀기 시작한다면 혼자 남겨진 것에 대해 기분이 나아지기 시작했다고 보아도 좋다.

하지만 주의할 점이 있다. 이런 놀이나 먹이 퍼즐 장난감을 외출 때만 주면, 이런 장난감이 개에게는 외출 신호가 될 수 있다. 즉 그 장난감의 등장과 우리의 외출 간에 연관을 형성할 수 있다는 말이다. 이 경우 장난감이 곧 우리의 외출을 의미하기 때문에 개는 장난감을 행복하게 가지고 노는 대신, 그것을 보자마자 불안해할 수 있다.

단서와 간식

우리가 곧 집을 떠난다는 사실을 개가 알아채게 만드는 단서는 많다(개는 비언어적 단서를 정말 빨리 알아차린다). 열쇠를 집는 것, 핸드백이나 배낭을 드는 것, 겉옷을 입거나 신발을 신는 것, 홈웨어 대신 외출복을 입는 것, 화장하는 것, 출입문에 다가가는 것 등이 이에 해당한다.

집에 있을 때도 무작위로 이러한 행동을 하면 개는 이 단서들이 꼭 외출을 의미하지 않는다는 것을 배울 수 있다. 열쇠를 집어 올리는 것이 텔레비전을 보러 간다는 것일 수도 있고, 설거지를 하거나, 낮잠을 자는 등 외출과 관련 없는 행동을 의미할 수도 있다는 것을 가르친다. 이는 '습관화 habituation'를 이용한 방법으로, 개를 여러 번 이런 상황에 노출시키는 것만으로도 상황에 대한 반응을 멈추게 할 수 있다.

모든 외출 신호를 없애기란 불가능하니, 외출 단서가 때로는 우리의 부재 이외에 다른 뭔가, 즉 재미있는 것을 의미한다고 개에게 가르치는 것이 좋다. 이런 노력을 하지 않는다면 열쇠를 집거나 신발을 신을 때마다 개를 불안하게 만들게 된다.

가장 효과적인 결과를 얻기 위해서는 개가 편안할 때만 연습하고, 연습 세션 후에는 적어도 몇 시간 동안 집을 떠나지 않아야 한다. 또한 가능하다면 외출 준비를 미리 하고 트리거 아이템들이 눈에 띄지 않게 함으로써 외출 전 우리가 보이는 단서의 수를 제한하도록 노력해야 한다. 개가 헐떡거리거나 근심스러운 얼굴 표정을 하거나 왔다 갔다 하는 등 괴로워하는 증상을 보이는지 주의 깊게 관찰한다. 그런 증상이 보인다면 우리가 개에게 너무 많은 자극을 주고 있다는 의미다.

개가 차분하다면 이런 신호들이 간식을 의미한다는 것을 가르쳐 이를 강화할 수 있다. 예를 들어, 열쇠를 집어 들고 짤랑거린 후 간식을 조금 던져 준다. 단, 말을 걸거나 유난을 떨지는 말자. 개가 간식을 먹는 것에 계속 관심이 있다면, 이 과정을 하루에 최대 열 번까지 반복한다.

개가 열쇠 소리를 듣고 간식 생각에 신나서 우리를 바라본다면, 우리가 제대로 잘하고 있다는 의미다. 이제 다른 신호도 연습해볼 수 있다. 외출할 때마다 개에게 간식을 몇 개 던져 주는 것을 잊지 말자. 교육이 성공적이라면 개는 간식을 순식간에 먹어치울 것이다. 열쇠 소리가 곧 간식을 의미한다는 것을 배운 것이다.

> ### 외출 신호 연습을 너무 서두르는가?
>
> 우리가 외출 단서를 흘리는 동안 개가 불안 징후를 보이고, 신호 연습을 반복해도 차분한 상태가 되지 않는다면 연습을 너무 급하게 진행하고 있는 것일 수 있다. 이는 상황을 악화시킬 수 있다. 개의 상태를 가장 정확하게 평가하는 방법은 개가 가장 편안할 때 영상을 촬영한 뒤, 외출 신호를 연습할 때와 그 이후 10분까지의 모습과 비교하는 것이다. 개가 '최대' 몇 분 내로 편안한 상태로 돌아오지 않으면, 이 기법을 포기하거나 우리의 외출 신호를 더 '부드럽게' 조정하거나, 전문가의 직접적인 도움을 구해야 한다.
>
> 외출 신호를 부드럽게 만든다는 것은 그 단서의 강도를 약하게 조정하는 것을 의미한다. 예를 들어, 만약 열쇠를 집을 때 개가 동요하며 30분 이상 불안해한다면 적어도 며칠 동안은 모든 신호 연습을 중단한다. 그런 다음 열쇠를 고무줄로 묶어 짤랑대는 소리를 줄이고 열쇠를 집는 동작이 개에게 덜 자극적으로 느껴지도록 단서를 약하게 만들어 연습을 다시 시작한다. 그래도 별로 효과가 없다면, 담당 수의사 또는 수의행동학자에게 알린다. 아마도 이 신호 대신 다른 신호에 대해 연습하는 것이 최선일 수 있다.

개에게 긴장을 풀고 편안히 있는 것을 가르친다

개는 긴장을 풀고 편안히 있는 것을 배울 수 있다. 마사지가 긴장을 풀도록 가르치는 데 도움이 된다.[100] 일단 마사지를 받는 동안 개가 깊게 숨쉬며 근육이 이완되는 것이 보인다면, '릴렉~스$_{relaaax}$'라는 단어를 느리고 낮게 말한다. 계속 진행하면서 조금씩 빠르게 말할 수 있다. 결국 이 단어 자체가 긴장을 풀고 편안히 있게 하는 신호가 된다. 이 단어를 듣는 순간 곧 근사한 마사지를 받게 된다는 것을 개가 배웠기 때문이다.

개에게 긴장을 풀고 편안히 있는 법을 가르치는 또 다른 방법은, '앉아', '엎드려', '기다려', '봐$_{look}$' 같은 기본 지시어를 아침저녁으로 3~5분씩 가르치는 것이다. 처음에는 개가 지시어를 잘 따를 때마다 보상을 준다. 하지만 일단 개가 지시어를 이해했으면, 각 지시어를 가장 편안한 상태로 수행할 때만 강화하는 것으로 조건을 변경한다. 예를 들어, 개에게 앉으라고 지시하고 개가 편안한 상태로 잘 앉으면 보상해 준다. 부드럽게 이완된 전신 근육, 천천히 흔드는 꼬리, 한숨을 내쉬는 것, 깜박이는 눈, 심호흡 등이 개가 편안하다는 신호다.

개가 우리가 함께 있을 때 편안하게 있는 법을 배우지 못한다면, 우리가 없을 때는 어떻겠는가? 일정 시간을 정해 개를 편안히 있게, 즉 이완relaxation하게 하면 개가 온종일 차분하게 지낼 수 있다. 이는 우리의 외출 단서나 부재에 개가 보이는 불안감이 전반적으로 낮아질 수 있다는 의미다. 일단 개가 단서에 맞춰 편안하게 있는 것을 배우면, 교육에 방해 요소들을 조심스럽게 추가한다. 예를 들어 문 앞까지 갔다가 다시 개에게 돌아오는 식으로 말이다.

외출 연습

많은 사람이 분리불안에 관한 글을 읽고는, 외출할 때마다 개가 혼자 있는 시간을 점점 늘리면 개가 보호자의 외출을 편히 여기게 된다고 생각한다. 하지만 이제 수의행동학자들은 이 방법을 권하지 않는다. 보통 이는 잘못된 방식으로 이뤄지는 경우가 많고, 너무 빠르게 진행할 경우 개가 오히려 불안해지기 때문에 도움은커녕 되레 상황이 악화된다.

외출 연습을 하고 싶다면, '연습하는 동안 개를 촬영하자.' 불안해하는 징후가 '하나라도' 보인다면 너무 빠르게 진행하고 있는 뜻이다. 예를 들어, 개는 우리가 외출 연습을 하는 동안 계속 장난감을 가지고 즐겁게 놀아야 한다. 만약 개가 고개를 들어 우리를 올려다보며 장난감을 내팽개친다면 진행 속도가 너무 빠른 것이다. 모든 연습 시 비디오카메라나 베이비 모니터baby monitor를 사용하면 우리가 집에 없는 동안 무슨 일이 일어나는지 확인할 수 있다.

다음은 외출 연습에 대한 몇 가지 지침이다.

1단계: 쉬운 먹이 퍼즐 장난감을 준비한다. 즉, 아주 맛있는 간식이 밖으로 떨어지거나 부드럽고 끈적이는 뭔가를 핥기 쉽게 고안된 것 말이다. 개가 정말 사랑하는 맛있는 간식으로 장난감 속을 채운다. 완전 천연 원료만 사용한 땅콩버터나 간 같은 비장의 무기가 필요하다.

먹이 장난감을 바닥에 내려놓고 개가 먹게 한 뒤 다 먹으면 장난감을 집어 든다. 적어도 7일 연속 하루 중 언제든 적어도 한 번 이상 반복한다. 이 장난감은 개가 혼자서도 기분 좋게 있을 수 있을 때까지 외출 연습용으로만 이용한다. 출근할 때 놔둬서는 안 되고 개가 배탈이 날 만큼 오래 사용해도 안 된다. 개가 간식을 간절히 고대하며 몇 분 동안 이 장난감에 빠져 있을 때 외출 연습을 시작할 수 있다. 장난감에 빠지는 시간은 최소 10분이며, 30분이면 더 좋다.

2단계: 먹이 장난감을 꺼내서 개 앞에 내려놓은 뒤 문을 향해 걸어간다. 문을 만지지는 말고 가까이에 다가가기만 한다. 바로 돌아와서 앉는다. 개가 우리한테 전혀 관심을 보이지 않고 간식을 먹는 한, 최대 다섯 번까지 이 과정을 반복한다. 몇 분 간격으로 이 과정을 반복할 수 있다면 장난감을 그대로 놔둬도 된다. 만약 한 번씩만 연습한다면 문까지 갔다가 돌아올 때 장난감을 치운다. 이 연습의 목표는 개가 이 특별한 장난감을 우리가 떠나지만 곧 돌아온다는 사실과 연관 짓게 하는 것이다(만약 자기 음식을 지키는 개라면 이 연습에서 먹이 장난감을 회수하는 것이 불가능할 수 있다). 며칠 동안 문에 접근해도 개가 불안해하지 않는다면, 예를 들어, 열흘 동안 하루에

3~5번 연습했는데, 10~12번 이상 불안함을 보이지 않는다면, 다음 세션에서는 같은 방법을 반복하면서 문손잡이를 잡고 움직여볼 수 있다.

3단계: 외출 동작에 살짝 난이도를 높인다. 예를 들자면, 문손잡이를 완전히 돌린다. 개가 먹이 퍼즐 장난감에 집중하는 동안, 수일에 걸쳐 10~12번 반복한 뒤 강도를 살짝 높일 수 있다. 문을 나가는 과정을 아주 잘게 쪼개서 각각의 단계를 똑같이 반복한다. 앞에서 그랬던 것처럼 수일에서 몇 주에 걸쳐 아주 조금씩 난이도를 높인다.

- 문을 열지만 밖에 나가지 않는다.
- 문을 열고 밖에 나갔다가 바로 들어온다.
- 문을 열고 밖에 1초간 서 있다가 바로 들어온다.
- 문을 열고 2~4초 동안 나갔다가 들어온다.
- 문을 열고 밖에 나가서 문을 닫았다가 다시 들어온다.
- 문을 열고 밖에 나가서 문을 닫고 몇 초간 서 있는다. 그다음에는 1분, 그다음에는 몇 분, 그다음에는 좀 더 오래 있는다. 결국 60분까지 있는다.

개가 아무런 불안 징후도 보이지 않고 우리가 집 밖에서 최소한 15~30분을 있을 수 있게 되면 차를 이용하여 집 주변을 완전히 벗어날 수 있고 혹은 아파트에 산다면 아래층으로 내려갈 수 있다. 하지만 개가 불안해하기 전에 재빨리 돌아온다.

개가 한두 시간 집에 혼자 있을 수 있다면 남은 하루도 잘 지낼 수 있다. 물론 그렇지 않은 개도 있다. 어떻게 알 수 있을까? '영상 촬영!'이 답이다.

외출 연습을 너무 빨리 진행하고 있다는 신호

개의 분리불안을 치료하고자 할 때는 너무 속도를 내면 안 된다. 오히려 치료를 더디게 할 수 있고 심지어 개의 상태를 악화시킬 수 있다! 그렇다면 이러한 실수를 하고 있는지 어떻게 알까? 개가 다음과 같은 불안 증상 중 하나라도 보이는지 관찰한다.

- 과도한 경계
- 더 빨라진 호흡
- 걱정스러운 표정, 미간 찡그리기
- 바닥에 남겨진 발바닥 땀자국
- 배뇨, 배변
- 구토, 설사
- 과도한 환영 인사
- 평소 좋아하던 놀이나 먹이 퍼즐 장난감에서 나오는 간식을 내켜하지 않음
- 과도한 침 분비
- 안절부절못하고 서성대기
- 출입구 근처에 앉아 있거나 서 있거나 서성거림
- 몸을 떨고 있음

계획대로 아주 조금씩 난이도를 높이며 진행했다면 외출 연습 중에 이런 증상은 절대 나타나지 않아야 한다. 그래도 이런 증상을 보인다면 불안 증상을 보이기 시작한 단계 전으로 돌아가야 하며, 개가 수차례 반복하며 차분함을 유지할 때까지 그 단계에서 넘어가면 안 된다.

실내를 조용하게 유지한다

백색소음 또는 클래식 음악을 틀어놓아 개가 집 밖에서 들리는 소리 때문에 깜짝 놀라지 않도록 한다. 편안하게 쉬고 있을 때도 소리에 쉽게 놀라는 개들이 있다. 예를 들어, 바깥에서 들리는 소리에 깜짝 놀라 펄쩍 뛰어오르는 것처럼 말이다. 잘 쉬고 있다가도 이런 일이 일어나면 불안해하며

고통스러워하는 증상을 보이기 시작한다. 배경 소음background noise으로 이런 상황을 방지할 수 있다. 게다가 클래식 음악은 인간의 마음에 안정을 주는 것처럼 개에게도 그렇다는 연구 결과가 있다.

개를 일하게 한다

먹이, 쓰다듬기, 놀이, 밖에 나갈 기회 같은 뭔가를 제공할 때마다 개에게 앉으라고 한다. 이렇게 상호작용에 규칙을 세우면 불안한 개가 자신의 사회적 환경을 예측하도록 도울 수 있다. 사회적 환경이 예측 가능해지면 개는 불안함을 덜 느낄 수 있다. 그러니 개를 쓰다듬기 전에 '앉아' 신호를 주고, 개가 앉아서 차분하게 집중하는 순간 서로가 즐길 수 있는 방식으로 개를 쓰다듬어 준다.

항불안제로 정신적 고통을 완화시켜 준다

분리불안이 있는 많은 개가 약물 치료를 받는다. 이는 신경화학적 수준에서 불안을 완화시키고 새롭고 더 차분한 행동을 배우도록 돕는다. 치료 계획의 일환으로 항불안제가 행동 수정과 함께 병행되어야 할지는 담당 수의사나 수의행동학자와 상담한다.

처음 사례에서 나왔던 개, 말콤은 분리불안이 심각했지만 약물 치료를 진행하지 않았다. 다행히 호전되었지만 그 과정은 수개월이 걸렸다. 그 기간 동안 보호자는 행동 수정을 위해 혼신의 노력을 다했음에도 말콤은 그가 없을 때면 고통스러워했다. 항불안제가 부작용이 드물다는 점을 감안하면 그런 고통은 불필요하다.

분리불안은 즉각적으로 개선되는 경우가 드물다. 행동 수정을 진행하는 동안 개는 상당하면서도 장기적인 고통을 느끼게 된다. 우리 역시 이웃 주민의 항의, 집안 훼손, 개의 복지에 대한 우려, 그 외 다른 문제들로 스트레스를 받는다. 빠르게 호전되지 않으면 분리불안이 있는 개의 상당수가 버려지거나 안락사된다.

적절한 항불안제를 썼다면 말콤의 고통은 즉시 경감되고 더 빨리 행동이 수정되었을 것이다. 아무리 행동 수정에 노력을 쏟더라도 우리가 집을 비울 때 개가 극심한 공포를 반복적으로 느낀다면, 개는 혼자 있는 것이 괜찮을 수 있다는 사실을 배우기 어렵다. 치료 중에 개를 혼자 두고 집을 비울 일이 없다고 장담할 수 없다면, 그리고 때로는 장담할 수 있더라도, 우리가 집을 비운 동안 개가 괴로워하지 않도록 항불안제의 사용을 고려해야 한다.

적절한 약물은 우리 개의 매력적인 성격을 나쁘게 만들지 않는다. 분리불안에 가장 좋은 약은 진정제가 아니라, 항불안에 특별히 효과 있는 약이다. 매일 먹어야 하는 약도 있고 필요할 때 먹는 약도 있다: 개가 '좀비'가 되거나 약물에 취해 보이면 안 된다. 일부 약물이 부작용으로 진정 효과를 보일 수 있는 것이 사실이지만, 이런 역효과는 보통 매우 경미하며 며칠에서 일주일 내로 사라진다. 개가 오랫동안 절대적이고 절망적인 공포심을 느끼는 것보다 단기간 약간 나른한 것이 더 낫다.

약물 치료의 목표는 불안감을 덜어줘 개의 삶의 질을 향상시키고 고통을 감소시키며 학습 능력을 높이는 것이다. 만약 부작용이 나타난다고 느껴진다면, 예를 들어 개가 더 이상 놀고 싶어 하지 않거나, 과도하게 자거나, 아무것도 먹지 않는다면, 당연히 수의사나 수의행동학자에게 알려야 한다. 복용량을 조정하거나 약물을 바꾸는 것으로 문제를 해결할 수 있다. 약물의 목표는 개의 삶의 질을 높이는 것이다.

분리불안을 치료하는 미국 식품의약국FDA으로부터 정식 승인 받은 약품은 노바티스 애니멀 헬스Novartis Animal Health에서 출시된 클로미캄Clomicalm과 엘란코Elanco에서 출시된 리콘사일Reconcile 두 가지다. 우리는 이 약들의 효과에 대해 많은 데이터를 갖고 있다. 이러한 약물에 대한 연구와 임상시험 결과, 분리불안 치료에 관한 유용한 정보를 얻을 수 있었다. 첫째, 약물과 행동 수정 프로그램을 병행하면 일주일 이내로 개선될 수 있다. 즉, 개의 불안감과 공포심의 증상이 줄어든다. 둘째, 심지어 위약placebo을 먹은 개도 시험 기간 동안 상황이 호전되었는데, 이는 행동 수정이 분리불안 치료에 중요한 요소이며 약물과 함께 이뤄져야 한다는 것을 시사한다.

이런 연구들 덕분에, 우리는 이런 약물들이 심각한 부작용이 거의 없다는 것을 알게 되었다. 가장 흔한 부작용으로는 일시적 진정 효과, 식욕 감소, 구토나 설사 등이다. 부작용이 있긴 해도, 거의 항상 경미하며 복용을 중단하거나 복용량을 조정한 지 하루 이틀 내에 사라진다. 다만 어떤 약물이든 사용 전에 개의 병력을 검토해야 한다. 물론 약물은 수의사만이 처방해야 한다.

심각한 부작용은 드물지만, 수의행동학자는 종종 사전 약물 검사를 권한다. 여기에는 일반적으로 혈액 검사, 혈청 화학 분석, 소변 검사 그리고 경우에 따라 갑상선 검사가 포함된다. 이를 통해 각 개의 개별 기준값을 평가하고 불안 장애에 영향을 미칠 수 있는 의학적 문제를 가려낼 수 있다. 또한 치료 과정에서 약의 효과를 확인하기 위해 재검사를 권하기도 한다.

개가 클로미캄과 리콘사일에 효과를 보이지 않으면, 다양한 다른 약물을 사용할 수 있다. 이 약들은 효과가 나타나기까지 최대 몇 주가 걸리기 때문에 빠르게 작용하는 약물을 함께 쓰는 것이 일반적이다. 빠르게 작용하는 이런 약물은 일반적으로 분리불안을 가진 개가 혼자 남겨질 때 집을 비우기 전 필요에 따라 투여하며, 심각한 경우에는 매일 투약할 수 있다. 약들은 복용 당일 분리불안의 고통을 멈춰준다.

대부분의 수의행동학자는 개가 처음 약을 복용할 때는 개와 함께 있을 것을 권한다. 그래야 거의 드물지만 흥분 및 불안의 증가 같은 부작용이 있는지 지켜볼 수 있다. 모든 것이 괜찮아 보인다면, 우리가 없을 때 약물이 도움이 되고 있는지 평가할 수 있도록 집을 비우는 동안 개의 모습을 촬영한다.

불안으로 인한 고통을 경감시켜줄 개에 딱 맞는 약물과 용량을 찾는 데는 시간이 좀 걸릴 수 있다. 많은 개가 처음 복용하는 약에 순조롭게 반응하지만, 제일 맞는 약을 찾기까지 여러 약물들을 시도해야 하는 개들도 있다. 이런 개들은 심각한 고통을 겪고 있는 상황이므로 딱 맞는 약을 찾는 노력을 할 가치가 충분하다. 어떤 개들에게는 페로몬이 효과적일 수 있다 (5장 참고).

> **모든 것을 제대로 했는데도 아무 성과가 없다면?**
>
> 분리불안 사례들 중 일부에서 이런 일이 일어나는데, 이는 개가 먹고 있는 약물과 행동 수정 계획을 재평가해야 할 때라는 의미다. 노련한 공인 반려견 트레이너를 찾는 것이 확실히 도움될 수 있다. 다양한 종류의 어려운 행동 케이스를 자주 다루는 수의행동학자와 협력하여 일하는 트레이너여야 한다.
>
> 기억하자! 분리불안 치료에 벌이 설 자리는 없다. 개에게 친화적인 정적 강화 방식만 사용하는 트레이너를 찾아야 한다.

중요 포인트

매일 행동 수정 전략을 연습한다. 먹이 장난감을 채우는 데는 고작 1~2분밖에 걸리지 않는다. 필요할 때를 대비해 미리 채워서 냉장고에 보관할 수도 있다. 열쇠가 곧 간식을 뜻한다는 것을 개에게 가르치는 데는 1분, 하루 두 번의 기본 이완 교육은 3~5분이 걸릴 뿐이다. 음악을 준비하고 상호작용 규칙을 만드는 데는 거의 시간이 들지 않는다. 이 모두를 매일 할 필요는 없지만, 매일 해야 우리 계획을 뜻대로 계속해 나갈 수 있다.

행동 수정 프로그램을 진행하는 동안 개를 혼자 둔 채 집을 비우지 않기 위해 최선을 다해야 한다. 개를 혼자 남겨두고 분리불안에 취약한 상태에 처하게 해야 한다면, 개가 고통받지 않도록 항불안제에 대해 수의사와 상담한다.

정말 진심으로 또 다른 반려동물을 원하는 것이 아니라면, 개의 분리불안을 치료할 목적으로 새 반려동물을 데려와서는 안 된다. 때때로 새 반려동물이 도움이 되는 경우도 있지만 일시적이거나 전혀 도움이 되지 않을 수 있다.

외출 연습을 할 때는 신중해야 한다. 너무 빠르게 계획을 밀어붙이면 의도치 않게 혼자 있는 것과 특히 남겨지는 과정에 대해 개가 더 불안해질 수 있다. 외출 연습의 목표는 개가 전 과정 동안 평온하게 있는 것이다. 외출 연습 도중에 개가 분리불안 징후를 보이면 진도를 너무 빠르게 나가고 있다는 의미다. 이 경우에는 며칠 정도 연습을 쉰다. 그런 다음 처음 시작할 때처럼 떠나지 않고 먹이 퍼즐 장난감을 개에게 주고, 개가 불안해했던 시점에서 적어도 몇 단계 전으로 돌아가 시도한다. 안절부절못하고 서성거림, 헐떡거림, 낑낑거림, 짖음, 물건 옮겨놓기 같은 개의 반응은 모두 우리가 너무 빨리 진행하고 있다는 증거다.

적어도 매주 수의사나 수의행동학자의 점검을 받는다. 개의 상태에 진전이 없다면 이를 담당 수의사가 알아야 한다. 목표는 고통을 피하게 해주는 것이다. 약은 수의사의 지시에 따라 준다. 개가 부작용을 겪고 있다고 느낀다면 즉시 수의사와 다른 옵션을 논의한다.

말콤 같은 개는 도움을 받을 수 있으며 평온하고 행복해질 수 있다. 제대로 잘 세운 행동 수정 계획과 수의사가 처방한 약물로 분리불안이 있는 대부분의 개가 호전될 수 있다. 이제는 금요일 밤에 영화를 보러 나갔다 돌아와도 아수라장이 된 집을 볼 일도, 고통에 괴로워하는 개를 볼 일도 없을 것이다.

요점 정리

- 개가 분리불안 증상을 '하나라도' 보이면, 수의사에게서 정확하고 완벽한 행동 진단을 받는다.
- 개가 혼자 집에 있을 때의 영상을 촬영해 초진 때 가져간다. 보호자와 함께 있을 때의 모습도 촬영하면 이를 비교해 볼 수 있다.
- 개에게 벌을 주지 않는다. 특히 우리가 없을 때 일어난 행동에 대해선 더욱 그렇다.
- 개의 정신적 고통을 완화하고 더 빨리 호전시키기 위해 항불안제를 고려한다.
- 차분한 태도로 외출하고 귀가하는 것에 집중한다.
- 전반적으로 평온한 행동을 보상해 준다.
- 개를 '버릇없게' 만드는 것과 분리불안은 무관하다.
- 개를 가두는 것은 많은 경우 분리불안을 악화시킬 수 있다.
- 분리불안이 있는 개는 지루한 것이 아니다. 사실 혼자 남겨졌을 때 개는 거의 놀지 않는다.
- 분리불안이 있는 개는 악의가 있는 것이 아니다. 상황에 대처하려고 고군분투하는 것일 뿐이다.
- 치료하면 70퍼센트 이상의 경우 분리불안이 개선되며, 8주 이내에 매우 좋아진다. 치료는 일찍 시작할수록 더 좋다!

12장

소음 공포증

소음에
공포증이 있는 개

에밀리 D. 르빈Emily D. Levine, DVM, DACVB, MRCVS[101]

다르니는 큰 소리, 특히 천둥소리를 빼고는 모든 것을 좋아하는 사랑스럽고 작은 시츄Shih Tzu다. 다르니는 공포증이 너무 심해 천둥이 칠 때마다 몸을 덜덜 떨고, 안절부절못하고, 낑낑거리고, 구토와 설사까지 했다. 다르니의 가족은 너무 걱정된 나머지 다르니를 돕기 위해 여러 전통적인 훈련 방법을 시도했지만, 불행히도 다르니의 상태는 매년 폭풍을 거치며 더 악화되었다. 보호자는 다르니를 매우 사랑했고 더 이상 다르니가 고통스러워하는 것을 보고 싶지 않았다. 그들은 수의행동학자를 찾아갔다.

다르니는 네 살이었고 2년째 소음 민감증noise sensitivities으로 고통받고 있었다. 상담 결과 다르니는 폭풍에 대한 공포증이 있었다. 그 정도가 극심해 항불안 약물의 도움 없이 행동 수정 연습에 반응을 보이는 것이 아예 불가능했다. 적절한 약물 사용으로 보호자는 행동 수정을 진행할 수 있었고 폭풍에 대한 다르니의 공포도 현저히 감소했다.

여전히 천둥소리를 좋아하진 않지만 공황 상태에 빠졌을 때와는 대조적으로 이제 엎드리고, 평온하게 걸어 다닐 수 있다. 그냥 살짝 걱정스러워하는 정도다. 덕분에 다르니와 가족의 삶의 질은 엄청나게 향상되었다.

소음 공포증은 무엇인가?

폭죽, 천둥, 총소리! 이런 것들은 개가 두려워하는 가장 흔한 소음 중 일부다. 소음을 두려워하는 개의 보호자라면 이것이 모두에게 얼마나 힘든 일인지 잘 안다. 개는 왜 이렇게 소음을 무서워하는 걸까? 한 연구 결과, 소음과 관련된 두려움을 보이는 개들 중 33퍼센트가 소음과 관련해 충격적인 사건을 겪은 적이 있다고 밝혀졌다. 그러면 나머지 67퍼센트는 대체 어떻게 된 걸까?

왜 어떤 개들은 소음을 무서워하고 어떤 개들은 그렇지 않은지에 대한 이론은 많다. 영국 링컨 대학의 수의행동학자 대니얼 밀스Daniel Mills가 소음 민감증의 원인을 조사한 결과, 정신적 외상을 초래할 정도의 충격적 경험과 더불어 만성적 스트레스가 있는 개 그리고 어린 시절 두렵지 않은 방식으로 소음에 노출되지 못한 개가 소리에 예민할 가능성이 높았다. 스트레스에 잘 대처하지 못하는 개는 소음을 두려워하는 유전적 소인을 갖고 있을 수 있다.

이 분야에 대한 연구는 아직 초기 단계에 있다. 하지만 다행스럽게도 이런 두려움이 왜 그리고 어떻게 발달하게 되는지에 대해 더 많은 것을 알아낼 때까지, 현재 사용할 수 있는 매우 효과적일 수 있는 치료법은 있다. 그러니 포기하지 말자.

소음 공포증에 대한 사실

소음에 반응하는 것이 비정상일까?

천둥소리에 또는 누군가 식당에서 쟁반을 떨어뜨렸을 때 펄쩍 뛰거나 흠칫 놀라지 않는 사람이 있는가? 사실 소음에 반응하는 것은 지극히 정상적이다. 진화론적 관점에서 보면 이는 생존율을 높이기 위한 메커니즘이다. 위험을 상징할 수 있는 소리를 듣고 달아나면 살아남기 때문이다. 그렇다면, 소음에 대한 비정상적인 반응은 무엇일까?

소음 반응이 정상적이기 위해서는 소음에 대한 반응이 짧고 회복 시간이 빨라야 한다. 소음이 지속된다고 할지라도 그 소음에 계속 반응을 보이지 않아야 한다. 우리 대부분은 특정 소음이 위험을 의미하는 것이 아니라면 뇌가 이를 무시하는 것을 배우는, 즉 그 소음에 익숙해지는 능력을 가졌다. 이 과정을 '습관화'라 한다. 습관화는 학습 과정이므로 뇌의 많은 부위가 정상적으로 기능해야 가능하다.

개가 갑작스러운 큰 소리에 깜짝 놀라는 반응을 보이고 잠시 멈춘 다음, 몇 초 이내로 회복하는 것이 정상적인 반응이다. 교통 소음, 경적 소리, 폭죽, 천둥 같은 소음이 계속 반복된다면, 개는 그 소음에 익숙해지거나 습관화되어야 한다. 습관화되지 못한다면 심각한 소음 민감증 및 그 외 다른 불안 문제로 이어질 수 있다.

즉각적인 방어 반응(위험에 대비해야 하는 반응)을 유발하는 소음은 단순한 방향 반응orienting response(소음의 근원지를 확인하기 위해 고개를 돌리는 반응)을 유발하는 소음에 비해 습관화되기 어렵다는 의견이 있다. 총소리, 폭죽, 천둥, 엔진 소리 같이 개에게 공포 반응을 일으키는 가장 흔한 소음들은 모두 70데시벨 또는 그 이상으로 크고, 특정 패턴이 없으며, 지속적이기보다는 짧게 터지듯 순간적으로 난다. 이런 소음들은 갑작스럽고 시끄럽기 때문에 즉각적인 방어 반응을 일으킬 가능성이 더 높다. 생물학적으로 동물은 어떤 소음에 대해 뇌의 사고 영역을 거치지 않고 바로 공포 반응을 보이도록 진화됐다. 위험을 의미하는, 즉 시끄럽고 갑작스럽고 낯선 소리에 도망칠지 말지 사고를 거치지 않고 그냥 도망가는 행동을 취해야 생존 확률이 높기 때문이다.

> **용어 정리**
>
> - **공포증**phobia: 그 자극에 비해 지나치게 지속되고, 비정상적이고, 강렬한 두려움을 보이는 것을 말한다.
> - **소리 민감증**sound sensitivities: 소리와 연관된 불안, 두려움, 공포증을 말한다.
> - **스트레스**stress: 광범위하고 구체적이지 않은 용어이다. 대부분의 행동학자들은 스트레스의 기본 기능이 각 개체가 삶의 변화와 스트레스 요인에 건강하고 정상적으로 반응할 수 있도록 생리적·심리적 균형을 유지하게 하는 것임에 동의한다. 생리적 반응이 오래 지속되거나 너무 자주 활성화되면 스트레스는 역효과를 낳는다.
> - **괴로움, 정신적 고통**distress: 동물의 복지에 생리적, 감정적으로 해로운 효과를 미치는 행동적·생리적 반응이다.

소음 민감증이란 무엇인가?

개가 불안해하고, 두려워하고, 공포증이 있고, 스트레스를 받는가? 개가 소리가 자신을 해치지 않는다는 것을 배우지 못한 것으로 봐서 똑똑하지 않은 걸까?(물론 여기서 총소리는 예외일 수 있는데, 그렇다 쳐도 대부분의 사람과 개는 사냥 시즌 중에 사냥 허가 구역을 돌아다니지 않는다.)

두려움, 불안감, 스트레스 그리고 공포증은 같은 것이 아니다. 이런 반응들 간에는 중요한 차이점이 있지만 유사한 신경생물학적 경로를 공유한다.

소리에 민감한 개가 보이는 불안 행동들은 소음 때문에 활성화되는 신경생물학적 경로의 결과다.

> **소리에 민감한 개가 보이는 일반적 행동**
>
> - 헐떡거리기
> - 안절부절못하고 서성거리기
> - 침 흘리기
> - 떨림 또는 부들부들 떨기
> - 파괴적인 행동
> - 숨기
> - 사람에게 매우 가까이 붙어 있기
> - 짖기, 낑낑거리기, 하울링하기
> - 움직이지 않고 가만히 있는 것이 불가능함
> - 배변, 배뇨, 구토
> - 자해를 입힐 수 있는 행동들(신체 부위를 과도하게 핥거나 깨무는 행동)
> - 도피 행동들, 밖으로 나가거나 안으로 들어가려고 애쓰기(뛰기, 가구에 올라가기, 문과 창문 긁기)
>
> 사례에 따라, 도피 행동, 자해, 배뇨 같은 신체 반응들은 집에 개가 사람 없이 혼자 있을 때 훨씬 더 나빠질 수 있다.

소음 민감증에 관한 잘못된 속설

개에게 나타나는 소음 민감증에 대한 잘못된 속설이 많다. 다음은 일반적인 것들이다.

- 개가 멍청하다.

- 개 혼자 극복하는 법을 배워야 한다.
- 나이가 들면서 좋아질 것이다.
- 더 좋은 교육을 받으면 된다.
- 누가 우두머리인지 알려 주면 된다.
- 소음을 무서워하지 않는 다른 개 친구를 입양한다.
- 보호자가 소음을 무서워하기 때문에 그것을 보고 배우는 것이다.

이 중 제일 화나는 속설은 개가 멍청하다는 것이다. '지능은 불안과 아무 관련이 없다.' 매우 똑똑한 사람 중에도 거미, 비행, 높은 곳 등을 무서워하는 사람은 많다. 사실 진화론적 관점에서 봤을 때, 우리를 해칠지도 모르는 것에 대해 두려움을 갖는 것은 똑똑하다고 할 수 있다. 보통 생물학적 공포 반응fear response은 뇌의 사고 영역을 건너뛰고 일어난다. 곤경에 처해지면 선택 사항을 놓고 비교 평가할 시간이 없다. 어떤 사람이 총을 들고 우리를 향해 뛰어오고 있다면, 핸드폰으로 도움을 청하며 귀한 시간을 낭비할지 아니면 관절염이 악화될지라도 근처 계단으로 도망갈지를 놓고 고민하지 않을 것이다. 당연히 무작정 '뛸' 것이다! 때로는 그냥 반응하는 것이 더 안전하다. 마찬가지로 소음 민감증도 지능과 '아무' 관련이 없다.

개는 소음에 대한 민감성을 스스로 극복할 수 있을까?

소음에 가벼운 반응을 보이다가 결국 습관화되는 경우도 있지만, 몇 년씩 걸리지는 않는다. 일반적으로 개가 나이가 들면서 소음 민감증이 없어지는 것으로 보이는데, 이는 다음과 같은 나이에 이르렀을 때다.

- 청력을 상실해 더 이상 자신을 무섭게 하는 소음을 들을 수 없는 때
- 인지 기능 장애 증상을 보이기 시작하는 때(14장 참고)

- 관절염 같은 고통스러운 질환이 생겨서 더 이상 서성거린다거나 그 외 다른 신체 반응을 할 수 없는 때(이 경우 개가 더 이상 불안해하지 않는다고 오해한다.)

개가 소음 민감증이 있다면, 저절로 나아지기를 기다리지 말고 도움을 구해야 한다. 그냥 기다리는 것은 좋지 않다. 시간이 지나면서 나아지기는커녕 더 악화된다.

소음 민감증과 교육 사이에 연관성이 있는가?

교육을 받았다는 것은 개가 특정 단어나 수신호의 의미를 이해하고 특정 지시에 응한다는 의미다. 행동 수정 계획으로 개의 불안을 줄이려고 할 때, 특정 행동을 수행하는 법을 안다면 도움이 된다. 하지만 이름을 부르면 오는 것을 잘하거나 앉기를 완벽하게 하는 것은 소음 민감증을 완화시키는 데 큰 도움이 되지는 않는다.

안절부절못하고 서성대고 있는 개에게 엎드리라고 하고 개가 지시에 따른다면, 개는 더 이상 서성거리진 않겠지만 여전히 매우 불안할 수 있다. 우리 눈에 보이지 않다고 해서 불안감이 없어진 것은 아니다. 개가 우리가 시키는 대로 잘 하기 때문에 불안하지 않다고 생각하거나 불안한 개는 더 잘 교육시켜야 한다고 추정해서는 안 된다.

개가 불안해하거나 두려워하는 행동을 보일 때 벌을 줘야 한다는 생각은 정말 매우 위험하다. 이 생각은 개에게 특정 행동, 즉 안절부절못함, 낑낑거림 등을 멈추라고 지시했는데 말을 듣지 않는 것을 보고 개가 '못되게 군다'거나 '우위에 서려고' 그런다는 잘못된 믿음에서 비롯된다. 그러나 불안해하는 것은 우위성이나 자기 통제와 '아무' 관련이 없다. 벌을 사용하는 것은 장기적으로 동물을 더 불안하고 두려워하게 만든다. 개가 소리보다 우리와 벌이 더 무서워서 서성대는 걸 멈출 수는 있겠지만, 그저 그 행동이 억압되고 있는 것뿐이다. 당연히 여전히 불안하고, 게다가 소음은 훨씬 더 무섭다는 것까지 배우게 되었다. 그 소리가 나는 동안 벌을 받았으니 말이다.

말로 교정하는 것부터 물리적 교정까지 어떤 벌이든 '두려워하거나 겁먹거나 불안해하는 개에게 사용하는 것은 결코 괜찮지 않다.'

새 개를 입양하는 것이 소음 민감증을 완화시키는 데 도움이 될까?

최근 연구에서, 소음에 민감하지 않은 개를 소음에 민감한 개와 한집에 키우는 것이 소음에 민감한 개의 반응을 감소시키는 데 도움이 되지 않는다는 것이 밝혀졌다. 소음 민감증이 없는 개와 한집에 사는 소음 민감증을 가진 개에 대한 이야기가 많은데, 무서움이 없는 개가 무서워하는 개에게 아무런 긍정적 영향도 주지 못한다. 만약 새 개를 입양하는 유일한 목적이 소음 민감증 문제를 가진 개에게 도움을 주기 위해서라면 새 개를 입양해선 안 된다.

내가 소음을 무서워하기 때문에 내 개도 소음 민감증이 생긴 것일까?

소음에 대한 사람의 공포 반응은 개의 소음 민감증의 원인이 되지 않는다. 2005년, 수의학 박사 낸시 드레첼Nancy Dreschel과 더글러스 그랜저Douglas Granger는 소리 녹음을 통해 뇌우에 노출된 개 19마리의 공포 행동과 코르티솔 수치를 조사했다. 코르티솔은 포도당 생성 증가를 일으키는 호르몬으로, 높은 수준의 자극과 관련이 있다. 연구 결과, 이 개들이 천둥소리를 들었을 때 코르티솔 수치가 최대 200퍼센트까지 증가했고 동시에 공포와 관련된 행동도 보였다. 보호자의 행동은 이 결과에 전혀 영향을 미치지 않았다. 게다가 2007년 소음을 두려워하는 2,458마리의 개를 조사한 한 연구에서는 공포를 느끼는 사람의 존재와 공포를 느끼는 개의 존재

간에는 아무런 연관이 없다는 것이 밝혀졌다.

> **개의 소음 관련 문제가 도움이 필요하다는 징후**
> - 개가 소리에 민감한 개들에게서 나타나는 흔한 행동의 일부 또는 모두를 보이며, 이 행동이 소음이 발생하는 내내 지속된다.
> - 개가 아마추어 기상학자가 되어 폭풍이 다가오는 것을 예측하는 법을 배웠다. 즉 폭풍이 오기 전부터 불안해하는 행동을 보인다.
> - 개가 폭풍으로 천둥이 칠 수 있다는 것을 예상하기 때문에 비 또는 흐린 하늘 같은 신호에 반응하기 시작한다. 어떤 경우에는 폭풍이 다가오는 것이 두려운 나머지, 화창한 날씨에도 밖에 나가는 것을 거부한다.
> - 개가 폭풍이나 큰 소음으로부터 회복하는 데 30분 또는 그 이상이 걸린다.
> - 개가 원래 무서워했던 것 외에 다른 추가적인 소음에도 반응하기 시작한다.

소음 민감증 치료 시작하기

개의 소음 민감증을 예방하는 가장 좋은 방법은 어릴 때 다양한 소리에 적절하게 노출시켜 주는 것이다. 성견을 입양했더라도 할 수 있다. 개에게 다양한 소리를 들려주되 처음에는 합리적인 강도에서 시작하고, 이 과정을 즐겁게 만들어준다.

산책 도중 사이렌 소리를 듣는다면 사이렌 소리가 들리는 동안 개에게 간식을 준다. 비가 오거나 천둥이 칠 때마다, 던진 물건 물어오기나 터그 놀이처럼 개가 즐거워하는 놀이를 한다. 더불어 개가 뭔가 즐거운 것과 이런 소음 간에 연관을 형성시키도록 폭풍이 칠 때 아주 맛있는 특별 간식을 준다. 만약 비가 올 때마다 누군가가 초콜릿 케이크와 백만 원을 들고 찾아온다면 어떻겠는가? 열악한 날씨에도 잔뜩 기대하며 문을 열어줄 것이다. 이상적인 보상으로 강아지들이 빗속에서 노는 것을 기대하도록 만들 수도 있다.

개를 다양한 소리에 책임감 있게 노출시키는 또 다른 방법은 개와 함께 노는 동안 또는 간식을 주는 동안 다양한 소음(CD나 mp3파일)을 작게 들려주는 것이다. 대니얼 밀스는 개의 공포 행동을 수정하기 위해 개를 진정시키는 페로몬(5장 참고)과 녹음된 소음을 함께 사용하는 것에 대한 효능을 실험했다. 그 결과, 특정 방법으로 공포스러운 자극이 녹음된 소음을 개에게 들려주는 것이 불꽃놀이에 대한 공포심을 감소시키는 데 도움이 되었다. 그 실험 이후 1년이 지난 뒤에도 보호자들은 개가 여전히 호전된 상태로 지낸다고 보고했다.

수의행동학자 샤론 크로웰-데이비스Sharon Crowell-Davis와 그녀의 동료들 또한 뇌우에 공포를 느끼는 개에게 약물과 함께 녹음된 소음을 사용하는 것의 효능을 연구했다. 마찬가지로 이런 치료 방법이 폭풍에 대한 개의 공포심을 감소시키는 데 도움이 된다는 결과를 얻었다.

녹음된 소음을 이용한 행동 수정

1. **목표**: 개가 차분하고 편안한 이벤트와 연관 짓는 장소를 마련한다.
   방법: 안전한 안식처를 만들어 준다. 단순하게는 수건, 담요, 개 침대가 될 수 있으며, 개가 마사지, 차분한 예절 교육 등 긍정적이고 안정된 활동과만 연관 짓는 장소여야 한다. 이것은 새 반응을 가르치는 과정인 역조건다. 이곳에 개를 진정시키는 페로몬을 뿌리는 것도 생각해 볼 수 있다. 이 안전한 안식처는 '탈감각화'와 '역조건화' 과정의 일환으로 사용하기 훨씬 전부터 마련되어야 한다.

2. **목표**: 개가 민감하게 반응하는 소리를 아주 작은 소리로 들려준다. 소리의 크기는 개가 약한 방향 반응만 보이거나 10~30초면 사라지는 매우 약한 불안 증상만 보이는 정도여야 한다.

방법: 좀 더 자연스러운 상황을 연출하기 위해 스피커를 높은 곳에 두고 양쪽으로 떨어뜨려 놓는다. 최저 음량으로 재생해야 지속적인 반응이 유발되지 않거나(불가능할 수도 있다) 매우 일시적인 방향 반응이나 불안 반응만 나타날 것이다. 개가 안전한 안식처에 있을 때 소리를 틀어야, 불안감 또는 두려움 수준을 낮게 유지하도록 할 수 있다.

3. **목표**: 낮은 볼륨의 소음을 긍정적인 것과 연관시켜 그 소음에 대한 개의 부정적인 인식을 바꾼다.

   방법: 녹음된 소음이 재생되는 동안 개에게 가치가 높은 간식을 준다. 비나 바람 소리가 나온다면 계속해서 간식을 준다. 불꽃놀이나 천둥소리가 나온다면 크게 '쾅' 소리가 나길 기다렸다가 간식을 준다. 개가 좋아하는 공놀이나 터그 놀이 같이 놀이를 보상으로 하는 것도 좋은 역조건화와 탈감각화 방법이다. 만약 개가 예절 교육을 좋아한다면, 녹음된 소음 소리를 틀고 '앉아', '엎드려' 등의 지시에 따르게 한다.

4. **목표**: 서서히 볼륨을 높이면서 상황을 더 현실감 있게 만든다.

   방법: 일단 개가 낮은 볼륨에서 불안감 또는 두려움의 징후를 전혀 보이지 않고, 간식, 놀이, 지시어 따르기 같은 활동에 기꺼이 참여하면서 불안감이나 두려움의 보디랭귀지를 보이지 않는다면, 볼륨을 높이고 반드시 10~30초간 그 음량에 습관화되게 한 다음, 간식을 주거나, 차분하게 앉거나 기다리게 하는 등의 지시에 따르게 한다. 개가 잘하면 놀이나 게임으로 단계를 높여 시도해 볼 수 있다. 교육 진행은 개의 속도에 맞춰야 한다. 볼륨을 서서히 올린다. 시끄러운 소리도 효과적으로 틀 수 있을 때까지 말이다.

5. **목표**: 다른 요소들을 추가해 상황을 더 현실적으로 만든다.

   방법: 개가 시끄러운 소리에 익숙해지면, 그 소음과 관련된 다른 자극을 낮은 수준에서 추가한다. 예를 들어, 실제 폭풍우처럼 보이게 하기 위해 창문에 물을 뿌린다.

수의행동학자 에밀리 르빈의 연구에 따르면 적어도 '소음 발생 시즌(예를 들면, 폭풍우)' 2개월 전부터 일주일에 여덟 번 교육을 하는 것이 가장 효과가 있다.[102]

개가 소리에 충분히 대처할 준비가 되기 전까진 너무 큰 소리에 과도하게 노출되지 않게 하는 것이 책임감 있는 보호자의 자세다. 예를 들어, 어린 강아지를 불꽃놀이 장소나 록 콘서트에 데려가서는 안 된다. 소리가 계속되거나 너무 강하면 개에게 정신적 외상을 입힐 수 있다. 소음 민감증은 유전 가능성이 있으니, 입양 전 브리더에게 개의 부모가 소음 민감증을 보이는지 확인한다.

뇌우가 쏟아지는 동안 겁에 질린 개를 어떻게 해야 할까?

우리가 '해야 할 일'과 '할 수 있는 일'이 완전히 다를 수 있다. 다음의 방법들이 도움이 되지 않는다면 전문가를 만나야 한다.

- 천둥이 치는 동안 개가 겁을 먹고 있으면 개가 가장 좋아하는 타입의 새 장난감을 준다. 즉, 개가 삑삑 소리 나는 장난감을 씹는 것을 좋아한다면 새 삑삑이 장난감을 주고, 봉제 인형을 물어뜯어 내용물이 다 나오게 하는 것을 좋아한다면 새 봉제 인형을 준다.

사진과 같은 먹이 퍼즐 장난감들은 겁에 질린 개의 관심을 딴 곳으로 돌리는 데 도움이 된다. 장난감 안에는 개가 특별히 맛있어 하는 음식을 채운다.   © Donna Nuñez

- 개가 가장 좋아하는 놀이를 한다. 터그 놀이, 쫓기 놀이 등 개가 좋아하는 것이면 무엇이든 좋다.
- 개가 집중할 수 있는 특별 간식을 준다. 오래 씹는 개껌bone 또는 아주 맛있는 음식 또는 땅콩버터처럼 맛있는 것으로 채워진 먹이 퍼즐 장난감 말이다.
- 개가 쉴 수 있는 아늑한 공간을 만들어 주고 그 환경을 편안해하는지 확인한다. 무서운 소음이 없을 때 지시하면 그곳에 가는 것을 가르친다. 이 장소를 마사지 같은 활동과 연관시키고 차분하고 이완된 상태로 엎드려 있는 자세를 유지한 것에 대해 보상해준다(안전한 안식처나 피난처에 대한 더 많은 정보는 8장 참고).
- 번개의 섬광을 막고 천둥과 비 소리를 약화시키기 위해 창문을 닫고 커튼을 친다.
- '앉아', '엎드려' 같이 개가 이미 알고 있는 행동을 검토하거나 재주를 지시하는 것 같은 교육 세션을 가진다. 매우 가치 있는 음식을 보상으로 사용한다.
- 어떤 개들은 바깥에서 더 잘 있을 수 있으니 괜찮다면 우비를 입고 산책을 나간다.
- 클래식 음악을 틀어서 비와 천둥소리를 평온한 소리로 덮는다. 로큰롤을 선호하는 개도 있을 수 있다. 백색 소음기도 시도해 볼 수 있다.
- 개를 진정시키는 페로몬(5장 참고)을 담요에 스프레이하고 그 위에서 길고 느린 동작으로 개를 마사지한다. 담요를 사용하기 15분 전에 페로몬을 스프레이해야 한다. 폭풍우가 이는 동안에는 페로몬 디퓨저를 콘센트에 항상 꽂아 놓고 개에게 페로몬 목걸이를 씌워 둔다.
- 어떤 개는 가족 중 누군가가 목줄과 어쩌면 헤드 칼라[103]를 씌우고 리드줄을 잡고 있을 때 더 평온하게 느끼기도 한다. 하지만 이 방법이 우

리 개를 진정시키는 데 도움이 되지 않는다면 즉시 벗긴다.
- 어떤 개는 크레이트 안에서 더 편안해할 수 있다. 하지만 크레이트가 모든 개를 진정시키는 것은 아니며 크레이트에 있을 때 오히려 더 불안해지는 개도 있다. 그런 개에게는 크레이트 사용이 적절하지 않다.
- 우리가 폭풍이 온다는 것을 알고 있다면, 개가 너무 불안해지기 '전에' 활동에 참여시켜 본다.

약물이 도움이 될 수 있을까?

새미는 차 소리, 공사 소리, 물건이 떨어지는 소리, 위층에서 들리는 발소리 같은 소음을 너무 무서워해서 밖에 나가려 하지 않는 18개월령의 중성화된 수컷 래브라도 믹스견이다. 보호자는 새미를 아파트 밖으로 데리고 나가려면 건물 엘리베이터까지 새미를 안고 가야 했다. 아파트에는 새미를 무섭게 하는 소음이 너무 많았기 때문에 새미는 집에 있을 때면 대부분의 시간을 욕실에서 보냈다. 확실히 새미의 삶의 질은 상당히 안 좋았다.

보호자는 새미를 돕기 위해 몇 가지 행동 수정 기법을 시도해봤다. 아주 조금 개선되긴 했지만 도움이 더 필요했다. 우선 즉각적인 고통의 완화가 필요했기 때문에 빠르게 작용하는 항불안제가 처방되었고 유사하면서도 더 오래 지속되는 약물도 함께 복용하기 시작했다.

며칠 지나지 않아 새미는 엘리베이터까지 식구들을 따라 나오고 혼자 밖에 있는 등 하지 않던 행동을 하기 시작했다. 새미의 행동장애 치료가 시작되자마자 긍정적인 초기 반응이 나타나 모두 큰 희망을 품게 되었다.

올바른 행동 수정 기법을 통해 수많은 개가 소음에 익숙해질 수 있다. 그러나 새미처럼 약물의 도움 없이는 두려움을 극복할 수 없는 개도 있다. 약물은 행동 수정 과정이 효과를 발휘할 수 있도록 두려움, 불안감 또는 공포심의 정도를 줄이는 데 매우 유용하고 때로는 필수적이다.

누구든지 무섭고 감정적으로 힘들면 무언가를 배우기가 어렵다. 고소공포증이 있는데 엠파이어스테이트 빌딩 꼭대기에서 책을 읽고 무엇을 배웠는지 설명하라고 하면 어떻겠는가?

겁을 먹었을 때 우리 몸에서 무슨 일이 일어나는지 생각해보자. 아드레날린이 분비되고 있다. 아드레날린은 싸울 것이냐 도망갈 것이냐 그대로 얼어붙을 것이냐 하는 반응을 관장하는 호르몬으로, 우리 몸을 생존 모드로 전환할 준비를 시킨다. 생존 모드일 때 우리 몸은 매일의 일상적인 과정(음식을 소화시키거나 번식하거나 그 순간 불필요해 보이는 새로운 개념을 익히는 것 등)에 신경 쓰지 않는다.

동물도 정말 무서울 때는 아무것도 익힐 수 없다. 무서워하지 않는 것을 배우는 것 또한 배움의 일종이다. 이때는 약물이 특히 더 도움이 된다. 약물로 두려움을 줄여주면 개가 놀이를 배우고, 간식을 먹고, 행동 수정 교육을 통해 두려워할 필요가 없다는 것을 배울 수 있다. 약물의 목표는 개가 뇌에서 새로운 신경 회로를 생성해 스스로 그 상황을 두려워하지 않도록 하는 것이다. 시간이 지나면 더 이상 약물은 필요하지 않을 수 있다.

사용될 수 있는 약물은 다양하니, 어떤 것이 우리 반려동물에게 가장 좋을지 수의사 또는 수의행동학자와 상담한다. 개의 소음 민감증 치료의 경우, 분리불안과 달리 미국 식품의약국의 승인을 받은 약이 없다. 수의행동학자 샤론 크로웰-데이비스가 실시한 단 하나의 연구만이 폭풍 공포증에 시달리는 개에게 클로미프라민Clomipramine과 알프라졸람Alprazolam의 조합이 도움이 된다는 것을 알아냈다. 개에 따라 더 적합하거나 효과적일 수 있는 다른 약물 옵션도 있다.

복용할 약물은 개의 병력과 현재 복용 중인 약의 종류에 근거해 결정된다. 약물은 소음 민감증에 유익하고 필수적일 수 있지만, 모든 약물이 그렇듯 부작용에서 자유로울 수 없다는 점도 기억한다.

> **피해야 할 약물: 아세프로마진**
>
> 아세프로마진Acepromazine은 소리 민감증에 이상적인 약물이 '아니다.' 이것은 항불안제가 아닌 진정제다. 어떤 동물을 소음에 더 민감하게 만들 수 있다. 즉 최악의 경우 개는 움직일 수 없을 수준으로까지 진정(?)되지만, 개의 뇌는 여전히 소음을 인지해 불안감을 줄이는 데는 아무런 효과도 없다.

썬더셔츠, 욕실 그리고 스톰-디펜더 망토

소음 민감증을 치료하기 위한 비약물적 옵션도 있다. '모든 개를 완치하는 만병통치약' 같은 건 없지만, 일부 개에게 도움이 되는 제품 몇 가지를 소개한다. 시도해 볼 만한 가치가 있다.

썬더셔츠Thundershirts는 개에게 딱 맞게 입히는, 몸을 감싸는body wrap 제품이다. 어떻게 진정 효과를 발휘하는지는 명확히 밝혀지지 않았지만, 많은 개에게 도움이 되는 건 확실하다. 2011년 수의행동학자 게리 랜즈버그가 실시한 소규모 연구 결과, 썬더셔츠는 일부 불안 행동을 줄이는 것으로 나타났다. 여러 불안 지표를 테스트하기 위해 열 마리의 개를 선택했고, 지표에는 관찰된 불안 행동, 상자 안에 숨어 있는 시간, 혈중 코르티솔 수치 및 심박수가 포함되었는데, 개가 썬더셔츠를 입고 있을 때 상자에 들어가 숨을 가능성이 50퍼센트 감소했다. 관찰되는 불안 행동도 전반적으로 감소했다.

썬더셔츠를 입고 있는 마일로는 근사해 보인다.　　　　© Donna Nuñez

폭풍 공포증은 개가 소리뿐만 아니라 폭풍의 다른 요소들에도 반응하는 것일 수 있어 다른 소음 민감증에 비해 복잡하다. 대기 속 정전기 변화가 일부 개에게 공포 반응을 일으키는 트리거 중 하나라고 추측하는 행동학자도 있다. 망토 형식으로 온몸을 둘러싸는 형태인 스톰 디펜더Storm Defender에는 그 전하를 막는다고 알려진 가벼운 소재의 금속 안감이 들어 있다.

어떤 개가 스톰 디펜더에 더 적합한지 알아내는 연구는 없지만, 욕실이나 자동차 같이 배관과 금속이 많이 있는 곳에 숨으려고 애쓰는 개에게 스톰 디펜더가 도움이 될 수 있다. 2009년 소규모 연구에서 개를 두 그룹으로 나누어 실험을 했다. 즉, 한 그룹(열세 마리)은 스톰 디펜더를 입히고, 다른 그룹(열 마리)은 이와 비슷한 '플라시보' 망토를 입혔다. 두 그룹 다 비슷한 불안 수치를 보였고, 망토를 착용한 동안 호전되는 양상을 보였는데, 스톰 디펜더를 착용한 그룹이 더 높은 비율로 호전되었다. 수의행동학자 니컬러스 도드먼Nicholas H. Dodman은 플라시보 망토도 불안감을 낮추는 데 도움이 된 이유에 대해서는, 더 많은 연구가 필요하겠지만 스톰 디펜더가 일부 불안해하는 개들을 제대로 도울 수 있다고 결론 내렸다.

음악 요법도 또 다른 옵션이 될 수 있다. 음악으로 무서운 소음을 개가 더 편안하게 느끼도록 도울 수 있다. 공명, 리듬, 패턴 식별(화음의 복잡성) 같은 음악의 다양한 요소가 행동에 영향을 줄 수 있다.[104]

중요 포인트

- 녹음된 소음을 사용한다면, 소음의 주된 사건이 발생하기 적어도 2개월 전부터 재생한다.
- 개의 관심을 다른 곳으로 돌릴 수 있도록 개가 가장 좋아하는 장난감과 간식을 미리 준비한다.
- 안전한 안식처에서 긴장을 푸는 교육을 한다.
- 개를 진정시키는 음악을 틀 준비를 해 둔다.
- 과거에 이런 것들 중 아무것도 도움이 되지 않았다면, 수의사나 수의행동학자에게 약물적 또는 비약물적 개입에 대해 상담한다.

요점 정리

- 강아지나 개를 데려오자마자, 책임감 있게 여러 소리에 노출시킨다.
- 브리더로부터 개를 입양할 계획이라면, 부모견 중에 소음 민감증 내력이 있는지 확인한다.
- 소음 민감증이 있는 개는 인도적으로 그리고 존중하며 대해야 한다. 그들은 멍청하지도 않고 우위에 서려고 애쓰지도 않는다. 그저 자신이 두렵다고 인지하는 소음에 불수의적 감정 및 생리 반응을 겪는 것이다. 절대 벌을 주면 안 된다.
- 소음 민감증처럼 심각한 행동 문제에 대한 접근법은 우리 개가 겪는 다른 질병에 대한 접근법과도 같다. 자격 있는 사람에게 도움, 조언 및 치료를 받는다. 이들이 적절하고, 인도적이고, 종합적인 계획을 세우는 것을 도와줄 것이다.
- 치료 효과가 매우 빨리 나타나는 개도 있지만, 더디게 나타나는 개도 있다.
- 녹음된 소리를 이용하는 행동 수정 계획은 소음 민감증에 매우 효과적인 치료지만, 모든 개에게 효과가 있는 건 아닐 수 있다.
- 약물은 매우 유용할 수 있으며 어떤 개에게는 심지어 '필수적'이다.
- 시도할 가치가 있는 비약물적 요법 및 대체 요법이 있다는 것을 기억한다.
- 개는 두려움 없이 살 자격이 있다. 또한 그렇게 살도록 도와줄 인도적인 해결책은 많다. 우리 개를 위해 책임감 있게 소음 교육을 진행한다. 일종의 행동적 백신이다. 이 백신을 맞은 개는 소음 민감증을 갖게 될 가능성이 더 낮다.
- 우리 개가 소음 민감증이 있어도 얼마든지 전문가의 도움을 받을 수 있으니 포기하지 말자.

13장
강박 행동

꼬리 쫓기, 다리 핥기
그만 멈출 수 없어?

멜리사 베인Melissa Bain, MS, DVM, DACVB
마샤 라이히Marsha Reich, DVM, DACVB

　레이첼은 6개월 전에 입양한 두 살 된 중성화된 수컷 보더콜리, 할리를 무척 사랑했다. 그들은 하이킹, 자전거 타기, 긴 산책 및 장난감 갖고 놀기 등 모든 것을 함께했다. 할리에게는 먹이 퍼즐 장난감을 비롯한 많은 장난감이 있었다. 레이첼은 어질리티 및 다른 도그 스포츠를 위해 할리와 일주일에 두 번씩 교육을 했고, 매일 트레이닝을 연습했다. 그들의 관계는 그야말로 완벽해 보였다.

　휴가 기간 동안 그들은 레이첼의 가족을 방문했다. 언니 집을 방문한 첫날에는 모든 것이 순조로웠다. 그곳에 있는 동안, 할리는 조카의 반짝이는 신발과 크리스마스트리의 반짝이는 불빛에 큰 관심을 보였다. 온 가족은 그런 할리가 귀엽다고 생각했고 할리가 빛을 쫓아다니면 다 함께 웃었다. "할리가 저를 쫓는 걸 봐요!" 조카가 반짝이는 신발을 신고 집 안을 여기저기 뛰어다니면서 행복하게 외쳤다.

　그다음 날 창문을 통해 새어 들어오고 있는 빛을 쫓던 할리가 레이첼의 침대로 뛰어들어 레이첼은 별로 기분이 좋지 않았다. 레이첼은 꽤 쉽게 할리의 관심을 딴 곳으로 돌릴 수 있었지만, 그들이 집에 돌아왔을 무렵 할리의 행동은 심해져 모든 깜박이는 불빛이나 움직이는 그림자로부터 할리를 떼어놓아야 했다. 레이첼의 룸메이트들은 그 행동이 귀엽다고 생각했지만 할리가 열린 냉장고에서 새어나오는 빛을 쫓다가 한 명이 할리에 걸려 넘어지자 생각이 바뀌었다.

대체 무슨 일이 일어난 건지 레이첼은 도무지 이해가 안 갔다. 할리는 아주 훌륭한 동반자였다. 하지만 이제는 산책 중에 햇살이 만들어낸 나뭇잎 그림자를 보거나 자동차 휠 캡에 반사된 빛을 보면 레이첼마저도 무시했다. 마룻바닥에 어른대는 열린 전자레인지에서 나오는 빛을 쫓기 위해 먹이 장난감도 내팽개쳤다. 이런 사건들이 일어나는 동안 할리는 결코 걱정이 있어 보이거나 스트레스 받는 것처럼 보이지 않았지만 점점 레이첼과 멀어졌다.

레이첼은 할리가 몸 어디가 안 좋은지 확인하기 위해 담당 수의사에게 데려갔다. 그동안의 행동 증상을 들은 수의사는 신경 질환이나 안과 문제를 고려했다. 다행히도 정밀 신체검사 결과 아무 이상도 없었기 때문에, 수의사는 할리와 레이첼을 수의행동학자에게로 보냈다. 첫 방문에서 할리는 강박 장애 진단을 받았다. 이 용어를 들으면 보통 손을 많이 씻는 사람의 모습을 떠올리곤 하는데, 동물의 강박 장애는 이와 다르다.

강박 장애 진단은 동물이 반복적인 행동을 통제할 수 없어 보이며, 방해에 반응하지 않을 때 내려진다. 이런 행동은 주로 빛과 그림자 같은 트리거에 대한 반응이지만, 항상 그런 것은 아니다. 강박 장애는 동물의 삶의 질을 크게 떨어뜨리며 일상생활을 정상적으로 영위하는 데 방해가 된다.

특정 품종들은 특정 유형의 강박 행동을 나타낼 가능성이 높다. 예를 들어, 할리 같은 보더콜리는 다른 동물을 모는 데 전념한다. 아마도 가축을 몰고자 하는 욕구 때문에 겉보기에 부적절한 목표물을 향해 몰이 행동을 전환한 듯하다. 할리의 경우, 양을 대신해 빛과 그림자를 몰았다. 대상 전환 행동redirecting은 정상적인 대상이 그곳에 없기 때문에, 정상적으로는 특정 행동을 하지 않아야 하는 대상을 향해 그 행동을 하는 것을 말한다.

할리는 방 위에 있는 빛을 보고 쫓고 싶어 한다.　　　　　© Melissa Bain

강박 행동에 관한 사실

강박 행동은 빙빙 돌기, 꼬리 쫓기, 펜스 따라 달리기, 안절부절못하기, 빛이나 그림자 쫓기 같은 활동과 그루밍(신체 일부를 핥거나 빨기), 물건을 먹거나 핥기, 소리내기 같은 정상적인 활동에서 유발되는 것으로 보인다. 대개 지속적으로 높은 수준에서 발생한다. 개는 그 행동을 시작하고 계속하는 것을 스스로 통제할 수 없어 보이며, 그 행동으로 인해 자해를 입을 수도 있다. 이런 행동은 반복적이다. 즉 동일한 행동이 반복해서 일어난다. 흔히 개가 지루하거나, 운동량이 충분하지 않거나, 관심을 얻으려 하거나, 보호자와의 관계가 적절하지 않아서 이런 행동들이 나타난다고들 하지만 진짜 강박 행동을 보이는 동물에게는 모두 틀린 말이다.

무엇이 반복 행동을 일으키고 언제 강박 장애로 발전하는 걸까?

반복 행동은 여러 문제에서 비롯될 수 있다. 그 중 하나는 할리처럼 진짜 강박 장애를 가진 경우다. 일반적으로 반복 행동은 잠재적인 의학적 문제, 관심 끌기 행동 또는 다른 문제 행동이나 스트레스 요인에 대처하기 위한 방식으로 설명할 수 있다. 때로는 이러한 원인들이 복합적으로 작용해 반복 행동을 일으킬 수 있다.

강박 장애가 왜 발생하는지는 잘 알려져 있지 않다. 뇌 안의 신경전달물질에 변화가 생겨서일 수도 있다. 신경전달물질은 한 신경세포에서 다음 신경세포로 정보를 전달하는 화학 물질로, 강박 장애와 관련 있다고 여겨지는 신경전달물질은 세로토닌, 도파민, 엔도르핀이다. 일부 개의 경우, 원하는 것을 할 수 없을 때의 좌절감 또는 갈등이 강박 행동의 트리거가 되는 것 같고 그 행동은 이런 신경전달물질의 변화에 의해 유지될 수 있다.

근본적인 원인이 무엇이든 간에, 보호자들은 흔히 개가 보이는 행동의 진상을 규명하려 애쓰다가 결국 지치게 된다. 할리의 보호자처럼 수많은 트레이닝을 시도하고는 더 이상 자기 개를 도와줄 방법이 없다고 느낀다. 보호자와 개 모두가 스트레스를 받고, 이는 좌절감을 높여 서로의 관계를 해칠 수 있다.

표 13.1 용어 정리

진단	정의	행동이 나타나는 때
강박 행동 compulsive behavior	뚜렷한 목적 없이 끊임없이 반복되는 행동으로 보통 특정 상황과 관련 없다. 이 동물은 근본적으로 불안 장애를 갖고 있을 가능성이 있다.	여러 다양한 상황, 시나리오 및 장소에서 나타난다. 행동을 말리는 것이 매우 어려울 수 있다. 일반적으로 정상적인 일상생활에 지장을 준다.

진단	정의	행동이 나타나는 때
관심 끌기 행동 attention-seeking behavior	보호자의 관심을 끌기 위해 동물이 하는 행동으로, 관심은 쓰다듬기, 간식 같이 뭔가 긍정적인 것일 수도 있지만 소리 지르기, 목줄 잡아끌기 같이 혐오적인 것일 수도 있다.	동물이 있는 장소에 사람이 있거나 들어올 가능성이 있을 때만 나타난다. 이런 유형의 행동은 보호자가 반응으로 관심을 주는 것으로 계속 유지된다.
정형 행동 stereotypic behavior	사는 공간 또는 먹는 것의 상태와 관련된 스트레스를 완화할 목적으로 끊임없이 반복되는 행동이다. 이는 강박 장애와 아주 유사하며 심지어 같을 수도 있다.	일반적으로, 갇혀 지내는 동물, 즉 동물원이나 실험실의 동물 그리고 어쩌면 반려동물이 환경 때문에 그 종이 해야 할 전형적인 행동들을 전반적으로 모두 할 수 없을 때 나타난다.
전위 행동 displacement behavior	자주 반복되는 행동이지만, 보통 스트레스가 큰 사건이 일어날 때 시작되는 행동이다. 과도하고 맥락 없이 일어나면 강박 장애로 진행될 수 있다.	분리불안이나 낯선 사람 또는 낯선 개에 대한 두려움 같이 스트레스가 큰 사건에 대한 반응으로 일어난다.
발작 seizure	비정상적인 움직임을 일으킬 수 있는 뇌의 급작스럽고 비정상적인 전기적 활동으로 이 중 일부는 반복적일 수 있다.	언제든지 나타날 수 있으며, 인위적으로 멈출 수 없다.

강박 행동에 관한 잘못된 속설과 진실

개는 그저 운동이 더 필요한 걸까?

레이첼의 친구 중 몇몇은 할리가 몰 수 있게 양을 몇 마리 구하라고 말했다. 도시 외곽에 사는 사람에게 그것은 쉬운 일이 아니다. "할리의 운동량을 늘려", "할 일을 줘", "집에서 더 많은 장난감을 줘". 모두 레이첼이 들어본 말들이었다. 일을 그만두지 않고서는 할리의 운동에 더 많은 시간을 할애하기 힘들었다. 게다가 집 안팎에는 할리가 빛을 쫓느라 더 이상 갖고 놀지 않는 수많은 종류의 장난감이 널려 있었다. 강박 행동은 그저 에너지가 넘치는 것과는 다른 문제다.

반복 행동은 모두 강박 장애인가?

간혹 의학적 문제가 강박 장애로 오인된다. 중성화된 수컷 쿤하운드 Coonhound, 재스퍼는 14개월령일 때 바닥을 계속 핥았다. 문제는 매일 아침 바닥을 핥지만, 이른 오후가 되면 평범한 개로 돌아갔다. 몇 달 사이 그 문제는 점점 심해져서 몇 시간씩 바깥에 있는 펜스를 핥는 것으로 악화되었고, 보호자가 부드럽게 떼어놓을 때만 멈췄다. 수의사가 세로토닌을 증가시키는 약물인 세르트랄린Sertraline을 처방해주어 복용하고 있었지만 도움이 되는 것 같지 않았다. 재스퍼의 혈액 검사와 분변 샘플은 모두 정상이었다.

수의행동학자를 찾아온 재스퍼는 진료 내내 불안해 보였고 결국 바닥을 핥기 시작했다. 침을 흘리고 있었고 길고 축축한 침 자국을 남겼다. 수의행동학자는 자세한 기록을 통해 재스퍼의 위에서 항상 '꾸르륵거리는' 소리가 난다는 것을 알아냈다. 보호자는 함께 키우고 있는 다른 세 마리의 쿤하운드에 비해 재스퍼가 훨씬 더 많이 먹고 많이 쌌으며 재스퍼의 변이 정상적이지 않고 푸딩처럼 무르다고 말했다.

수의행동학자는 의학적 문제가 이 유일 거라 의심했다. 그 후 몇 주에 걸쳐, 가능성 있는 음식 알레르기를 배제하기 위한 특수 사료와 위장 문제를 해결하기 위한 제산제인 잔탁Zantac을 포함해 몇 가지 중재법을 시

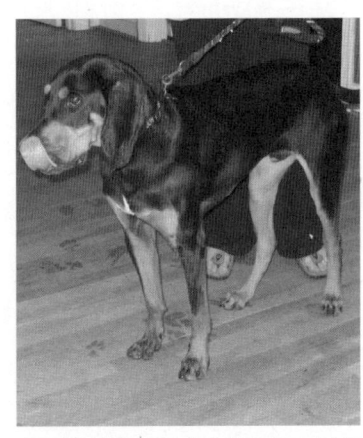

재스퍼가 바닥을 핥은 후에 침을 밟고 다닌 발자국을 볼 수 있다.   © Marsha Reich

도했다. 2주가 지나도 호전이 없어 위장관 검사를 하여 장내 조직 검사 샘플을 얻었다. 조직 검사 결과, 재스퍼의 위와 소장에 가벼운 염증이 발견되었다. 수의 내과 전문의는 국소성 발작을 수반하는 특이한 신경학적 장애가 위장 문제를 일으키고 있다고 의심했다. 항경련제로 치료를 받기 시작하자 재스퍼는 호전되기 시작했다. 치료한 지 이제 2년이 되었고, 약 70퍼센트 호전된 상태가 유지되고 있다.

꼬리 쫓기는 모두 강박 장애인가?

꼬리 쫓기는 또 다른 문제로, 강박 장애로 보일 수 있지만 의학적 문제일 수 있다. 저먼 셰퍼드, 록키는 다섯 살 반이었을 때 첫 진료를 받았다. 록키는 병력이 길었는데 6개월령에 꼬리 쫓기를 시작했고 한 살 때부터 몸과 연결된 꼬리 부위를 씹기 시작했다. 이따금씩 꼬리를 무는 것 때문에 상처가 생기기도 했다. 게다가 알레르기, 분리불안, 소음 공포증에 이르기까지 복잡한 병력이 있었다.

신체 검진으로 신경학적 문제들은 분명해졌다. 록키는 발을 뒤집어 놓으면 원상태로 돌아오기까지 시간이 오래 걸렸다. 등 중간부터 꼬리까지 피부를 만지면 씰룩대는 경련이 일었다. 보호자는 록키가 배변할 때 불편한 기색을 보였다고 말했다. 이런 증상 모두가 꼬리 쫓기가 신경 문제 때문일 수 있음을 시사했기에, 록키는 심층 검사를 위해 수의신경 전문의에게 보내졌다. 컴퓨터 단층 촬영CAT 결과 척추 디스크가 돌출되어 있었고 고관절 관절염도 보였다. 두 가지가 통증을 초래하는 것이었다. 디스크 수술을 받고 진통제를 먹은 지 2주 후, 록키는 더 이상 자기 꼬리를 물지 않았고 꼬리 움직임이 좋아졌으며 정상적으로 배변할 수 있었다.

강박 행동 치료 시작하기

강박 장애는 언뜻 개가 즐거워하는 것처럼 보일 수 있지만, 결국 개와 보호자 모두를 좌절하게 만든다. 강박 장애를 관리하는 방법을 알려면 원인이 될 수 있는 의학적 문제를 찾는 탐정이 되어야 한다. 록키와 재스퍼의 사례처럼, 어떤 의학적 문제들은 찾기가 어렵기 때문에 수의학적 개입이 무엇보다도 중요하다.

특히 초기 개입이 중요하다. 수의행동학자 앤드루 루셔Andrew Luescher는 연구를 통해 강박 장애는 오래 지속될수록 치료가 어렵다는 사실을 보여줬다. 따라서 강박 행동이 시간이 지나면 저절로 사라질 것이라고 생각해선 안 된다. 가능한 한 빨리 도움을 구해야 한다.

관리 방법

모든 경우에서, 심지어 의학적 문제일지라도 개의 관심을 강박 행동으로부터 다른 것으로 돌리는 것이 중요하다. 우연이라도 강박 행동에 대해 개에게 보상하지 않기 위해서는 개의 관심을 다른 곳으로 돌리는 타이밍을 잘 맞춰야 한다. 만약 잘못된 타이밍에 장난감이나 간식을 흔든다면 우리가 원치 않는 그 행동에 보상을 준다는 메시지를 개에게 보내는 것이 된다. 한 가지 옵션은 '앉아' 같은 지시를 내리기 위해 개를 우리한테 오라고 부른 뒤, 개가 앉은 후에 장난감이나 다른 물건으로 개의 관심을 돌리는 것이다.

또 다른 방법은 개를 안전하게 리드줄에 연결해두고 강박 행동을 막 시작하려고 할 때 잡아당기는 것이다. 이 방법은 개가 보호자의 관심을 강박 행동에 대한 보상으로 여기지 않게 할 수 있다. 탁자를 두드리거나 발을 쿵 구르는 것 같은 갑작스러운 소리로 행동을 방해한 뒤 '앉아'를 시키고 보상하는 것도 어떤 개에게는 효과가 있다. 하지만 소리 지르기는 안 된다!

행동 수정 도구들

10장과 11장에서 나왔던 탈감각화와 역조건화를 이용하는 행동 수정이 도움이 될 수 있다. 이 방법은 강박 행동을 유발하는 상황에 개를 점진적으로 노출시키는 동시에 앉기나 개 침대에서 편안하게 쉬는 것 같이 강박 행동과 동시에 할 수 없는 행동을 보상해 줌으로써 강박 경향을 감소시킨다(7장 참고).

할리의 수의행동학자는 할리의 경우 탈감각화와 역조건화라는 행동 수정 프로그램이 도움이 될 것이라 예감했다. 전문의는 빛과 그림자에 대해 역조건화를 하고 서서히 탈감각화하기 위한 치료 계획을 세웠다. 레이첼은 밝은 방에서 바닥에 손전등을 비추는 것으로 시작했다. 그래야 방의 밝은 부분과 어두운 부분이 차이가 별로 없기 때문이다. 그 수준에서 할리가 레이첼에게 집중하는 한 매우 맛있는 간식을 얻었다. 손전등이 꺼지면 간식도 사라졌다. 레이첼은 이를 자주 반복하면서 점점 더 방을 어둡게 하고 다음 세션을 진행해 나갔다.

그들은 할리가 그림자에 익숙해지도록 설계된 세션도 추가했다. 수의행동학자는 실링팬 그림자를 이용할 것을 제안했다. 시간이 지나면서 레이첼은 더 많은 그림자가 만들어지도록 팬을 더 빨리 작동시켰다. 결국 이런 트리거들에 대한 할리의 반응은 약화되어, 그림자 쫓기를 할 가능성이 낮아졌고 정상적인 놀이 행동에 더 많은 시간을 할애하게 되었다.

환경 변화

주변에 있는 스트레스 요인들을 감소시키고 개가 강박 행동을 보이는 장소를 통제하는 것 같은 환경 변화가 도움이 된다. 빛이나 그림자를 쫓는 개를 위해 그림자가 만들어지지 않게 커튼을 치는 것 또는 그림자와 반짝이는 빛을 제거하는 것이 이에 포함된다. 큰 스트레스를 주는 사건 후에 강박 행동을 보이는 개를 위해서는 보호자가 가능한 한 그런 사건을 피하고 최종적으로는 개를 트리거에 탈감각화와 역조건화 한다.

의학적 치료

수의행동학자들은 언뜻 비슷해 보이지만 실제로는 아주 다른 사례들을 자주 접한다. 앞서 나온 록키와 재스퍼의 사례는 의학적 문제가 강박 장애와 얼마나 유사하게 보일 수 있는지를 잘 보여준다. 특히 중년기에 이른 반려동물이 확실한 트리거 없이 갑자기 강박 행동을 보인다면, 의학적 정밀 검사부터 받아야 한다. 정확한 진단 없이는 증상을 치료할 수 없다.

표 13.2 반복 행동의 가능한 의학적 원인

반복 행동	가능한 의학적 원인
빛과 그림자 쫓기	안과 문제, 신경 문제(발작, 종양)
말단부 핥기	피부염Acral-lick dermatitis 감염, 알레르기, 신경 감각 이상, 정형외과 문제 또는 통증
꼬리 쫓기	신경 문제(척수 신경 문제), 항문낭 염증, 알레르기, 꼬리 상처
물건이나 허공을 과도하게 핥기	위장 질환
옆구리 빨기	위장 질환
써클링circling(원 그리며 걷기)	신경 문제, 안과 문제
안절부절못하기	누워 있는 것을 방해하는 통증 또는 불편함

다른 행동 문제를 찾아 치료하기

의학적 문제와 근본적인 행동 문제가 결합되어 나타나는 사례도 있다. 이 경우 개를 제대로 치료하기 위해서는 의학적 문제와 행동 문제를 '모두' 다뤄야 한다.

댄은 여섯 살 된 비글, 데이지가 앞다리를 계속 핥는 바람에 상처가 생겨 수의행동학자를 찾아왔다. 데이지는 댄 부부가 집을 나갈 때마다 스트레스를 받고 불안해했다. 짖고 하울링했으며 문틀을 물어뜯었다. 데이지는 혼자 있을 때뿐만 아니라 보호자와 함께 있을 때도 다리를 핥았다. 데이지의 병력은 행동적 원인임을 시사했다.

그러나 데이지가 한쪽 다리만 집중해서 핥았기 때문에, 더 자세히 살펴볼 필요가 있었다. 데이지의 피부 감염 상태는 심각했고, 엑스레이 결과 염증이 뼈까지 침투해 있었다. 분명히 통증과 자극이 다리 핥기의 원인이 되고 있었다.

그런데 데이지는 왜 애초에 핥는 행동을 시작했을까? 댄은 이 모든 것이 시작되기 몇 개월 전, 심장사상충 검사를 위해 데이지의 다리 털을 밀고 채혈했던 일을 떠올렸다. 이것이 데이지의 피부를 자극해 이 과정들이 시작됐을 수 있다. 그렇다면 왜 계속 핥았을까? 일단 개가 과도하게 핥기 시작하면, 자극이 지속되고 심해져서 심부 감염을 일으킬 수 있다.

데이지의 문제는 다리 털 밀기뿐만 아니라, 댄의 퇴근 시간이 늦어진 것도 원인이 되었다. 그렇다면 분리불안과 핥기 중 무엇이 먼저 시작되었을까? 이는 확실히 알 수 없으며 사실 그리 중요한 것도 아니다. 어쨌든 데이지는 의학적 문제와 행동 문제 '둘 다' 동시에 치료해야 했다.

강박 장애 치료하기

- 트리거를 최대한 피한다.
- 개의 관심을 돌려 우리 또는 다른 적절한 행동에 집중하게 한다. 개의 관심을 돌린 후에는 놀이나 씹는 장난감 또는 간식을 제공한다.
- 개를 트리거가 되는 자극에 탈감각화시키고 역조건화한다.
- 필요하면 약물을 사용한다.
- 수의사와 계속 연락을 취한다.

전체 이야기를 다 아는 것이 중요하다

불안감과 강박 장애의 원인이 되는 다른 행동 문제들을 찾아 치료하는 것도 중요하다. 보호자와 떨어져 있는 동안 자기 앞다리를 과하게 핥아 피부염이 생긴 개는 분리불안도 같이 치료해야 한다. 개가 두려운 것을 접할 때 꼬리 쫓기를 한다면 개가 두려워하지 않도록 가르쳐야 한다. 예를 들어 낯선 사람이 다가와 쓰다듬으려고 하면 도망가는 대신 꼬리 쫓기를 하는 개를 치료하기 위해서는, 개가 가지고 있는 낯선 사람에 대한 두려움을 해결해 줘야 한다.

인내심과 끈기를 갖고 먼저 그 행동의 근본적인 원인을 밝혀 해결하고, 반려동물의 환경을 수정하고, 탈감각화와 역조건화에 노력하며, 필요 시 약을 처방받는다면, 강박 장애를 가진 개의 상태는 호전될 수 있다.

약이 중요한 역할을 할 수 있다

세로토닌에 영향을 미치는 약은 일부 강박 장애 증상을 완화해 새 행동을 배우는 것을 돕는다. 현재의 가설에 따르면 강박 장애는 뇌의 세로토닌 수치와 관련이 있으며, 이 장애를 가진 사람에게 세로토닌 수치를 바꾸는 약이 도움이 될 수 있다. 이 연구 결과를 개의 강박 장애 치료에도 적용하고 있는 것이다. 수의행동학자 앤드루 루셔, 니컬러스 도드먼, 케르스티 섹셀Kersti Seksel이 실시한 연구에서 빙빙 돌기와 꼬리 쫓기를 하는 개들에게 클로미프라민 또는 플루옥세틴Fluoxetine이 유익하다는 것이 드러났다. 다른 신경전달물질에 영향을 미치는 다른 약물은 성공 사례가 제한적이었다.

강박 장애가 의심되는 개가 약물에 반응하지 않거나 제한적인 반응을 보이는 것은 문제에 다른 의학적 요인이 있을 가능성을 시사한다. 약물이 도움이 되는 경우, 그 문제의 특성, 환경 그리고 치료 반응에 따라 수개월에서 수년 동안 약을 복용해야 할 수도 있다. 수개월에 걸쳐 극도로 점진적으로 약을 줄여나가야 하며 증상이 재발하는지 모니터링 해야 한다.

> **강박 장애를 예방할 수 있나?**
>
> 정확한 메커니즘이 밝혀지지 않아 강박 장애를 예방하는 것은 어렵다. 손전등이나 레이저 빛을 가지고 놀지 않는 것이 그림자나 빛 쫓기를 예방하는 데 도움이 될 수는 있지만, 이런 놀이들이 실제로 강박 행동의 원인이 된다고 입증되지는 않았다.

중요 포인트

동물 행동의 모든 양상이 그렇듯, 강박 장애 치료에 관해 몇 가지 우려와 오해가 보호자와 개는 물론, 둘의 관계를 망칠 수 있다. 표 13.3은 치료에 대한 일반적인 오해들을 목록화한 것이다. 이러한 문제를 피하고 치료에 성공하기 위해서는 되도록 빨리 행동 수정 도구를 사용해야 한다.

표 13.3 치료에 대한 일반적인 오해

오해	현실
빠른 진단을 기대하는 것	문제의 뿌리를 빨리 알아낼 수 있는 경우도 있지만, 무슨 일이 일어나고 있는지 알아내기 위해 더 깊이 파고 들어야 하는 경우도 있다. 특히 잠재적 의학적 질환을 배제하려고 할 땐 더 그렇다.
빠른 회복을 기대하는 것	뇌 화학 물질의 변화가 강박 장애에 영향을 준다. 뇌 안에서 일어나는 기본적인 과정은 행동 수정과 약물로 바뀔 수 있지만, 진전되는 것을 보기까지는 때로는 몇 주에서 몇 개월의 시간이 걸릴 것이다. 문제가 완전히 해결되기까지는 수개월이 더 걸릴 수 있다.

오해	현실
자기 탓을 하는 것	사람이 연루된 것이 강박 장애에 영향을 미쳤을지는 모르지만, 이것이 유일한 원인인 경우는 극히 드물다.
약으로만 문제가 해결되길 기대하는 것	약도 유용하지만, 행동 수정이 따라야 변화가 지속된다. 또 각 반려동물에게 맞는 약과 치료 계획을 찾는 데는 시간이 걸릴 수 있다.
개에게 벌을 주는 것	벌은 보통 개의 불안감을 더 증가시키고 문제를 영구화시키거나 더 악화시킬 수 있으며 개가 가족을 불신하게 만드는 원인이 된다.
행동을 멈추게 하려고 물리적 방해물을 사용하는 것	보통 개가 피부를 더 이상 손상시키지 못하게끔 넥 칼라neck collar 같은 것을 사용하곤 하는데 이것은 근본적인 원인을 전혀 다루지 못한다.
개가 우위를 차지하기 위해 이런 식으로 행동한다고 믿는 것	스트레스 받은 개의 행동은 사람이나 다른 개보다 '우위에 있으려는 것'과 관련 있다는 말은 아무 근거 없는 이야기다.

반려동물의 행동 변화를 날마다 기록하는 것도 좋다. 변화가 더디거나 문제가 완전히 해결되지 않았을 때는 진전되고 있는지 파악하기 어렵다. '개가 빙빙 도는 시간이 10분이 아니라 5분으로 줄었다'거나 '그림자가 아주 어둡지 않다면 그 옆을 지나갈 수 있다' 같은 변화를 기록하면 진행 상황을 확인할 수 있다. 50퍼센트 호전된 것은 아직 완치까지는 멀었지만 그래도 문제가 절반이나 줄어든 것이다. 기록을 통해 치료 계획상의 난제를 식별할 수도 있다.

할리의 초기 치료 계획에는 운동과 환경 풍부화, 관심과 트레이닝을 통한 보호자와의 유대감 강화, 빛의 반짝임과 그림자 피하기, 그리고 그림자와 빛이라는 트리거에 대한 탈감각화와 역조건화를 진행하고 프로작Prozac(fluoxetine) 같이 세로토닌을 증가시키는 약물을 추가하는 것이 포함되었다.

이런 중재법들은 할리의 행동에 극적인 변화를 가져왔다. 재진 때 레이첼은 할리가 약 70퍼센트 호전되었다고 보고했는데, 특히 집 밖에서 스포츠나 트레이닝에 참여하고 있을 때가 그랬다. 다시 할리는 하이킹을 함께 떠나 달렸고 장난감을 갖고 놀았으며 자동차 휠 캡에 반사되는 빛과 바닥에 있는 그림자 같은 것에 반응하지 않았다. 계획과 관리를 통해 할리는 정상으로 돌아가고 있었다.

여기서 우리가 얻을 수 있는 교훈은 개가 전반적으로 반복 행동을 한다는 의심이 들거나 더 구체적인 강박 행동이 의심될 경우 포기하지 말라는 것이다! 우리 자신과 반려동물의 삶을 향상시키기 위해 우리가 할 수 있는 일은 아주 많다.

요점 정리

- 강박 장애는 움직이기, 그루밍하기, 물건을 먹거나 핥기 또는 울기 같은 정상적인 활동에서 발달되는 것으로 보이나, 그 행동이 지속적으로 높은 수준으로 일어나고 보통 개가 그 행동을 시작하고 지속하는 것을 통제할 수 없다.
- 어떤 개에게는 좌절감 또는 갈등, 즉 개가 하고 싶은 것을 할 수 없는 것이 강박 행동의 트리거가 되는 것으로 보인다.
- 같은 행동이 의학적 문제 때문에 일어날 수 있다.
- 강박 행동은 관심을 끌고자 하는 행동이거나, 또 다른 행동 문제나 스트레스 요인에 대처하기 위한 방법일 수 있다.
- 전반적 불안감과 강박 장애에 영향을 미치는, 현재 가지고 있는 모든 행동 문제를 찾아내서 치료하는 것이 중요하다.
- 트리거를 피하고, 개의 관심을 다른 곳으로 돌리고, 새 행동을 가르치고, 역조건화와 탈감각화를 하는 것에 치료의 초점이 맞춰진다.
- 세로토닌을 증가시키는 약은 강박 행동의 강도를 낮추는 데 유용할 수 있으며 이를 통해 개는 새 행동을 배우기 시작할 수 있다.
- 행동은 천천히 바뀌기 때문에 반려동물이 더 나아지는 것을 도우려면 인내심을 갖고 지속적으로 수의사와 연락하며 후속 조치를 취해야 한다.

14장

노령견

우아하게
나이 들기

게리 랜즈버그, DVM, DACVB, DECAWBM[105] Behavior

약 15년 전, 나의 열두 살 된 노바스코샤 덕 톨링 리트리버Nova Scotia Duck Tolling Retriever, 그레이스가 달라지기 시작했다. 그전까지 그레이스는 아침과 저녁을 규칙적으로 먹었고, 평일 대부분을 내 동물병원 진료실에서 함께 보냈다. 그곳에서 그레이스는 하루에도 여러 번 사교 시간을 갖고 마당에서 뛰놀았다. 주말에는 우리 아이들이 그렇듯 해가 중천에 뜰 때까지 늦잠을 잤다. 보통은 대소변을 위해 우리가 밖에 데리고 나갈 때까지 기다렸고, 가끔 마당을 사용하고 싶어 뒷문 앞에서 낑낑거렸다. 또 우리가 식사를 늦게 주면 밥그릇 앞에 서서 낑낑대곤 했다. 그레이스는 사역견 품종 치고는 느긋한 성격이었지만, 산책, 간식, 놀이, 식사에서만큼은 꽤 흥분했다.

그런데 점점 신체 활동과 놀이에 흥미를 덜 보이더니, 아침에 일어나 같이 일터로 가는 게 어려워졌다. 게다가 특정 행동을 하라는 지시에 잘 반응하지 않았다. 청각의 문제일까? 하지만 음식을 만들고 있을 때마다 그것을 알아차리고 기민한 반응을 보였기 때문에 청각은 큰 문제가 없어 보였다. 게다가 조금 전 밖에 나가 볼일을 봤는데도 한 번씩 안에 배변 실수를 했다.

노령견에 관한 사실

수의학적 관리, 영양 그리고 행동학적 관리의 발달로 개들의 수명이 늘었다. 그러나 개들도 나이를 먹으면서 장기 기능이 떨어지고 종양은 더 자주 생기며 면역 체계는 약해지고 스트레스 조절 능력도 현저히 감소한다. 이런 신체적 변화는 행동상의 변화에 영향을 미친다. 노령견이 보이는 행동 변화를 그저 '나이' 탓으로 돌려서는 안 되는 이유다.

노령견은 겉으로는 나이 든 징후가 거의 안 보일 수 있다. 하지만 중요한 것은 속이다. 보통 근본적인 건강 문제의 최초 또는 유일한 증상은 행동에 변화가 생기는 것이다. 그래서 보호자들이 건강 문제를 조기 발견하는 것이 무엇보다 중요하다. 진단이 빠를수록 치료를 더 빨리 시작할 수 있으며 호전될 가능성도 높아지기 때문이다. 예를 들어, 당뇨와 갑상선 질환은 합병증이 생기기 전에 진단되면 관리할 수 있다. 사실 모든 장기의 건강은 조기 진단과 치료로 유지되거나 좋아질 수 있다. 신부전이 있는 개는 신장 기능의 66~75퍼센트가 상실될 때까지 증상이 드러나지 않는다. 하지만 조기에 진단되면 식이요법만으로 관리할 수 있다. 이런 이유로 노령 반려동물은 건강하다 하더라도 1년에 두 번 건강검진을 받는 것이 바람직하다.

뇌도 마찬가지다. 환경 풍부화와 영양 보조제 등으로 초기에 개입하면 뇌세포의 건강은 유지되거나 심지어 향상된다. 최근 수의학 연구는 노화가 뇌에 미치는 영향에 초점을 둔다. 나이가 들면서 어떤 개는 인간의 알츠하이머병과 유사한 인지기능장애 증후군cognitive dysfunction syndrome, CDS을 앓는다. 개의 인지기능장애 증후군의 증상은 각 머리글자를 딴 DISHA[106]

밀리(우측)는 열두 살이고 그녀의 딸 피치는 네 살이다. 밀리는 건강해 보이지만 얼굴과 목에 보이는 회색 털은 명백한 노화의 신호다. 얼굴 근육이 조금 감소하고 코끝의 검은 색소가 사라진 것도 마찬가지다. 노화로 인한 인지기능장애를 감지하려면 행동상의 변화를 살펴야 한다. 뭐든 빨리 알아차리고 의사에게 알리는 것이 중요하다.   © *Theresa DePorter and Judy Merians*

로 알려져 있다. DISHA에서 각 알파벳은 다음의 의미를 갖는다.

- D: Disorientation(방향감각 상실)
- I: changes in social Interactions(사회적 상호작용의 변화)
- S: changes in Sleep-wake cycles(수면과 기상 주기의 변화)
- H: House soiling(배변 실수)
- A: changes in Activity levels(활동 수준의 변화)

불안 또는 흥분도 인지기능장애 증후군의 신호일 수 있으며, 이런 증상은 알츠하이머병을 앓는 일부 사람에게도 관찰된다.

개의 문제가 인지기능장애로 인한 것인지 판단하기 위해서는 먼저 다른 의학적 원인이 배제되어야 한다. 특히 노령견은 종양, 장기 기능 저하, 호르몬 불균형, 감염에 대한 취약성을 포함해 여러 건강 문제가 증가하는 만큼 이 점은 더욱 중요하다.

그래서 그레이스는 어떻게 되었을까? 혈액 및 소변 검사 결과, 갑상선 수치가 낮은 것을 제외하고는 모두 정상이었다. 망막 퇴화로 인한 시력 저하, 왼쪽 뒷다리가 약간 뻣뻣한 것, 좌측 족근골(발목)에 생긴 관절염 외에는 별다른 이상이 없었다. 유일한 문제는 과체중이었다.

활동성 및 놀이의 감소가 통증, 갑상선 저하, 과체중 또는 이들의 조합과 관련 있을 수 있기 때문에, 그레이스에게 진통제와 갑상선 보조제를 주고 더 엄격한 체중 관리 계획을 세웠다. 2개월 뒤, 걸을 때 좀 더 편해 보이긴 했지만 행동은 조금도 호전되지 않았다. 그레이스의 행동적 증상에는 사회적 상호작용에 대한 흥미 저하, 활동량 감소, 지시에 대한 반응성 감소, 지속되는 배변 실수가 있었다.

가장 큰 문제는 그레이스가 식사를 마친 후 볼일을 보기 위해 밖에 나갔다 왔는데도 아무 이유 없이 낑낑대며 울기 시작한 것이었다. 어느 날 저녁 아내와 함께 텔레비전을 보고 있는데 그레이스가 쉴 새 없이 낑낑거리기 시작하자 우리는 한계에 이르고 말았다. 불만에 가득 찬 아내가 나에게 말했다. "도대체 당신 개가 원하는 게 뭐야?" 그레이스와 가족을 위해 조치를 취해야만 했다.

사실 그레이스는 DISHA의 모든 증상을 보였다. 그녀가 뚜렷한 이유 없이 지속적으로 낑낑거렸던 것은 방향감각 상실로 인한 혼란 때문이었다(D). 놀이와 가족 구성원들과의 상호작용에 흥미를 덜 가졌고(I), 더 이상 늦잠을 자지 못했고, 오히려 낮에 잠을 더 잤으며 깨는 것을 어려워했다(S). 배변 실수를 했고(H), 활동 수준도 급격하게 줄었다(A).

인지기능장애 증후군

뇌의 노화는 학습, 기억, 집중, 인지 상실을 초래하는 퇴행성 과정이다.

나이가 들면서 경미한 인지 저하는 예상될 수 있는데, 일단 뇌의 노화 증상 중 하나가 나타나면 대개는 인지기능장애 증후군Cognitive Dysfunction Syndrome의 복합적인 증상으로 진행된다. 이 증상에는 가족과의 상호작용 변화, 수면 및 배설 같은 일상 기능의 변화가 포함된다. 개의 인지기능장애 증후군과 인간의 알츠하이머병 간에는 수많은 유사점이 있다. 개의 인지기능장애 증후군 증상을 개선하고 어쩌면 진행을 늦출 수 있는 약물, 사료 및 보조제를 이용할 수 있다. 인간의 알츠하이머병처럼 인지기능장애 증후군을 확인하기 위해 꼭 뇌를 정밀 촬영할 필요는 없다. 행동 증상으로 이를 알 수 있기 때문이다.

무엇이 인지기능장애 증후군을 일으키는가?

인지기능장애 증후군의 원인에 대한 연구는 계속 진행되고 있는데, 독성 자유 라디칼toxic free radical에 의한 손상과 뇌로 가는 산소 흐름의 감소가 원인일 수 있다. 나이가 들면 뇌를 포함한 모든 장기는 세포 손실과 사멸, 기능 저하를 겪는다.

개와 사람 모두 나이를 먹으면 뇌세포, 즉 뉴런이 소실되고 신경전달물질이 감소하며 뇌세포에 유해한 독성 단백질, 베타 아밀로이드beta-amyloid가 뇌에 쌓인다. 인지기능장애 증후군을 앓는 개의 베타 아밀로이드와 알츠하이머병을 앓는 인간의 베타 아밀로이드의 화학 구조는 동일하다. 개와 사람 모두 베타 아밀로이드의 양이 많을수록 치매도 심해진다. 하지만 개의 경우 사람만큼 뇌 손상이 심각하게 진행되지는 않는데, 사람의 경우 플라크plaque[107]가 더 밀집되고 타우tau 단백질이 더 많이 축적되기 때문이다.

> **용어 정리**
>
> - **뉴런**neurons: 뉴런 또는 신경 세포는 신경계를 이루고, 뇌, 척수, 신경에 자극을 전달한다.
> - **베타 아밀로이드**beta-amyloid, **노인성 플라크**senile plaques **및 타우 단백질**tau proteins: 알츠하이머병을 앓는 사람의 뇌에서 형성되는, 신경 세포에 유해한 독성 단백질이다. 이 단백질 중 일부는 노령견에서도 발견될 수 있다.
> - **자유 라디칼**free radicals: 세포 대사 과정 중에 분비되는 화학물질이다. 노화 또는 환경 속 독소에 의해 자유 라디칼이 과도하게 증가하면 세포, 특히 뇌세포에 손상을 일으킬 수 있다.
> - **항산화제**antioxidants: 독성 자유 라디칼로 인한 손상을 줄이는 물질이다.
> - **신경보호**neuroprotective: 신경 세포가 손상되지 않게 보호하는 역할을 하는 모든 개입을 의미한다.
> - **신경전달물질**neurotransmitters: 도파민, 세로토닌, 아세틸콜린, 노르아드레날린 같이 기분과 행동에 영향을 미치는, 신체에서 생성되는 화학물질이다.
> - **인지 저하**cognitive decline: 인지 기능의 퇴보(노화와 함께 나타나는 정상적인 저하)는 학습과 정보 처리 속도를 늦추며, 이는 장애 또는 기능 부전으로 진행될 수 있다.

어떤 행동 증상을 보이는가?

인간과 마찬가지로 개도 나이가 들면 사회적 관계가 극적인 영향을 받을 수 있다. 인지기능장애 증후군을 겪는 개는 사회적 상호작용에 대한 관심이 줄고, 과민성과 공격성이 증가하며, 집착 및 애착 행동이 증가하는 것으로 보고되었다. 밤에 깨어 있는 것을 포함해 낮과 밤의 일과가 바뀌고, 불안 또는 초조함이 증가하는 것도 인지기능장애 증후군에서 보이는 일반적인 증상이다.

학습과 기억에 변화가 있는가?

인간의 경우, 알츠하이머병으로 나타나는 가장 큰 변화는 기억이나 언어 능력 상실이다. 개의 학습과 기억력을 평가하기 위해서는 개에 맞는 테스트를 개발해야 했다. 한 테스트에서 개에게 음식이 숨겨진 물건을 하나 보여 줬다(사진에 나온 음료 캔 같은 것). 일단 개가 이것이 '정답'인 물건임을 알게 되면, 오답 물건 세 개를 추가해 함께 보여준다. 오답 물건들이 많아질수록 나이 든 개는 정답을 찾아내는 것을 힘들어했다. 이런 유형의 테스트를 통해 우리는 인지기능장애 증후군이 있는 개가 나이를 먹으면서 학습과 기억력이 저하되는 것을 알 수 있다. 사실 학습 및 기억력 감퇴는 인지기능장애 증상이 보호자에게 명백히 보이기 몇 년 전부터 시작된다.

이 물건들 중 하나는 다른 것들과 다르다. 이 집중력 과제에서 열두 살된 비글은 빈 음료 캔 아래 음식이 있다는 것을 아직 깨닫지 못하고 있다.

© Photo by Gary Landsberg; copyright CanCog Technologies

이런 테스트에서 가장 심각한 장애를 보인 개는 활동 수준의 변화, 사람 및 새 장난감과의 사회적 상호작용에 대한 관심 감소, 낮과 밤이 뒤바뀌는 일과의 변화도 나타났다. 적어도 현재 이 테스트는 오직 연구실 환경에서만 할 수 있기 때문에, 반려견에게 이를 적용해 보는 것은 불가능하지만, 개가 기억 손실을 겪고 있다는 것을 알 수 있는 행동상의 증상들이 있다. 배변 교육을 잊는 것 등이 그렇다.

인간의 알츠하이머병을 연구하는 신경과학자들은 인간의 알츠하이머병 초기 단계와 유사하게 개도 뇌의 변화를 '겪고,' 행동 변화를 '겪으며,' 학습과 기억력 저하를 '겪는다'는 것을 알아냈다. 그러나 개의 경우 인간과 달리 인지 능력 손실(먹는 능력을 포함한 정신적 능력의 상실)이나 베타 아밀로이드와 타우 단백질 손상 같은 심각한 수준까지 진행되진 '않는다.'

인지기능장애 증후군은 얼마나 흔할까?

고령에 이르면 인지기능장애 증후군 증상은 더 흔해진다. 일단 개가 인지기능장애 증후군의 증상 중 하나를 보이기 시작하면 다른 증상들도 곧 나타날 가능성이 높다. 2009년 호주와 뉴질랜드에서 수의학자 한나 살빈Hannah Salvin의 주도하에 진행한 설문 조사에서 열 살 이상의 개의 인지기능장애 증후군 유병률은 약 14퍼센트, 열 살에서 열두 살은 5퍼센트, 열네 살 이상은 41퍼센트에 이르는 것으로 나타났다(이는 오로지 행동 증상에만 근거를 둔 것이다). 그런데 이 사례들 중 85퍼센트가 진단을 받지 못했다. 2000년 힐스 펫 뉴트리션Hill's Pet Nutrition의 연구에 따르면, 겨우 12퍼센트의 보호자만이 수의사에게 개의 증상을 보고했다.

노령견에서 보이는
가장 흔한 행동 문제는 무엇일까?

노령견에서 나타나는 행동 문제는 두 가지 유형으로 나눠 볼 수 있다.

첫 번째 유형은 노령견 보호자들이 보고하는 가장 흔한 행동 문제들이다. 이런 행동 문제들은 대개 보호자가 전문가의 진단과 개입을 원할 정도로 충분히 심각하다. 의학적 문제 또는 인지기능장애 증후군이 이런 증상들의 원인일 수 있고, 다른 행동적 원인이 있을 수도 있다.

두 번째 유형은 인지기능장애 증후군과 관련이 있다. 이 증상들은 노령견에서 훨씬 더 흔하게 나타나지만, 증상이 너무 경미해서 보호자들이 수의사에게 알리지 않거나 단순히 노령의 특징이겠거니 하고 넘어갈 수 있다. 게다가 인지기능장애 증후군의 증상을 개선시키고 진행을 늦출 수 있는 치료 옵션이 있다는 것을 모르는 보호자도 많다. 인지기능장애 증후군의 증상은 티가 잘 나지 않아 알아차리기 어렵고, 대부분 보고되지 않아 치료받지 못한다. 그래서 이런 증상이 나타나는지 잘 관찰하고 수의사에게 '알리는' 것이 조기 진단과 치료에 매우 중요하다.

표 14.1에서 볼 수 있듯이, 보호자가 보고한 행동 문제와 인지기능장애 증후군 증상 사이에는 일부 겹치는 부분이 있어 행동상 변화의 원인을 밝히기가 어렵다. 그렇다면 어떻게 해야 할까? 미리 대비하고 적극적으로 대처해야 한다. 즉 행동상에 변화가 보이거나 새로운 행동 증상이 나타나는 즉시 담당 수의사에게 알린다. 가장 중요한 것은 '행동상의 미세한 변화를 무시하지 않는 것이다!' 이런 변화는 의학적 문제 또는 인지기능장애 증후군의 초기 증상일 수 있다. 어느 쪽이든 간에, 조기에 확인해야 문제를 해결하거나 그 진행을 늦추고 반려견의 건강과 복지를 향상시킬 최선의 기회를 제공할 수 있다.

표 14.1 흔히 보고되는 행동 문제와 인지 기능장애 증상

반려동물 보호자가 가장 많이 보고한 행동 문제[108]	인지 기능장애 증후군과 연관된 증상들(DISHA)
공격성	방향감각 상실(혼란, 길을 잃음, 잘 잊어버림) • 어딘가 갇히거나, 문 반대편에 갇히거나, 마당이나 집에서 길을 잃음 • 멍하니 응시함. 음식을 떨어뜨리고 찾지 못함 • 익숙한 사람이나 반려동물을 알아보지 못함 • 청각·시각·후각 반응이 떨어지거나 과민 반응함
밤중에 깨고 불안해함	사회적 상호작용의 변화 • 인사나 쓰다듬어 주는 것에 대한 관심 감소 • 사람 또는 다른 반려동물에게 더 예민하게 굴거나 공격적이 됨 • 애착이 더 심해짐
분리불안을 포함한 불안감, 두려움, 공포증	수면과 기상 주기의 변화 • 밤중에 깨어 있음 • 낮에 더 많이 잠
짖거나 울기	배변 실수(이미 배변 교육이 된 개의 경우) • 부적절한 곳에 배변 배뇨를 함 • 배설 욕구를 신호하는 능력 상실
반복적으로 원 그리며 돌기, 허공에 대고 입질하기, 핥기를 포함한 강박 행동	활동 변화(감소 또는 증가) • 방황, 안절부절못함, 핥기 같은 반복적인 행동 증가 • 놀이에 관심이 줄고 잠이 증가함
파괴적 행동	불안감(공포증과 분리불안을 포함) • 광경 또는 소리에 대한 두려움 및 공포증 • 분리불안
배변 실수	학습과 기억 저하(배운 것을 잊어버림) • 트레이닝 받은 일이나 과제를 제대로 수행하지 못함 • 이미 배운 행동에 대한 지시에 반응이 떨어짐

인지기능장애 증후군 다루기 시작하기

정확한 진단부터 받는다. 개가 인지기능장애 증후군으로 나타나는 행동 징후를 보인다면 다른 원인을 먼저 배제해야 한다. 그러나 신부전이나

당뇨가 배변 실수로 이어질 때처럼 의학적 문제가 원인일 경우 새로운 행동이 학습될 수 있어 의학적 문제가 치료된 후에도 행동 문제가 지속될 수 있다. 그러므로 의학적 치료와 행동 치료가 둘 다 필요할 수 있다. 개가 나이 들수록 복합적인 건강 문제가 생길 수 있다는 점을 고려해야 한다.

진단은 다음과 같은 절차를 포함한다.

- **병력 조사**: 개에게 다른 의학적 또는 행동적 증상이 있는가? 개의 행동에 영향을 미칠 수 있는 약물이나 보조제를 복용 중인가? 개가 통증, 시력 상실 또는 청력 상실을 의미할 수 있는 증상을 보이는가? 문제가 처음 나타났을 때 가정에 어떤 변화가 있었는가?
- **검사**: 신체검사와 혈액 검사, 소변 검사는 행동적 증상을 일으킬 수 있는 내부 건강 문제를 배제하기 위해 필요하다. 이상이 발견되면 추가 검사가 필요할 수 있다.
- **치료**: 특정 원인을 정확히 집어내기 어려운 경우에는 가장 효과적일 가능성이 높은 치료 방법을 시도하고, 개의 반응을 관찰하는 것이 최선책일 수 있다.

의학적 상태와 그로 인한 행동 증상

- **뇌**: 뇌 질환이나 감각 저하는 성격 변화를 일으킬 수 있고, 이는 공격성, 둔감함, 공포 및 불안감 증가, 짖기 및 울기, 배변 실수, 빙빙 돌거나 핥기 같은 반복 행동으로 나타날 수 있다.
- **호르몬**: 갑상선 호르몬 감소(갑상선기능저하증)는 무기력한 행동과 활동성 감소 또는 예민성 증가를 일으킬 수 있다. 고환 또는 난소의 종양은 마운팅mounting, 소변 마킹, 공격성 증가 같은 성적 행동을 유발할 수 있다. 쿠싱 증후군Cushing's disease으로 인해 코르티손cortisone 생성이 증가하면 배변 실수, 식욕

증가, 한밤중에 깨기 등의 증상이 나타날 수 있다. 당뇨는 음수량 증가, 식욕 증가 및 배변 실수를 야기할 수 있다.
- **장기 부전**: 신부전은 배변 실수와 한밤중에 깨어 있는 증상을 유발할 수 있다. 심부전은 헐떡거림, 한밤중에 깨어 있기, 운동에 대한 흥미 감소로 이어질 수 있다.
- **통증**: 보통 통증의 신호는 행동상에만 나타난다. 놀이와 맞이 인사에 관심이 줄고, 행동 지시에 대한 반응이 감소하고, 접촉을 피하고, 예민함과 공격성이 증가하는 것은 모두 통증이 원인일 수 있다.
- **소화관**: 위와 장에 일어난 문제는 물체를 핥는 증상의 증가, 식욕 감소, 대변 실수, 밤중에 깨어 있기, 대변 먹기(식분증), 음식이 아닌 것 먹기(이식증)를 야기할 수 있다.
- **요로**: 요로 감염 같은 문제는 배변 실수, 밤중에 깨어 있기 등을 유발할 수 있다.

열두 살 된 비숑 프리제, 크리스탈은 밤중에 깨어 있고 보호자가 집에 없으면 뒷문 근처와 손님방에 배변 실수를 하기 시작했다. 최근에는 보호자가 집에 있을 때도 배변 실수를 했다. 크리스탈은 6개월령이었을 때 배변 교육을 받았고 보호자가 오전 9시부터 오후 5시까지 집을 비워도 실수하는 날이 없었다.

보호자는 크리스탈이 이제 물을 더 자주 마시고 소변을 본다고 이야기했다. 혈액 검사와 소변 검사를 통해 당뇨가 진단되었다. 4주 후가 되자 당뇨는 인슐린 주사와 식이로 잘 관리되었다. 하지만 밤중에 깨어 있는 것과 배변 실수는 여전했다.

인지기능장애 증후군이 있는 개들 중 배변 교육을 잊어버린 개는 특정 장소보다는 아무 곳에다 실수를 할 가능성이 더 높다. 그래서 크리스탈은 다시 혈액 검사와 소변 검사를 받았다. 이번에는 당뇨가 있는 개에게서 흔한 방광염이 발견되었다. 방광염을 치료하자 크리스탈의 배뇨 횟수는 정상으로 돌아왔고 보호자가 집에 있는 한 더 이상 실수를 하지 않았다. 그래도 보호자가 집에 없으면 계속해서 뒷문 쪽에 실수를 했다. 매트 위에 하는 것이 보호자가 온종일 집을 비운 동안 배뇨하기 좋은 방법이라는 것을 배우게 된 것 같았다. 보호자가 이웃집 10대 소년을 아르바이트생으로 고용해 점심시간에 크리스탈을 산책시키게 하자 문제가 해결되었다. 크리스탈의 사례는 행동상에 갑작스러운 변화가 있을 때는 가능성 있는 의학적 원인을 먼저 배제시켜야 한다는 것을 잘 보여 준다.

노령견의 행동 문제 치료하기

노령견의 가장 흔한 행동 문제에는 공격성, 밤중에 돌아다니기, 두려움, 불안, 공포심 증가, 배변 실수가 포함된다. 하지만 의학적 문제 해결 외에 이룰 수 있는 것에 한계가 있을 수 있고, 개의 스케줄이나 환경을 바꿔야 할 수도 있다.

열두 살된 웨스티, 오스카가 좋아하는 수면 장소에 갈 수 있도록 계단을 추가하는 것처럼, 반려동물이 한계를 극복하도록 돕기 위해 환경을 바꿔줘야 할 수도 있다.

© Debra Horwitz

예를 들어, 신부전이 있는 개들은 더 자주 배뇨해야 한다. 밖에 나갔다 오기를 짧게 더 자주 하거나 실내 화장실을 만들어 줄 필요가 있다. 반려동물의 시력, 청력, 움직임 또는 인지 기능이 저하되면, 개가 집에서 더 잘 돌아다니도록 돕기 위해 새로운 냄새, 소리 및 표면 질감 또는 더 좋은 조명이 필요할 수 있다. 청력을 상실한 반려동물은 의사소통을 용이하게 하기 위해 수신호를 배우거나 온종일 리드줄을 착용하고 있어야 할 수도 있다.

더 이상 점프하거나 위로 오를 수 없는 개에게는 경사로나 강아지 계단 같은 기구나 안아서 올려주는 것처럼 물리적 보조가 필요할 수 있다. 아니면 개 침대를 바닥으로 옮겨야 할 수도 있다.

밤중에 깨어 있는 개

특히 걱정되는 문제 중 하나가 바로 밤중에 보호자를 깨우는 것이다. 이 경우 행동 계획을 시작하기 전에 통증, 고혈압 또는 더 잦은 배뇨를 일으키는 질병 같은 의학적 문제부터 배제해야 한다.

밤중에 깨는 것을 해결하기 위해 다음과 같은 접근법을 시도한다.

- 가능하면 야외 활동을 포함해 햇빛에의 노출을 늘리고 낮 시간의 활동을 풍부하게 만들어 정상적인 낮과 밤 일정을 재확립한다(9장 참고).
- 개의 운동 능력을 제한하는 의학적 문제가 있다면 짧은 산책, 냄새 맡고 탐험하는 기회 늘리기, 물건 물어오기, 쫓기, 터그 놀이 같은 놀이 세션, 보상을 기반으로 하는 교육 시간 그리고 다른 동물들과의 사회적 시간 갖기 등으로 활동을 수정할 수 있다.
- 먹이를 장난감 안에 채우거나 퍼즐 장난감 안에 넣어서 준다. 또는 사냥 수색 놀이를 위해 집 또는 마당 곳곳에 숨기거나 퍼뜨리는 방식으로 준다. 이는 정신적·신체적 자극을 주는 풍부화의 한 방법이다.
- 풍부화는 개를 낮 동안 더 활동적이고 자극된 상태를 유지하는 데 도움이 될 뿐만 아니라, 뇌 건강을 향상시킨다고 밝혀졌다. 머리를 쓰지 않으면 건강을 잃게 된다!
- 잘 시간에는 개를 강아지 침대 또는 자는 장소에 데리고 간다. 개가 밤중에 깼을 때 개를 진정시키려는 시도들은 오히려 그 행동을 보상해

주는 꼴이 된다. 반대로, 벌과 짜증은 개의 불안감을 가중시킨다. 최선책은 개가 조용할 때까지 반응하지 않거나, '앉아', '엎드려' 같은 기본 지시를 통해 동물을 진정시키고 안정시키는 것이다.
- 앞의 접근 방법을 인지기능장애 증후군을 위한 약물, 식이 또는 보조제와 병행한다. 또한 페로몬, L-테아닌, 멜라토닌 또는 라벤더 오일 같은 천연 보조제는 불안감을 줄이는 데 도움이 될 수 있다. 수의사는 개가 밤새 잘 자도록 도와줄 약물 요법도 고려할 수 있다.

열다섯 살 된 중성화된 수컷 믹스견, 주니어는 한밤중에 깨어나 짖어댔다. 낮에 많이 잤고 놀이에 흥미를 덜 가졌으며 보호자에게 점점 더 많은 관심을 요구했다. 주니어가 밤중에 깨면 보호자는 그를 위로해 주기 위해 애썼고 볼일을 볼 수 있도록 밖으로 데리고 나갔으며, 주니어를 조용히 만들려고 먹이를 주는 데 의지하게 되었다. 결국 보호자는 주니어를 수의행동학자에게 데려갔다.

정밀 검사와 실험실 검사 결과, 주니어의 증상은 인지기능장애 증후군 때문일 가능성이 높다고 밝혀졌다. 건강 문제라고는 백내장에 의한 시력 저하와 청력 저하가 전부였기 때문이다. 게다가 한밤중에 보여준 관심과 산책, 먹이 주기가 주니어의 행동을 보상해 주고 있었다.

주니어는 뇌 속 도파민을 증가시키고 각성 상태를 높이는 약물, 아니프릴Anipryl(셀레길린 하이드로클로라이드)을 매일 아침 복용하기 시작했다. 보호자는 침실 구석에 따뜻한 침대를 마련해 주고 겨울에는 가습기를, 여름에는 선풍기를 놓았다. 이 기구들은 쾌적함을 제공하는 동시에, 잠을 깨울 수 있는 바깥 소음을 차단하는 용도로 사용됐다. 풍부화 프로그램의 일환으로 규칙적인 야외 유산소 활동을 위해 오전, 오후 그리고 잠자기 전에 산책을 시켰다. 보호자와 상호작용하는 사회적 시간을 갖고 예측 가능한 하루 일과도 가졌다. 또한 추가적인 풍부화를 위해 식사의 일정량을 장난감 안에 넣어서 주었다.

수의행동학자는 안정된 행동을 보상해 주는 데 집중하는 트레이닝 계획을 세웠다. 즉, 모든 애정 표현, 장난감, 음식, 간식을 주니어가 엎드려 있거나 편안할 때만 주도록 했다. 잘 시간이 되면 보호자는 주니어를 강아지 침대로 데려갔고 그곳에 편안히 있게 한 뒤, 주니어가 가장 좋아하는 먹이 퍼즐 장난감을 주었다. 주니어가 한밤중에 깨도 반응하지 않거나 즉시 강아지 침대에 데려가 "릴렉스relax"라고 말했다. 또 주니어가 안정을 취하는 것을 돕기 위해 침실에 페로몬 디퓨저도 꽂았다(5장 참고).

1주일이 지나자 주니어는 낮 동안 정신이 더 또렷해졌고 애착 요구는 덜해졌다. 주니어는 차분하게 자기 침대로 갔지만 매일 밤 깼다. 보호자는 주니어를 침대로 데려가 다시 잠들 때까지 무반응으로 대했다. 2주 차에는 인지기능장애 증후군 보조제인 세니라이프Senilife가 치료에 추가되었고, 주니어가 잠에서 깨면 즉시 침대로 돌아갈 수 있도록 하네스에 리드줄을 연결한 채로 뒀다. 4주 차가 되자 주니어는 밤새도록 잤다.

안 쓰면 잃어버린다: 풍부화의 이점

노령견 사료의 효능을 평가하기 위해 실시된 최근의 한 연구에 따르면, 트레이닝, 놀이, 운동 및 새로운 장난감으로 정신적 자극과 풍부화를 주면 인지기능을 유지하는 데 도움이 된다. 반면, 일관성 없는 태도 및 환경의 변화는 노령견에게 스트레스를 주고 건강과 행동상의 안녕에 부정적 영향을 미칠 수 있다.

풍부화는 놀이, 보상 기반의 교육, 운동 그리고 음식이나 간식을 탐색하고 찾을 수 있는 새롭고 다양한 기회의 형태로 사회적 상호작용에 초점을 맞춰야 한다. 음식을 나오게 하기 위해 굴리고, 들어올렸다 떨어뜨리고, 잡아당기고, 그 외다른 방식의 조작이 필요한 먹이 장난감은 노령견의 먹이 시간을 더 풍부하고 자극적으로 만들어 줄 수 있다. 먹이를 곳곳에 흩어 놓거나, 던져서 물어오게 하거

> 나, 숨겨서 찾게 하거나, 퍼즐 형태의 밥그릇을 제공하거나, 먹이를 장난감 안에 채워서 주는 식으로 개가 먹이를 얻는 과정을 더 어렵게 만들 수 있다.

약물, 사료 그리고 천연 보조제

인지기능장애 증후군은 완치될 수는 없지만, 치료를 통해 진행을 늦추고 임상 증상을 호전할 수 있다. 독성 자유 라디칼에 의한 뇌세포 손상과 뇌로 가는 혈류 감소가 인지기능장애 증후군의 요인일 수 있기 때문에, 혈류를 개선시키는 항산화 제품과 신경전달을 향상시키는 제품이 효과적일 수 있다. 현재까지 다음에 나오는 약물, 보조제 및 사료가 연구되었고, 이들이 인지기능장애 증후군이 있는 개에게서 학습, 기억력 또는 임상 증상을 개선하는 데 일부 효과가 있는 것으로 나타났다.

약물

셀레길린Selegiline[109]은 개의 인지기능장애 증후군을 치료하기 위해 북미에서 허가된 유일한 약이다. 셀레길린은 도파민 같은 신경전달물질을 향상시키는 작용을 하고 신경보호 효과도 있을 수 있다. 북미 외의 일부 국가에서는 프로펜토필린Propentofylline(Vivitonin, Karsivan)이 노령견에서 나타나는 둔감함, 무기력 및 우울한 태도를 치료하는 용도로 허가되었다. 프로펜토필린은 뇌를 거치는 혈류를 개선하는 작용을 할 수 있으며, 신경보호 효과도 있을 수 있다.

사료

개의 인지 노화를 치료하기 위해 힐스 펫 뉴트리션이 개발한 처방사료

b/d는 인지기능장애 증후군의 임상 증상을 개선시키고 인지 저하를 지연시키는 것으로 입증되었다. 사료와 함께 환경 풍부화도 같이 병행되었을 때 가장 큰 효과를 볼 수 있다.

식물성 기름에서 나온 중간사슬지방medium-chain triglycerides(MCTs)을 함유한 사료인 네슬레 퓨리나 펫케어Nestle Purina PetCare사의 퓨리나 원 바이브란트 매츄리티 7세 이상 노령견용 사료Purina One Vibrant Maturity 7+ Senior Formula는 다수의 학습과 집중력이 요구되는 업무 수행력을 상당히 향상시키는 것으로 나타났다.

영양 보조제

임상 시험 또는 학습 및 기억력 테스트에서 개선된 결과를 입증한 보조제에는 세바 애니멀 헬스Ceva Animal Health에서 만든 세니라이프senilife, 벳플러스VetPlus에서 만든 액티베이트Aktivait, SAMe라고도 부르며 다양한 곳에서 이용 가능한 S-아데노실-L-메티오닌, 버박 애니멀 헬스Virbac Animal Health사의 노비핏Novifit으로 이용 가능한 S-아데노실-L-메티오닌-토실산염, 그리고 퀸시 애니멀 헬스Quincy Animal Health사의 뉴트릭스Neutricks로 이용 가능한 아포에쿼린apoaequorin이 있다.

표 14.2 인지기능장애 증후군을 위한 천연 치료제

제품	성분	작용 기전
세나라이프Senilife	포스파티딜세린, 징코 빌로바, 비타민 B6, 비타민 E, 레스베라트롤	신경 전달과 신경 세포 건강의 향상, 항산화 작용
액티베이트Aktivait	포스파티딜세린, 오메가-3 지방산, 비타민 E, C, L-카르니틴, 알파 리포산, 코엔자임 Q10, 셀레늄	신경 전달과 신경 세포 건강의 향상, 항산화 작용
노비핏Novifit	S-아데노실-L-메티오닌-황산토실산염(SAMe)	신경 전달과 신경 세포 건강의 향상, 항산화 작용

제품	성분	작용 기전
뉴트릭스Neutricks	아포에쿼린	칼슘 손상으로부터 신경 세포 보호
힐스 반려견 처방식 b/d	과일과 야채, 비타민 E, C, 베타 카로틴, 셀레늄, L-카르니틴, 알파 리포산, 오메가3 지방산, 기타 등등	항산화 작용, 신경 전달 향상
퓨리나 원 바이브란트 매츄리티 7세 이상 노령견Purina One Vibrant Maturity 7+ Senior	식물성 기름에서 나온 중간사슬 중성지방	노화하고 있는 뇌세포를 위한 대체 에너지원(케톤)

인지기능장애 치료 후 개선되는 청력과 시력

　셔틀랜드 쉽독, 샘의 보호자는 훈련사 겸 도그 워커였다. 샘은 다른 개들과 산책을 나가 오프리시 공원에서 놀이 세션에 동참했다. 샘은 부르면 바로 오는 교육이 잘되어 있었다. 그러나 아홉 살이 되자 보호자의 지시에 반응하지 않았고 놀이에 관심을 덜 가졌다. 신체검사, 소변 검사 그리고 갑상선을 포함한 혈액 검사 결과는 모두 정상이었다.

　청력, 시력 또는 둘 다의 소실이 의심되었다. 보호자는 샘의 청력 검사를 위해 신경과 전문의와의 진료를 예약했고 샘의 시력 평가를 위해서는 안과 전문의와의 진료도 예약했다. 동시에 힐스 반려견 처방식 b/d를 먹기 시작했다. 안과 전문의는 샘의 시력에 아무 문제가 없다고 진단했다. 그리고 청력 검사 진료가 있기 전, 샘은 보호자에게 반응하기 시작했고 더 장난기 넘치고 민첩해졌다. 무슨 일이 일어난 걸까? 새로운 사료가 그 원인일지도 모른다. 사실 인지기능장애 증후군 치료 후에 청력이나 시력이 개선된 것처럼 '보이는' 개들이 많다. 이는 개의 청력이나 시력은 문제없지만 인지기능장애 증후군 때문에 정상적으로 반응할 수 없었기 때문일 수 있다.

그레이스는 어떻게 되었을까?

다행스럽게도 토론토 대학의 생명과학과(현재는 약리학 및 독성학과)에서 개의 인지기능장애 증후군, 인간의 알츠하이머병과의 관계 그리고 새로운 치료 옵션의 개발 등을 연구하고 있었다. 개의 뇌 노화에 대한 최신 정보를 직접 배울 수 있는 기회였다. 인지기능장애 증후군의 첫 치료제이자 지금은 셀레길린으로 알려진 L-디프레닐의 초기 테스트에 참여했던 나는 제품이 정식으로 출시되어 그레이스를 치료할 기회를 얻게 되었다.

치료를 시작한 지 몇 주 만에 변화는 두드러졌다. 게다가 우리는 그레이스에게 힐스 반려견 처방식 b/d를 먹일 기회도 있었다. 그레이스는 더 온화하고 편안해졌다. 그레이스는 예전의 일상적인 스케줄로 돌아가 평일에는 직장에 가기 위해 일어나고 주말에는 잠을 잤으며 모든 배변 실수를 멈췄고, 더 활발해졌고 더 잘 반응했다. 내 아내와 가족은 그레이스의 끊임없는 낑낑거림이 사라져 좋아했고, 그레이스의 1순위 추종자인 막내아들 조던은 다시 그레이스와 함께 놀 수 있다는 것에 특히 기뻐했다.

그레이스는 그 후로 4년간 더 차분하고 비교적 안정적인 상태를 보였다. 노화된 뇌에 대한 의료 서비스의 발전과 통증 관리를 위한 약물 덕분에 행복하고 건강하게 열여섯 살까지 살았다.

중요 포인트

아무리 경미하더라도 행동의 모든 변화와 새로 나타난 행동 문제는 담당 수의사에게 알려야 한다. 이런 것들이 통증, 의학적 문제, 인지기능장애 증후군의 처음 또는 유일한 징후일지도 모른다. 우리 개의 건강과 안녕은 우리가 변화를 알아차리고 조치를 취하는 데 달려 있다.

의학적 문제와 인지기능장애의 치료를 받더라도 행동 증상이 이미 학습된 상태이기에 지속될 수 있다. 따라서 공격성, 공포증 또는 배변 실수 같은 문제를 개선하기 위해서는 환경 관리 방법과 행동 수정에 대한 지도 또한 필요할 수 있다.

노령견의 건강 문제, 통증 및 인지기능장애는 호전될 수 있지만, 완전히 치료되지는 않는다. 따라서 얼마나 호전될 수 있는지, 개에게 필요한 '생활 지원 시설'은 무엇인지 등에 대해서는 담당 수의사와 상의한다.

요점 정리

- 노령견에게 일어나는 행동 증상은 보통 건강 문제가 원인이다.
- 개의 뇌의 노화와 관련된 질병인 인지기능장애 증후군은 인간의 알츠하이머병과 유사하지만 증상이 심해지지는 않는다.
- 대부분의 인지기능장애 증후군 사례가 보호자가 수의사에게 그 증상을 알리지 않아 진단을 받지 못한다. 보호자는 적극적으로 대처해야 한다. 행동상의 어떤 변화는 인지기능장애 증후군이나 다른 의학적 문제의 첫 징후일 수 있다. 따라서 모든 행동 변화를 담당 수의사에게 알리는 것이 중요하다.
- 인지기능장애 증후군의 증상에는 방향감각 상실, 사회적 상호작용의 변화, 밤중에 깨어 있기, 배변 실수, 활동상의 변화, 초조함이 포함된다.
- 인지기능장애 증후군의 증상이 확인되면 진단 시 다른 가능성 있는 의학적 원인을 배제하는 것이 수반된다.
- 인지기능장애 증후군의 치료에는 환경 풍부화, 약물, 보조제 그리고 식이가 포함된다. 치료는 임상 증상을 호전시키고 질병의 진행 속도를 늦출 수 있다.

에필로그

너무 많은 속설과 오해가
반려견과 보호자를 위험에 빠뜨리고 있다

이 책을 만드는 데 매우 오랜 시간이 걸렸다. 우리 미국수의행동학회 멤버들은 개 행동에 대해 한 번도 출판되지 않은 관점, 즉 경험, 과학 그리고 그 분야에 있는 다른 전문가와의 지속적인 협력을 토대로 한 관점을 제공하기 위해 애썼다. 너무 많은 잘못된 정보가 반려동물과 반려동물 보호자를 위험에 빠뜨리고 있기에, 오해를 바로잡고 개와 보호자 간의 관계를 개선시키고 효과적인 전략을 제공하고자 했다.

우리가 삶을 함께하기 위해 선택한 이 멋진 반려동물의 행동에 대해 매일 도전이 있지만 새로운 통찰력도 주어진다. 개를 이해하는 데 무엇보다 중요한 것은 개는 우리보다 우위에 서려고 하거나, 우리를 통제하려고 하거나, 우리를 화나게 하려고 하지 않는다는 것을 깨닫는 것이다. 개는 우리의 반려동물이자 조력자가 되고 싶어 한다. 개는 자신이 아는 유일한 방법인 눈, 귀, 꼬리, 몸으로 우리에게 말하려고 한다. 개가 어떤 행동을 선택한다면 그것은 그 시점에 마땅히 해야 하는 행동이라고 생각하기 때문이다. 여러분이 이 책을 통해 개의 언어를 듣고 개가 무슨 말을 하고 있는지 명확히 해석하는 법을 잘 배웠기를 바란다. 그리고 이 정보를 이용해 개와의 관계를 또 다른 차원으로 끌어올리기를 바란다.

　강아지나 개를 입양하는 것과 평생 그 개를 데리고 있는 것은 같은 것이 아니다. 개와의 관계를 장기간 잘 유지하기 위해선 책에 나온 내용을 참고하여 자신에게 맞는 개를 선택해야 한다. 또한 배변 실수에서부터 짖는 것, 뛰어오르는 것 그리고 다른 성가신 행동에 이르기까지, 중간에 발생하는 피할 수 없는 문제들을 해결해야 한다. 개의 행동 문제들이 공격성, 분리불안, 소음 공포증, 폭풍 공포증 또는 노화에 따른 변화와 같이 더 심각해질 때, 이 책이 그런 문제들을 피하거나 관리하는 데 도움이 되고, 실질적인 도움을 위해 이용 가능한 자료들을 활용하는 데 도움이 되기를 바란다. 수의행동학자 외에도 공인 응용동물행동학자와 같이 여러분과 여러분의 개를 도울 수 있는 행동 전문가들이 있다는 것을 기억하자.

　개는 장수하려면 의학적으로나 행동적으로 모두 건강해야 한다. 그러니 개가 자라면서 최적의 행동적 건강 상태가 되도록 노력하자. 그리고 의학적 건강과 행동적 건강은 연결되어 있다는 사실을 늘 염두에 두자. 만약 반려동물에게서 갑작스러운 행동 변화가 보인다면 반드시 수의사에게 검진을 받아 건강상에 문제가 없는지 확인한다.

　이 책은 우리 편집자들에게 의미가 크다. 우리는 애정을 담아 이 책을 만들었다. 개와 사람이 함께 잘 지내도록 하는 것이 우리의 궁극적인 목표다. 이미 형성된 멋진 관계를 유지하는 것을 통해서든, 행동 문제로 손상된 관계를 회복하는 것을 통해서든 말이다. 우리가 살면서 행복한 사람과 행복한 개를 만날 때, 그 관계에 이 책이 보탬이 되었음을 알게 되면 무척 흐뭇할 것 같다.

데브라 호위츠, DVM, DACVB
존 시리바시, DVM, DACVB

부록

크레이트 트레이닝 팁

개를 크레이트 안으로 들어가도록 하기 위해 간식으로 크레이트 내부까지 이어지는 길을 만든다.
©Lori Gaskins

많은 개가 처음부터 크레이트를 좋아하지만, 일부는 크레이트 안에 들어가기를 꺼리거나 심지어 두려워한다. 개에게 크레이트를 처음 소개할 때는 간식을 안에 던져 주거나 치즈 스프레이나 땅콩버터 같이 부드러운 간식을 크레이트 맨 안쪽에 묻혀 개가 크레이트 안에 들어가도록 하자. 크레이트는 항상 열어 두어 개가 언제든지 쉽게 이용할 수 있도록 한다.

개가 크레이트에 들어가는 것을 꺼린다면 강제로 들어가게 해선 안 된다. 그렇게 하면 크레이트를 더 무서워하게 된다. 그 대신 다른 멋진 요령이 있다. 바로 '헨젤과 그레텔' 놀이를 하는 것이다. 동화에서 빵 조각으로 길을 만들듯 간식을 크레이트 안으로 이어지도록 놓는다. 이제 개를 지켜보기만 하면 된다. 개가 좀 더 대담해져 크레이트 쪽으로 한발 다가갈수록, 개는 우리가 남겨 놓은 간식으로 보상을 받게 된다. 결국 개는 간식을 따라 크레이트 안으로 걸어 들어갈 것이다.

개가 간식이 있는지 확인하기 위해 기꺼이 크레이트 안으로 들어간다면, 간식 몇 개를 안에 던진 뒤 개가 안에 들어갈 때까지 기다린 후, 몇 초간 문을 닫고 철망 사이로 간식을 계속 준다. 단지 몇 초 동안만 그렇게 하고 개가 아직 행복한 상태일 때 밖으로 내보내 준다. 이 게임을 다시 할 때마다 문을 닫는 시간을 몇 초씩 늘린다.

우리가 개를 크레이트 안에 얼마 동안 넣어둔 채 곁에서 간식을 던져 주지 못하는 상황이라면, 개에게 껌이나 먹이 퍼즐 장난감처럼 오래 먹을 수 있는 맛있는 간식을 미리 넣어둔다. 개를 크레이트 밖으로 내보낼 시간이 되었을 때 문을 열기 전에 간식을 조금 더 던져 주어 개를 차분한 상태로 만든다. 개가 간식을 공격적으로 지킬 경우를 대비해, 개가 충분히 멀어질 때까지는 간식을 크레이트에서 꺼내지 않는다.

모든 개는 갇히는 것을 그다지 좋아하지 않는다. 개를 크레이트 안에 넣으려고 할 때 개가 거부하거나 매우 불안해하거나 공격적으로 변한다면, 즉시 멈추고 개를 가두는 방법에 대해 전문가의 조언을 구한다.

용어 정리

- **간헐적 강화**intermittent reinforcement: 어떤 행동이 일어날 때마다 보상하는 것이 아니라 가끔씩만 보상하는 것이다.
- **갈등과 관련된 공격성**conflict-related aggression: 개가 특정 욕구와 그 욕구를 억제하려는 자기 통제력 사이에서 갈등을 겪을 때, 보호자 및 가족 구성원을 향해 나타내는 공격성이다. 보호자가 무의식적으로 취하는 위협적인 자세, 처벌, 신체적 조작 및 그 외의 상호작용으로 촉발될 수 있다.
- **강박 장애**compulsive disorder: 정상적인 활동에서 발생하는 것으로 보이는 일련의 행동을 말한다. 움직임(빙빙 돌기, 꼬리 쫓기, 펜스 따라 뛰기, 안절부절못하기, 빛 또는 그림자 쫓기), 그루밍(몸의 한 부위를 핥거나 빠는 것), 물체 또는 허공을 먹거나 핥는 것, 소리내기 등이 있다. 이런 행동은 지속적으로 높은 빈도로 발생하며, 개가 그 행동을 시작하고 멈추는 것을 통제하지 못하는 것으로 보인다. 강박 장애는 자해로 이어질 수도 있다.
- **강아지 공장**puppy mills: 대량 번식 시설로, 중개인이 이곳에서 수많은 강아지를 한꺼번에 구매한 뒤 지역 펫숍에 팔거나 유통시킨다. 이곳에서 번식을 담당하는 개들은 사회적·신체적 자극이 제한적이거나 아예 없으며, 모든 것으로부터 고립된 비좁은 공간에 갇혀 지낸다. 개의 신체적 건강과 행동상 건강에 대한 고려도 거의 또는 아예 없다.
- **강아지 사회화**puppy socialization: 강아지에게 사람, 개, 다른 동물을 즐겁고 안전하게 소개하는 것이다. 사회화가 잘된 강아지는 다양한 상황을 경험하고 다른 생명체와 함께 있는 것이 즐겁다는 것을 배웠기 때문에, 살면서 경험하는 것들을 더 수월하게 받아들일 수 있다. 이상적으로는 이러한 활동이 생후 6~14주 사이에 이루어져야 한다.
- **강아지 사회화 수업**puppy socialization classes: 사회화를 용이하게 하기 위해 특별히 고안된 수업이다. '앉아'나 '기다려' 같이 몇 가지 기본 스킬을 배울 수 있으며, 복종이 주된 목적은 아니다. 강아지 사회화 수업의 목적은 다른 강아지들과 그들의 가족을 만날 기회를 제공하는 것이다.
- **강화**reinforcement: 한 반응에 뒤따르는 어떤 자극의 제시로, 차후 반응의 빈도를 증가시키는 것이다. 강화는 정적(상황에 뭔가를 더하는 것)일 수도 있고 부적(상황에서 뭔가를 빼는 것)일 수도 있다.
- **강화물**reinforcers: 개가 원하고 그것을 얻기 위해 일하게 되는 어떤 것을 말한다. 먹이, 간식, 관심, 칭찬, 배 문질러 주기, 공 던지기, 문 열어 주기, 산책을 위해 리드줄 착용하기 또는 공원에서 리드줄 풀기, 차에 타기 등이 있다.
- **고전적 조건화**classical conditioning: 한 사건의 존재가 자연스럽게 원하는 반응을 이끌어내는 다른 사건과 연관되게 되는 학습 과정이다.
- **공격성**aggression: 다른 개체를 해치거나 위협하는 행동이다. 공격적 행동은 공격자에게도 대가가 따르는 만큼(공격자도 다칠 수 있다), 주된 기능은 공격자와 공격 대상 사이의 거리를 늘리는 것이다.
- **공포증**phobia: 그 자극에 비해 지나치게 지속되고, 비정상적이고, 강렬한 두려움을 보이는 것.
- **공황**panic: 갑작스럽고 강렬한 공포감을 느꼈을 때 나타나는 것으로, 심박수 증가, 불안 및 동요, 배탈, 탈출 행동, 헐떡거림 같은 증상이 동반된다. 확인 가능한 특정 트리거가 없어도 공황이 일어날 수 있다.

- **과민성 공격성**irritable aggression: 질병과 연관 있지만 통증이 직접적인 원인이 아닌 공격성이다.
- **과잉 자극**overstimulation: 자극이 너무 많은 경우다. 자극이 부족한 것도 문제가 되지만 반대로 과한 것도 문제가 될 수 있다. 개가 자극을 너무 많이 받으면 이를 감당하기 어려워질 수 있다. 평소에는 별 문제가 되지 않는 상황에서도 과하게 반응하게 될 수 있다.
- **관심 끌기**attention-seeking: 보호자가 있을 때 또는 보호자와 상호작용하기 위해 개가 보이는 행동들이다.
- **괴로움**distress: 생리적·정서적으로 동물의 복지에 해로운 영향을 미치는 행동적·생리적 반응이다.
- **구조 단체**rescue groups: 버려진 반려동물에게 새 집을 찾아 주는 비영리단체다. 자기가 키우던 반려동물을 다른 집으로 보내려는 가족으로부터 직접 동물을 받는 단체도 있고, 지방자치단체가 운영하는 동물보호소에 두면 안락사당할 개들을 데려오는 단체도 있다. 구조 단체에 들어온 반려동물들은 대부분 새 가족을 찾을 때까지 임시 위탁 가정에서 지낸다. 대부분의 품종의 경우 해당 전문 구조 단체가 있다.
- **기질 검사**temperament test: 행동 평가 또는 행동 측정으로도 알려진 이 과정은 주로 보호소에 있는 개들을 대상으로 표준화된 상호작용 테스트를 통해 개의 행동과 성격을 평가하는 검사이다. 주로 사람에 대한 사회적 관심, 다른 개들과의 사이좋은 어울림, 몸을 이리저리 만지고 다룰 때의 반응 그리고 소유욕 및 기타 공격적 행동의 가능성을 평가한다.
- **뉴런**neurons: 뉴런 또는 신경 세포는 신경계를 이루고, 뇌, 척수, 신경에 자극을 전달한다.
- **도피 행동**escape behaviors: 개가 위험하거나 위협적이라고 생각하는 것으로부터 벗어나거나 사람과 재회하기 위해 시도하는 모든 것이다. 이러한 행동은 분리불안이 있는 개, 폭풍이나 시끄러운 소리가 나는 상황이나 보호자가 개에게 벌을 주거나 벌을 주려고 할 때, 또는 누군가가 개에게 손을 뻗을 때 일어날 수 있다.
- **동기 부여**motivation: 개가 어떤 행동을 수행하는 근본적인 이유로 개가 원하는 모든 것이 될 수 있다. 음식, 간식, 관심, 칭찬, 배 쓰다듬기, 공 던지기, 문 열기, 산책하기 위해 리드줄을 착용하거나 공원에 가서 리드줄 풀기, 차 타기, 위험이나 불편한 상황 등에서 벗어나기 등이 있다.
- **두려움**fear: 위협적인 자극을 감지했을 때 발생하는 감정적 반응이다.
- **두려움 반응**fear response: 두려움은 어떤 상황이나 물건에 대해 불안해하는 감정이다. 동물이 두려움을 겪을 때 보이는 행동으로, 심박수와 호흡수 증가와 같은 생리적 변화와 귀를 납작하게 하기, 머리와 꼬리 낮추기, 회피 행동 같은 시각적 신호들이 포함된다.
- **두려움과 관련된 공격성**fear-related aggression: 자기방어를 위해 사용되는 공격성이다. 이 방법 외에는 도망갈 수 없는 개들에게 최후의 수단일 수 있고, 어떤 위협을 예측했을 때 보이는 선제적 행동일 수도 있다.
- **먹이 퍼즐 장난감**food puzzle toys: 개가 장난감 안에 있는 보상을 얻기 위해 이리저리 굴리며 조작해야 하는 장난감이다.
- **묶어놓기**tie-down: 개를 특정 장소에 리드줄로 묶어놓는 것을 말한다. 개가 다치는 것을 피하기 위해 반드시 감독할 수 있을 때만 해야 한다.
- **민감화**sensitization: 반복되는 노출 이후에 자극에 대한 반응이 '증가'하는 현상이다. 주로 바람직하지 못한 반응으로, 습관화되는 대신 개가 자극에 노출될 때마다 점점 더 두려움을 갖게 될 때 일어난다.
- **방어적 공격성**defensive aggression: 자기방어, 영역 방어 및 자원을 지키려는 것이 동기가 되어 생기는 공격적인 행동을 설명하는 일반적인 용어다.
- **방지물**deterrent: 개가 특정 행동을 반복하거나 특정 장소에 자주 가는 것을 줄이기 위해 개의 행동에 대한 반응으로 추가되는 혐오적인 무언가이다. 원격 방지 장치는 개에게 선택권을 주며 제대로 사용한다면 두려움 또는 공격적 반응을 보일 가능성을 줄인다.
- **배변 교육**housetraining: 우리가 지정한 장소와 시간에 개가 배변과 배뇨하는 것을 배우는 과정이다.
- **배변 실수**housetraining accidents: 우리가 부적절한 장소라고 생각하는 곳에 배설하는 것이다.

- **배설**elimination: 배뇨와 배변.
- **베타 아밀로이드**beta-amyloid, **노인성 플라크**senile plaques, **타우 단백질**tau proteins: 알츠하이머병을 앓는 사람의 뇌에서 형성되는 신경 세포에 유해한 독성 단백질이다. 이 단백질 중 일부는 노령견에서도 발견될 수 있다.
- **변동 강화 비율**variable ratio of reinforcement: 보상을 받기 위해 필요한 반응의 횟수가 변하는 강화 또는 보상 스케줄이다.
- **복종적**submissive: 두 마리 개 사이에서 가치 있는 자원을 더 많이 포기하거나 상대에게 양보하는 개를 복종적이라고 간주한다. 같은 개들 사이에서도 복종적인 개는 상황에 따라 달라질 수 있다.
- **부적 강화**negative reinforcement: 우리가 원하는 것을 개가 할 때까지 개에게 지속적으로 가하는 불쾌한 무언가이다. 예를 들어, 개가 우리에게 올 때까지 리드줄을 당기는 행동이다. 이때 개에게 보상이 되는 것은 우리가 당기는 것을 멈추는 것이다. 개가 우리를 향해 다시 움직일 가능성을 증가하기 위해('강화'에 해당하는 부분) 우리는 개가 싫어하는 뭔가를 제거한다('부적'에 해당하는 부분). 줄을 당기는 것은 개가 리드줄이 점점 팽팽해지는 것을 느낄 때 우리에게 다가올 가능성을 높인다.
- **분리불안**separation anxiety: 개가 가족 구성원과 떨어져 있게 된다고 예상할 때와 실제 혼자 남겨질 때 겪는 상당한 고통이다. 많은 개가 혼자 남겨졌을 때 임상적으로 공황 상태를 보인다.
- **불안**anxiety: 위험하거나 몹시 무섭거나 두려움을 일으키는 상황이 올 것을 걱정하는 것을 말한다. 과도하게 경계하거나(개가 쉽게 놀라고 지나치게 경계함), 안절부절못하거나, 근육 긴장이 증가되고 몸을 떠는 증상 등을 보고 이를 알 수 있다.
- **사회적 풍부화**social enrichment: 사람이나 다른 동물과 상호작용하고 사회적 관계를 발전시키기 위해 동물에게 제공되는 기회이다.
- **사회화**socialization: 어린 동물에서 일어나는 특별한 학습 과정으로, 한 개체가 다양한 다른 종이나 같은 종의 다른 개체들과 가까이 지내는 것을 배우는 것이다.
- **상호작용 놀이**interactive play: 사회적 상호작용과 관련된 놀이다.
- **선택적 번식**selective breeding: 브리더가 마음에 드는 일련의 특성(행동상, 신체상 또는 둘 다)을 정한 뒤 그런 특성을 가진 개체만 선택해서 번식시키길 반복하면 그 자손에게도 계속해서 그 특성이 나타날 가능성이 높아지는데 이런 과정을 선택적 번식이라 한다.
- **소거**extinction: 보상되거나 강화되지 않아 학습된 반응이 사라지는 것이다. 이때 그 반응이 '소거'되었다고 말한다.
- **소거 격발**extinction burst: 행동을 더 이상 보상하지 않아 사라지고 있던 행동이 다시 나타나는 것이다.
- **소리 민감증**sound sensitivities: 소리와 연관된 불안, 두려움 및 공포증을 뜻한다.
- **스트레스**stress: 광범위하고 구체적이지 않은 용어다. 대부분의 행동학자들은 스트레스의 기본 기능이 각 개체가 삶의 변화와 스트레스 요인에 건강하고 정상적으로 반응할 수 있도록 생리적·심리적 균형을 유지하게 하는 것임에 동의한다. 생리적 반응이 오래 지속되거나 너무 자주 활성화되면 스트레스는 역효과를 낳는다.
- **습관화**habituation: 단순히 어떤 상황에 여러 번 노출시킨 것만으로 개가 그 상황에 더 이상 반응하지 않는 과정이다. 이에 대한 반응은 자극의 강도에 따라 달라질 수 있다.
- **신경보호**neuroprotective: 신경 세포가 손상되지 않게 보호하는 역할을 하는 모든 개입을 의미한다.
- **신경전달물질**neurotransmitters: 도파민, 세로토닌, 아세틸콜린, 노르아드레날린 같이 기분과 행동에 영향을 미치는, 신체에서 생성되는 화학물질이다.
- **신체적 자극**physical stimulation: 매일 좋은 운동과 다른 개들과 규칙적으로 노는 시간(개가 사교적인 경우)을 갖는 것이다.

- **씹는 장난감**chew toy: 오랫동안 씹을 수 있는 식용 가능한 간식(개껌 등) 또는 식용 불가능한 장난감 속에 음식을 넣거나 발라서 개가 그것을 먹기 위해 노력해야 하는 장난감이다.
- **안전한 안식처**safe refuge: 개가 두려움이나 불안감을 일으키는 상황을 피하기 위해 갈 수 있는 안전한 장소를 뜻한다.
- **애착 행동**attachment behaviors: 사회적 그룹의 구성원(사람 또는 동물)과 물리적으로 가까이 있기를 바라는 것이다. 과도한 애착증이 있는 개들은 애착 대상과 떨어지면 몹시 불안해하거나 괴로워한다.
- **역조건화**counterconditioning: 원치 않는 행동과 동시에 할 수 없는 새로운 행동을 가르침으로써 동물의 인식이나 근본적인 감정 상태를 변화시키는 과정이다. 역조건화는 둔감화와 병행된다.
- **영역 공격성**territorial aggression: 집, 마당, 자동차 또는 개가 자신의 영역으로 인식하는 어떤 장소에 침입자가 들어오는 것과 관련된 방어적 공격성을 뜻한다. 영역 공격성은 보통 다른 가족 구성원이 함께 있으면 더 심해진다. 흔히 두려움과 연관되어 나타난다.
- **우위**dominance: 두 마리의 개 사이에서 가치 있는 자원에 대한 접근을 더 많이 통제하는 쪽의 개가 다른 개보다 우위에 있다고 간주된다. 우위는 공격성과 같은 의미가 '아니다.' 또한 상황에 따라 달라질 수 있다. 즉, 어떤 상황에서는 한 개가 승자이지만 다른 상황에서는 아닐 수도 있다. 우위는 오직 그 구체적인 관계와 상황에서만 나타난다. 개들이 모든 관계나 서열에서 우위를 차지하려 한다는 생각은 늑대의 행동에 대한 잘못된 연구에 근거한 것으로, 개 훈련에도 부적절하게 적용되어 왔다. 이 생각은 야생 늑대에 대한 연구로 잘못된 것임이 입증되었고 이제 개에게 적용되지 않는다.
- **운동**exercise: 개가 주변 환경을 냄새로 탐색할 기회 없이, 달리거나 자전거 타고 있거나 스케이트를 타고 있는 사람 옆에서 목줄을 매고 달리는 것과 같은 자극의 신체 활동이다.
- **움츠리기**cowering: 두려워하거나 불안해하는 개가 꼬리를 다리 사이로 집어넣거나, 귀를 납작하게 하고, 머리를 낮추고, 몸을 바닥으로 낮추는 것을 움츠리기라 할 수 있다. 이는 개가 위협적으로 보이는 대상의 관심을 피하기 위해 자기 몸을 더 작게 보이려고 하는 것이다.
- **원격 방지물**remote deterrents: 개의 행동에 대한 반응으로 환경에 혐오적 자극을 추가하여 그 행동을 반복할 가능성을 줄이는 도구들이다. 수의행동학자들은 보호자가 개를 감독하지 못하는 상황일 때 개가 문제 행동을 일으킬 가능성을 줄이기 위해서, 그리고 개가 보호자와 방지물을 서로 연관 짓는 것을 막기 위해서 원격 방지물을 사용할 것을 권장한다. 일단 문제 행동을 억제한 후에는 개가 바람직한 행동을 선택할 수 있는 기회를 주고, 올바른 선택을 하면 보상으로 강화하는 것이 중요하다.
- **위협**threat: 개가 자신에게 위험하다고 인식하는 무언가이다.
- **이빨 드러내고 으르렁대기**snarl: 주로 공격적인 위협과 관련되는 갯과 동물의 얼굴 표정으로, 입술을 위로 올리고 이빨을 드러내는 것이다.
- **이식증**pica: 음식이 아닌 물건을 먹는 것을 말한다.
- **인지 저하**cognitive decline: 인지 기능의 퇴보(노화와 함께 나타나는 정상적인 저하)는 학습과 정보 처리 속도를 늦추며, 이는 장애 또는 기능 부전으로 진행될 수 있다.
- **일반 분양자**casual breeder: 혈통 증명이 없는 어미로부터 또는 비전문적인 번식 환경에서 태어난 강아지들을 팔거나 나눠 주는 사람이다(우연히 태어난 강아지도 있고, 혹은 자신의 개가 새끼를 낳는 것을 경험해 보고 싶어 하는 일반 양육자들에 의해 태어난 강아지도 있다). 이런 일반 분양자들은 전문적인 지식이 부족한 경향이 있고 강아지의 건강과 행동에 대한 관리와 계획도 다소 소홀하다.
- **일반화**generalize: 한 행동이 특정 환경에서 확립된 후, 다른 모든 환경에서도 그 행동을 하는 것을 학습하는 것이다.
- **자극**stimulation: 일종의 풍부화로, 개에게 제공되는 사고나 신체 활동의 기회를 의미한다.
- **자극제**stimulus: 개체로부터 구체적인 반응을 이끄는 사물이나 사건이다.

- **자원 지키기**resource guarding: 높은 가치로 인식하는 자원을 지키는 행동이다. 자원에는 음식, 장난감, 휴식 장소 그리고 심지어 보호자도 포함된다.
- **자유 라디칼**free radicals: 세포 대사 과정 중에 분비되는 화학물질이다. 노화 또는 환경 속 독소에 의해 자유 라디칼이 과도하게 증가하면 세포, 특히 뇌세포에 손상을 일으킬 수 있다.
- **전문 브리더**highly invested breeder: 이들은 해당 품종이 보일 수 있는 가장 이상적인 건강 상태와 행동 특징을 갖는 강아지를 생산하기 위해 고군분투한다. 인정받는 브리더는 부모견 모두의 행동, 임신 기간 동안의 건강 상태, 전에 태어난 한배 새끼들의 행동은 물론 그 품종에 중요하다고 알려진 표준 신체 건강 증명서에 대한 정보도 제공할 수 있다.
- **정신적 자극**mental stimulation: 자극의 사고 부분이다. 여기에는 개가 문제를 해결하거나, 사회적 능력 또는 신체 조정 능력을 기르거나, 자신의 환경을 탐색하는 활동이 포함될 수 있다.
- **정적 강화**positive reinforcement: 어떤 행동에 대한 반응으로 바람직한 무엇을 제공해서 미래에 그 행동을 반복할 가능성을 더 높이는 것이다.
- **정적 처벌**positive punishment: 어떤 행동의 빈도를 줄이기 위해 뭔가를 추가하는 것을 말한다. 물론 개가 좋아하지 않는 것일 때 가장 효과적이며, 행동이 일어난 직후에 사용해야 한다. 따라서 타이밍을 맞추는 데 어려움이 있다.
- **정형 행동**stereotypic behaviors: 정형 행동은 동물이 행동을 멈출 수 없는 것처럼 보인다는 점에서 강박 행동과 매우 유사하다. 보통 정형 행동은 일관되고, 의례적인 행동(매우 반복 가능한 활동 패턴)과 종 특유의 행동(종에게 정상 행동)들을 보이는 특징을 갖는다.
- **조작적 조건화**operant conditioning: 특정 행동이 결과를 초래할 때 일어나는 학습 과정이다. 즉 강화 또는 처벌을 통해 이루어지는 학습이다.
- **지위 관련 공격성**status-related aggression: 가정 내 동거견들 사이의 공격성으로, 자원, 원하는 장소에 대한 사회적·물리적 접근, 자세적 도발postural provocations과 관련된 공격성이다.
- **진정시키기 행동**appeasement behaviors: 개가 위협으로 인식한 것을 완화시키기 위해 할 수 있는 행동들이다. 예를 들어, 보호자가 화가 나서 개 목줄을 잡으려고 손을 뻗으면, 위협을 느낀 개가 보호자의 행동을 진정시키거나 멈추기 위해 배를 드러내고 눕는 행동을 할 수 있다.
- **처벌**punishment: 한 행동이나 반응 뒤에 일어나며 그 행동이 다시 일어날 가능성을 감소시키는 환경 변화를 말한다. 처벌은 정적(상황에 뭔가를 더하는 것)일 수도 있고 부적(상황에서 뭔가를 빼는 것)일 수도 있다.
- **체계적 탈감각화**systematic desensitization: 학습을 시키려는 의도로 진행되는 부드럽고 점진적인 치료 과정이다. 개가 두려움이나 고통을 느끼는 상황에 노출시키되, 자극의 정도를 개가 고통스러워하지 않는 수준에서 시작해, 고통스럽다고 느끼는 정도로 점차 증가시키면서 개가 평온한 행동을 보일 때 보상한다. 이 과정은 역조건화와 병행된다.
- **크레이트**crate: 개를 가두기 위한, 모든 면이 막힌 상자 형태의 공간이다. 틀에 찍어낸 플라스틱이나 철사로 만들어졌다.
- **탈감각화**desensitization: 동물이 두려워하는 자극을 가장 위협적이지 않고 두려움 반응을 거의 또는 전혀 유발하지 않는 방식으로 노출시키는 과정이다. 예를 들어 녹음된 불꽃놀이 또는 폭풍 소리를 매우 작은 소리로 재생하는 것 등이 있다.
- **테더**tether: 개를 어떤 것이나 누군가에게 고정시키기 위해 사용하는 리드줄이나 끈이다. 개가 줄에 뒤엉키거나 목이 조여져서 산소 공급이 차단될 수 있기 때문에 항상 주의와 감시가 필요하다. 반드시 직접적인 관리 감독하에서만 사용한다.
- **통증과 관련된 공격성**pain-related aggression: 통증이 직접적인 원인이 되어 발생하는 공격성이다.

- **트리거(촉발 요인)**trigger: 특정 반응을 일으키는 사물 또는 사건을 말한다.
- **퍼즐 장난감**puzzle toy: 개가 보상을 얻기 위해 생각하고 다양한 전략을 시도하도록 요구하는 장난감이다. 개가 음식을 얻는 방법을 알아내야 하는 먹이 장난감이라면 이 역시 퍼즐 장난감이 될 수 있다. 음식과 관련 없는 퍼즐 장난감도 있다. 예를 들어, 어떤 장난감들은 분해되거나 큰 장난감 안에 더 작은 장난감이 있는데, 개는 작은 장난감을 어떻게 빼내는지 알아내야 한다.
- **포식 행동**predatory behavior: 먹이를 감지하고, 쫓고, 죽이는 본능이 동기가 되는 행동이다. 명시적인 공격적 행동과 달리, 포식 행동의 목적은 공격자(개)와 목표물(사냥감) 사이의 거리를 늘리는 것이 '아니다.'
- **풍부화**enrichment: 개의 사고 및 신체 활동을 자극하는 물건을 제공하거나 상호작용을 하는 것이다. 적절한 풍부화 기술은 동물이 일부 선택하고 이러한 활동에 능동적으로 참여하도록 한다. 전반적인 목표는 개가 이런 활동을 통해 스트레스를 해소하고 지루함을 달래도록 돕는 것이다.
- **항산화제**antioxidants: 독성 자유 라디칼로 인한 손상을 줄이는 물질이다.
- **환경 풍부화**environmental enrichment: 물건이나 환경상의 변화를 주어 탐색을 장려하고 동물이 활동을 선택할 수 있게 하는 것이다. 경우에 따라 동물이 원하면 혼자 있을 수 있게 하는 것도 포함된다. 이는 지루함을 줄이고, 사고를 촉진하고, 경미한 스트레스에 대처하는 것을 도울 수 있다.
- **회피 학습**avoidance learning: 어떤 자극이 개가 피하고 싶은 것과 연관되었을 때 일어나는 학습이다.
- **회피 행동**avoidance behaviors: 어떤 특정 자극이 두려워 개가 벗어나고 싶을 때 보이는 행동이다. 개는 머리를 낮추고 귀를 납작하게 하고 몸을 낮춘 뒤, 무서운 자극이 존재하는 곳에서 적극적으로 물러서려 하거나 완전히 벗어나려 할 수 있다. 만약 특정한 사람이나 동물이 들어올 때마다 개가 방을 나간다면, 회피 행동을 보이는 것일 수 있다.

편집자에 대해서

데브라 호위츠

미시간 주립 수의대를 졸업한 미국수의행동학회 전문의다. 30년 이상 행동 전문 병원에서 일하며 수천 마리의 반려동물을 진료했다. 현재 그녀의 동물병원은 미주리주 세인트루이스에 위치하고 있다. 2012년에 세바 동물 건강Ceva Animal Health으로부터 올해의 수의사 상을 받았고, 2012년 북미수의학회North American Veterinary Conference의 '올해의 반려동물 강사'로 선정되었다.

데브라 호위츠, DVM, DACVB
© *Eugene Horwitz*

강사로도 활발히 활동하고 있다. 전 세계를 다니며 수의사와 반려동물 보호자를 대상으로 반려동물 행동에 대한 강의를 하고 있으며 미주리 대학 수의과대학에서 시간 강사로도 일했다. 라디오와 텔레비전에도 게스트로 출연한다. 또한 수의사들을 위한 교육 및 임상 자원인 수의사 정보 네트워크Veterinary Information Network, VIN의 행동 컨설턴트로 일하며, 온라인 행동 교육 과정도 가르쳤다.

저서로는 《블랙웰의 5분 수의학 상담Blackwell's Five-Minute Veterinary Consult, Clinical Companion: Canine & Feline Behavior》(공동편집자 재클린 C. 닐슨)이 있으며, 편집한 책으로는 《BSAVA 개 및 고양이 행동 의학 매뉴얼BSAVA Manual of Canine and Feline Behavioural Medicine》 1판과 2판, 《5분 수의학 상담Five-Minute Veterinary Consult: Canine and Feline》 3판, 4판, 5판이 있다.

과거 미국수의행동학회 회장이었고, 미국수의행동학회를 위한 여러 위원회에서 활동한다. 미국 수의사협회American Veterinary Medical Association의 인간과 동물의 유대Human-Animal Bond 위원회에서도 활동했다. 또한 그레이터 세인트루이스 수의사협회Greater St. Louis Veterinary Medical Association, 미주리주 수의사협회Missouri Veterinary Medical Association, 미국 수의사회American Veterinary Medical Association의 멤버다. 데브라는 이 책으로 반려동물들이 버려지지 않고 반려인과 지속적이고 만족스러운 유대감을 형성하기를 고대한다.

존 시리바시

뉴저지주 저지 시티에서 나고 자랐다. 그는 야생동물과 자연을 다루는 다큐멘터리 텔레비전 프로그램을 보며 동물에 대한 관심을 키웠다. 여름방학을 동물병원에서 일하며 보낸 후, 수의학이 동물과 의학에 대한 그의 관심사를 충족시킬 기회를 제공한다는 것을 깨달았다. 1984년 일리노이대 수의학과를 졸업한 뒤 같은 수의사인 아내 엘리스와 펜실베이니아 중북부로 옮겨 젖소를 돌보는 일을 했다. 4년 후 엘리스와 시카고 지역으로 이주하여 일리노이주 캐럴 스트림 마을에서 반려동물병원을 시작했다. 그가 동물행동학에 관심을 갖게 된 것은 이때부터다. 1998년에 동물행동 전문의 자격을 얻기 위해 퍼듀 대학의 앤드루 루셔와 함께 일했고, 2006년에 미국수의 행동학회에서 전문의 자격을 취득했다. 현재 시카고 지역에서 행동 전문 동물병원을 운영하고 있으며, 엘리스와 함께 캐럴 스트림 동물병원의 운영도 돕고 있다.

존 시리바시, DVM, DACVB
©David Bader

2000년 시카고 수의사협회의 회장, 2006~2008년 미국 동물행동 수의사회American Veterinary Society of Animal Behavior 회장을 역임했다.

스티브 데일

공인 동물행동 컨설턴트로, 매주 2회 〈트리뷴 미디어Tribune Media〉에 칼럼을 쓴다. 〈유에스에이 위크엔드USA Weekend〉의 객원 편집자이자 '스티브 데일의 펫 월드Steve Dale's Pet World'와 '더 펫 미니트The Pet Minute' 라디오 쇼 진행자이며, WGN 라디오(시카고) 프로그램 진행자이다. 또한 잡지 〈캣 팬시Cat Fancy〉의 칼럼니스트다. 그 외 다양한 웹사이트 블로그에 글을 기고한다.

'오프라 윈프리 쇼Oprah Winfrey Show', '내셔널 지오그래픽 익스플로러National Geographic Explorer', PBS의 '반려동물: 가족의 일부Pets: Part of the Family', 다양한 애니멀 플래닛Animal Planet 쇼 및 다수의 방송에 출연했고, 〈월 스트리트 저널Wall Street Journal〉, 〈USA 투데이USA Today〉, 〈로스앤젤레스 타임스Los Angeles Times〉, 〈레드북Redbook〉, 수의학 출판물 및 수십 군데 이상의 출판물에 그의 글이 인용되고 있다. 전 세계 수의학회, 보호소학회, 보호소 기금 모금 행사 및 특별 행사에 정기적으로 연설한다. 최근에는 e-북 《굿 독!Good Dog!》과 《굿 캣!Good Cat!》을 썼다.

스티브 데일
Glenn Kaupert; reprinted with permission from Tribune Media Services, Inc. © 2012

또한 윈 고양이 재단Winn Feline Foundation과 시카고에 있는 트리하우스 동물보호단체Tree House Humane Society의 이사로 일하고 있으며, 미국동물보호협회 국가 대사이자 전 이사회 임원이다.

미국수의사회 동물복지AVMA Humane Award 상과 신문 '편집자 겸 출판인' 올해의 특별기사전문기고가 상Feature Writer of the Year Award을 수여한 바 있으며, 2012년 미국 반려견 작가 협회 명예의 전당Dog Writers Association of America Hall of Fame에 이름을 올렸다.

주석

* 대부분의 주석은 이해를 돕기 위해 옮긴이가 달았으며, 저자가 단 주석은 '지은이주'라고 표기해 놓았다.

1 동물 복지 기준을 향상시키는 데 전념하는 단체.
2 DVM은 'Doctor of Veterinary Medicine'의 약자로 수의사를 뜻한다. DACVB는 'Diplomate of American College of Veterinary Behaviorist'의 약자로 미국수의행동학 전문의, 즉 수의행동학자를 의미한다.
3 에릭 나이트Eric Knight가 쓴 소설 《명견 래시》의 주인공, 암컷 러프 콜리의 이름이다. 영화, 텔레비전 시리즈 등으로 제작되어 큰 인기를 끌었다.
4 대립적 방법confrontational methods은 두 종류로 나뉘는데 직접적 대립에는 알파롤alpha roll, 즉 눕힌 상태에서 강제로 짓누르거나, 개를 때리거나 발로 차거나, 목을 가격하거나, 목줄을 당기거나, 초크 체인이나 전기 목줄을 사용하는 것 등이 포함되며, 간접적 대립에는 "안 돼!"라며 소리 지르거나 분무기로 물을 뿌리거나 개의 눈을 노려보는 것 등이 포함된다. 알파 롤이 등장하게 된 배경을 살펴보면, 한정된 공간에서 함께 사육된 낯선 늑대들 사이에서 나타난 갈등을 관찰한 연구에서 '알파'(우두머리)가 서열이 낮은 늑대를 물리적인 힘으로 '굴려' 배를 보이게 만든다는 잘못된 속설에서 기인한 개념이다. 이를 잘못 응용해 개를 강제로 보호자에게 배를 보이게 한 채 누르고 있는 방법을 '알파 롤'이라고 부른다. 하지만 이미 밝혀진 바와 같이 동물행동학자들은 늑대와 개는 행동학상 엄연히 다른 동물이기 때문에 비교가 무의미하며, 야생 늑대 세계에서조차도 우위의 개체가 서열이 낮은 개체에게 강제로 강요하는 것이 아니라, 서열이 낮은 개체가 자발적으로 하는 행동이라는 점에서 개에게 적용하는 것은 아주 잘못된 행동이라고 강조한다. 늑대의 행동에서 개의 행동을 유추했던 저명한 학자도 자신의 생각이 틀렸음을 인정했다.
5 사람과 개의 관계에서는 성립되지 않는다는 것이 중요하다.
6 개의 관점에서 볼 때 가치 있는 자원은 음식, 간식, 장난감, 장소(침대나 의자 등), 또는 사람이다.
7 이 역시 사람과 개 간의 관계에서는 성립되지 않는다
8 긍정 강화로 많이 알려져 있지만 플러스(+)의 의미를 뜻하는 정적 강화가 더 정확한 번역이다. 양성 강화로도 쓴다.
9 매년 3월 초에 미국 알래스카주에서 열린다. 개들은 앵커리지에서 놈까지 약 1,509km의 거리를 달린다.
10 서양의 대표적인 전통 카드 게임 중 하나이다.
11 Master of Arts. 문학 석사 학위.
12 어떤 조합의 성별이 잘 지내고 못 지내는지를 나타내는 용어. 일반적으로 암컷과 수컷 조합이 가장 잘 지낼 가능성이 높다. 두 수컷의 조합은 싸움이 우려되고, 두 암컷은 가장 격하게 싸울 수 있으며 특히 중성화된 암컷 간의 싸움이 가장 흔하고 심각한 것으로 밝혀졌다.
13 국내에는 아직 보편화된 검사 방법이 도입되지 않았다.
14 국내의 경우 2018년 3월 동물보호법 개정 이후, 허가받지 않은 유료 일반 분양(가정 분양)은 불법

이 되었다. 동물생산업은 허가 받은 곳만 가능하다.
15 국내의 경우 품종별 구조 단체는 아직 활성화되지 않았다.
16 민첩성을 겨루는 도그 스포츠 중 하나로 다양한 장애물을 빨리 통과하는 개가 이긴다.
17 강압적 뉘앙스 때문에 잘못 오용되는 경우가 많아 요즘은 매너 교육manner training이라는 용어를 많이 사용한다.
18 미국 및 영국 같은 애견 선진국에서는 개와 보호자가 함께 하는 다양한 도그 스포츠들이 체계적으로 잘 이뤄져 있다.
19 1884년에 설립된 미국켄넬클럽은 미국에서 가장 큰 순종견 전문 등록단체로 비영리기관이다. 순종견에 대한 연구, 번식, 전시, 운영 및 유지를 목적으로 한다. 유나이티드켄넬클럽은 1898년 미국에서 설립된 단체로, 순종견과 믹스견을 모두 환영하며 50개 주와 25개 나라에서 개를 등록하고 있다.
20 국내에서는 한국애견협회(www.kkc.or.kr)와 한국애견연맹(www.thekkf.or.kr)이 견종 표준 정보를 다루고 있다.
21 도그 쇼에 참가하는 개가 자기 차례가 아닌 경우에도 쇼 기간 동안 할당받은 벤치에 있어야 하기 때문에 붙은 이름이다. 다른 개가 심사를 받는 동안 다른 브리더나 참가자들이 그 개를 직접 보고 브리더나 핸들러와 의견을 나눌 수 있다.
22 흔히 품종 전람회라고 불리는데 순종견 품평회라고 할 수 있다. 순종의 기준에 얼마나 부합하는지를 겨룬다.
23 개 네 마리가 한 팀이 되어 하는 릴레이 경주이다. 허들을 뛰어넘어 반환점에 있는 페달을 밟으면 공이 튀어나오고 그 공을 물고 출발점으로 돌아오면 다음 주자가 출발한다.
24 retrieve, 즉 '회수하다', '되찾아오다'라는 뜻에서 나온 이름이다.
25 미국의 유명 시트콤. 주인공 프레이저의 아버지인 마틴의 개, 에디가 잭 러셀 테리어였다.
26 흔히 건 도그gun dog라고도 부른다.
27 크게 전람회용 개와 실무용 개로 나뉘는데 실무용 개는 하는 일에 따라 워킹 도그와 필드 도그field dog로 나뉜다. 즉 워킹 그룹에 속하는 개들은 워킹 도그, 스포팅 그룹에 속하는 개들은 필드 도그라고 한다.
28 국내의 경우 딱히 이런 용어로 구분되고 있지 않으며, 많이 좋아지곤 있지만 행동평가, 건강평가, 수의사, 트레이너 등의 전문인력 등이 제공되는 해외 선진국의 보호소의 체계적인 시스템에 비해 여러 가지 면에서 열악한 상황이다.
29 모든 개에게 입소를 허용하는 보호소.
30 영국의 루시법을 시작으로, 미국도 뉴욕을 비롯한 몇 개 주에서 펫숍에서의 반려동물 판매를 금지하는 법안이 통과된 상태다. 국내에서도 논의 중이나 논란이 많다.
31 흔히 시각장애, 청각장애, 발작질환 등 도움이 필요한 사람들의 일상생활을 돕기 위해 특별히 훈련된 개를 말한다. 도우미견이라고도 한다.
32 'University of Pennsylvania Hip Improvement Program'의 약자로, 개의 고관절 상태를 평가하는 고유의 방사선 검사 방법을 말한다. 16주령부터 정확하게 검사할 수 있으며, 미래에 고관절 이형성증의 대표 증상인 퇴행성관절염이 발생할 가능성을 예측한다. 웹사이트 https://antechimagingservices.com/antechweb/locate-a-pennhip-veterinarian에서 직접 인증 받은 수의사나 동물병원을 찾을 수 있다.
33 현재는 'Canine Eye Registration Foundation(CERF)'이 'Companion Animal Eye Registry(CAER) examination'으로 명칭이 바뀌었으며, 눈에 유전적 기형이 있는지 확인하는 목적으로 미국수의안

과 전문의에게서만 받을 수 있다.
34 안타깝게도 국내에는 전문적이고 윤리적인 브리더 문화가 정착하지 못한 상태이다.
35 국내 보호소의 경우 이런 검사가 일반화되지 않았다. 애견 선진국인 미국의 보호소도 이런 시스템을 모두 갖춘 것은 아니다.
36 손으로 개의 신체를 이리저리 만지는 것에 대한 '거부감'을 살펴보는 것.
37 국내에선 흔히 임시보호 또는 줄여서 '임보'라고 한다.
38 생각하고 싶은 것만 기억하는 현상.
39 미국이나 영국 같은 애견 선진국의 경우, 윤리적이고 책임감 있는 브리더라는 직업이 잘 정착되어 있고 체계적으로 운영되는 보호소도 많아, 입양받을 개에 대한 기질, 건강 문제 등에 대해 미리 정확하게 파악할 수 있다.
40 Veterinariae Medicinae Doctoris의 약자로, 미국 필라델피아 펜실베이니아 대학University of Pennsylvania을 졸업한 수의사한테만 주는 학위이다. 이것은 명칭만 다를 뿐, 미국의 모든 다른 수의대학의 학위와 동일하다.
41 대형견들을 많이 키우는 해외에서는 반갑게 인사하거나 뭔가를 요구할 때 개가 사람에게 뛰어오르는 것 때문에 사람이 다치는 일이 많이 발생한다. 그래서 사람에게 점프하지 않는 것을 교육시킨다.
42 웨스트 하이랜드 화이트 테리어West Highland White Terrier를 줄여서 부르는 애칭이다.
43 유기체가 자극과 자극, 또는 자극과 그에 대한 반응이 반복해서 발생하는 것을 경험하면서, 그 자극과 자극, 또는 자극과 그에 대한 반응이 연관 또는 결합된 것을 인식하게 되는 것을 말한다. 연합 학습이라고도 한다.
44 중성 자극neutral stimulus이라고도 한다.
45 개뿐만 아니라 고양이, 새, 토끼 같은 반려동물 및 농장 동물, 아쿠아리움 및 동물원 동물에게도 클리커 트레이닝을 이용한 교육법이 적용되고 있다.
46 흔히 긍정 강화로 많이 사용되는데 긍정의 의미가 아니라 플러스(+)의 의미이므로 양성 강화 혹은 정적 강화가 더 알맞은 번역이다.
47 모두 국내에도 수입되어 판매되고 있다.
48 보호자의 발치에서 걷는 것.
49 영어 단어 'down'은 '내려가'와 '엎드려'의 의미로 모두 쓰인다.
50 Certified Applied Animal Behaviorists의 약자. 공인응용동물행동학자는 행동과학 분야에 석사 또는 박사 학위를 취득했거나 행동학 레지던트와 수의학 학위를 지닌 자들로, 다양한 경험과 시험을 통해 동물 행동에 과학적 훈련을 받은 인증된 전문가들이다.
51 'Monkey in the Middle'이라는 어린이 놀이를 응용했다. 이 놀이는 피구의 반대 개념으로, 원 모양으로 서 있는 사람들끼리 공을 패스하는 동안 원 중앙에 있는 한 사람이 공을 뺏는 게임이다.
52 펫 도어pet door, 펫 플랩pet flap이라고도 한다. 창문이나 벽 또는 일반 문에 만드는 반려동물용 작은 문으로, 이곳으로 반려동물이 자유롭게 오갈 수 있다.
53 강아지는 보통 생후 15~21일이면 일어선다. 약 3주령부터는 넘어질 듯 말듯 어설프게 걸을 수 있고, 멀리까지는 못 나가도 보금자리에서 조금 떨어진 곳으로 나가 배설을 한다.
54 해외의 경우 실외 배변 교육이 기본이다. 국내의 경우, 이 내용은 실내냐 실외냐가 아니라 부적절한 곳이냐 적절한 곳이냐로 이해하면 될 것 같다.
55 국내의 경우, 대개 실내 배변을 하기 때문에 시간적 구애는 없고 우리가 지정한 장소와 표면(주로 배변패드)에 개가 배변과 배뇨하는 것을 배우는 과정으로 정의하면 되겠다.
56 위협을 가해오는 대상을 진정시켜 위협을 피하기 위해 하는 행동이지 미안해하는 것이 아니다.

57 국내의 경우 크게 두 가지로 볼 수 있다. 시간에 맞춰 항상 밖에 데리고 나갈 수 있다면 이 책에서 나온 방법대로 하면 된다(장시간 부재 시엔 펫시터 고용). 실내에서 배변패드에 하는 것을 원하면 입양하자마자 패드에서의 배변 교육에 집중한다.

58 실내 배변을 주로 하는 국내의 경우 '데리고 나간다'를 '시간에 맞춰 배변패드로 데려간다'로 대치하면 된다.

59 실내 배변 교육의 원리도 같다. 배변패드에 대소변하는 행동을 보상해 주기 위해서는 강아지가 패드에 볼일을 볼 때마다 보호자가 곁에 있는 것이 중요하다.

60 인도와 차도의 경계가 되는 연석을 영어로 'curb'라 한다. 미국 내 많은 도시에서는 개가 배변·배뇨를 인도나 풀밭 또는 개인 사유지 등에 못 하도록 법으로 금지하고 있다. 따라서 이런 지역에서는 반드시 개가 도로변에 대소변하도록 '커빙curbing'되어야 한다.

61 크레이트의 구획을 나누는 제품의 이름이다.

62 적당한 크기의 종이 박스를 넣어서 크레이트 안의 공간을 좁힐 수도 있다. 강아지가 자랄수록 박스를 작은 것으로 교체하고, 다 자라면 박스를 빼 버리면 된다. 단 개에 따라 종이 박스는 쉽게 파손될 수도 있다.

63 국내에서처럼 실내에서 종이 또는 배변패드 위에 배변하게 교육하는 것.

64 잔디 냄새, 암모니아 또는 개 합성 페로몬 등이 있는데 각각의 유인 물질의 효능은 검증되지 않았다. 유인 물질이 없거나 효과가 없을 때 강아지 소변 소량을 사용하는 것을 일반적으로 추천한다.

65 엑스 펜x-pen이라고도 불리며, 실내든 실외든 반려동물이 안에서 자유롭게 움직일 수 있도록 특정 장소를 둘러싸는 접이식 펜스다. 주로 크레이트보다 더 넓은 공간을 주기 위한 용도로 사용되며, 토끼나 다른 동물의 공간에도 사용 가능하다.

66 초크 체인choke chain이라고도 불리는 메탈 고리 형태의 목걸이로, 이름이 시사하듯 목줄을 당기면 개의 목이 조이게 되어 당기는 사람이 개를 통제할 수 있도록 디자인되었다. 기도, 식도, 혈관 및 신경 등 신체에 손상을 가할 위험이 있다.

67 핀치 칼라pinch collar라고도 불리는 이 목걸이는 일련의 메탈 고리가 서로 연결되어 있으면서 가느다란 돌출부가 개의 목으로 향해 있다. 이 목걸이를 당기면 돌출부가 개의 피부를 죄면서 압박감과 통증을 주어 결국 두려움이나 불안감을 증가시킬 수 있다. 인도적이지 않고 심한 경우 사망에 이르기도 하여 뉴질랜드, 호주, 스위스, 캐나다 퀘벡 지역 등에서는 법으로 사용을 금지하고 있다. 주로 이런 강압적인 도구로 훈련을 시키는 경우 행동 문제가 더 악화되거나 공격성을 유발할 수 있다. 올바른 행동이 무엇인지는 가르쳐주지 못한다.

68 전기 충격 목걸이electronic shock collar는 해외에선 짧게 E-collar라고도 불리고, 국내에선 전기식 '짖음 방지기'라고도 불린다. 현재 독일, 덴마크, 노르웨이, 스웨덴 등의 나라에서 법으로 사용을 금지하고 있지만, 미국이나 한국 등 많은 나라에서 아직 규제되고 있지 않다. 옮긴이가 직접 손목에 차고 중간 강도까지 테스트해본 결과 충격이 너무 강해 놀랐다. 금세 피부가 빨개질 정도였다.

69 헤드 칼라는 헤드홀터head halter라고도 불리는데, 목줄이나 하네스처럼 리드줄을 부착할 수 있다. 말고삐처럼 생겼고, 효과나 작동 원리도 같다.

70 납작한 일반 목줄에 초크체인이 합쳐진 형태로, 목을 당기면 목걸이의 고리가 빠지면서 목줄이 조여진다.

71 세계적으로 유명한 응용동물행동학자로, 그녀의 대표 저서 《개 어떻게 가르쳐야 하는가》는 국내에도 소개되었다.

72 천 소재로 만들어져 머리 전체를 씌우는 형태로, 귀와 주둥이 부분은 뚫려 있어서 결과적으로 눈만 가린다. 일부 개들은 입마개를 처음 씌울 때처럼 불편해할 수 있기 때문에 보상을 통한 교육과 적응

기간이 필요할 수 있다.
73 개를 위해 특수 제작된 귀마개로, 소리를 완전히 차단하는 것이 아니라, 큰 소리로부터 청각 손상을 보호하기 위해 만들어졌다. 주로 특수 임무를 맡은 군견, 공항경찰견 등이 사용한다. 사람들의 헤드폰과 꼭 닮았으며 헬멧처럼 착용하지만, 가볍고 편안한 소재로 만들어졌다.
74 강아지 옷처럼 입히며 사이즈별로 있다. 불안 또는 스트레스를 겪는 상황에서 보조 도구로 사용할 수 있지만 모든 개에게 효과가 있는 것은 아니며 효과가 미비한 경우도 있다.
75 영어로는 request-response-reward로 기억하면 쉽다.
76 탈감각, 탈감작, 탈민감화, 둔감화 등 많은 용어로 번역되어 사용된다.
77 해외에서는 소형견의 실내 대소변을 위해 작고 낮은 상자 안에 잔디, 베딩, 배변판 등이 깔려 있는 강아지용 화장실을 사용하기도 한다.
78 국내의 경우 누가 들어오는지 모를 정도로 집이 넓긴 힘들다. 단순히 시각적 자극이 차단되는 것도 도움이 될 수 있다. 손님에게 초인종을 누르지 말라고 부탁한 뒤 보호자가 먼저 조용히 마중하는 방법도 있고, 현관문과 가장 멀리 떨어진 방으로 개를 유인하고 크레이트 교육이 되었다면 콩 장난감과 같이 그 방에 둔다. 거기에 집중하게 한 뒤 클래식 음악이나 백색 소음을 개가 참을 수 있을 정도의 볼륨으로 문 앞에 틀어 두고 문을 닫는다.
79 보통 대형견이 많은 미국에선 개를 교육시킬 때 집에 흔하게 있는 치즈 스프레이나 땅콩버터를 사용한다. 개에게 땅콩버터 자체는 문제되지 않지만, 소형견은 땅콩버터 같은 간식을 과하게 섭취할 경우 췌장염 등을 앓을 수 있으므로, 어떤 간식이든 개의 크기와 하루 필요 칼로리에 맞춰 줘야 한다. 일단 간식은 강아지 또는 개의 하루 칼로리의 10퍼센트 미만으로 줘야 하며, 간식만큼 사료를 덜 줘야 한다.
80 Master of Science의 약자로, 이학 석사 학위를 의미한다.
81 '감작'이라고도 한다.
82 주로 체계적 탈감작화, 체계적 탈민감화 등의 용어로 사용된다. 체계적 둔감법이라고도 한다.
83 강아지의 예방접종은 보통 생후 6~8주부터 1차 접종을 시작해, 2~3주 간격으로 몇 가지 종류의 백신을 5~6차까지 맞게 된다. 10~12주령이면 보통 1~3차 정도 맞은 상태다. 동물병원에서는 1차 접종 때부터 수의사가 사인한 접종 기록이 적힌 건강 수첩을 준다. 이를 접종 증명서의 일종으로 보면 된다.
84 Junior Hunter title. 미국켄넬클럽에서 주관하는 사냥 테스트 중 초급 단계에 합격한 개에게 주어지는 타이틀이다.
85 jaw는 턱 전체를 말하고, chin은 그냥 턱 또는 입술 아랫부분을 말한다. 1단계는 jaw, 2단계부터 jaw or chin으로 이동한다.
86 요즘은 유튜브나 어플 등에서 쉽게 구할 수 있다.
87 셔틀랜드 쉽독Shetland Sheepdog을 줄여서 셸티Sheltie라는 귀여운 애칭으로 부른다.
88 먹을 수는 없는, 씹는 장난감의 명칭이다.
89 이 표에 나오는 용어들은 대개 국내에서는 보편적이지 않으므로 외래어 그대로 쓴다.
90 작고 다리가 짧은 테리어나 닥스훈트를 대상으로 땅속에 숨은 쥐를 사냥하는 능력을 테스트하는 대회. 땅속 작은 동물을 잡는 개를 어스 독이라고 한다.
91 비글 품종의 개들이 후각을 사용해 '토끼'를 사냥하는 스포츠.
92 개와 함께 뛰는 크로스컨트리 스포츠.
93 독일어로 경비견을 뜻하는 말로, 독일에서 1900년대 초기에 셰퍼드에 대한 품종 적합성 검사로 생긴 도그 스포츠이다.

94 예절교육, 재주, 춤이 혼합되어 보호자와 개 사이에 창조적인 상호작용을 선보이는 도그 스포츠.
95 이 표에 나오는 용어들도 굳이 번역하는 것이 부자연스러워 외래어 그대로 쓴다.
96 상황 및 자극에 과하게 반응하는 것.
97 주변 상황에 따라 변하는 반응의 강도나 단계를 측정하는 방법. '슬라이드제'라고도 한다.
98 찰싹 붙는 찍찍이 테이프(벨크로)처럼 보호자를 늘 졸졸 따라다니는 개를 비유적으로 표현하는 말.
99 가시광선 근처에 있는 자외선으로 형광물질을 발광시킨다.
100 개 마사지에 관한 책과 DVD가 시중에 나와 있다.
101 'Member of the Royal College of Veterinary Surgeons'의 약자로, 영국에서 수의사로 활동할 수 있는 등록된 수의사를 뜻한다.
102 BSAVA(British Small Veterinary Association)의 《개와 고양이 행동 의학 지침서》 제2판에서 허가받고 각색했다. © BSAVA -지은이주
103 최근 국내에선 '머리 리드줄'이라는 이름으로도 사용된다.
104 Through a Dog's Ear(www.icalmpet.com)는 개의 심박수를 감소시키고 진정 효과를 주는 주요 음악 요소들을 고려해 음악을 만든다. -지은이주
105 Diplomate of European College of Animal Welfare and Behavioural Medicine의 약자로, 유럽 동물복지와 행동의학회 전문의를 뜻한다.
106 최근에는 A가 추가되어 DISHAA라고도 부른다. 두 번째 A는 Anxiety의 약자로, 불안감 또는 두려움이 증가된 것을 의미한다.
107 신경퇴행성 질환에서 발견되는 병리학적 구조물. 주로 베타 아밀로이드라는 단백질 조각들이 뭉쳐서 형성되며, 뇌세포 사이의 의사소통을 방해하고 뇌세포에 손상을 일으킨다.
108 출처: 수의사 데브라 호위츠와 게리 랜즈버그의 행동 전문 동물병원과 수의사 정보 네트워크 Veterinary Information Network – 지은이주
109 화이자 애니멀 헬스Pfizer Animal Health에서 만든 아니프릴Anipryl의 상표명이다. -지은이주

페티앙북스

검증된 학문과 석학들의 고전을 엄선해 전하는 반려동물 지식의 기준, 페티앙북스 Since 2001

디코딩 유어 도그
과학으로 반려견을 해석하다

초판 1쇄 인쇄 2025년 10월 13일
초판 1쇄 발행 2025년 10월 20일

지은이 | 미국수의행동학회(ACVB)
옮긴이 | 이우장
발행인 | 김소희
발행처 | 페티앙북스
편집고문 | 박현종
편집 | 김소희
교정 교열 | 정재은
디자인 | 디디앤 김다은
마케팅 | 김하연

주소 | 서울시 서초구 반포대로 122 107호
전화 | 02.584.3598 **팩스** | 02.584.3599
이메일 | petianbooks@gmail.com
블로그 | www.PetianBooks.com
인스타그램 | www.instagram.com/PetianBooks
ISBN | 979-11-994822-0-3 03490

이 책의 한국어 판권은 페티앙북스에 있습니다. 이 책의 내용 일부 또는 전부를
재사용하시려면 저작권자 및 페티앙북스의 동의를 얻어야 합니다.
한국어판ⓒ페티앙북스

값은 표지에 있습니다. 잘못된 책은 구입하신 서점에서 바꾸어 드립니다.